山西古建筑营造史

营造

宋辽金卷

左国保 · 著 — 何莲荪 · 整理

山西出版传媒集团
山西科学技术出版社
· 太原 ·

目　录

参考文献

第一章

城市和关隘

第一节 宋、辽、金的太原和大同

一、宋朝统一山西

五代后周显德六年（959年），周世宗病故，7岁的幼子宗训即位。建隆元年（960年）元旦，赵匡胤发动兵变，率军行至京城北10千米的陈桥驿，被部下黄袍加身，拥立为皇帝。之后轻而易举地夺取了后周政权，定国号为宋。宋朝仍建都开封，当时称东京，史称赵匡胤为宋太祖。

当时北汉长期割据今山西中部地区，定都太原。宋开宝元年（968年），北汉主刘承钧病亡，刘继恩即位。第二年春，宋太祖大举讨伐北汉。宋太宗赵光义继位后，太平兴国四年（979年）又攻伐北汉。北汉主刘继元向宋太宗上表请降，至此北汉灭亡。

二、焚毁太原城

太原古称晋阳，西周初年，相传为唐国的属地。春秋战国时代，晋国执政卿赵简子的家臣董安于，利用今太原市晋源区古城营一带西依悬瓮山，东临汾河水的险要地形，筑成了坚固的城堡。此后，太原城不断增修和扩建，到唐代已经形成一座规模恢宏的大城。唐末李克用在太原崛起。此后，石敬瑭、刘知远相继从太原兴师建立后晋、后汉王朝。后周时，刘崇在太原建立北汉政权与后周相抗，一代英主周世宗以数十万之众兵逼太原，结果雄心勃勃而来，无可奈何而去。北宋建立后，横扫南方诸国，唯有北方的太原，历太祖、太宗二代，征讨三次才攻克下来。太原城屡次攻不下来，除太原军民的英勇抵抗外，

怀德门

金肃门

朝曦门

开远门

唐明镇

麻市

活牛市

羊市

南市

米二市

铁二匠二巷

寿宁寺

泰山庙

关庙

英封寺

太原府

图1-1-1　宋代太原城示意图

太原城的坚固也起着重要的作用。

太原除城池坚固、战略地位重要外，还有天子之气。南北朝时期，北齐高氏几代，以太原为陪都；唐朝李渊、李世民父子，据此起兵而得天下；入五代后，李存勖、石敬瑭、刘知远也是从太原发兵占据中原；到宋朝，北汉是最后一个割据王朝。

宋太宗决定将太原降为一般州，毁其城，移治于榆次县（今榆次区）。

太平兴国四年（979年），宋太宗下令在汾河以东修筑新城，名平晋城（今太原南畔村、北畔村之间）。城还未修好，宋太宗就登上太原城北御河沙门楼，命全城居民立即迁往新城，接着便放火焚烧太原城。在一片混乱中，城中百姓集聚城门夺路逃生，互相践踏而死者，不计其数。其中老弱病残者，来不及躲避，多惨死于大火之中。

除毁灭太原城外，宋军还对太原城内的居民进行了疯狂的报复，因为在宋军历次攻城战斗中，城中居民曾大力支援北汉守军，给宋军以沉重的打击。尤其在宋太祖亲征时，引汾水灌城，百姓登上屋顶在屋顶上做饭，这加深了百姓对北宋的仇恨，以致出现北汉主投降时民众不降，"屋瓦乱飞如箭镞"的局面。宋军在占有太原后，宋太宗又带头将"所得北汉嫔妃皆随御，诸将亦掠北汉妇女充军妓，宋代军妓即始于此"。到第二年年初，宋军又封堵汾水、晋祠水灌太原城。经火烧、水淹之后，旧城已是一片废墟。

新建太原城后，北宋统治者为了防止再出现"真龙天子"，采取了种种措施，其中最主要的是将城中的街道都修成了"丁"字形，而不是修成普通的十字形。"丁"与"钉"同音，城里到处都是"丁"，北宋统治者认为这样会把"龙脉"钉死。这种说法在民间流传很广。金代诗人元好问所作《过晋阳故城书事》即讲述此事："南人鬼巫好禨祥，万夫畚锸开连岗。官街十字改丁字，钉破并州渠亦亡。"实际情况是，太原是北方民族和中原民族的交汇之处，街道改成"丁"字形后，对阻挡游牧民族骑兵驰突有着实际战略意义。

北宋虽然毁掉了太原旧城，并降低了太原的等级，但由于有着重要的战略地位，所以后来太原的地位又有所提高。宋嘉祐四年（1059年），恢复太原河东节度使旧称。元丰年间，改太原为次府。大观元年（1107年），又升太原为大都督府。

"风水师"则认为，晋阳城被毁主要是由中国传统的星相生克所引起的。

　　中国古代帝王都喜欢自称"奉天承运某某皇帝"，意即他是承奉了"天的意志"，按"五德"运作的程序取得了统治权，因此是上承天意、下得民心的，是"正统"的皇帝。宋太祖"定国运受周木德，因以火德王，色尚赤，腊用戌"，因而国子博士聂崇义上言："皇家以火德上承正统，请奉赤帝为感生帝……"（《续资治通鉴·宋纪》）传说在上古时代，中国大地由五帝统治着。五帝又分别用金、木、水、火、土五行来代表其方位和颜色。自从战国末年的学者邹衍开始应用五行生克循环往复的原理来解释历史的发展和王朝的更迭，提出了所谓的"五德终始论"后，后世封建统治者无不遵循。宋王朝"奉赤帝为感生帝，色尚赤"，即自命为以火德上承天命，而后汉王朝是以"水"代替了后晋的"金"。北汉主刘崇（后汉高祖刘知远之弟）在晋阳称帝，仍以水德王，而五行之中水克火，北汉克宋，这是凶兆。晋阳是北汉的都城，是北汉的象征，从中原的地理方位来说，开封在东属木，而晋阳在西属金，因而晋阳城也就成了宋王朝的"克星"所在。

　　赵宋王朝自开国以来水旱灾害不断。《宋史·五行志》记载：自开宝二年夏至北汉晋阳被灭的太平兴国四年（979）五月，京师旱涝之灾几乎年年都有，而且十分严重。与此同时，星象异常也频频显现，如日变、彗星的出现等，有很多凶兆。

　　太白金星是西方的守护神，也就是晋阳的守护神。而晋阳所在为西金，金生水，北汉以水德王，玄冥为感生帝，辰星为守护神。岁星为东方的守护神，也是宋都开封的守护神，木生火，宋以炎帝为感生帝，以荧惑为守护神。而在五行上，西金克东木，北水灭南火。"开宝元年十月己未旦，西北起苍白气三道，长二丈，趋东散。"（《宋史·天文志》）面对克宋的北汉，宋太祖于开宝二年（969年）亲率大军攻打，久攻不克，宋军却瘟疫流行，不得已而退兵。后开宝九年（976年）又派大将党进、潘美围攻晋阳，数月难下，太祖本人病死开封。太宗赵光义继位后，于太平兴国四年（979年）正月亲率五路大军围攻晋阳，宋军分东、西、南、北四面攻城，昼夜不止，而此时天象却再次示以金之白气。"太平兴国四年四月己巳夜，西北有白气压北斗。"（《宋史·天文志》）种种异象使宋太宗赵光义对难以攻取的晋阳城害怕到了极点，因而攻克晋阳城后必欲彻底毁灭而后快，不惜以牺牲其在北方军事斗争中的重要地位为代价，一把大火将千载古城烧毁，又于次年引汾、晋二水荡平晋阳城废墟。这样做的实质仍然是以"火"克"金"，因怕"金"又从"土"中"生出"，故而又引"火"克"金"之母——土，斩草除根，以便永除后患，使宋王朝无忧无患地相传下去。由此可见，古代星象和风水对晋阳城的毁灭起到推波助澜的作用。

三、太原迁至河东的地理意义

太原城可以追溯到公元前 497 年"晋赵鞅入于晋阳以叛"，距今已 2500 多年。晋阳城仰赖汾河而建，建于河西之凸岸。北齐河清四年（565 年）至宋太平兴国四年（979 年）横亘河之两岸。宋太平兴国七年（982 年）建新城于河东且稍北的凹岸。

（一）太原城迁址对城市发展的影响

宋太平兴国七年，潘美在阳曲县唐明镇初建并州治所，此后太原城就在唐明镇的基础上不断拓展。唐明镇大致以今天西米市街（现并入水西门街）、庙前街、西羊市街为中心，东至柳巷南路，北及府西街一带[1]，较之晋阳北移约 45 千米，居汾河东部凹岸、太原盆地北端山谷合拢之处的狭长地带上。修撰于明洪武十三年（1380 年）的《太原府志》曰："城周一十里二百七十步。"可见太原城当时的规模并不很大，周长只有 5 千米左右，唐代陪都的繁华已荡然无存。但宋、元时期，太原城再次成为北方重要的政治经济中心，民间曾有"花花正定府，锦绣太原城"的赞语。

1. 太原城之所以能在"废墟"旁迅速崛起，主要得益于它的交通优势

以太原为中心的主要陆路干线大都在汾河东岸，作为辐射四方的要道始点、枢纽，太原城迁址河东可以免去架桥、舟渡之烦，交通之便利是显然的。

---

[1] 孟繁仁. 宋元时期的锦绣太原城 [J]. 晋阳学刊，2001（06）：83.

晋阳、太原两城均扼控晋邑南北咽喉要地，处于当时联结北部边远地区与中原的枢纽地带。晋阳城和太原城相对有几十千米的移动，其政治、军事以及经贸等宏观战略差异并不明显。

2. 太原城的迁址有明显的缺陷

首先，城址移至汾河东岸，位于河之凹岸而且处于山谷峡口，河流对河岸的侵蚀、汛期的山洪等，势必对城市生存发展造成威胁。太原城初建成时，当地居民就曾沿河筑堤保护，并引汾水积成湖泊，湖畔堤旁广植柳树，今柳巷街名称即由此而来。"每岁上巳，太守泛舟郡人游观焉"（《山西通志·灾异》）。编撰于清嘉庆、道光年间的《太原县志》《阳曲县志》对于明清时期的洪水以及修缮堤堰举措的记载也证明了这种情况。其次，太原地区属于大陆季风气候区，冬季遭受来自西北部寒流的侵袭。这样太原城不仅冬季狂风肆虐，春秋也往往风沙弥漫；另外狭长地带用地严重不足，也制约了城市扩展。太原虽依山傍水，但汾河自西边山麓而出，城位于汾河与东山之间向北敞开的狭长地带上，并不在大河及支流的交汇处；而原晋阳城西靠悬瓮山，晋水自山而出，在城东南入汾，处于两河交汇的位置上，显然太原城的位置比原晋阳城差很多。

太原城新址地势低洼又处于山洪排泄通道上，降雨集中于七八月份，太原城首当其冲，但另一方面当地十年九旱，山洪的威胁并非年年都有。

（二）宋代太原城迁址的政治意图

宋太祖黄袍加身时，内部是五代十国后期的割据残局，外部则有北方契丹、党项、女真等民族觊觎中原，如晋北桑干河流域等都纳入了辽朝版图。他曾对宰相赵普谈及当时的窘境："吾睡不能着，一榻之外，皆他人家也。"（《续资治通鉴长编》卷九）统一中国是赵宋王朝的首要政务，太祖曰："天下一家，卧榻之侧，岂容他人鼾睡乎！"表示了他"安内攘外"的雄心。但此后，宋太宗安国定邦之策发生了明显变化，即从积极收复幽云转变为"守内虚外"[1]，于是便有了后世

---

[1] 漆侠. 宋太宗雍熙北伐 [J]. 河北月刊，1992（02）：84.

的"澶渊之盟"等对外族以钱帛换和平的外交方措。

太宗"虚外"是不得已而为之的国策,太原选址的指导思想在一定程度上受到当时"虚外"国策的影响。宋代太原城迁于汾河东岸、太原盆地北端,一方面,失去了原晋阳城利于固守的山川天堑;另一方面,从山川地理界限来看,"跳出"了汾河的环绕,面向忻定盆地、大同盆地,与辽国占领区更为接近,在政治地理上虽然呈现出与北部边塞交好的姿态,但更主要是战备的需要。

晋阳城背依西山。西山为战略要地,是晋阳城的战略屏障,和平时期也有防御性的建筑设置,如屯兵营寨等,并借助了天龙山、蒙山的发展。西山是晋阳城的一个部分,必然有文化上的发展。晋阳城和天龙山是相互依存的,晋阳城也影响到天龙山。

宋代太原城址的迁移,显然更加符合此后漫长历史时期内政治赋予它的特殊使命。

(三)太原城迁的战略意义

宋初代州一带是防御辽军的前哨,特别在宋辽边界,北宋修建了许多堡寨,这些边寨建在通道所在的路径上。为应付西面的西夏,北宋在黄河西岸府州驻有重兵,而粮草供给主要仰赖河东,为此在河西、河东之间也修筑了通道。以太原为枢纽的交通线路建设,出于国防需要必须得到进一步加强。

太原城址的北移有利于与北部边寨形成椅角之势,更好地保证前线的供给。中原王朝的主要威胁来自北部、西北部的游牧民族。北方民族缺乏盐、铁、茶叶等生活必需品,除了时断时续的边贸,往往通过武装掠夺满足需求。此外,在气候加剧转寒或游牧民族势力壮大时,出于生存或拓展需要,他们也往往伺机南下牧马。为抵御北方游牧民族的侵扰掠夺,从战国赵肃侯(前333年)起,中原朝廷便屡屡于北疆修筑长城。但长城并没有挡住彪悍的草原铁骑,处于农牧边缘的山西成了北方少数民族活动、攻掠最频繁的地区。另一方面,中原王朝强盛时也常常拓疆塞外,将农耕区向北推移。太原扼控南北交通要冲,处于农耕民族与游牧民族融合之前沿的特殊政治地理位置,使它在和平时期成为多民族融合的北方都会;但在双方兵戈相见时,又成为中原朝廷抵御、出击游牧民族的桥头堡。

太原城迁址彻底消除割据势力据点，从中原地理角度分析，太原"为河东都会，有事关河以北者，此其用武之资也"，"府控带山河，踞天下之肩背，为河东之根本，诚古今必争之地也"（《读史方舆纪要·山西二》）。拥有太原不仅可以东出井陉攻略燕赵之地，而且可以南下汾晋太谷直取河南关中；同时，太原周围关隘林立，一夫当关，万夫莫开；晋南河谷道路险阻，外部军队难以孤军深入。故而太原往往在乱世成为枭雄割据之地，魏晋以降的五胡十六国、北朝，隋唐之后的五代十国等分裂时期，山西境内地方势力割据充分说明了这一点。由于边患频频，宋初不仅在都城开封布防重兵，且严厉打击内部可能出现的割据势力。太原城址相对汾河的移动，也是赵宋王朝奉行"实内虚外"国策的直接体现。

宋代太原城址较之晋阳，在一定程度上限制了地方割据势力生存的地理条件，同时有利于积极抵御外部攻击，形成向辽主动出击的态势。此外，便利的交通加强了太原与华北平原、河南、陕西等地区的联系，所以对于中央政权，它有着更为广泛的军事价值。宋代以后，太原军事地理意义相对减弱，但随着中国的政治中心逐步北移，山西作为京畿腹地地位渐重，太原作为晋地政治、经济、文化中心的地位也得到进一步巩固。

（四）太原城迁址的经济意义

北宋时山西地处边境，与北方民族之间战事频繁，成为中原与北方民族交融的区域。北方少数民族从事游牧狩猎，富有牛、羊、马以及珍贵皮毛等物资，但缺乏盐、铁、茶叶等生活必需品。对于中原汉族和游牧民族来说，太原是一个极具潜力的大市场，所以山西"边贸"活动自古就颇为兴盛。西汉史学家司马迁曾写道："西贾秦翟，北贾种代。"这里的"代"即指山西北部地区。当中央王朝实行"禁边"政策时，为防止游牧民族南下抢掠，往往在晋北边关驻扎大批部队，这些军队又组成了可观的消费者群体。要妥善解决各种物资供给，自然离不开商贾的协助。"迫近北夷，师旅亟往，中国委输，时有奇羡"（《史记·货殖列传》），可见，历史上山西人很早就利用这种有利的地理位置，通过为军队供给物资、运输军需品获得丰厚利润。此外，联系南北、东西的交通枢纽地位，也使太原"北收代马之用，南资盐池之利"（《读史方舆纪要·山西一》）。据《隋书·食货志》载，诸州调物，"每岁河南自潼关，河北自蒲坂，达于京师，相属于路，昼夜不绝者数月"，从中可以看出太原经济地位的重要性。隋唐晋阳城，能成为当时的一大都会，除政治原因外，也有经济原因。

宋朝建立后，允许内地商民与辽人互市，并设置了榷场，但战争使边境贸易时断时续。北部边境吃紧时，晋商与游牧民族边贸受到抑制，而同时北部边塞军队大规模集结，粮草及各种日用品需求膨胀，为满足庞大的边防军需供应，曾实行过有关制度，为山西商人提供了便利。北宋统一中国后，经济政策与以前相比有很大不同，在赋税制度等方面采取了有利于商业发展的措施。宋太祖即位后，下诏减少商税，发展商业，宋代城市中商业活动十分繁荣。在宋代，太原盆地因战略地位的重要性，人口陡增，以致太原府成为山西人口最为稠密的地区，城市本身的物质需求也不断扩大。

四、宋代太原城

（一）宋代太原城建于唐明镇

唐明镇位于晋阳古城以北 20 千米的汾河东岸。《阳曲县志》卷十五《并州新修庙学记》载："会城建于太平兴国七年（982 年），偏于西南，宜即唐明镇所占之地方也。父老相传：今振武门内之'四神阁'即唐明镇之前街，大关庙乐楼之砖洞，其后街也。当年并无城垣，自宋移并州治于此，始有城。"这里提到的"前街""后街"是宋代之前"唐明镇"早期的情况。早期唐明镇的位置，约以今天西米市街、西羊市街为中心，东至今柳巷南路，北至今府西街的地区。

（二）宋代"并州太原"城池

北宋太平兴国七年（982 年），在唐明镇的位置上修建太原城，太原城的规模不断扩大。洪武十三年（1380 年）修的《太原志》，有一则关于当时太原规模的记载："城周一十里二百七十步，宋太平兴国七

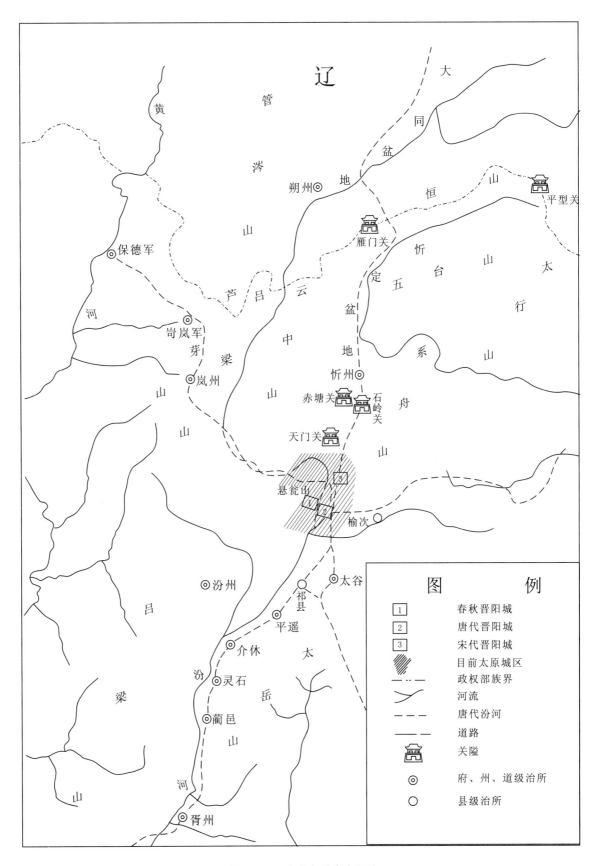

辽

黄

管涔山

朔州◎

大同盆地

恒山

平型关

黄河

保德军◎

芦芽梁山

吕云中山

定盆地

忻忻山

五台山系

太行山

岢岚军◎

芽梁

岚州◎

忻州◎

山山

赤塘关　石岭关

舟山

天门关

悬瓮山

3

1

2

榆次○

汾州◎

祁县◎

太谷○

平遥◎

介休◎

汾

灵石◎

太岳山

蔺邑◎

吕梁山

河

隰州◎

图　例

1	春秋晋阳城
2	唐代晋阳城
3	宋代晋阳城
	目前太原城区
	政权部族界
	河流
	唐代汾河
	道路
	关隘
◎	府、州、道级治所
○	县级治所

图1-1-2　宋代太原城地形图

年筑四门，东曰'朝曦'，南曰'开远'，西曰'金肃'，北曰'怀德'。"

宋代太原城的北城墙，约在今旱西门街，东西缉虎营街偏南，即今"后小河街""小二府巷"一线，而"后小河"就是当时太原北城墙外的"古城豪"，北门"怀德门"约在今解放路和西辑虎营街十字路口偏北的位置。

据记载，太原城为："开远门至朝曦门二里；由朝曦门至怀德门三里；由怀德门至金肃门三里；由金肃门至开远门二里。"当时的太原城区呈东西稍窄（宽约 1 千米）、南北稍长（长约 1.5 千米）形状，规模很小。

（三）宋代太原城街坊布局

太原城址迁移到唐明镇，说明这是原来已形成城镇功能的大聚落，比县城级别小，因此不设城。北宋新建的"并州太原"城，是一座府城，除了城墙和四门之外，增建了行政机构，如官府、衙门。同时，城中还修建了两座具有司晨报时功能的城市建筑——"钟楼"和"鼓楼"。"钟楼"位于"朝曦门"内的"东门街"（今桥头街西口、钟楼街东段）。由于靠近东门，有"旭日东升"之意，所以在这条街的中段，建起一座巍峨高大、底座四通的"钟楼"。在新城西北"太原府衙"门前不远，修建了"鼓楼"。

宋初修建的并州太原城，沿用"里坊"制度。太原城的街坊是：南门正街、西门正街、东门正街，北门正街。"街内设坊"有朝翰坊、法相坊、立信坊、广化坊、葆真坊、袭庆坊、观德坊、富民坊、阜通坊、懋迁坊、宣化坊、乐民坊、安业坊、将相坊、皇华坊、澄清坊、慈云坊、迎福坊、寿宁坊、金相坊、聚货坊、宰相坊、旌忠坊、用礼坊，共24坊。元代只对部分"坊"名有所调整，基本保留了宋代的旧有街坊。

太原城内修建了崇祀山川岳渎、先祖圣贤的庙宇。崇祀山川岳渎的神庙有："东岳（泰山）庙"，位于钟楼以北的二市场路；南岳（衡山）庙，位于今水西门街；北岳（恒山）庙，位于寿宁寺（大钟寺）后；神河庙，位于汾河西岸。崇祀先祖圣贤的开平王庙，祭祀晋国名臣赵武、程婴、公孙忤臼等。

第二节　辽在山西北部的统治

一、辽占据今山西北部地区

契丹族居住在中国北方的潢河（西拉木伦河）和土河（老哈河）一带，过着以车帐为家、逐草放牧的生活。到北魏时，契丹形成8个部落。到唐初，契丹酋长大贺氏摩会率领各部落依附于唐朝，同时也形成契丹大贺氏部落联盟，并不断南侵汉族居住区，势力逐渐扩大。到辽太祖神册元年（916年），契丹族首领耶律阿保机废除了部落联盟的旧制度，建立了契丹奴隶主国家。当年八月，阿保机南侵朔州，乘胜而东，侵略蔚、新、武、妫、儒5州，自代北至河曲，越阴山，都为契丹所占有。契丹这次南侵进入今山西地区，其势力也扩展到今山西北部。同光四年（926年），阿保机去世。第二年，掌握兵马大权的大元帅耶律德光在述律平支持下即位。

后唐清泰三年（936年），后唐河东节度使（镇守今太原市）石敬瑭反叛自立，向契丹求援。耶律德光亲率大军南下救援石敬瑭。石敬瑭将幽（燕）、蓟、瀛、莫、涿、檀、顺、妫、儒、新、武、云、应、朔、寰、蔚等十六州土地"奉献"给契丹，其中云、应、朔及蔚州的一部分属今山西北部地区。

天福七年（942年），后晋与契丹关系恶化。天福八年（943年）冬，耶律德光统兵五万，大举伐晋。其在今山西地区的进攻，受到坐镇太原的刘知远的阻击。但刘知远保境自守，并不干涉契丹军从河北平原南下。这样契丹军一直打到后晋都城汴梁（今河南省开封市），晋石重贵奉表投降。契丹攻占汴梁后，改国号为大辽。

辽是奴隶制国家，但占领汉族地区后，为了不激化矛盾，基本上沿袭了原有的统治。当时辽实行北南官制。《辽史·百官志》说："辽俗东向而尚左。"皇帝宫帐设在西方，所以官职都分为北南。耶律德光建立起两套政治制度，"以国制治契丹，以汉制待汉人"。"国制"即契丹官制，统称北面官。汉制官职统称南面官，南面官主要沿袭汉人旧制，也就是基本上沿袭唐以来的统治，因事因人而设官，时有增减。具体到燕云十六州地区，仍用旧制，州设刺史，县设令。

辽在燕云十六州地区沿袭旧制，巩固了在这一地区的统治。

（一）辽建西京大同

辽代 200 余年的历史中，先后设置了 5 个京城：上京（今内蒙古赤峰市巴林左旗林东镇）、东京（今辽宁省辽阳市）、南京（今北京市）、中京（今内蒙古宁城县）和西京（今大同市）。五京列峙，对辽之社会政治、军事及经济各方面都产生了深远影响。但辽建五京的时间不一，其中西京是在重熙十三年（1044 年）九月，辽兴宗亲征西夏班师后感到西夏势力的强大，于是在班师之后的第三天，"改云州为西京"（《辽史·兴宗纪》）。可见，西京的设置与防御西夏有很大关系。

（二）辽设西京的战略意义

山西北部地区在宋、辽、夏时期，战略地位十分重要。宋仁宗庆历四年（1044 年），监察使李京上奏仁宗："近闻契丹筑二城于西北，南接代郡，西交元昊，广袤数百里，尽徙沿边生户及丰州、麟州被虏人口居之，使绝归汉之路。违先朝誓书，为贼声援，其蓄计不浅。"（《续资治通鉴·宋纪》）当时辽宋议和，而辽与西夏战事新起，辽经营今山西北部地区更重要的目的是对付西夏。云州大同为山西北部地区首府，历来为军事要塞，辽为了监控西夏，"非亲王不得主之"（《辽史·地理志》）。

辽以云州为西京以后，辽兴宗在当年十二月，亲赴西京，巡视了与西夏接境的地区。《辽史·百官志》"南面京官"序中讲到"西京多边防官"，说明设置西京主要是出于军事目的。

（三）西京大同的行政设置

辽朝的行政区划，即京、府、州、军、城、县系统，"总京五，府六，州、军、城百五十有六，县二百有九"（《辽史·地理志》）。其中，西京大同为五京之一，所谓"太宗以皇都为上京，升幽州为南京，改南京为东京，圣宗城中京，兴宗升云州为西京，于是五京备焉"（《辽史·地理志》）。西京的行政区划，辽时辖博宁军、德州，又直辖大同、云中、天成、长青、奉义、怀仁、怀安7县。当时在今山西范围内的辽领地还有应州辖浑源、金城、河阴3县；武州宣威军，辖神武1县。其中的应州即今之应县，武州即今之神池县。以上地区均在今山西省北部。西京大同是辽代五京之一，五京是辽代地方最高一级行政机构，五京的中心设府，故西京又设大同府。由于京、府所在多为地方上政治、经济、军事、文化的中心，所以每个京府都设置有一套专门的政权机构。

西京大同府的行政机构，和其他四京的行政机构大致相同。

1. 留守司，为西京最高行政机构。

2. 州是京府之下的一级地方机构，有节度使州、观察使州、刺史州、防御使州、边防州。

3. 县是州之下的又一级地方机构，有令、丞、主簿、尉之设。

另外，辽的地方机构除州、县以外，还设置了一批具有民族特色的管理机构。如辽四大部族在中央有四大部院，在地方则有节度使司、详稳司等地方军政机构，石烈、弥里等部族基层组织。其余49个小部族也以石烈、弥里为基层组织。

二、辽代西京大同

云州城就是北魏迁洛以前的平城，其城"广袤二十里"。北魏京城开12门，到辽时只剩4门，即东面迎春门，南面朝阳门，西面定西门，北面拱极门，这4个门显然是每面城墙的中段开城门，其中门两侧的两个门已经封闭。"元魏宫垣占城之北面，双阙尚在"（《辽史·地理志》），其双阙据明清《大同地方志》记载，"在北门外二里"，即北关玄东门附近。"清宁八年（1062年）建华严寺，奉安诸帝石像、铜像。""又有天王寺、留守司衙，南曰西省。北门之东曰大同府，北门之西曰大同驿。"可以看出，辽之西京官署，实际就设在府城北门外。天王寺和留守司衙是东西对峙的两大建筑，实际上就建在北魏时期的太庙和社稷坛。今操场城一号遗址即北魏太庙遗址，与它相对的马路（北魏皇都中轴线）之西的北魏社稷坛则被改建为天王寺。这两处建筑之南则是"西省"，即西京官署区。这"西省"的"省"，就是官署的意思，所指就是西京都总管府、西京处置使司，分管军事、司法监察、财政税务的衙门。最南才是大同府和大同驿，一在北门外之东，一在北门外之西。当时大同府所统二州七县，共5.4万余户，人口接近20万。

三、辽代西京的经济

辽代西京，是一种农牧混合型经济体制。《辽史·食货志》说："应历间，云州进嘉禾，时谓重农所召。保宁七年，汉有宋兵，使来乞粮，诏赐粟二十万斛助之。"从大同地区一次可以调20万斛粮食支援北汉，可以证明大同地区的粮食生产自给有余。辽开泰六年（1017年）冬十月，"南京路饥，挽云、应、朔、弘等州粟振之"（《辽史·圣宗本纪》）。同样说明大同地区的农业已经达到自给有余的水平，以致以"平陆广饶，桑谷沃茂"著称的燕京地区，发生灾荒时还得从大同地区调运粮食。西京地区的畜牧业兴旺，辽兴宗重熙八年（1039年）曾下诏："禁朔州鬻羊于宋。"（《辽史·兴宗本纪》）说明朔州的养羊业很发达，送人偷越雁门关来买羊。辽道宗咸庸五年（1069年）后，又申前令，"仍禁朔州路羊马入宋，吐浑、党项马鬻于夏"（《辽史·食货志》）。由于禁令严格，"以故群牧滋繁，数至百有余万"（《辽史·食货志》）。由此可知，农牧业应是当时辽代西京的主导产业。

辽西京地区的手工业，主要是陶瓷、煤炭开采、晒盐、建材等。辽代墓葬出土器物中有大量的陶器和瓷器，陶器有盘、壶、盆等。1958年在新添堡村东北还出土了杏黄三联壶。1986年在新添堡村内发掘辽代许从赟壁画墓时，出土了一组造型奇特的彩绘陶器。辽墓出土瓷器施乳白釉者居多，也有施其他釉色者，主要为碗、碟、盆等日用器皿。这表明，当时大同地区的陶瓷制造业相当发达。需要指出的是，大同辽墓的主人都是汉人官吏和地主，而无契丹贵族，因此其墓葬中的陶瓷器应为大同本地产品。大同是煤炭之乡，早在北魏时期就已有零星开采，《水经注》指出大同煤"火之热同樵炭之乡也"。辽与北宋对峙时，宋河东路煤炭开采业也非常发达，宋仁宗庆历年间泽州（今山西晋城）知州李昭遘上言："河东民烧石炭，家有橐冶之具。"（《续资治通鉴长编》卷一百六十四）庆历五年（1045年）陈尧佐"徙河东路，以地寒民贫，仰石炭为生，奏除其税"（《宋史·陈尧佐传》），与宋河东路（治并州，今山西太原）近在咫尺的辽云州（大同）很早就生产煤炭，此时采煤业更加兴旺，还有湖盐生产。西京的建材业，主要指木材业、石材业、砖瓦烧制业等。辽在大同所修宫殿庙宇数量众多，故西京大同的建筑业是相当发达的，绝不亚于南京析津府。辽承北魏遗制，钦哀皇太后再修云冈石窟，辽道宗在祖母钦哀皇太后死后又委托西京转运使监修。兴宗皇帝还曾幸西京督查该工程。工程完毕后，咸雍五年（1069年）辽道宗下令"禁山（武州山）樵牧，又差军巡守"。其工程进行了30多年，主要是增修窟檐，铺设台阶，补雕补修塑像、泥塑彩绘等。辽清宁八年（1062年），在北魏和唐代旧寺的基础上，"建华严寺，奉安诸帝石像铜像"（《辽史·地理志》）。辽道宗清宁二年（1056年）修建应州宝宫寺（今佛宫寺），其木塔高耸入云。辽道宗大安五年（1089年）重修灵丘觉山寺，其砖塔至今巍然屹立。这些都充分说明，当时大同地区的建筑业、手工业是非常发达的。《辽史·食货志》说，"太宗得燕，置南京，城北有市，百物山峙，命有司治其征（收税），余四京及它州县货产贸迁之地，置亦如之"。

第三节　宋辽关隘

　　雁门关最早见于记载是在晋恭帝司马德文元熙元年（419年），北魏熙平元年（516年）至北魏孝昌四年（528年）间，雁门郡从广武移到上馆城，雁门关当时为东陉关口，而西陉仍以句注为名。雁门郡治的移动说明东、西二陉的主次位置有了变化，唐代升二陉为关，称东陉关和西陉关，合称雁门关。

　　五代石敬瑭坐镇晋阳，为了取得北方契丹的军事援助，割让燕云十六州，从此雁门关再次成为边塞。北宋初年和契丹几次战争可以作为说明。一次是在太宗太平兴国五年（980年），这一年杨业守代州，"会契丹入雁门，业领麾下数千骑自西陉而出，间至雁门北口，南向背击之，契丹大败"（《宋史·杨业传》）。又一次是在太宗雍熙三年（986年）。这一年，潘美为云、应、朔等州都部署，杨业副之。杨业出雁门，潘美则出西陉，出西陉的一支和契丹相遇。这两次战争都可说明在北宋初年雁门关就是东陉关。宋代为了防辽，沿边各地都广设寨。在代州的勾注山上，就设有西陉、壶谷、雁门三寨。这里所说的壶谷，也就是现在的胡峪，"壶"与"胡"同音。壶谷为东陉所在，壶谷既另设有寨，雁门和其他两路并列。这说明雁门这一路就是现在雁门关所在的关沟河路。

　　这条道路可以上溯到南北朝末年。史载北齐武成帝河清三年（564年），突厥南侵后北归，"至陉岭，冻滑，乃铺毡以度"（《北史·齐宗室诸王上》）。光绪《代州志》征引了这条记载，并加以解说突厥当年所经过的道路，就是现在雁门关这一条。这条路和西陉上那一条不同，西陉那一条路多险峻。现在雁门关这一条比较平坦，可是却多激湍，入冬，则坚冰塞径，车马蹭蹬，甚不易行，所以不得不铺毡以防滑冻。这条道路终于成为军事上的重要道路，雁门关也由旧地转移到这条道路上来。陉岭已经不是西陉，而是另一条通道了。雁门关可以称为陉岭关，这时已不是置于西陉的旧关，而改为新关。

除东陉和西陉之外，另辟这一条通道并移雁门关来此，是因为东陉虽与西陉并列，但相距较远，山峦起伏，谷深崖高，不便直接呼应，故不能与代州相联系，可能贻误戎机，因而开辟中间一条新道，使左右都能有所控制。这条通道和东陉、西陉并列，在代州正北的方向，由关沟河一道进山，较为平直，因而成为防御的重心。

宋时在雁门县（今代县）设有西陉、壶峪、雁门三寨。到金时，改寨为镇。除壶峪改为胡峪外，雁门、西陉还是原来的名称，并没有改变。宋时辽兵南侵，曾自壶峪到代州城下。而北宋灭亡后，金人劫钦宗帝后，自郑州北趋，到代州过太和岭而去。太和岭在雁门山上，其实就是西陉。

宋代雁门关防卫体系有了重大变化，这种变化根源于宋辽两国边境谈判协议。当时双方商定以雁门山为分水岭，以石长城为界，以界线位置南北各让十里为禁地，雁门关在禁地的中间，成为两国议定的非军事区。后来，辽军进占南北二十里全部禁地，并增筑堡垒，雁门关属辽国所有。宋朝为求苟安，坐视辽军控制险要地区，只好在关南隘口筑寨防御。今代县、繁峙、原平沿山一线有娄烦、阳武、土登、太和岭口、南口、水峪、胡峪、马峪、茹越、大石等地名，当时为宋朝边塞城堡，其中，南口村在雁门关通道南沿，是宋朝雁门寨的治所。南口村北二里余有地名"关二里半"，这个距离是指距南口村而言，取名"关"字当指宋雁门关。

第四节　金在山西地区的统治

一、金兵入侵山西

女真族世居黑龙江下游、乌苏里江流域和长白山丘。女真族原臣服于辽。后来女真族强大起来，开始了反辽斗争。女真族完颜部酋长率领女真部落于宋政和四年（1114 年）九月誓师起义，次年（1115 年）建立金朝。宋宣和五年（1123 年）夏天，金太祖之弟吴乞买即位，是为金太宗。宋宣和七年（1125 年）十月，金太宗下令侵宋，兵分两路南下。其东路军直抵黄河沿岸，很快金兵渡过黄河攻打宋汴京开封，而金西路军在太原却遭遇到沉重的打击。

宋靖康元年（1126 年）九月，太原破，太原城又一次变成了废墟。金兵势如破竹，山西全境沦陷。

二、金朝推行汉官制度

金朝是由北方少数民族女真族建立起来的政权。辽、宋时期，女真族以部落为单位散处于辽境。女真族建立起来的金朝在灭辽和与北宋的战斗中，逐渐接受了汉文化，仿照宋、辽政权建立了自己的国家机构。

金太祖阿骨打占领辽东时，曾经废除辽法，下令一切依本朝制度。所谓本朝制度即为女真族原有的制度，在地方上的行政组织为猛安谋克。按照阿骨打的规定，以 300 户为谋克，10 谋克为猛安。猛安本来是女真部落的军事首长，谋克是氏族长。大量外族士兵的编入，使原来的部落组织逐渐成为军事组织。但这种猛安谋克式的军事组织，也是金的地方行政制度，并且在实行过程中，把领兵的千夫长、百夫长改革为受封的地方领地、领户之长。这样，猛安谋克与地域性组织的村寨结合起来，以地缘组织代替了血缘组织。

但是，金南侵燕云地区之后，就不得不根据新的形势，改革女真原有的旧制，改革的中心内容就是沿袭辽的南北官吏制度，进而建立三省之制。《金史·百官志》记载太祖、太宗对官吏制度的改革指示："汉官之制，自平州人不乐为猛安谋克之官，始置长吏以下。"又决定："天会四年（1126年），建尚书省，遂有三省之制。"当时官吏制度的改革，在燕云地区也得到了普遍的实行。如天辅元年（1117年）三月，金攻取辽西京大同。十月，命辽降官翟昭彦、田庆为刺史。十一月，又诏告燕京官民，王师所至，官皆仍旧。

金太宗时期逐渐形成类似辽代南北面官的政治制度，但采用汉官制度仅限于燕云地区，最高政治权力仍然集中于朝廷。随着金不断南下，疆域逐渐扩大，汉官制度也推广到其所征服的汉族居住地区。

三、金代西京大同

金建国之前，女真族作为以涉猎兼耕种为主的民族，处于自给自足的自然经济状态。不仅没有开展城市建设，"国初无城郭，星散而居"，而且能够从事建设的工匠也极度缺乏，"无工匠，其舍屋车帐，往往自能为之"（《大金国治·初兴风土》）。贵族上层所居称为"皇帝寨""国相寨""太子庄"，类似于酋长统辖的村寨集落，"国有大事，适野环坐，画灰而议"（《大金国治·兵制》）。而大部分居民则可能居于山林旷野中，主要居住形式为帐幕，而不是固定的建筑物。

国初之时，族帐散居山谷，得大辽全境之地后深入中原。"以渤海辽阳府为东京，山西大同府为西京，中京大定府为北京，开封府为南京，燕山为中都，号大兴府，即古幽州也，其地名曰永安。金国之盛极于此矣。"（《大金国治·地理》）

可见，金代在完成了五京的配置后，才开始着手进行各地的城市建设。其中，西京路仍为大同府，与辽西京为前后相承的关系。

在城市建设和宫室营造方面，金代初期的城市建筑虽然与中原汉地颇为接近，但是总体来说形制和技术都较为简陋，"城邑、宫室，无异于中原州县廨宇，制度极草创"。在历史文献中可以找到更为详细的记载："居民往来，车马杂沓，自前朝门，直抵后朝门，尽为往来出入之路，略无禁制。每孟春击土牛，父老士庶无长幼，皆聚观于殿侧，民有讼未决者，多邀驾以诉，至熙宗始有内庭之禁。"（《大金国治·燕京制度》）从中我们可以发现城市的具体情况：其一，金代在当时就设有前朝门和后朝门，并建有宫殿；其二，金初皇帝处理朝政的办公场所，即内庭，与一般街市是混杂一处的；其三，由最初的自由出入到熙宗的内庭之禁，体现当时的金代统治者向汉文化过渡的过程。

金代早期的城市建设很简单。梁思成先生认为："金初部落色彩浓厚，汉化成分甚微，……终金太宗之世，上京会宁草创，宫室简陋，未曾着意土木之事，首都若此，他可想见。"[1]但是，金代统治者还是积极向汉族文化借鉴，不断提高城市建设质量，金代西京的城市和建筑也反映出这样一种发展过程。

（一）西京城市概况

金初，金代统治者一度有放弃西京的想法，但是，当时金的重臣宗雄明确反对："西京，都会也，若委而去之，则降者离心，辽之余党与夏人得以窥伺矣。"（《金史·宗雄传》）这可以证明，当时的西京不仅是战略要地，而且还是一座功能综合的都城。

金西京是在辽西京基础上发展起来的城市，关于其城市的具体形制和规模，历史文献的记载并不多。明确记载的只是金西京三座城门的名字，即"南曰奉天，东曰宣仁，西曰阜成"（《金史·地理上》）。首先，南、东、西三座城门的名称与辽西京时皆不相同；其次，此处单单没有提到北门。可以推测，当时出于城市防卫等因素，并没有开设北门。作为一处兵家必争之地，西京的城防建设必定是重中之重。《金史·列传第九》记载有金初一次攻打西京的战役："宗翰等攻西京，阇母、娄室等于城东为木洞以捍蔽矢石，于北隅以刍荄塞其隍，城中出兵万余，将烧之。温迪罕蒲匣率众力战，执旗者被创，蒲匣自执旗，

---

[1] 梁思成.中国建筑史［M］.天津：百花文艺出版社，1998：156.

奋击却之，又为四轮革车，高出于堞，阁母与麾下乘车先登，诸军继之，遂克西京。"

从这场战役可以看出，在西京城墙外侧有一圈壕沟环绕，城墙上沿设有雉堞。

金西京城市功能和设施是完善的。根据文献记载，金代有两次大规模城市建设。一次是金熙宗天眷年间到皇统年间，北方的战乱已基本平息，金代统治者的重心开始由征战转到建设上，国之初建，百废待兴。比如上京就完成了太庙、社稷等重要建设工程，而西京则进行了普恩寺（今善化寺）最大的一次重修，大同现存的其他几座金代建筑也基本建于这一阶段。

金世宗大定年间，天下太平，金代迎来了又一次城市建设高潮。《金史·地理上》明确记载："大定五年（1165年）建宫室，名其殿曰保安。"而华严寺的金代重修工程亦从天眷三年（1140年）一直绵延至大定初年。

另外，金西京还曾经建有苑囿，见于《金史·本纪第四》的记载："（皇统）七年正月……癸未，以西京鹿囿为民田。"反映了西京在建设中将民田改为鹿囿的情况。

（二）西京的宫殿

金西京曾经建有宫殿，如前面提到的保安殿，但是其具体规制却没有描述。顺治《云中郡志·方舆志》记有"辽金宫垣"："府辕西北有土台，宫阙门也。路寝之基尤存。"明清大同府城的西北尚存有辽、金的宫殿区，保安殿可能就在其中。同时，《云中郡志》还有关于"凤台"的记载："府城内西北隅，左右二台，各高数丈。元大德十一年（1307年），地震，摧其左；至廷佑间，右亦摧。今其地名凤台坊。"此"凤台"应是上述宫殿内的两座楼阁建筑，分列某一建筑组群中轴线的两侧，直到元代才陆续被损毁。

（三）西京的官署

金西京作为五京之一，必然存在一套完整的地方行政建制。《金史·地理上》载："皇统元年（1141年），以燕京路隶尚书省，西京及山后诸部族隶元帅府，旧置兵马都部署司。天德二年（1150年）；改置本路都总管府，后更置留守司。置转运司及中都西京路提刑司。"由此可知，金代的西京大同府，曾设有西京路留守司、转运司、提刑司等衙署机构以及西京及山后诸部族隶元帅府等衙署。除此之外，金西京还有一些地方专门职能部门。《金史·食货志》载："大定二十五年（1185年），更狗添为西京盐司"。这是金西京设置盐使司的直接证据。另外，"大定二十八年（1188年），五月，创巡捕使，山东、沧、宝坻各二员，解、西京各一员。"金西京亦有一名巡捕使，但是《金史·食货志》接下来即明确表示，当时西京的巡捕使并没有专门的衙署，而是"置于兜答馆，秩从六品，直隶省部……"。兜答馆中"兜答"二字与"兜搭"通，为"主动搭话闲谈"之意，因此我们可以推想"兜答馆"除了是一处以交际、会晤为主要功能的公共建筑，还具有衙署建筑的功能，即巡捕使的办公驻地。此处还指出巡捕使可以从盐使司借调人手，这也说明了金西京设有盐使司。

《金史》记载中的其他官方机构：

（1）女真府学，即专门为女真人设置的学校；

（2）府学，应是为汉人所设的教育机构；

（3）交钞库抄纸坊；

（4）西京警巡院。

（四）普通住宅

《大金国志·初兴风土》对居住情况有如下记载："其居多依山谷，联木为栅，或覆以板与梓皮，如墙壁亦以木为之。冬极寒，屋才高数尺，独开东南一扉，既掩复以草绸缪塞之，穿土为床，煴火其下，而寝食起居其上，厚毛为衣，非入室不撤衣。"《三朝北盟会编》卷三中也有类似的描述："依山而居，联木为栅，屋高数尺，无瓦覆，以木板或以桦皮或以草绸缪之。墙垣篱壁，率皆以木门，皆东向，环屋为土床，炽火其下，而寝食起居其上，谓之炕，以取其暖，奉佛尤谨。"其记述十分具体地描述了金时民间的居住建筑。

朱弁当时作为南宋朝廷通问副使出使金国，在被扣留西京的十几年中，除了不能归宋以外，在西京一地还是颇受尊重的。当地达官显贵纷纷请他给自己的子弟传授中原汉文化，使得朱弁能够深入当地生活，他不仅传播了汉文化，还以诗词等形式真实地记录了金西京的风土人情。同时，朱弁更见证了善化寺的大修，为后世留下了宝贵的实录性文字，即现在研究善化寺的重要文献之一——《大金西京大普恩寺重修大殿记》。

朱弁对当时西京的情况应该十分了解，其诗文中所反映出的当时的居住情况是可信的。他在《炕寝三十韵》中的一首诗提到了当时在西京大同入乡随俗的生活场景："风土南北殊，习尚非一躅。出疆虽仗节，入国暂同俗。淹留岁再残，朔雪满崖谷。御冬貂裘敝，一炕且蜷伏。西山石为薪，黟色惊射目。方炽绝可迩，将尽还自续。……偃仰对窗扉，妍暖谢衾褥。……聊拟少陵翁，秋风赋茅屋。"其中提到了室外虽是漫天风雪，但茅草屋顶的居室内亦有火炕可以取暖。

同时，在《大金国志》中对金初女真皇帝居住情况也有描述："绕壁尽置火炕，平居无事则锁之，或时开钥，则与臣下杂坐于炕。"这说明，以火炕作为冬季室内取暖的手段，是金代上上下下都认可的生活方式，西京也不例外。

第二章

官方建筑与民居

第一节　西京大同的宫阙建筑

　　繁峙县岩山寺南殿东壁南侧壁画所展示的是一组宫城建筑群（如图 2-1-1），前为宫城门，门楼下有木构城门道，门楼三间，重檐歇山顶。门楼左右设垛楼，垛楼外端 90° 转向建高低相错的阙楼。阙楼的两端主楼为十字歇山的方形亭阁。阙楼分三组建筑，各面阔三间，单檐歇山顶二重子母阙。该图反映的是辽金宫阙形制，但由于楼面阔三间，子母阙二重，可知非帝王等级，只为王侯等级。可以推想西京大同宫殿的状况。

　　金中都的宫室制度来自北宋。而金西京的建筑形象仿自中都，山西繁峙县岩山寺南殿西壁金代壁画，描绘的是辽金时代宫殿建筑群。该壁画建于金大定七年（1167 年）。西壁壁画中的宫殿并非照抄金皇宫，其宫阙门楼图上为六间，画匠画七间，这比金中都应天门楼的 11 间仍低两个等级。阙楼无子阙。斗栱仅用到六铺作及以下。门洞为三个。门楼、垛楼、阙楼均用歇山顶。

　　这就不能排除壁画的原型取材于西京大同，金中都的宫室建设制度来自北宋，而西京大同宫室制度借鉴中都也是可能的，可以认为壁画反映了大同西京的宫城情况。宫城内展现的王府大门。王府似有三门，中为主门，门庭三间单檐歇山顶，左右配耳房。边侧有次门，也是门庭三间，歇山屋顶。建筑底座的台明高度和踏步的设置为西京大同辽金华严寺和善化寺建筑的高台形式，由此推测西京王府设置可能有类似的特点。

　　岩山寺壁画中反映出若干宋、辽、金时代建筑特点，如工字殿后出楼阁，阙楼采用十字脊，城楼用重檐等，可以对金西京的宫阙形式有形象的了解。

图2-1-1　山西繁峙岩山寺南殿东壁南侧金代壁画中的宫阙图——摘自《傅熹年建筑史论文集》

图2-1-2　岩山寺壁画佛传故事

第二节 宋辽金建筑制度

一、宋代官府和民间建筑制度

宋代官府对各类建筑，包括居室规模、式样、称呼等都有等级的限制。《宋史·舆服志六》载"臣庶室屋制度"："宰相以下治事之所曰省、曰台、曰部、曰寺、曰监、曰院，在外监司、州郡曰衙。……私、居，执政、亲王曰府，余官曰宅，庶民曰家。诸道府公门得施戟，若私门则爵位穹显经恩赐者，许之……凡公宇，栋施瓦兽，门设棨栏，诸州正牙门及城门，并施鸱尾，不得施拒鹊。六品以上宅舍，许作乌头门。父祖舍宅有者，子孙许仍之。凡民庶家，不得施重栱、藻井及五色文采为饰，仍不得四铺飞檐。庶人舍屋，许五架，门一间两厦而已。"

宋代等级规定反映了封建社会的一般特征，它使人一望而知房主的家第，正如朱熹在《朱子语类》中所说："譬如看屋，须看那房屋间架，莫要只去看那外面墙壁粉饰。"禁令的颁布从另一方面反映出这些制度并未得到很好的遵行。如包拯《请断销金等事》中，指责市肆工匠"任意制造，故违条制"，要求予以取缔。政和七年（1117 年），臣僚上言说京城中"居室服用以壮丽相夸"；嘉泰初，"以风俗侈靡，诏官民营建室屋，一遵制度，务从简朴"（《宋史·舆服志》）。"制度"也往往"自觉"遵行，如李遵勖娶万寿长公主，"主下嫁，而所居堂或瓦甓多为鸾凤状，遵勖令隐去"（《宋史·李遵勖传》），赢得真宗的赞许。

二、辽金官府和民间建筑制度

宋朝周边是众多民族的居住地区，如辽、西夏、金等，由于社会发展和自然条件的限制，居室一般比较简陋。除官府建筑有若干规定并受到汉文化的影响，一般民居没有与宋朝类似的"制度"。

1.北方民间住宅

对一般百姓来说，"起造屋宇，最人家至难事"，常常"屋破风斜漏不休"，十分粗陋。张耒《芦藩赋》言己穷芦"昼风雨之不御，夜穿窬之易干。上鸡栖之萧瑟，下狗窦之空宽"，而"公宫侯第，兼瓦连甍。紫垣玉府，十仞涂青"，反映了穷富房舍建筑的迥异。

《辽史·营卫志》载"契丹之初，草居野次，靡有定所"。神册二年（917年），辽太祖进围幽州，"毡车、罽幕弥漫山泽"，其败则"委弃车帐"，车为毡车，帐为幕帐，是契丹以及一些北方民族的主要"居室"，便于迁徙。姜夔在《契丹风土歌》中描绘道："大胡牵车小胡舞，弹胡琵琶调胡女。一春浪荡不归家，自有穹庐障风雨。"穹庐就是帐篷，或叫毡帐，宋人也称之为"虏帐"。毕仲游在《送范德孺使辽》中云："桑干地寒毡作屋，……边风吹雪罨毡城，毡城在处为屯营。"生动地描述了当地的居住特征。桑干河属辽南京道，在今山西境。

《辽史·仪卫志二》言契丹太祖仲父时，"始置城邑"。辽有五京，《契丹国志》所载《王沂公行程录》中记中京大定府（今辽宁境内），"城桓庳小，方圆才四里许。门但重屋，无筑阁之制"。并记在辽境内，"居人草庵板屋，亦务耕种。……亦有挈车帐，逐水草射猎"。而东北渤海人所居住，"皆就山墙开门"，或"编荆为篱"。又载《胡峤陷北记》说："过卫州，有居人三十余家，盖契丹所虏中国卫州人筑城而居之。……距契丹国东至于海，有铁甸，其族野居皮帐。"又载契丹以北之室韦国，"乘牛车，以蘧蒢为居，如毡车状"。

根据西夏《文海》记载，其城市建筑有宫、寺、房舍、草房、厩等。宫为国君所住，普遍民居建筑叫"舍"，与家、门、户、房、屋舍等字通用。一般房室亦称帐，如"房室"释为："屋也，家舍也，室屋也。帐也，庵也，住宿处是也。"《宋史·夏国传》亦谓："其民一家号一帐。"一般将毛毡覆盖于木质框架上成一毡帐，易于移动。而包括西夏在内的西戎风俗，有"所居正寝，常留中一间以奉鬼神，不敢居之，谓之神明，主人乃坐其傍"，当是农耕定居村民的居室了。

西夏国毗邻山西，《宋史·夏国传》谓："俗皆土屋，惟有命者得以瓦覆之。"《文海》中有柱、檩、椽、栿等字样，反映了建筑或以土坯或是木构为主。在"蕃汉杂居"的麟州府（今陕西神木），"廨舍庙宇，覆之以瓦，民居用土，止若栅焉。驾险就中，重复不定，上引瓦为沟，虽大澍亦不浸润。其梁柱檩题，颇甚华丽，在下者方能细窥。城邑之外，穿庐窟室而已"（《友会谈丛·说郛》）。从记载中可以发现城市和乡村居住建筑多样化的情况。

宋代太原城民居是以"街坊"的形式呈现的。太原由 14 个坊组成，若干个民间院落组成一个坊。院落房屋的布局是四合院式的。根据建筑布局"以中为尊"的传统，主要居室建在院落的中轴线上，而以中线为轴左右对称建厢房。主房一般为三间，是土坯墙体，屋顶为悬山形式。四合院是山西民间住宅的普遍形式，多为木构架、土坯墙。

2. 城市边远地区

有相当多的村落仍然是血缘村落，全村皆同姓，聚族而居是这一时期农村住宅的特点。

第三节　民间建筑

一、官方对民间建筑的限制

《宋史·舆服志》中，官方对于民间建筑的装修、色彩、斗栱的使用有所规定："凡庶民家，不得施重栱、藻井及五色文采为饰，仍不得四铺飞檐。"在建筑规模体量上也加以控制，即"庶人舍屋许五架，门一间两厦而已"。

《宋史·舆服志》中还规定有"凡屋宇，非邸店、楼阁临街市之处，毋得为四铺作闹斗八，非品官毋得起门屋，非宫室寺观毋得彩画栋宇及朱黔漆梁柱、窗牖、雕镂柱础"。这些限制，在城市中有着法律的权威性，但在一些农村，却能见到冲破这种等级制束缚的现象。

岩山寺壁画中，有一幅中有类似城堡门的建筑，从画中看出，这是一个城堡大门，门宽一间，只有边柱，不做墙体，从内测看，两根斜柱支顶门窗。屋顶为灰土材料做成的平屋顶且两侧有城墙垛口。从地面搭设木梯达屋顶，屋顶中间又有薄壳型瞭望所，形似北方民族居住的帐幔，由此推测是一山西北方贵族宅院的大门。

图2-3-1　岩山寺壁画中房屋的样式

图2-3-2　岩山寺壁画北壁东侧白露屋

第四节　从民间墓室看住宅形式

宋、辽、金时期的民间墓室基本反映了富商、地主、官吏的住宅情况。

一、民间墓室和主人生前的宅院近似

墓门是一种仿木构的门楼形式，门楼依附在一面竖立的墙壁上。墙的下部开门洞，洞口为半圆形或方形，洞口周围有仿木构的倚柱、阑额、门额等。阑额以上有普柏枋、斗栱、檐头的椽飞、瓦头、屋脊等。白沙宋墓墓门是典型的宋式做法。其门洞为方形，洞口与仿木构件连接紧凑，立柱上有两朵柱头铺作和一朵补间铺作，皆为五铺作单抄单下昂斗栱，但出跳很短，斗栱之上挑出一短檐。辽墓墓门常为半圆形券洞，洞口周围有的做门框，有的为两道水平方向的挑砖，似为阑额上放斗栱，斗栱有的为四铺作，有的为五铺作，一座门上可放三朵或五朵斗栱。门洞上之挑檐有长有短。

门口有的采用带铺首、门钉之仿木门扇，但门额上的门簪仍然用砖雕成。宋墓中一般为两个门簪，雕成四瓣柿蒂形，是在仿照阳宅的大门。

墓室的墙壁表面多以砖雕做出木构建筑中的柱、阑额、普柏枋、斗栱等，柱间墙壁上还雕出简单的直棂窗、版门（也作"板门"）以及家具，如桌、椅、灯架、衣架等，甚至雕出墓主夫妇对坐桌旁。这类做法在宋代墓室中反映了主人生活起居的情况。

金代墓室内除了柱额斗栱之外，还可见到须弥座栏杆、格子门、戏台等，同时加入大量的砖雕剔地起突花卉、图案、人物故事等。雕刻内容从无主题的一般装修发展到以墓主生活场景为主题的装修，不仅表现墓主生前生活的场景，而且加入了墓主的活动。例如金明昌七年（1196年）的山西侯马董海墓，后室壁面砖雕就有主人生活在厅堂中的情景：堂上悬挂一卷帘，下坠桃子、灯笼、鱼等，宅主夫妇二人对坐在堂内桌旁，桌上置有杯盏、盘，男主人手端酒杯正欲饮酒，桌下放二酒坛，一空一满，空者倒地，满者立放，并用红布包着坛盖。边侧是两扇格子门。山西汾阳金墓 M5 号也有类似的场景。在山西稷山的金墓中，有反映主人观看杂剧的场景。稷山已发掘的九座墓室中基本格局相同，都是以南壁雕戏台，东西两壁各雕格子门一樘，作六扇，北壁则雕主人端坐在版门前，或厅堂前，面对南壁戏台，观看杂剧表演。也有边宴饮边观剧的场面，主人夫妇对坐桌前，桌上摆着水果、茶盏之类。在东西两侧的格子门前雕着许多观众，坐在柱廊中观戏。这是一座四合院，南侧为戏台，北侧为正房，东西为厢房。主人占据正房席位，宾客则居两厢。反映了北宋时期"王侯将相歌伎填室，鸿商富贾舞女成群"的真实情况。

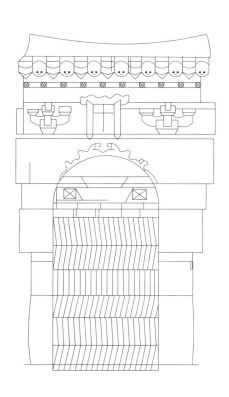

图2-4-1　山西汾阳金墓M5号墓门正立面

图2-4-2 山西汾阳金墓M5号墓墓壁立面展示图 1.西壁；2.西北壁；3.北壁

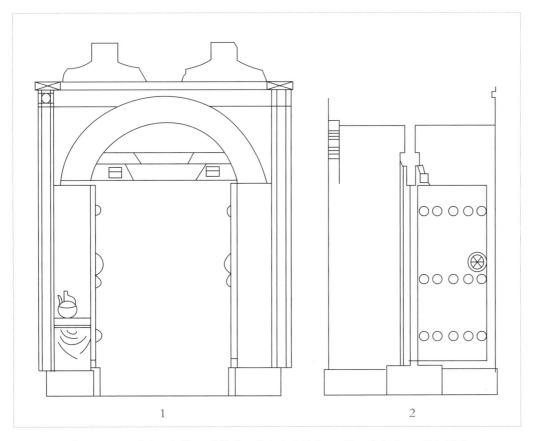

图2-4-3 山西汾阳金墓M5号墓墓门背立面及剖面 1.墓门背立面；2.墓门剖面

图2-4-4　山西汾阳金墓M5号墓墓壁立面　1.东壁；2.南壁；3.西南壁

图2-4-5　山西汾阳金墓M5号墓墓壁立面

一、侯马 65H4M102 金墓（以下简称 102 号金墓）所反映的住宅

距侯马市西北约 1.5 千米的牛村古城南发掘了一座古代砖室墓（编号 65H4M102）。

墓室平面为正方形，边长 2.23 米，地面用边长 0.28 米的方砖十字对缝平铺，模仿住宅居室的平面形式。无砖砌棺床，四壁从地面向上砌"须弥座"式基座，通高 0.85 米，依次分为圭角、下枋、下枭、束腰、上枭、上枋。"须弥座"上砌墓壁，四角各砌抹角倚柱，柱下有柱础，柱头托普柏枋。四角在普柏枋上各砌一朵转角斗栱，柱间各砌两朵补间斗栱，共 12 朵斗栱。柱头斗栱单抄单下昂，补间斗栱双下昂，皆为五铺作重栱计心造。两朵斗栱之间的栱眼壁上雕刻有牡丹、菊花等花卉（图 2-4-8 至图 2-4-11）。

四壁普柏枋倚柱之间砌有通向花门罩，两侧立柱着地，中间砌垂莲柱两根分为三格，柱间砌丁头栱，栱上呈月梁，额间三格各装花砖一块，花色以牡丹、荷花为主。月梁上悬挂彩球或童子戏牡丹等挂饰。

墓室北壁，形似厅堂，两侧各有一扇四抹头格子门，窗棂雕"簇六"图案花纹，窗心开光雕花，腰花板雕菊花或牡丹花，障水板外饰壶门，内雕牡丹与菊花。堂中间上雕卷帘。

东西两壁各雕格子门三合，形制相同，都是四抹头。东壁格子门窗棂各不相同，北边一合为"套八角"，格眼填菊花，南边一合为龟背纹，明间一合为"簇六"，开光饰莲花。腰花板雕刻成相同的折枝牡丹花卉。裙板外雕壶门，内雕荷花、牡丹花等花卉。

南壁面阔三间，墓门辟于中间，外饰以串枝莲

图 2-4-6　侯马 102 号金墓墓室北壁前景

图 2-4-7　门洞内格子门

花边。左右次间各雕饰一屏风，右侧百花屏，左侧为孔雀牡丹屏。

图2-4-8　拱眼雕壁花1

图2-4-9　拱眼雕壁花2

图2-4-10　拱眼雕壁花3

图2-4-11　拱眼雕壁花4

图2-4-12　东壁格子门

二、侯马102号金墓所反映的宅院

侯马102金墓，墓室建筑比较宏伟，砖雕装饰华丽。

墓室前后二室分别砌筑于两个土洞之中，平面皆为正方形，过道是连接前后二室的通道，长1.96米、宽0.5米，前面上砌一特型砖作过梁，洞内砌"双心圆"券顶，过道出入口是单檐歇山仿木门楼，墨书题名"庆阴堂"。其下沿过道两壁外砌柱基，前后长0.24米、宽0.2米、高0.55米，基上各竖四方抹角柱一根，柱头砌栏额、普柏枋，枋上两柱头砌外转角铺作各一朵，两柱间砌补间铺作两朵，皆为单下昂四铺作，斗栱以上砌撩檐枋，上列檐椽并勾头滴水，翼角翘起，山面博风、悬鱼等应有尽有。在过道的末端，砌后室门。

（二）墓内仿民宅装饰

墓前后二室都施砖雕，主要有墓主人夫妇"开芳宴"、出行图、直棂窗、格扇、桌、椅、人物故事、马球、翎毛花卉、吉祥饰物等室

图2-4-13 补间铺作

图2-4-14 转角铺作（斗栱细部）

图2-4-15 后室墓门内观

内装修与陈设以及墓主人生活情景，这些砖雕为浮雕和阴刻两种手法相结合，多是先雕后烧。尤其此墓遍施彩绘，格外光彩夺目。

仿宅门的墓门不但制作考究，比例得当，形象逼真，而且整个门面饰以红色，门环及门钉饰以黄色，其为朱门金钉，俨然是地主富豪宅邸的真实写照。

墓室自下而上除砖雕装饰之外，遍刷红色，其中斗栱红底勾以白边，栱眼壁各以没骨法画一折枝牡丹。后室四隅的抹角倚柱绘斜方格，斜角用黄白二色加以渲染。

墓室四壁装饰与一般金墓前厅后堂、左右厢房格局基本相同。墓门呈壶门形，两侧各雕一花瓶，瓶口出缠枝莲，缠绕门口形似花环。门楣之上砌地碶一方，左右砌力士莲花灯台。门的东西两侧上部各嵌一块横幅牡丹与秋葵花；下部各雕镇宅狮子，一雌一雄蹲坐于莲花台座之上。

前室东西两壁相对称，普柏枋下雕帷幔。其下砌地栿，两侧置立颊，上横门额，饰黄色。格子门饰红色。每相邻的两扇为一合，格心雕饰有"龟背套梅""簇六填华""六角套梅""田字勾绞"及"球纹填华"等不同式样的图案花纹。腰华板上皆雕一牡丹花枝。障水板上外饰一门，内雕牡丹、荷花。板饰黄地红花，其中西壁中间四扇障水板雕出幅由四人组成的马球图最为精彩。

后室北壁东西倚柱内各砌一红色小八角檐柱，将北壁分隔为三间。

后室南壁正中为后室门口，略同前室，也作壶门，门框两侧各雕饰一花瓶，瓶口出缠枝牡丹并有二小儿嬉戏于花枝之上。门口上部砌地券形式，东西两边各雕出直棂窗，为下砌下串，两端砌窗砧，砧上置立颊。上砌窗额，外砌槫柱及上额，两窗上部各砌横幅条形花砖一块，左右门窗之间各砌力士莲花灯台。

三、山西稷山马村4号金墓的民居形式

稷山马村4号金墓，是已发掘的马村段氏族墓（9座）中的一座。

仿宅门的墓门采用了砖雕形式，通高2.6米。单檐歇山顶，山面朝前（图2-4-16）。门基高44厘米，两侧各置一覆莲式柱础，上立方形抹角明柱。柱间砌阑额。柱头上砌普柏枋，两端出头成十字交叉。倚

图2-4-16　墓门门楼

图2-4-17　南壁立面图

图2-4-18　东壁剖视图

柱之上砌转角铺作两朵，为单抄四铺作计心造。铺作之上施通替及撩檐枋，上砌方椽一排，屋面筒瓦抱沟。翼角飞翘，角梁套兽，戗脊以兽收尾，山面砌博风板，中设悬鱼。门楼内设版门一合，由门砧、槫柱、上额、门额、立颊等组成，立颊后各贴砌版门一扇于两壁，面饰门钉四排，每排三枚，并雕门环一副。

墓室四壁皆面阔三间，四周共砌方形抹角檐柱12根，下置覆莲式柱础。柱头上砌普柏枋，柱间砌以阑额。普柏枋之上砌铺作。墓室四隅各砌内转角铺作一朵，五铺作，双下昂，计心造。东西两壁各砌柱头铺作两朵，补间铺作三朵；柱头为五铺作，双下昂，计心造，采用45度斜昂，自栌斗正面出正昂，左右两侧出斜昂。第二跳同第一跳，不设瓜子栱，二跳昂上承蕉叶栱与耍头相交；补间为四铺作，单下昂，计心造，结构较简单。北壁中间砌门楼，两侧角柱上砌外转角铺作两朵，五铺作，双下昂，计心造。南壁砌柱头铺作两朵，补间铺作一朵。制作规矩，比例协调，装饰效果极佳。铺作之上砌撩檐枋，上列檐椽与勾头滴水，屋面筒瓦。屋顶坡度和缓，瓦垄不到头。屋顶之上，四面砌券成覆斗形。

莲座之上勾栏仿作蜀柱、华板、唇盆、栌杖。蜀柱间置华板，雕有壶门，造型别致。

北壁，系墓室正面。当心间向外凸出，砌作门楼的形式，面阔62厘米。立面檐柱、铺作、屋檐等与墓室四壁相仿，门楼角柱上为外转角铺作。

门楼左右次间各雕格子门一合，裙板上外饰壶门，内雕牡丹或莲花，腰华板内雕花卉，格心雕"字纹""簇六填华"等图案纹饰。

南壁，中间大而次间小，中间雕有杂剧表演和伴奏乐队。由于用途不同，在结构处理手法上较其他各壁有所变化，即当心间不设普柏枋，而施用了大额枋，显得中间特别明亮宽敞。两次间由额出头，搭于大额枋之下。在铺作的运用上，与东西壁相反，柱头采用四铺作，单下昂，计心造。补间采用五铺作，双下昂，计心造，使得斗栱繁简相宜，而且避免了柱头铺作与转角铺作间的互相迭掩，突出了"舞厅"这一主题。南壁右次间砌破子棂窗一堂，由窗砧、立颊、槫柱、上额及上下串组成。

第三章

宋、辽、金祠庙建筑

第一节　祠庙发展的历史背景和形制

一、礼仪重建与礼仪思想

礼乐制度是儒家思想的重要内容，是中国古代王朝十分重视的一项政治制度。重建"制其等差，辨其仪物，秩其名位，所以正人伦，定尊卑，别贵贱"（《政和五礼新仪·原序》）的统治秩序是新王朝政治上的当务之急。

自宋初以降，礼乐制度的修制从未间断过。朝臣上下对礼乐制度如何接近古礼的讨论相当激烈。后周世宗时，礼官聂崇义考订古礼，制定了朝廷的礼仪制度，然尚未及用而国已灭。宋太祖即位的次年，聂崇义上进《三礼图》，儒士们就此特别对如何接近古代的礼图、礼器问题进行了充分的讨论。但古礼久佚谁也说不清什么最与古礼、古器相合。宋太宗时，根据唐《开元礼》制定了《开宝通礼》，旋又撰定《通礼义纂》。宋真宗时设置了专门制定礼仪的机构"详定所"（礼仪院），把礼仪制度的修订纳入常轨，历代诸帝都表现出对礼仪制度的高度重视。

宋仁宗时，宰臣贾昌朝撰《太常新礼》，欧阳修根据《开宝通礼》和《太常新礼》，撰定了《太常因革礼》。神宗时礼院进而修订《礼仪》，知谏院黄履认为"郊祀礼乐未合古制"，要求予以考证。儒臣陈襄也指出，礼仪"大率皆循唐故……，亦兼用历代之制"，然而"多戾于古"。随后，以龙图阁直学士宋敏求为首的儒臣重新审定了《朝会礼仪》《祭祀》《祈襄》《蕃国》《丧葬》等礼仪条文。徽宗政和三年（1113 年），进一步修成《五礼新仪》，国家礼仪制度更为详密完整。

五礼（吉、嘉、宾、军、凶）之中，以"主邦国神祇祭祀之事"的吉礼最重要，以国家的名义对各类神祇进行祭祀，表示帝王代表上帝之命而统治天下，这是儒家礼仪制度中的核心内容。其中除祈谷、雩祀和太社、太稷之祭与土地和农业生产直接相关外，大凡天地神祇、太庙后庙、五岳四渎等都在祭祀之列。神宗以来，新修的礼仪既有"变礼"，也有新增的礼仪。前者如"圜丘之罢合祭天地"，寿星改祀老人，重新认定僖祖（宋太祖五世祖）为始祖等；后者如哲宗时创景灵西宫，徽宗亲祀方泽、作明堂、立九庙、铸九鼎、祀荧惑等。

《宋史·舆服志》中，对"臣庶室屋制度"有称谓上的规定，"宰相以下治事之所曰省、曰台、曰部、曰寺、曰监、曰院，在外监司、州郡曰衙"；私居则"执政、亲王曰府，余官曰宅，庶民曰家"。对室屋的规制也不同，"凡公宇，栋施瓦兽，门设楼栝。诸州正牙门及城门，并施鸱尾，不得施拒鹊。六品以上宅舍，许作乌头门。父祖宅舍有者，子孙许仍之。凡民庶家，不得施重栱、藻井及五色文采为饰，仍不得四铺飞檐。庶人舍屋，许五架，门一间两厦而已"。

等级的规定反映了中国古代专制社会的一般礼仪特征，它使人一望而知主人的家第。一般说来，官府建筑和官僚宅地较多地受到制度的限制，有时也"自觉"遵守。如李遵勖娶万寿长公主，"主下嫁，而所居堂甃或瓦甓多为鸾凤状，遵勖令镵去"（《宋史·李遵勖传》），赢得宋真宗的赞许。司马光《涑水家仪》规定："凡为宫室，必辨内外，深宫固门，内外不共井，不共浴堂，不共厕。"反映了传统礼教对士大夫家族或家庭内部尊卑秩序的要求。

虽然有制度的规定，然而在现实中却是屡禁不止。宋仁宗时，包拯上书指责市肆工匠"任意制造，殊不畏惮"，"故违条制，厚取工钱"（《包孝肃奏议·请断销金等事》），要求予以取缔。宋徽宗时，曾对民庐作了规范性的礼仪要求，然而"民庐隘陋，初无堂、寝、陛、户之别，欲行之亦不可得"（《家室旧闻》卷下），最终不得不放弃了这种不切实际的规定。《政和五礼仪·原序》载："庶人服侯服，墙壁被文绣，公卿与皂隶同制，倡优下贱得为后饰，昏冠丧祭，宫室器用，家殊俗异，人自为制，无复纲纪，几年于兹，未之能革。"宋徽宗政和七年（1117年），臣僚上言斥京城中"居室服用以壮丽相夸，珠玑金玉以奇巧相胜"的风气；宁宗嘉泰初，"以风俗侈靡，诏官民营建室屋，一遵制度，务从简朴"（《宋史·舆服志》）。

二、"以礼治国"的措施

祭祀天地神祇是中国古代帝王直接参与的重大礼仪活动，受到历代帝王的重视。但是，到了唐末、五代，战乱频繁，朝代更迭，特别是五代短短53年之中，有13位君王成了阶下囚，君权神授的观念被打破，代之而起的是"天子，兵强马壮者为之"（《旧五代史·安重荣传》）。北宋王朝的统治者不希望这种情况再次发生，于是采取了加强礼制的国策，通过礼制活动，强化君权神授的观念。开国后便重新修订各种礼仪制度，频繁地进行礼仪活动，同时还建造了各种类型的礼制建筑。每位帝王都把祈求神灵保佑作为维护自己统治的精神支柱，因此宋代成为中国礼制建筑发展的鼎盛时期。宋太祖即位的第二年便下诏，命集儒学之士，研讨详定太常博士聂崇义献上的《三礼图》。到了开宝时期，"四方渐平、民稍休息"（《宋史·礼志》）。便命官吏编纂了《开宝通礼》200卷，继之又编写《通礼义纂》100卷，作为有宋一代礼制活动的纲要。宋真宗统治时期，与契丹通好，天下无事，于是使"封泰山、祀汾阴，天书、圣祖崇奉迭兴，……"（《宋史·礼志》）。仁宗景祐四年至庆历三年（1037—1043年），编出《太常新礼》及《庆历祀仪》。皇祐中期（1051年前后），历任四朝宰相时达50年的文彦博，撰《大享明堂记》20卷。到了北宋中后期，神宗、哲宗朝，又掀起一次修改礼仪制度的活动。一些官员认为，"国朝大率皆循唐故，至于坛壝神位、法驾舆辇、仗卫仪物，亦兼用历代之制。其间情文讹舛，多戾于古"（《宋史·礼志》），因此需要再次修订。《宋史·礼志》称宋代的"祀礼修于元丰，而成于元祐，至崇宁复有所增损"。

北宋末，徽宗皇帝进行了北宋时期第三次礼仪制度的修订。大观三年（1109年）完成《吉礼》231卷，《祭服制度》16卷，两年后的政和元年（1111年）又续修成477卷。政和三年（1113年）完成《五礼新仪》220卷。这一系列的修订不仅改变了前朝仪礼规模，还将久废之礼恢复。

皇帝的亲祀活动可随政治的需要而增减、变更，例如宋初曾以"三岁一郊遂为定制"（《群书考索》卷二十五）。但徽宗执政的25年间，亲郊达23次之多。又如真宗搞大规模的泰山封禅活动，也是有政治目的的。在大中祥符元年（1008年）十月，称泰山降天书，符瑞，皇帝携百官去泰山封禅，前后历时47天，并称通过封禅，可以"镇服四海，夸示外国"。此事正值"澶渊之盟"以后，为"涤耻"而为之。辽统治者十分迷信，再加上当时辽统治者内部矛盾加剧，对宋的进犯有所减弱。借此机会举行封禅活动，使其带上了神秘色彩。

宋代皇帝亲郊活动通过扩展其内涵，扩大礼仪活动的影响，成为牵动整个社会的仪典，用以标榜其文治精神。但这种排场巨大的活动是以金钱为后盾的。当时苏洵在《上皇帝书》中就曾指出："一经大礼，费以万亿；赋敛之不轻，民之不聊生，皆此之故也。"君王以金钱换取抬高自己身价的筹码，其国策是不可逆转的。苏洵指出了问题的实质："以陛下节用爱民，非不欲去此矣，顾以为所从来久远，恐一旦去之，天下必以为少恩，而凶豪无赖之兵或因以为词而生乱。"有宋一代，表面上礼仪庆典的排场空前隆重，但却埋藏着隐患。

三、宋真宗祭后土

北宋初年已定在京城汴京之北7千米祭后土，但宋真宗于大中祥符四年（1011年）却来汾阴祭后土，而且是历史上汾阴祀后土规模最大的一次。据《宋史·礼志》记载，大中祥符三年（1010年）六月，河中府进士薛南及父老僧道1200人上书宋真宗，"请亲祠后土"。宋真宗下诏未允准。继而薛南再次请示，河南尹宁王元偓亦表请文武百僚"诣东上阁门三表以请"。最后宋真宗下诏，同意明年（大中祥符四年）亲祭汾阴后土。命知枢密院陈尧叟为祀汾阴经度制置（总管）使，翰林学士李宗谔副之，枢密直学士戚纶、昭宣使刘承珪计度发运；河北转运使李士衡、盐铁副使林特计度粮草；龙图阁待制王曙、西京左藏库使张景宗、供备库使蓝继宗修治行宫、道路。宰臣王旦为大礼使，知枢密院王钦若为礼仪使，参知政事冯拯为仪仗使，赵安仁为卤簿使，陈尧叟为桥道顿递使，又以王旦为天书仪卫使，王钦若、赵安仁副之，丁谓、蓝继宗为扶侍使都监，内侍周使、皇甫继明为夹侍。发陕西、河东兵五千人赴汾阴。命翰林、礼院详定仪注，造玉册、祭器。祭前七日，先令陈尧叟到后土祠告祭河中府境内伏羲、神农、帝舜、成汤、周文武、汉文帝、周公庙。在脽下，先祭汉、唐六帝，以及告天地、庙社、岳镇、海渎等。派人到脽上筑祭坛，"其方丘之制八角三成，每等高四尺，上阔十六步。八陛，上陛广八尺，中广一丈，下广一丈二尺……"正坐（后土）备玉册、玉匮各一副，配坐（宋太祖、宋太宗）备玉册、玉匮两副。关于玉册、玉匮的规格尺寸、包装及如何给坎内瘗埋等，都有详尽的规定。祭祀前，皇帝要举行斋戒，散斋四日，致斋三日。

大中祥符四年（1011年）正月，"帝习仪于崇德殿，丁酉法驾发京师。二月丙辰至宝鼎县（现万荣县）奉祇宫。戊午致斋……庚申百官宿祀所。是夜一鼓，扶侍使奉天书，升玉辂。先至脽上。二鼓，帝承金辂，法驾诣坛，夹路设燎火，盘道回曲，周以黄麾仗。初，路出庙南，帝以未修谒不欲乘舆辇过其前，令凿路由庙后至坛次。翌日，帝服衮冕，登坛祀后土地祇，备三献，奉天书于神坐之左，次以太祖、太宗配侑册。文曰（以下为祭文，略）……帝还次改服通天冠，绛纱袍，乘辇谒后土庙，设登歌奠献遣官，分奠诸神。至庭中，亲所封石匮，还奉祇宫……是日，诏改奉祇曰太宁宫。壬戌，御朝觐坛，受朝贺，大赦天下。文武官并迁秩、叙封。建宝鼎县为庆城军。赐天下酺三日。宴群臣于穆清殿，父老于宫门。穆清殿，奉祇宫之前殿也。诏五使、从臣刻名碑阴"。宋真宗汾阴祭后土，从离开京城，到祀典结束，前后25天左右，在汾阴驻跸6天左右。最后祀西岳庙后，返回汴京。这次历史上规模最大的汾阴祭后土，为以后留下深远影响。特别是他御制、御书和篆额的著名的《汾阴二圣配飨之铭碑》（俗称"萧墙碑"），把宋太祖赵匡胤、宋太宗赵光义二圣也配于后土祠中。现存庙内金刻《后土庙图碑》中，可窥见宋金时后土庙的盛况。

《汾阴二圣配飨之铭碑》，无碑座，由五方碑拼成。碑身高2.52米，通宽7.14米。曾淹没于黄河泥沙中，1962年发掘出土，现嵌于后土庙东壁间。在碑的前面，原有铁人4尊，铸于宋大中祥符四年（1011年），是宋真宗汾阴祭土时作焚炉之具用的。宋真宗汾阴祭后土的当年，在后土庙立有两通纪念碑刻，一通为《祀汾阴坛颂》，宰相王旦撰文，尹熙古书，原在大宁殿后；另一通为《汾阴朝觐坛颂》，王钦若撰文，原在朝觐坛。现两通碑均已不存。

另外，历史上曾有过两件与汾阴有直接关系的铜鼎，现均下落不明。

四、礼制建筑的形制

在礼制建筑中除祭坛之外，还有祠庙，采取建筑群的形式。这类建筑群以主祭殿为中心，沿着一条中轴线向前后伸展。主祭殿所在的建筑空间多采用回廊院落式；其前列几重门殿，每重门殿各居一进院落，其后又有一两进院落。主祭殿规模大，等第高。有的礼制建筑群除中轴线上的建筑之外，还有一些附属建筑。建筑群周围设有墙垣、角楼等。其构成模式仿照当时最高等级的宫殿，因为这是给"神"或"先贤"修筑的建筑，并由皇家主管建筑工程的部门绘出建筑图样。还有一类是"明堂"，由于它是集祭祀、布政于一身的礼制建筑，且多规章限制，建筑形制尤为特殊。

现对祠庙内典型建筑及其布局特点做一分析：

1. 前导空间的建筑

在祠庙大门之前总有一较大空间作为前导，其中布置的建筑有遥参亭、准令下马亭、护龙池、棂星门等。其中棂星门是普遍采用的，其他建筑各庙不同，如遥参亭仅在东岳岱庙及中岳庙中出现。下马亭、护龙池仅在南岳庙中出现。棂星门皆采用三座乌头门并列形制，三者中高边低，如登封中岳庙、汾阴后土祠皆如此。遥参亭形制从中岳庙图碑所见者，为方亭，屋顶作重檐十字脊，与现存之八角形亭完全不同。

2. 庙垣建筑

祠庙庙垣多随其占地安排，大多为方整的围垣，

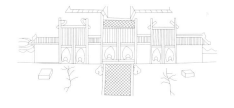

汾阴后土祠棂星门（局部）

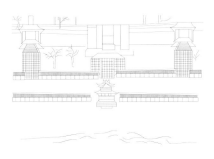

中岳庙遥参亭、棂星门

图3-1-1　前导空间示意图

如祭自然之神者。少数成自由形状，如晋祠。方整庙垣四角皆设角楼，有方形和曲尺形两种。方形者如汾阴后土祠，曲尺形者作二叠或三叠阙式，如中岳庙为二叠阙式，岱庙宋代角楼从遗址分析为三叠阙式。南侧角楼与庙正门一般处于同一东西线上，而庙垣可从南侧角楼再向南延伸、转折，至棂星门结束。这时庙正门与南侧角楼皆用廊屋连接。也有的自南侧角楼即转折至庙正南门结束，如泰安岱庙即是。庙北门设在与北侧角楼东西一线的北垣中央，东西墙垣有的设东、西华门，也有的只开随墙小门。在墙垣上直接开设的庙门，多为城楼形式。

3. 庙正南门

作门殿或城楼，实例如岱庙之正南门。门殿者开间多作五间，启三门，下置矮基出单阶。在三樘版门两侧立叉子。屋顶作九脊或四阿、单檐。门殿两侧与廊屋相连。廊间可置偏门，或于近角楼处作掖门，墙垣仿城墙形式，门开于墙垣上，采用方形木梁门洞，内装版门，城台上门殿形制同上。

4. 庙内核心殿宇——正殿与寝殿

祭庙中的主要殿宇皆设正殿与寝殿。因当时将神封为帝，随之便有供帝使用的朝与寝，这样便出现了采用前朝后寝格局的正殿与寝殿。正殿规模宏伟，可达七至九间，皆用重檐四阿顶，坐落在较高的台基之上，基前置双阶。寝殿规制稍减，两者之间多设连廊，构成工字殿，中岳庙的"琉璃正殿""琉璃过道""琉璃后殿"，后土祠的"坤柔之殿""寝殿"皆如此。这种工字殿还见于济源济渎庙之渊德殿及其寝殿、连廊，现尚存有宋代所建寝殿及部分连廊遗址。

正殿与寝殿周围多作回廊环绕，但在寝殿两侧常常布置一些小殿，作成通脊连檐房屋。

5. 正殿前殿庭

正殿前有较宽敞的庭院，院内设有献殿或露台（也有写作"路台"者），有的两者皆有。如中岳庙，院内有"降神小殿"，后有露台，后土祠则只有露台而无献殿。文献记载中此类例子较多，如宋东京在六月二十四日神保观所供之神生日时，"于殿前露台上设乐棚，教坊钧容直作乐，更互杂剧舞旋"。在诸岳庙举行祭祀活动时"设登歌奠献"，露台可能是作为"登歌"之用的台。只设献殿而无露台者如晋祠，但献殿与圣母殿非同期所建，或不具典型性。

6.门殿数重

在庙南门与正殿之间往往设有多重门殿，后土祠设三重门，中岳庙和南岳庙、孔庙皆设两重门；这也是依照宫殿之制的又一表现。根据每重门常用体量大小及屋顶形制的变化来区别其重要性，重要者可作五开间四阿顶，次要者仅三开间厦两头造。

除此之外，在中轴群组两侧和后部还有若干附属建筑，每座庙依其所祀神祇的不同而有所变化。这些祠庙虽在墙垣之内，建筑多整齐对称，但很注重美化环境，植松、栽竹，打破单调感，同时注意周边环境选择，多山水之胜。

第二节　汾阴后土祠

一、背景

古代称地神或土神为后土，《礼记·郊特牲》称："地载万物，天垂象，取材于地，取法于天，是以尊天而亲地也。故教民美报焉。"因此建庙祭祀。山西荣河县（今属万荣县），古称汾阴，在汾阴立后土之庙始于西汉后元元年（前88年）。北魏郦道元《水经注》载："汾阴城西北隅脽丘上，有后土祠。"汉唐以来，几代皇帝曾亲祀后土于汾阴。到宋代祀后土活动有增无减，对庙之修建也随之不断，并曾迁移庙址。据《文献通考》卷二十六载，宋太祖"开宝九年（976年）徙庙稍南"。"太宗太平兴国四年（979年）八月十三日诏重修后土庙，命河中府岁时致祭，……用中祀礼……"。（《宋会要辑稿·礼十四》）"真宗景德三年（1006年）十月二十四日，内出《脽上后土庙图》，令陈尧叟量加修饰。"（《宋会要辑稿·礼二十六》）并于景德四年（1007年）正月，将后土庙的祭祀活动升为大祀礼。到了大中祥符四年（1011年）二月又有过一次大祀活动，在这次活动之前从大中祥符三年（1010年）八月至次年二月曾兴工修庙，用了"凡土木工三百九十余万……（《续资治通鉴·卷二十九》）"由此可知自宋太祖至宋真宗时期，对后土祠有过较多的修建活动。此后，北宋其他帝王再没有重大修建之举，仅宋徽宗政和六年（1116年）为庙加上尊号。关于宋代后土祠的面貌，幸好有"蒲州荣河县创立承天效法厚德光大后土皇地祇庙像图石"一碑（简称庙貌碑）得以存留至今，使人们对宋后土庙形制有一概略的印象。

图3-2-1　汾阴后土祠鸟瞰图

二、后土祠建筑群的特点

后土祠是国家进行大祀活动的场所，规模宏大，其中主殿作九开间，重檐四阿顶。前设五重门。如图（3-2-1）所示为一座完整的宋代大型寺庙建筑群。整体建筑沿南北轴线成左右对称布局，前后分为七个空间。十进院落，错落有致，相互衬托成为不可分割的整体。整个建筑群西靠黄河、北临汾水。庙在中部，坛在后部。庙门之前建棂星门三座，门外左右有上马石及石狮各一。庙的大门左右各有廊，廊的两侧与角楼相接。入门之左有一圆井，左右各有一座单檐歇山顶方亭，系宰牲亭，此庭院为牺牲所。往北，正中为五间单檐歇山顶大门，名"太宁庙"。门侧有廊，左右各五间，中各夹一腰门。腰门三间，单檐悬山顶。廊两侧接角楼。角楼下为台，上为三间歇山顶小阁。祠内四角楼的形制均相同。

太宁庙左（西）为唐明皇碑楼，三间，重檐歇山顶，其右（东）

为宋真宗碑楼，五间，重檐歇山顶。碑楼之侧各有二殿，为享碑之祠所。

此院之北正对承天门，三间，单檐歇山顶；其右为"修庙记"碑楼，三间，重檐歇山顶，副阶周匝，相对一楼名称模糊不辨。二楼之东西各有一座单檐歇山顶井亭。

再北，为延禧门，三间，有廊，单檐悬山顶。两侧为宫墙，开二腰门。

从大门向北，经过三重庭院，才进入庙的主要部分。总体布局与唐朝不同，组群沿着轴线排列若干四合院，加深了纵深发展的程度，如碑刻中的汾阴后土祠图，就说明了这点。

这个庙的主要部分以四面围廊组成廊院，廊院共两重，院内的主要建筑就是后土庙的正殿——坤柔之殿，面阔九间，重檐庑殿顶，下部承以较高的台基，正面设左右台阶，殿的两山引出斜廊，与回廊相衔接，院中前面有一方形台，台后有一个用栅栏围绕的水池，左右建方亭，坤柔之殿之后为寝殿，寝殿与坤柔之殿之间，以廊屋连成"工"字形平面，与文献所载北宋东京宫殿大致相同。这种"工"字形殿和两侧斜廊及周围回廊相组合的方式，在建于北宋开宝六年（973年）的河南济渎庙和金代中岳庙的图碑中也可以看到，是这个时期出现并影响后代建筑的一种布局。这种利用平矮而连续的回廊以衬托高大的主体建筑，达到主次分明的效果，是中国古代建筑的常用手法。

在中央主要廊院的两侧，各有三座小殿，其右（东）从南到北依次为真武殿、六甲殿、五道殿，其左（西）从南到北依次为五岳殿、六丁殿，最后一殿名称模糊不清，左有两侧小殿，均用廊子和中央廊院的东西廊相接。

廊院以北，用围墙将祠中廊院与祠后的坛院一分为二，围墙正中突起高台，上为三间单檐悬山顶小殿，后接一个"工"字形高台，台上有一单檐方亭。

最后部分的坛，周围遍植树木，中有横墙隔为前后两院。前院左侧有一座重檐方亭，供古代祭祀官员休憩之用。后院正中为旧轩辕扫地坛，位居祠的最北端，上建重檐九脊殿，左右有配殿，庙的后墙作半圆形，寓意天圆地方。

《文献通考》卷七十六载："建邦国先告后土。"历代帝王建邦立国，首先要到汾阴祭祀后土，把它作为国家社稷祀典的头等大事。从庙貌碑"历朝立庙致祠实迹"可知，汉、唐、宋三朝就有8位帝王曾24次亲祀汾阴后土祠，并数次将后土祠扩建，至宋大中祥符四年（1011年），庙貌碑碑文称其"南北长七百三十二步，东西阔三百二十步"，为"海内祠庙之冠"。

和中国封建社会历代皇宫一样，宋代后土祠的设计思想也是体现帝王权力的，它的总体规划和建筑形制用于体现封建宗法礼制和象征大地之神的精神感染作用，要比实际使用功能更为重要。为了显示整齐严肃的气概，主要建筑严格对称地布置在中轴线上，在整个后土祠中以坤柔之殿为重心，为了更加强调后土的尊严，在坤柔之殿前面布置了一系列的庭院和建筑，其中棂星门至太宁庙为一段，太宁庙至承天门又为一段。承天门以后，又经延禧门、坤柔之门，才进入坤柔之殿。这一系列处理手法渲染出后土的重要地位，使人们在进入坤柔之殿之前就感受到严肃的气氛。沿着一条纵深的路线，对称或不对称地布置一连串形状与大小不同的院落和建筑物，烘托出种种不同的环境氛围，使人们在经受了这些院落与建筑的空间魔力感染后，最终能达到某种精神境界——或崇敬、或肃穆，这是中国古代建筑群所特有的艺术手法。

中轴线上自南而北为棂星门（低、小）——T形狭长庭院——太宁庙（高、大）——长方形庭院——承天门（低）——长方形庭院——延禧门（低）——长方形庭院——坤柔之门（低）——方形宽大庭院——坤柔之殿（高、大）。在到达主殿坤柔之殿前，需经过千余米长的轴线及高低大小不同的五门五院，以衬托至高无上的威严。

主祭区采用廊院式布局，建筑空间纵向伸展，烘托出主殿之雄伟。与主殿相连之廊做成斜廊，是

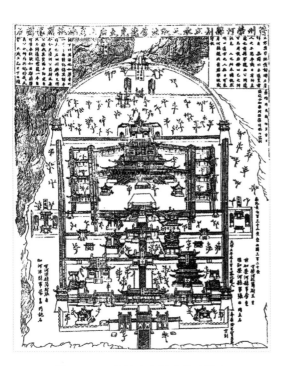

图3-2-2　汾阴后土祠庙貌碑摹本

这一时期廊院建筑群之特征。

围墙做成南方北圆形式，是"阴阳"思想在建筑群组合中的反映。"后土"之神代表地，古代阴阳哲学认为天为阳，地为阴，后土神的形象自隋以后逐渐变为女性，女性属阴，以月象征，故作半圆形。

建筑群组的空间序列采用前部疏敞、后部集中的处理手法，前四进院落为方形，到第五进转成纵长院落，前四进院以门为分隔，两侧均布置二层楼以上的建筑，体量大，入太宁庙门后便见一线串通，直达坤柔之殿。两侧楼阁相夹，过坤柔之殿及寝殿后，中轴线转为虚轴，到达配天殿后的工字坛，轴线结束，但尚未终了，最后以高高隆起的轩辕扫地坛作为终点。中轴线两侧的建筑采用向心式布置手法，大多朝向中轴线，成东西向，特别是坤柔之殿东西廊之外的6座小殿，每个小殿自成一院，皆只有廊屋陪衬，均朝东向或西向，这在一般建筑群组合中极为少见。

个体建筑形式丰富多样。后土祠中各类建筑追求形式的变化，如"门"类，有乌头门、门屋。门屋中的组合三门带连廊，如太宁门。一门带挟屋如延禧门。还有单独一幢门屋者。门采用的屋顶随其等第的高下而变化，有四阿顶，如坤柔之门；有九脊顶，大多数门取这种形制；有悬山顶，如太宁门两侧的门。其中看楼阁建筑，除一般常见的二层楼带腰檐平坐者之外，还有二层上下皆重檐带平坐的楼阁，如宋真宗碑楼。宋真宗碑楼为我们提供了重檐平坐楼阁的宝贵史料。工字殿，前后建筑以平廊相连，和配天殿与后部亭子用斜廊连接。这种不在同一标高上的建筑用斜廊连接，尚属首例。

"宋朝的祠祀建筑分为三个等级，后土祠是按照最高级的标准修建的。"[1] 由此可知当时后土祠的等级之高、规模之大。

---

[1] 刘敦桢.中国古代建筑史（第二版）［M］.北京：中国建筑工业出版社，1984：197.

第三节　晋祠和圣母殿

一、晋祠的位置和圣母殿

晋祠位于太原西南 25 千米，在悬瓮山东麓，这里山峦屏障，松柏苍翠，流水环带，楼台殿阁错落于绿荫之间。祠内古木参天，碑碣夹道，泉水随溪道涌出，池水清碧，游鱼可数；山堂水殿间，浓荫四布，气度极为严肃。廊庑碑碣，钟楼偏院，石径楼台，溪流映带，颇为曲折幽深。

圣母殿为该寺最雄伟的一座大殿，它与水镜台遥遥相对，其中有鱼沼飞梁、献殿、对越坊，金人台、铁汉桥等，构成庙内主要的中轴线建筑。《史记·晋世家》载："武王崩，成王立，唐有乱，周公灭唐，成王与叔虞戏，削桐为珪，以此封若。"相传当时的唐国就在现在的晋祠东北古晋阳城，叔虞子燮父因境内有晋水改国号为晋。后人为了纪念兴农田水利有功的封建领主，建祠奉祀，故名为晋祠。

祠的始建年代已无可考，据《魏书·地形志》："晋阳西南有悬瓮山，一名龙山，晋水所出，东入汾，有晋王祠……后人因之蓄为池沼，建祠水侧，结飞梁于池上。"又北魏郦道元《水经注》曰："沼西际山枕水，有唐叔虞祠。"据以上两文所述，祠的建造年代可追溯到北魏之前。北齐高欢起兵晋阳，将晋阳定为北都，除在晋阳兴建大明、晋阳等宫外，还在晋祠大兴土木。据唐叔虞祠元至元汾东王庙碑记："北齐天保中大起楼观，祠西山上有望川亭，祠中两泉，北名善利，南名难老，皆做亭以庇之祠南，大池西岸有流杯池，池上曰均福堂，堂后曰仁智轩，其南曰涌雪亭，池中岛上曰清华堂，亭曰环翠。"《北齐书》记载："后主天统五年三月行幸晋阳，四月，诏以并州尚书省为大基圣寺，晋祠为大崇皇寺。"由上文所载，北齐时代的晋祠是洋洋大观，规模也是非常宏伟的。

隋大业十二年（616年），李渊为太原留守，曾祷于晋祠，"太宗贞观十九年乙巳冬子二月，驾至并州，驻跸晋阳宫"。《册府元龟》载："太宗贞观（二十）年正月幸晋祠，树碑制文，亲书于石。"后晋石敬瑭居太原于天福六年（941年）封唐叔虞为兴安王，而晋祠为兴安王庙。

北宋太平兴国四年（979年），宋太祖灭北汉后，拆除古晋阳城，移太原唐明镇，而大修晋祠。北宋赵昌言撰的《新修晋祠铭并序》碑云："乃眷灵祠，旧制仍陋，宜命有司，俾新之大，……观夫正殿中启，长廊周布，连甍盖日，巨栋横空，千楹藻耀，皓壁光凝于秋月，……于兹大备，况复前临曲沼，后拥危峰，泉源鉴澈于百寻……"重修汾东王庙记："适宋天圣后改封汾东王，又复建女郎祠于水源之西，东向。熙宁中始加昭济圣母号，则其品秩即明矣，王殿南百余步为三门，南二百步许为景清门，门之外东折数十步合南北驿路，则庙之制又甚雄且壮矣。"祠内规模浩大，殿堂雄伟。

据祠内胜瀛楼廊下北宋姜仲谦撰的谢雨碣文："维宣和五年，岁次癸卯五月，朔癸丑初七日……祭于灵昭济圣母，汾东王之祠……远龙香之芬苾兮，耸冠佩之陆离，步长廊之回环兮，考故事于丰碑。"《太原县志》云："晋祠祀叔虞之母邑姜。"按《太原县志》，清人周景柱《太原晋祠记》中载，圣母"庙故为女郎祠，不知所从始。宋真宗时，因祈雨有应，遂加封号称昭济圣母"。由宋开始，晋祠原来祀唐叔虞为主的兴安王庙已误为祀叔虞的母亲邑姜的圣母庙。由现存祠内中轴线建筑来看，已经是东向的圣母殿为主。后人为了奉祀唐叔虞，就迁建在现存南向的叔虞祠。关于圣母殿的创建年代，《山西通志》载："晋源神祠……宋天圣年间建女郎祠于水源之西。熙宁中守臣请封号显灵昭济圣母，庙额曰惠远。"圣母殿内脊槫下题记"大宋崇宁元年九月十八日奉敕重修"。参照文献和实物，脊槫下题的字迹是比较可靠的，年代大致可信。

圣母庙殿修建之缘起，正如《新修晋祠铭并序》碑中所谓"正殿中启，长廊周布……前临曲沼，后拥危峰"。而圣母殿所在位置是整个晋祠之中央，恰在善利与难老两泉之间，故称正殿中启。与前碑文或文献中"沼西际山枕水，有唐叔虞祠"，或北齐天保年间的景况"祠西山上有望川亭，祠中两泉，北名善利，南名难老"相对照，说明在现今圣母殿的位置，自周代起一直有祠庙建筑，到太平兴国九年（984年）新建"巨栋横空"。当时未必是作为祭祀圣母的建筑，直到宋真宗时才封"昭济圣母"，将殿宇改称圣母殿。由此确认圣母殿建筑的建造年代应为北宋太平兴国九年（984年）以前。到了金代，在圣母殿前又加建了献殿，后来又陆续增加对越坊、钟楼、鼓楼、水镜台等，使宋代确立的圣母殿主轴线更加突出。宋以后，晋祠在元至元二年（1265年），明洪武、天顺、景泰，清康熙、乾隆等朝又有数次重修和增建。因此，晋祠内还有三台阁、关帝庙、昊天祠、东岳殿、文昌宫、三圣祠、胜瀛楼等。

二、宋、金时代晋祠的建筑特色

1. 选址

晋祠选择了背靠悬瓮山，泉水集中的地段，晋水的第二源头。难老、善利二泉，一南一北，相距约110米。早在北齐天保年间在泉眼旁各建一亭。在两亭之间，则"蓄以为沼"，因鱼游，故名鱼沼。圣母殿在鱼沼西侧，难老、善利二泉在大殿左右。圣母殿前有一定的空间，供人们活动，将飞梁架设在鱼沼之上。

在以血缘关系为纽带的宗法制社会，历来把营造宗祠放在首要地位，《礼记·曲礼》说："君子将营宫室，宗庙为先。"古人相信，祠庙的选址，不仅关系到敬祀祖先，而且关系到子孙后代的盛衰。因此，风水形势极佳的悬瓮山和晋水交汇处成了他们营建祖祠的最佳地点。

大约在北朝以后，佛教的庙宇开始进入晋祠，道教的殿堂也依祠而建，形成儒释道共处一祠的格局。形成这种局面的主要原因是晋祠的秀丽景色和风水形势，所谓"天下名山僧占尽""寺缘山以侈其规，山缘寺以标其胜。"《晋祠志·祠宇》："夫百神诸灵，以天地为乡，以山川为家，浩气塞乎两间，英灵贯乎千古。瞬息千变万化，渊乎其莫测，何待占一丘一壑之胜，营一宫一室之安，与编户列屋而居哉。"这无疑是对晋祠儒释道共祀一祠的极好说明。

佛教讲究清静无为，故而多选择山水清淑之境作为参禅修炼的场所。元代《重修奉圣寺记》碑说："山静而见能仁之性，水清而涤尘世之情，过者瞻仰，可以感发人之善心。"道教与自然本来就有密切的关系，讲究与自然的亲和，善于借自然界山水的变幻莫测来陪衬其宗教教义。

2. 建筑布局

晋祠的建筑布局大多采用中国传统的中轴线对称布局方式，如圣母殿一线建筑、唐叔虞祠、昊天神祠、文昌宫和奉圣寺等。这种布局方式，基本上反映了封建社会所要求的秩序和伦理关系，体现了建筑的物质功能和精神功能的统一。以唐叔虞祠为例，其基本布局形式为中轴线庭院对称式格局，祠分前后两进院落。以山门——献殿——正殿为主轴线，安排内部空间，其中山门建在高耸的台基之上，前院献殿和山门之间绕以对称的围廊，后院正北为祭祀叔虞的正殿，左右两厢辅以配殿。这种布局方式反映了中国古代社会的宗法和礼教制度，秩序井然，主次分明，具有明显的空间次序，充分体现了宗族祭祀观念以及以血缘和地缘为纽带的安身立命的社会秩序和以德之高低定尊卑的原则。同样佛教和道教建筑也多采用以庭院为单元的中轴线布局形式。奉圣寺坐西朝东，由前后三进院落组成，在主轴线上依次布置山门、中殿和正殿，并在两侧对称布置配殿。与唐叔虞祠所不同的是其建筑名称和功能依佛教教义有所改变。山门是奉圣寺的大门，象征佛教"三门解脱"的观念，即空门、无相门和无作门。山门左右为钟鼓二楼，一般认为晨钟暮鼓之声有警世和超度亡灵的作用。中殿塑佛像三尊，后殿供奉释迦牟尼，故又称大雄宝殿，大雄宝殿是对佛法力的尊称，因此它是佛寺中等级最高的建筑。

中轴线两侧的厢房为伽蓝殿、祖师殿、观音殿和地藏殿。由此可见，佛寺建筑虽然名称和功能同传统建筑有别，但其布局形式却是传统庭院建筑的模式。昊天神祠和文昌宫同样是庭院式建筑布局，所不同的是有"仙人好居楼"之说，因而它们的主体建筑都是重楼形式。

3. 圣母殿一线建筑释义

建筑是地域文化和时代文化的载体。圣母殿一线的对越坊之前是莲花台，台正中有琉璃小楼，台四隅有铁人四尊。宋元祐间铸一尊，

图3-3-1　晋祠鸟瞰图

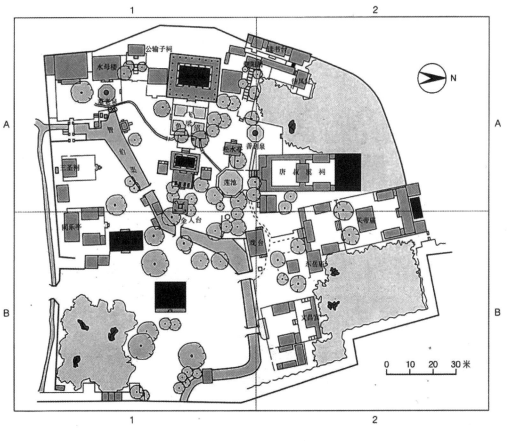

图3-3-2　晋祠平面图

宋绍圣年间铸二尊，民国年间补铸一尊。《晋祠志》称铁人"此晋祠镇水金神也"，并说："铁本墨金，熔铁铸人，名曰金神。祠为晋水发源之区，镇以金神，亦谓金能生水，有金则水愈旺矣。"据米彝尊《曝书亭集》载，晋祠铁人原在晋祠圣母庙阶下，而非后来的金人台上。一些从事戏剧研究的学者，据此理由结合莲花台的称谓，以及对照山西高平开化寺正殿壁画中祠庙"莲花台"上演戏的实录（此台正中有须弥座莲花台）推测，此台为晋祠"水镜台"建成前的"露台"（古戏台的一种）。古人铸金人是受五行之说影响，渴求泉水永世，同时也有祈福和壮圣母威仪之意。鱼沼飞梁之东有宋政和八年（1118年）所铸铁狮一对。晋祠其他建筑前也多置狮子。从历史上看，狮子属于舶来品，大约在汉代由西域传入中国，并逐步成为建筑物前的重要装饰题材之一，佛教认为它是佛法威力的象征。《景德传灯录》说，"释迦佛生时，……作狮子吼云，天上天下唯我独尊"。狮子由于具有这种威慑力量，逐渐成为祠庙中的必备法器，成为护法、避邪以及权威富贵的象征。随着宗教的世俗化，狮子也从早期身有翼膀，面目狰狞，变为既勇猛又柔顺，既威严又和善的可亲形象。从宋政和年间所铸的这对铁狮子看，它们的躯体粗壮，肌肉发达，头顶螺发，虎目圆睁，撅鼻海口。雄狮右爪抚弄绣球，雌狮左爪抚压幼狮。两狮头部侧向过道，左右呼应。

金人台之东是"会仙"石桥，它横跨于贯通晋祠腹地的晋溪之上。此桥造型古拙，桥面宽窄适度，与圣母殿一线建筑和谐。桥命名为"会仙"而不是"会神"。因为成仙可在现世，仙比神更具人间世俗的色彩。结合"柳氏坐瓮"传说和圣母殿内的空间气氛，可从一个侧面表现出晋祠民间宗教所追求的"神人共依"的观念。

水镜台（戏台）在圣母殿一线建筑最前端，平面方形，四周围廊，单檐歇山顶，为祭祀圣母时演戏酬神的场所。在古代，祭祀活动和礼仪都被称为"礼"。古人以为祭神必须娱神，娱神必须有歌舞，在祭祀活动中，如果没有相应的"乐"相配，礼会失去庄严肃穆的气氛，礼的节奏和秩序也无法掌握。因此，行礼必须同时举乐。这就是民间祠庙中多有戏台的原因。同时也应该看到，祭祀时的歌舞是民间喜闻乐见的传统剧目。戏台对圣母崇拜的社会化产生了巨大的影响。

早在汉代，中国就有定型的戏台形式。唐代的戏剧演出多在"场园"和"乐棚"中进行。宋代戏剧登上了"露台"，即高出地面的露天舞台，继而增设了屋顶结构，发展为"舞亭"和"舞楼"。晋祠现存戏台两座，除水镜台外，还有昊天神祠对面的"钧天乐台"。

圣母崇拜兴盛于宋代，而其神格化"晋源水神"和人格化"叔虞之母"的最终确立直到明清时期才完成。可见，圣母崇拜经历了一个漫长的历史过程。这期间，人们对圣母的崇拜和祭祀也经历了一个不断深化的过程，这一点从圣母殿前逐渐丰富起来的一线建筑中得到了印证。

献殿为陈设祭品之所，为祠庙举行祭祀活动的场所。殿内原立有历代皇帝御制的祭祀圣母的诰文和祝文。古人云："致物于尊者曰献，从犬厉声。宗庙犬名羹献，犬肥者以献之，《曲礼》所谓犬曰羹献是也。尊神之前无献殿，则诚敬无以昭。惟其有之，斯足壮观瞻，伸严肃焉。"献殿楹联曰："圣德著千秋，维其嘉而维其时，精神不隔；母仪昭万世，于以盛而于以奠，灵爽堪通。"由此可见，献殿的作用，纯粹是严肃虔诚，恭维礼仪之场所，其文化意义显而易见。

钟鼓楼在献殿和对越坊左右。祠庙中设置钟鼓楼始于唐代，兼有报时和礼制意义。《晋祠老钟识》铭曰："敕封广惠显灵昭济圣母庙钟成叙文：'尝闻夏有禹之声，周有文王之声，则钟声铿锵以立号，乐莫大于此者，是钟也。"这里钟楼的兴建，显然被赋予了伦常礼制的意义。

另外，民间传说，每当祭典圣母的钟声敲响时，就会引来阴云，降下甘霖，因此，"晋祠无旱年"。它反映了民众的希望，这也是晋祠钟楼的独特之处。

对越坊在献殿前，四柱三楼式，与钟鼓楼同年创建。坊上匾额东颜曰"万古流芳"，西颜曰"对越"。"对越"语出《诗·周颂·清庙》"对越在天，骏奔走在庙，不显不承，无射于人斯"，具有报答、弘扬功德的含义。

4. 浓厚的人间气息

圣母殿是一座祭祀人们心目中富有智慧之"神"的殿堂。圣母为唐叔虞之母邑姜，是周代的皇后，她头戴凤冠，左手微举，凝视前方。在圣母像周围布置了42尊仕女宦官像，并依照宫廷内的女官所担当的文印、翰墨等不同职务塑出不同形象。同时还有若干宫女，为皇后侍起居、奉饮食、梳妆、洒扫、奏乐、歌舞等。有的体态丰满，有的身材纤弱，但大多表情庄重，姿态沉静，只有极少数面带笑容。他们那面无表情的样子，表现出在权贵圣母周围，小心行事的内心世界，这正是宋代宫廷生活的写照。通过这组塑像，和盘托出的不是圣母一人，而是一组宫廷生活的片段。这样便使"神"化了的圣母，又回到了人间。使祭拜者与她的距离缩小，尽管大多数祭拜者是圣母统治下的臣民，有等级之差，但毕竟不是虚无缥缈的，这组塑像反映了祭拜者对现世统治者的期望。在圣母殿的建筑处理上，采用加宽前廊的手法，为祭拜者提供了较大的活动空间。同时圣母像的帐座低矮，仕女站在只有约 20 厘米高的小台上，削弱了一般祭殿的严肃气氛。祭拜者虽未能贴近圣母像，但却可从敞开的外廊空间，从与人处在同一高度的仕女塑像中感受到亲近，使圣母殿建筑环境具有较强的人文气息。塑像用了写实的手法，大小如同真人一般，比例准确，服装鲜艳，衣纹轻快，体态轻盈、丰满、自然，面貌清秀圆润，眼神贯注，表情逼真，其中几个身着男服的女官，恭谨谦微。宫娥装束者 30 余尊，分列于龛外两侧。通过她们的手持之物，可以看出她们各自所司的职务。从塑像还可看出侍女们不同的经历和年龄的差异，以及各自的面部表情，或审慎专注，或细语倾诉，或忍俊不禁，或凄楚不悦，虽殿堂气氛肃穆，但掩盖不住她们的内心情感。

宋以前塑像主要表现宗教人物，晋祠的宋代彩塑，把雕塑艺术从宗教中解脱出来，赋予人的生命和情感，在雕塑史上具有划时代的意义。郭沫若有诗云："倾城四十宫娥像，笑语嘤嘤立满堂。"即是这种生命与情感的写照。

三、圣母殿

（一）圣母殿的沧桑

据圣母殿脊槫下的题记记载，"大宋崇宁元年九月十八日奉敕重修"，可以确定其重修年代。不过此时间前后圣母殿已经有过多次重修，这与自然灾害有关。据文献记载，宋景祐四年十二月初二，太原地区发生 7.3 级地震，裂度达 10 度。宋建中靖国元年十二月辛亥发生

图3-3-3 晋祠圣母殿

图3-3-4 圣母殿侍女像

6.3级地震，裂度达8度，这次地震使晋祠西侧的悬瓮山巨石摧崩，圣母殿受到毁坏。现存圣母殿所题"崇宁元年九月十八日"应是这次地震后重建的年代。

（二）圣母殿的形制与特点

1. 结构构架分析

圣母殿面阔七间，进深六间，重檐九脊顶。殿身面阔五间，进深八椽，副阶周匝。殿身采用殿堂式构架体系，体态、整体梁架为乳栿对六椽栿用三柱结构形制。内柱与外柱同高。副阶构架为乳栿、劄牵，插入殿身檐柱至前檐改用四椽栿，其上叠架三椽栿，插入殿身内柱。殿身前檐柱做成短柱，立在三椽栿上。这样便在前廊形成了较开敞的祭拜空间。说明宋代建筑也不拘泥于形式，可谓减柱造的前身。六椽栿之上有五椽栿、四椽栿、平梁，层层叠落，梁间用驼峰垫托，只有

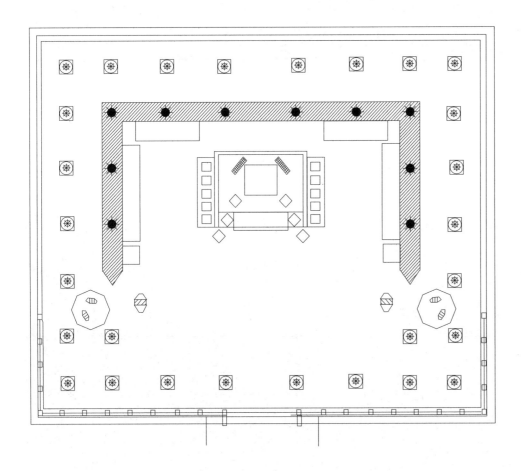

图3-3-5　晋祠圣母殿平面图

平梁梁端的驼峰上又架有一层十字相交的斗栱。各层梁端均有襻间枋作为纵向联系构件，它们与斗栱中的罗汉枋，正心素枋及柱头间的阑额、普柏枋，共同构成纵向梁架。各层梁的两端均有托脚。整组构架彻上明造，对称整齐，只是最下一层的乳栿及六椽栿梁断面小于上部各梁，不合《营造法式》规定。山面设有丁栿，搭在六椽栿上，为承托山面椽尾及出际，于丁栿上另立草架柱子。殿的角部在 45 度对角线方向，栿上置十字相交的令栱，以承托下平槫交角，再上则施隐角梁。而其大角梁尾施于槫、替木及十字令栱之下，与下昂尾相抵，仔角梁尾则只到正心方交角处，即正对角柱中心的位置。为防止仔角梁向前滑动或翻跌，将隐角梁前端插入仔角梁尾。这种做法为《营造法式》规定仔角梁长度"外至小连檐，下斜至柱心"提供了例证。

殿身及副阶柱均有明显的侧脚与生起，殿前八根副阶檐柱均为盘龙柱形式，龙为宋元祐二年（1087 年）雕成，是我国现存最早的木盘龙柱。

2. 斗栱铺作分析

殿内上下皆施斗栱。此殿斗栱共有 8 种。

①下檐柱头铺作，为双下昂单栱造五铺作，由栌斗口出下昂两跳。第一跳跳头上施瓜子栱托罗汉枋，第二跳用令栱和耍头相交以承上面的撩檐枋，斗栱的后尾则连续伸出华栱两跳，作为偷心造，以承四椽栿。柱头中线上由大斗横出泥道栱跳柱头枋五层，各以散斗相隔。

②下檐补间铺作，每间补间铺作一朵。为单栱造五铺作单抄单下昂，自栌斗出华栱一跳，跳头上用瓜子栱承上面的罗汉枋；第二跳上施令栱和耍头相交，上承撩檐枋。耍头斫成昂嘴形，斗栱后尾，以栌斗口出华栱两跳作为偷心，承上面的挑杆。

③转角铺作，其正侧两面，五铺作双下昂，与柱头铺作相同。只是在 45° 角线上出角昂三层，宝瓶以承角梁。斗栱后尾出华栱两跳作，第二跳跳头上托翼形栱，承四椽栿。

④上檐斗栱柱头铺作，双抄单下昂六铺作，从大斗出华栱两跳。第一跳上置翼形栱，第二跳上置瓜子栱和罗汉枋，第三跳出昂，上安令栱和耍头相交承上枋。铺作后尾出华栱三跳，第一跳作偷心，第二跳上置瓜子栱罗汉枋，第三跳托罗汉枋和耍头相交承乳栿，柱头的中

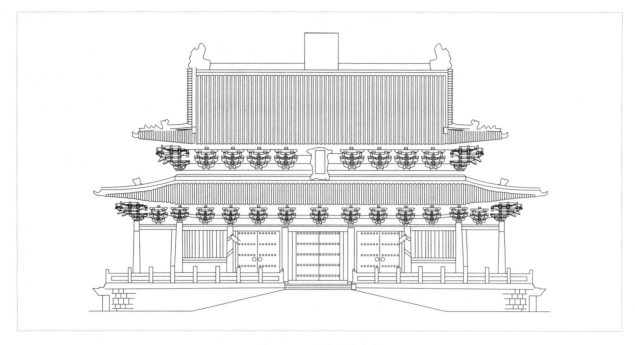

图3-3-6　圣母殿正立面

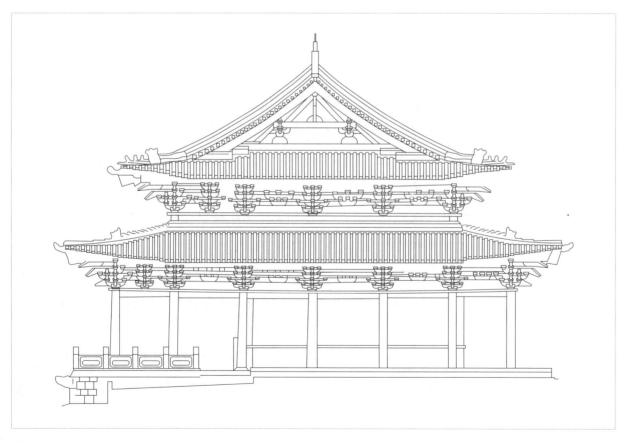

图3-3-7　圣母殿侧立面图

线上，出泥道栱，上接柱头枋四层，每层用散斗托垫，栱眼均用土坯砌。

⑤上檐补间铺作，是单抄双下昂六铺作，由大斗口出华栱一跳，第二、三跳是下昂，第二跳偷心，第三跳上施令栱与耍头相交，令栱上安撩檐枋。斗栱后尾出华栱两跳，第一跳偷心，第二跳施令栱和耍头相交承罗汉枋，柱头中线上横出泥道栱一跳，柱头枋四层，各层用散斗垫托。

⑥上檐转角铺作，用在角柱上，正侧两面，出双抄单下昂，与平身柱头铺作同，但在45°的角线上，出华栱两跳和角昂一层劈竹耍头，上安宝瓶承角梁。斗栱的后尾出华栱四跳，第一跳为偷心和泥道栱相列，第二跳偷心，第三跳托耍头和翼形栱相交承托罗汉枋。

⑦内槽斗栱、斗栱铺作，前后出华栱三跳。第一跳华栱为偷心，第二跳华栱托瓜子栱，第三跳托罗汉枋并和耍头相交，承上面的乳栿。斗栱的中线上，按正心枋五层，层层相叠，各层用斗垫托。

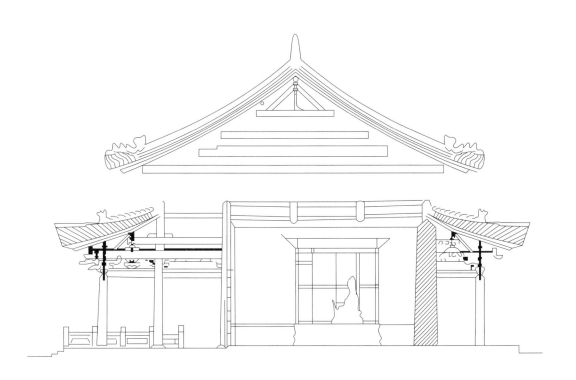

图3-3-8　圣母殿断面图

⑧上檐背面次间补间铺作，是单抄双下昂六铺作。第一跳华栱，上置异形栱；第二跳为平出昂一跳，上置瓜子栱托罗汉枋；第三跳为平出昂一跳，上托令栱，各耍头相交托撩檐枋。铺作后尾，出华栱四

图3-3-9　圣母殿纵断面

图3-3-10　圣母殿梁架仰视图

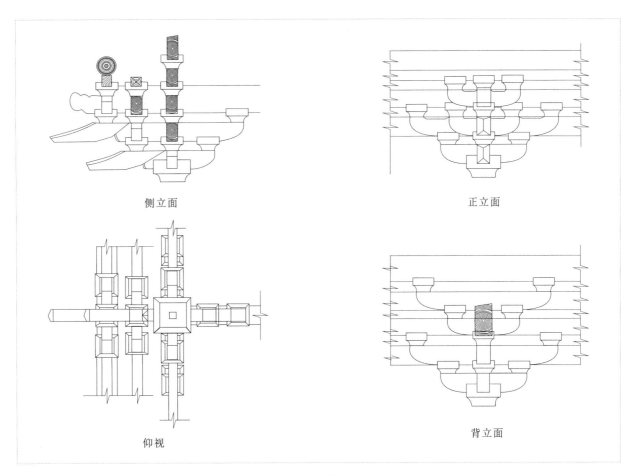

側立面

正立面

仰視

背立面

图3-3-11 一层檐柱头斗栱图

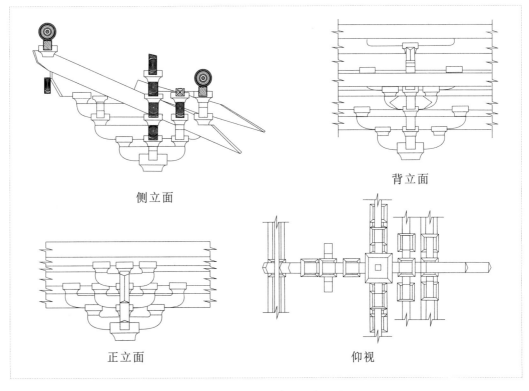

側立面

背立面

正立面

仰視

图3-3-12 一层檐补间斗栱图

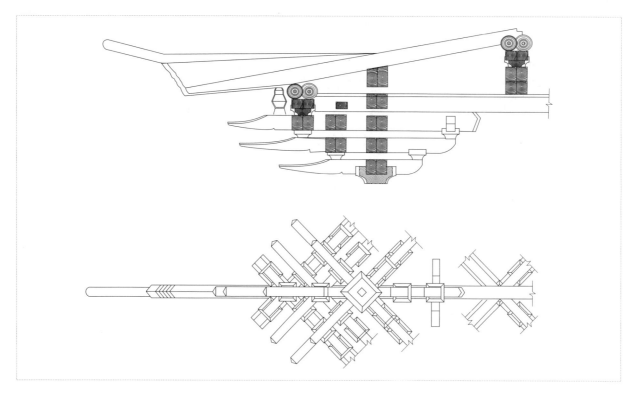

图3-3-13 一层转角斗栱图

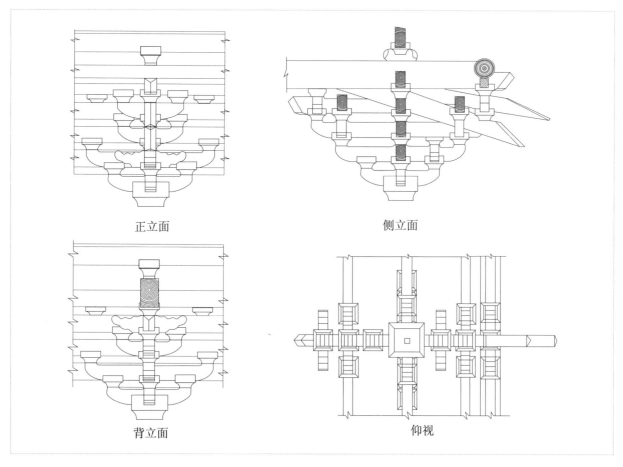

正立面

侧立面

背立面

仰视

图3-3-14 二层前檐柱头斗栱图

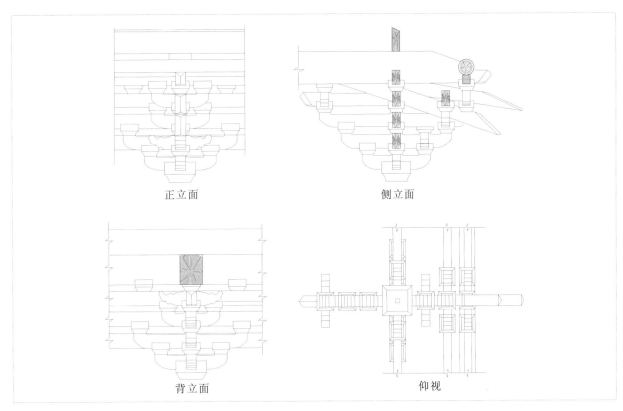

正立面　　　　　　　　　　　　側立面

背立面　　　　　　　　　　　　仰视

图3-3-15　二层檐后檐柱头斗栱图

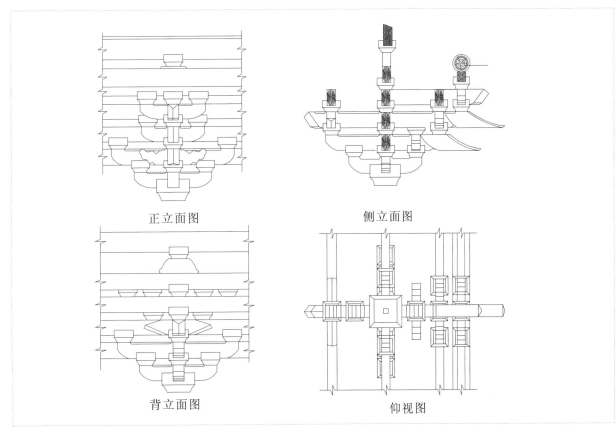

正立面图　　　　　　　　　　　侧立面图

背立面图　　　　　　　　　　　仰视图

图3-3-16　二层檐前檐补间斗栱图

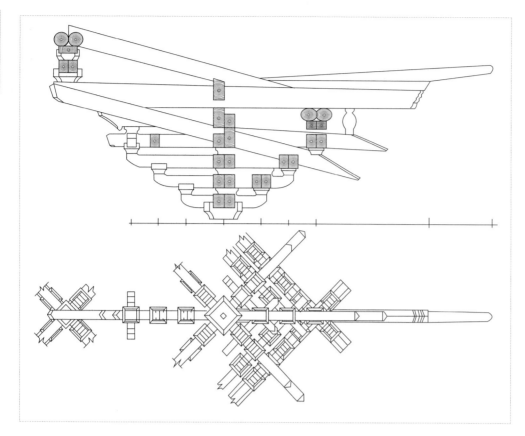

图3-3-17 二层转角斗栱大样图

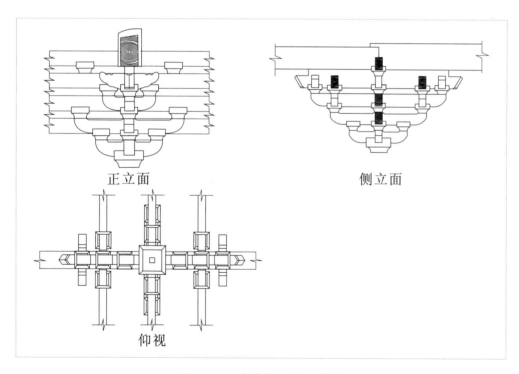

正立面   侧立面

仰视

图3-3-18 内槽柱头斗栱大样图

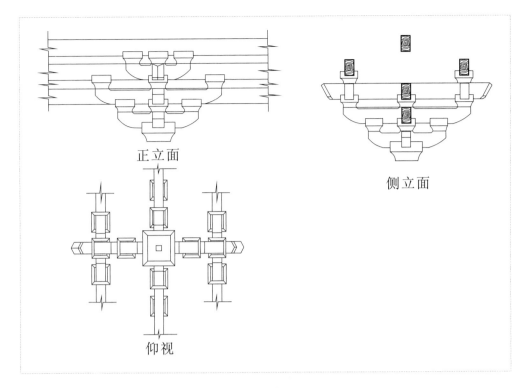

正立面

侧立面

仰视

图3-3-19　内槽补间斗栱图

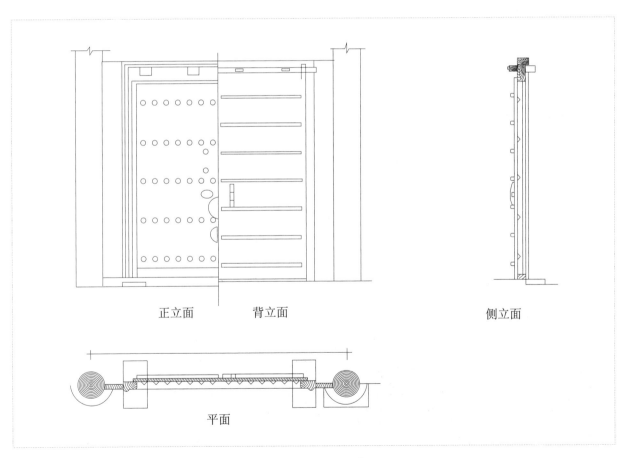

正立面　　　背立面

侧立面

平面

图3-3-20　明间大样图

跳，第一跳偷心，第二跳上施梭形栱，第三跳作偷心，托上面的挑杆，正心出泥道栱一道，正心枋四层，每层由散斗垫托。殿内梁架为彻上露明造，上檐梁架如宋《营造法式》，八架椽屋乳栿对六椽栿用三柱的做法。殿前廊子深两间，故在四椽栿上用柱承上面的三椽栿，柱头上施六铺作斗栱。内槽的六椽栿和外槽相对，大斗接置五椽栿和外面的劄牵相对，其上用四椽栿、平梁和侏儒柱、叉手。两端用托脚斜撑。

屋顶，举高为3.87米，与前撩檐枋间距离之比为17.04米（约为1∶4）。

殿内装修，当心间、两次间均装版门，两梢间装破子棂窗。

四、鱼沼飞梁

鱼沼飞梁，位于圣母殿和献殿之间，在水源之处建鱼沼一方，飞梁横跨鱼沼之上。据北魏郦道元《水经注》所载："昔智伯遏晋水以灌晋阳，其川上溯，后人踵其遗迹，蓄以为沼，沼西际山枕水，有唐叔虞祠，水侧有凉堂，结飞梁于水上。"现存的飞梁，由它的形式来分析可能是北宋时代重建，在做法上具有宋代风格，在国内石柱桥中

图3-3-21　鱼沼飞梁

是孤例。

沼的四周建泊岸墙，用青石叠砌，沼中设置覆盆柱础，柱角柱子34根纵横交错，排列为十字形，上层平面为十字形的桥面，上面立玉石栏杆和柱鼓等，排列整齐，甚为古雅。

桥的断面，由东向西为金刚墙，排列柱子七根，高度不等，中间三根为1.9米，两侧柱为2.7米，靠墙两柱为1.5米，柱上微有卷刹，柱子之上用栌斗实柏栱等，每柱之间用普柏枋相连，斗栱之上为木板枋梁。石桥直跨沼上，中生两翼桥斜坡而下，如鸟之两翼，翩翩若飞。正如古语所说"飞梁石蹬，陵跨水道，架虚为桥若飞也"，"飞梁"二字缘于此。飞梁之下为池沼，泉水由巷洞而出，清澈见底，游鱼可数。每当春夏之交，殿堂龙柱，浓荫疏影，掩映沼水微波之间，荡漾如生，景色佳丽可人，令人心旷神怡。

沼东与月台相连，台上有栏杆环绕，上有精美的铁狮一对，姿态挺拔，雄健而有力。胸前下有北宋年代题迹："太原文水弟子郭丑牛兄……政和八年四月二十六日……"右狮下部残缺不全。

金人台位于献殿与对越坊东，智伯渠和会仙桥以西，在石砌的台基之上，四角各立一座"镇水金神"，四神之中因年代不同形式各异，西南角是北宋绍圣四年（1097年）三月所铸的原物，铸像莹亮有光，足向前半步，前胸有北宋年的铸迹："有维大宋太原府，魏城会刘植……绍圣四年三月朔日立此金神……"西北角是宋绍圣五年（1098年）所铸，后明永乐二十一年（1423年）补铸，东南、东北二神为晚期补铸，四神之中除绍圣四年所铸的金神，姿态雄健有力外，其他三像铸法平庸，呆而无神。

五、献殿

（一）献殿源流

献殿为中国古代神庙布局中的一座基本建筑，一般位于正殿之前，规模略小于正殿，主要用于供奉祭品，亦名献厅、拜厅、拜殿、享殿等。

献殿之创建始于北宋皇陵，《宋会要辑稿·礼三七》载："（熙宁）九年五月十四日，同知太常礼院林希言'伏见陵宫奉祀牙床祭器等，祀毕，但置于献殿内，暴露日久，易致腐剥，况诸陵宫门各有东西阔庭，请以东闷专藏牙床祭器，遇行礼毕即收藏'。"

据现存文献、实物考察，北宋以前的神庙中还未发现有献殿。宋、金时期其他祠庙中之献殿也比较少见。汾阴后土祠反映北宋庙貌的"蒲州荣河县创立承天效法厚德光大后土皇地祇庙像图石"中就没有献殿。

圣母庙（今山西万荣县古城乡桥上村）宋天禧四年（1020年）《河中府万泉县新建后土圣母庙记》碑阴"后序"有"修舞亭都维那头李廷训等"的记载；威胜军关王庙（今山西沁县）宋元丰三年（1080年）《威胜军新建蜀荡寇将□□□□关侯庙记》碑阴记载修"舞楼一座"；潞城县山池东（今山西平顺县北社乡东河村）宋建中靖国元年（1101年）《潞州潞城县三池东圣母仙乡之碑》亦载"创起舞楼"。前两座庙已毁，仅存碑，后一座碑、庙俱存。

此三通碑刻的发现在戏曲研究界引起了不小的反响，一般认为碑中所记之舞亭、舞楼就是宋代戏台。随着考察的深入，发现这些北宋的舞亭、舞楼还不是专门的戏台，从它们的位置看，正是献殿类建筑。从现存宋碑碑阴可知，当时新建之庙内有大殿、后宫、舞亭、真武殿（侧殿）、二郎殿（侧殿）、中山门、花口娘子殿（配殿）、六甲殿（配殿）、崔相公殿（配殿）、大门楼（山门）。可见山门北宋时就存在，因其高大，故名大门楼。卫文没有介绍侧殿与配殿情况，但在庙内中轴线上（正殿前）的建筑除二门外，其他均在。两相对照可知，宋代舞亭，就是被清碑称作献殿的那一座建筑。金代以后，献殿之名逐渐流行，但舞亭之名亦被保留下来，只不过用它指称真正的戏台了。陕西三原县后土庙金泰和五年（1205年）重修之后，已经建有乐台，又有献殿，布局比较完备。

现存献殿之最早实例为山西太原晋祠金大定八年（1168年）之献殿。圣母殿建于北宋天圣年间，戏台为明万历元年建，献殿为金代增建。

献殿乃举行祭拜礼仪之场所，其功用为敬献供品与表演乐舞。中国素以礼仪之邦称著，其中祭祀礼仪尤为隆重，所以，有的祠庙献殿称"礼拜殿"。供品是献给神灵的物质食粮，乐舞则属精神食粮。如神庙坐北朝南，则献殿在其南，因要面对神灵祭拜，所以北面必须敞开无碍，以便神来享受，而南面为人们出入之径（多数皆作观剧之所），也以敞开为主。所以，献殿一般两面透空，仅两山面砌墙，有的干脆四面透空[1]。这也是献殿又名献庭、拜亭的原因。由《宋会要辑稿》所载"奉祀牙床祭器等，祀毕，但置于献殿内"可知，献殿陈列祭器祭品毫无疑问。

在建有戏台的祠庙里，献殿在演戏时还可作看亭。由于献殿向北（指坐北朝南的神庙）正对着神殿，向南正对着戏台，两面透空，其台基一般要高出地面，是庙内最佳的观剧位置。所以，当祭祀仪式完毕，正式演戏开始后，献殿就成为看亭。

（二）晋祠献殿

图3-3-22　正殿、献殿
位置示意图

民国《晋祠志》云："献殿金大定八年创建，明万历二十二年重修，清道光二十四年补葺，在圣母殿前，鱼沼东。殿三楹，四面玲珑，中极宏敞。扉启东西，东扉左右仰蹲铁狮二，壮若守门，凡祀圣母牲膳均献于斯……"现存殿内明间脊部襻间枋上题有"金大定八年岁次戊子良月创建"，与志载完全相符。

献殿建筑为三楹单檐歇山式，建在高出地面1.37米，宽16.24米，深11.23米，计184平方米的青石砌筑的台基之上。前与对越坊基石相连。基上立12根露明柱，前后檐柱各4根，两侧山面各立柱2根，与檐柱结成一体。立柱高为3.51米，底面直径48厘米，柱头卷刹。殿身檐柱有明显的侧角，角柱依殿身前后侧6厘米，山面侧5厘米，明间两平柱相对角1厘米，四角柱明显生起9厘米，此殿侧角与宋《营造法式》相比较偏大。生起接近宋《营造法式》。柱头上阑额、普柏枋出齐头。

斗栱用材高22厘米，宽15厘米，约合宋《营造法式》五等材。柱头上置单栱五铺作一朵，计心造，双下昂，昂为平昂出假昂，昂嘴与地面平行。头跳翼形栱，二跳置令栱，替木承撩檐槫。后尾（里跳）偷心造，承托梁下。前后檐每间各设补间斗栱一朵，山面唯中间用补间铺作。补间铺作单抄单下昂，昂嘴为批竹式做法。第一跳偷心，但饰以小翼形栱；二跳昂上置令栱、替木承撩檐槫。要头与令栱相交，斫作昂嘴形。后尾头跳为偷心造；二跳设梭形栱。昂尾斜叉向上至平

---

[1]　如山西平顺县东河村圣母庙修舞亭，山西沁水县城关玉帝庙献殿等。

樽下。外挑耍头也做成批竹昂形。翼角斗栱正侧两面与柱头斗栱相同。转角处 45° 断面上出由昂，撩檐槫上置小垫木一根，上承大角梁、仔角梁，仔角梁后尾置续角梁。各攒斗栱与三层柱头枋相连。斗栱上设替木托撩檐槫，支撑起歇山式屋顶。举折坡度平缓。顶部为筒板灰瓦覆盖，脊为琉璃造，脊饰、吻兽均系后人更换。两山有博风板、悬鱼，翼角翚飞，悬有风铃，外观宏伟壮丽。该殿梁架全用明栿，为彻上露明造。献殿梁架结构很有特色，只在四椽栿上放一层平梁。四椽栿和平梁断面较《营造法式》规定偏小，虽历 800 多年风雨，仍未变形，这足以证明其用材经济合理。除平梁正中用侏儒柱、叉手外，其余各结点都用驼峰、斗栱承托。次间用系头栿承枋横向联结，纵向以襻间枋相连。此殿面宽三间，为 12.56 米，进深四椽 7.57 米。殿的四周无壁，除前后明间开门外，均筑坚厚的槛墙，上安直棂栅栏，竖立在高 90 厘米砖砌的下槛墙上，使整个大殿显得格外宽敞。既像一座稳重的大殿，又如一栋玲珑剔透的凉亭；既有殿堂的嵯峨，又有凉亭之通畅，这些都是献殿所独有的建筑风格。

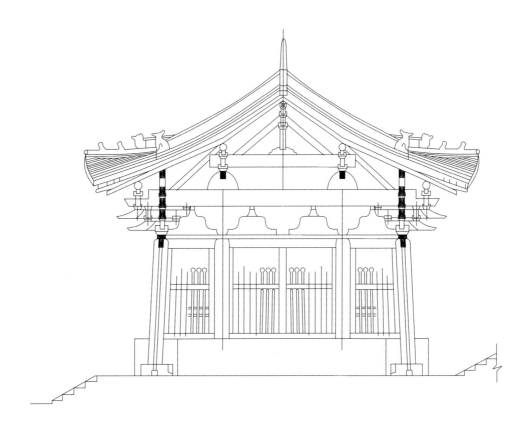

图3-3-23 晋祠献殿横断面图

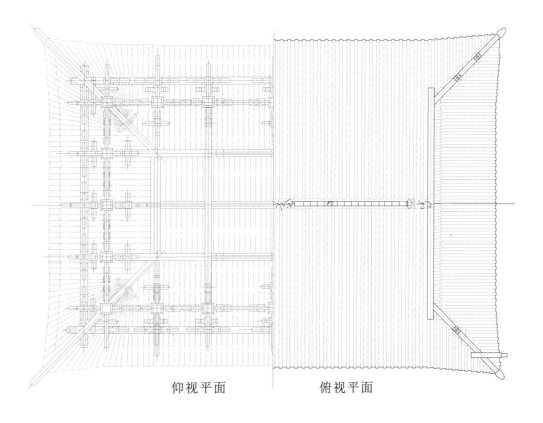

仰视平面 俯视平面

图3-3-24 晋祠献殿正仰视与俯视平面

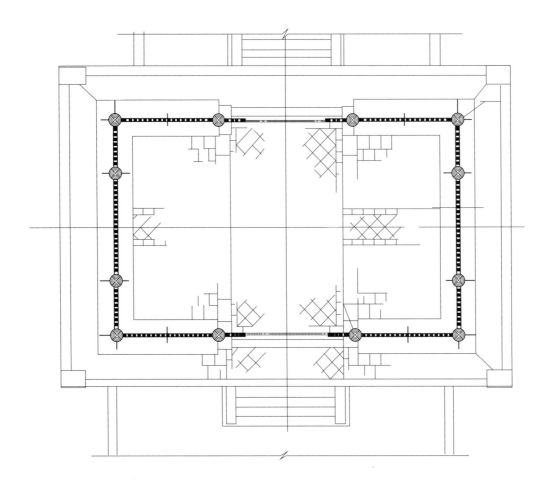

图3-3-25　晋祠献殿平面图

图3-3-26　晋祠献殿正立面图

第四节 文水则天圣母庙大殿

一、武则天与文水县

文水县武陵村，是武士彟夫妇坟墓所在地。武则天称帝之后，照例追尊其父母为皇帝皇后，其墓也就改名为"陵"。该村曾有武家祖坟，因为文峪河屡次发大水，故被洪水冲毁。

史书记载，武士彟死后，唐太宗下令由政府花钱治丧，从荆州都督府运棺回文水县安葬。后来女皇把父母坟墓升级为"陵"，在陵前树立巨大的石碑。

据《旧唐书·武承嗣传》说，武则天的五代祖先依次是武居常、武克己、武俭、武华、武士彟。

《太平广记·征应》记载唐代传说，其中有些部分和武士彟身份有关："武士彟，太原文水县人。微时，与邑人许文宝以鬻材为事。常聚材木数万茎，一旦化为丛林森茂，因致大富。士彟与文宝读书林下，自称为厚材，文宝自称枯木。私言必当大贵。及高祖起义兵，以铠甲从入关。故乡人云：士彟以鬻材之故，果逢构夏之秋。及士彟贵达，文宝依之，位终刺史。"

新、旧唐书的《武士彟传》以及其他史料，都一致承认武士彟是"并州文水人也"。按中国古今习惯，武则天与她父亲一样是文水县人。文水在春秋时，是晋国贵族"祁氏之田"，后属赵国，名曰"大陵"。秦始皇十九年（前228年），建立大陵县，属太原郡。隋文帝开皇十年（590年）改名文水县。隋唐以前的大陵县城，在现在文水县城东北13千米处，即是武陵村的大陵屯。隋唐时代的文水县城，在现今文水县城东面 5 千米处，即旧时的"旧县都"，今有"旧城庄"。北宋时，文水县城被大水冲坏，哲宗元符年间才移县城于章多里，就是现在的文水县城。

《旧唐书·地理志》又说：文水县，武德年间，曾属汾州（汾阳），贞观初年，还属并州。武则天天授元年（690 年）改文水县名武兴县。因为文水是"天后乡里"，就和太原县、晋阳县同为"京县"。中宗神龙九年依旧为文水县。

李峤撰《攀龙台碑》中记载，武士彟死时，"遗命归葬文水"。唐太宗君臣情厚，特"委本州（并州）大都督英国公李勣监护丧事。缘丧所需，并令官给"。可见武士彟的棺枢由湖北荆州运回文水县安葬，武则天母女一路护送，随枢回到故乡文水。武士彟遗体归葬文水县，丧葬费由政府支付，加之都督府都督的高官身份，其墓上立有石碑，同时有石人石马等。

武则天当皇帝时，照例追尊其父，称为"孝明皇帝"。"武墓"也就升级改称为"武陵"。武陵里面的武士彟墓碑也重立一块，称为"攀龙台碑"，特别高大。武士彟墓上的"攀龙台碑"虽然看不见了，但是它的碑文，在《全唐文》卷二四九中可以读到。

现存和武则天有关的建筑，只有文水县城外南徐村的则天圣母庙。此庙现在只剩正殿一座，门上的匾额，题"则天圣母庙"五个大字。

长安五年（705 年）武则天驾崩后，继位的中宗和文武大臣对武则天仍然十分尊敬，称她为"则天大圣皇帝"。中宗第二年，仍用"神龙"年号，不改元。中宗曾下诏禁止臣民说他的继位是"中兴"，表明虽改周为唐，仍然是武则天政权的继续。因此，他得要有一些纪念武则天的行为。为了纪念"圣母"，给武则天建庙立塔，这是理所当然的，在武则天的故乡文水县建造则天圣母庙，也是理所当然的。

则天圣母庙位于南徐村，原建于唐代。康熙四十六年（1707 年）重修碑记写着："……考其碑碣，修于明建于唐，迄今年深日久不无废荒……"神龛基座下的唐代绳纹砖和正殿顶上的部分唐瓦也证明了这一点。它自然是唐代所建，并命名为则天圣母庙，说明这座庙宇是为纪念武则天而建。创建时间，早则天授元年（690 年），晚则天宝七年（748 年）。因为永昌元年（689 年）是武则天为做皇帝大造舆论的一年。她为了神化自己，暗使人们呈献端石，上有铭文"圣母临人，永昌帝业"，据此加尊号为"圣母神皇帝"，号端石为宝图。第二年天授元年（690年）做了皇帝，又对文水百姓世代相承免征税赋。这样，作为故乡文水县人必然对她更加尊崇，为她修庙，庙址的选择也只有她的故里——南徐村最为合适。

《旧唐书·玄宗本纪》中记载："天宝七年，上御兴庆宫，受册尊号，大赦天下，百姓免来载租庸，三皇以前帝王京城置庙，以时致祭。其历代帝王肇迹之处未有祠宇者，所在各置一庙。忠臣义士孝妇烈女德行弥高者，亦置祠宇致祭。"这段文字中明确指出"历代帝王肇迹之处"，即指他们的故乡，或有过长期居住与重大活动的地方，当地要为之修庙。

文水县南徐村唐代修建的则天圣母庙，不论它创建时间是天授元年（690年）还是天宝七年（690年），都说明南徐村是她的故里。

南徐村正处在古代驿道上，墩台与铺舍就在该村的北头，《文水县志》几种版本都记入了这一事实。武则天时代的文官李峤，曾为武则天的父亲武士彟撰写碑文，名为《攀龙台碑》，文中写道："军事凯旋，便过帝宅，乐饮经宿，思情逾重，其后数过辄宿，遂以为常。"这里的"帝"即指武士彟。

现存正殿面阔三间，进深三间，单檐歇山顶，用料粗壮，外观雄伟，柱头有卷刹，斗栱作双昂。在营造上采用减柱法，殿内只有两根柱子，巧妙地设在神龛后侧，使殿内宽敞开阔，屋顶坡度平缓，仍然保存了唐代建筑的一些风格。

二、文水则天圣母庙大殿

则天圣母庙坐北向南，四合院布局，轴线北端遗有单檐九顶大殿三楹，轴线南端遗有两层单檐卷棚歇山顶倒座戏楼（下层为通往庙院之门）三间；戏楼东西侧遗有钟鼓楼，大殿东西侧复建有单檐悬山顶耳殿各三间；戏楼与大殿之间东西依次建有单檐卷棚悬山顶碑廊各五间，单檐悬山顶配殿各三间，其中东西配殿、钟鼓楼、戏楼为清代遗构，后殿为宋金遗构。

大殿位于则天庙轴线北端，创建于唐，重建于金，明清两代多次修葺。大殿面阔三间，进深六椽，单檐厦两头造。檐下柱头设单抄单

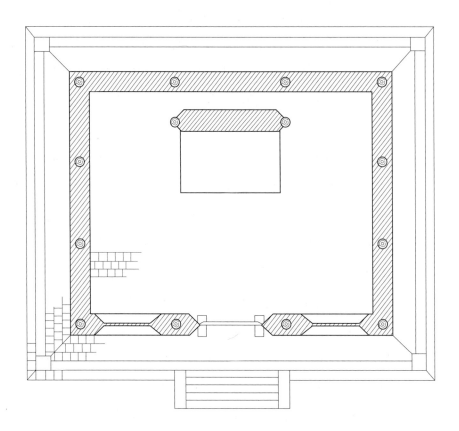

图3-4-1　则天圣母庙后殿

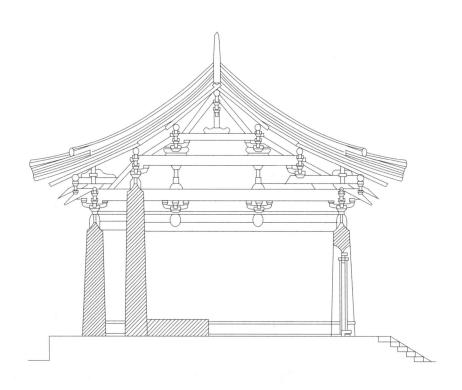

图3-4-2　则天圣母庙横断面图

下昂五铺作斗栱，补间不设出跳斗栱，只于素枋隐刻栱子，并施散斗隔承。大殿所用柱子均卷刹缓和。侧角和生起明显，阑额不出头，普柏枋用材较薄。正面明间辟版门，次间设棂窗。梁架结构简洁，形制朴实，是宋金过渡期的建筑实例。

（一）平面

大殿面阔三间，进深三间，建筑面积116.74平方米，长宽比为3∶2.4。台明外出180厘米（柱中至台明外延）。台基总面积159.14平方米。殿身周设檐柱12根，均包于檐墙内，殿内施以减柱、移柱造，即减去2根前内柱，并将后内柱移至后下平槫缝处。

文水则天圣母庙内柱只向后移一步架，其特征是内柱之上不设内额，只施阑额连接各柱。这一做法不但节省材料使得构架简洁，同时也增加了殿内使用空间，反映了宋金过渡期建筑平面布局之特征。

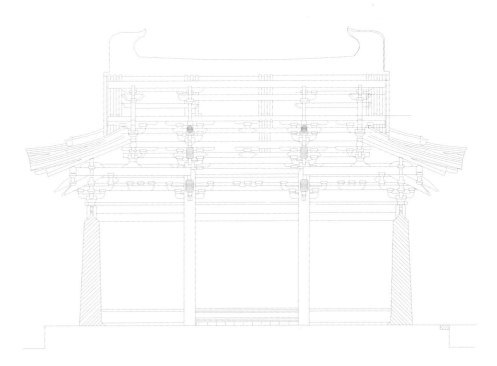

图3-4-3　则天圣母庙纵断面图

（二）梁架

则天圣母庙梁架为五椽栿后对搭牵用三柱。后设内柱高于檐柱，柱头之上设栌斗及襻间枋承四椽栿。五椽栿及后搭牵插于内柱之中。栿下设替木扶承；四椽栿前端由襻间斗栱、前柱头铺作衬头枋尾部及缴背共同承托，栿上设襻间斗栱及合㭼承平梁；平梁之上设合㭼承蜀柱，蜀柱头施丁华抹颏栱及叉子共同承托脊部。纵架于次间上平槫缝垂直处设丁栿，栿尾搭压于五椽栿之上，后丁栿尾端施合㭼承垫，前丁栿尾端施缴背承垫。明间上下平槫之襻间枋中部隐刻菱形栱，并以散斗及替木隔架平槫，脊部于次间设顺脊串及通替，明间设连身半栱在外襻间枋，此结构类同于宋《营造法式》中所规定的"每间各用一材，隔间上下相闪"。

该殿梁栿之下所施斗栱均为五铺作，即四椽栿及平梁两端受力重心均施纵横出跳斗栱，其中横栱向内出跳与交互斗栱承梁栿，向外出切几头与托脚相接。这种结构，既减轻了梁栿之荷载，又为整体梁架结构之美增添了一份光彩，是五代、辽、宋建筑中的惯用手法。其中辽代因托脚端部结点位置与五代及宋不同，故梁栿斗栱施以纵横十字卷头出跳。山西平遥镇国寺万佛殿、长子县崇庆寺大殿、榆次永寿寺雨花宫、太原晋祠圣母殿梁栿之下均施以纵横出跳斗栱。天津蓟县独乐寺山门、辽宁义县奉国寺大殿均施十字卷大出跳斗栱承托梁栿。金代以后梁栿出跳斗栱已不多见，尤其是在晋东南现存宋代建筑实例中很难见到此做法，金代遗构中无此例。晋北地区所遗存的金代建筑中亦少见此制。现存朔州崇福寺弥陀殿平梁端部所施斗栱与此相似，但内向出跳栱之上不施交互斗，为实柏栱形制，纵向之栱隐刻于襻间枋之上。唯太原和晋中地区现存个别金代遗构仍沿用此做法。文水则天圣母庙后殿均用此结构，可谓宋风遗存。

则天圣母庙大殿梁架所施蜀柱、叉手、托脚及梁栿结构合理，制作规整。蜀柱方形抹棱用

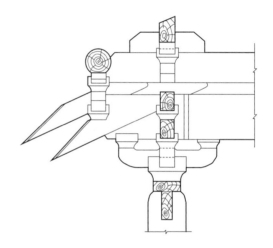

图3-4-4　则天圣母庙后殿前檐柱头铺作

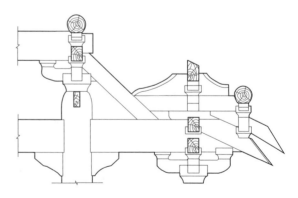

图3-4-5　则天圣母庙后殿后檐柱头铺作

材较小，立于合楷之上，蜀柱之上设斗栱及叉手，因脊部襻间斗栱中设有丁华抹颏栱，故叉手顶端捧戗于替木及脊槫两侧，使脊部牢固可靠。山西境内五代及宋代建筑遗构中蜀柱多此结构。因这个时期脊部多施单层栱，且很少施以丁华抹颏栱，所以叉手大都捧戗于单材栱两侧。则天庙大殿梁架所施托脚均头端斜撑于上层梁头，成三角形分解屋面荷载，这一结构方式使整体梁架简洁、稳固，是彻上露明造建筑中较佳的结构体系。

大殿纵架于两次间各设丁栿两道，因殿内施以移柱造，故各丁栿之尾部均搭压于五椽栿之上，前向由半缴背垫承，后向由合楷垫承。丁栿梁是用于九脊顶和五脊顶建筑中的纵向受力构件，其制作手法和形式因时代和地区之别有两种特征：一是晋东南地区金代遗构，为自然弯曲的圆材或圆材稍作加工之丁栿；二是五代、宋代及大同地区金代建筑中多施枋材斜直式丁栿，即丁栿加工成平直的枋材，斜搭于梁栿之上。文水则天圣母庙大殿丁栿制作规整，高宽为3：2，并有卷刹，宋代特征明显。

（三）斗栱

大殿檐下周设斗栱12攒，从所处位置划分共两种，即柱头铺作和转角铺作；从结构及制作手法划分共4种，即前檐柱头铺作、后檐柱头铺作、两山柱头铺作、转角铺作。补间不设铺作，只于正心素枋之上隐刻栱子，并以散斗隔承。斗栱用材高19厘米、宽15厘米，高宽比为3：2.4，约合宋《营造法式》中所规定的3等材。

1. 前檐柱头铺作：五铺作单抄单下昂，首跳偷心造。一跳内外出华栱，上承五椽栿，五椽栿交正心枋抵令栱隐刻昂身，昂头另外制作，尾部插接于

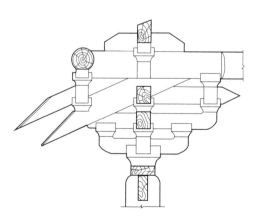

图3-4-6　则天圣母庙后殿两山柱头铺作

五椽栿头所隐刻的昂身；耍头为昂形，交令栱斜承衬枋，衬枋之上施合稳固压槽枋；泥道栱上承素枋两道，头道隐刻泥道慢栱，二道素枋上设正心令栱及替木承压槽枋，里转四铺作单抄，栱端设平盘斗承五椽栿。

2.后檐柱头铺作：与前檐柱头铺作基本相同，为五铺作单抄单子昂，不同之处所施衬枋头较前檐小，且尾部抵于四椽栿之托脚，其上所施合楷用材大。

3.两山柱头铺作：单抄单下昂五铺作，首跳偷心造，一跳内外出华栱，二跳外向出真昂，耍头亦为昂之形制；里转双抄五铺作，二跳华栱交正心素枋与下昂相切制为华头子。铺作内外设令栱，其上设丁栿。

4.转角铺作：五铺作单抄单下昂，首跳偷心造；里转七铺作，二跳计心，余皆偷心造。泥道栱与华栱出跳相列，耍头为下昂形制。檐槫相交处，上设平直式老角梁，其尾端制成耍头，又上设一足材枋承交互斗、耍头、替木及下平槫。

该殿斗栱特殊之处是前后檐柱头铺作之昂为半隐刻形制，即五椽栿及后搭牵头端置于华栱之上，上半部抵令栱内皮，下半部承二跳交互斗，并向外延伸隐刻昂身，昂头另制，插于昂身，形成批竹昂形制，将假昂制成真昂形制；两山柱头铺作为真昂形制，其尾直抵于丁栿梁。即丁栿头与檐槫替木相接，且下平与替木下平成一线，故其尾之下隔垫一材搭压于五椽栿之上，即形成平直式丁栿结构。

山西境内现存面阔三间的金代建筑所施斗栱大都为假昂造，这些建筑，因四椽栿尖端所处位置与丁栿相同，或处于耍头位置，或置于耍头之上处于衬枋头位置，造成了多数丁栿为弯曲或斜折式结构，与文水则天圣母庙大殿丁栿结构形成了鲜明的对比，这些差别反映了宋金过渡期建筑之特征。

（四）大木作用材

大殿用材适度，制作规整，梁栿高宽比例和谐，卷刹和缓。五椽栿、四椽栿、平梁、丁栿、搭牵宽比在3：2至3：2.35，梁栿断面弧刹在2份至3.1份之间，与宋《营造法式》中规定相近，其用材较宋《营造法式》中规定的小。这种梁栿用材小于《营造法式》中的规定，在山西地区建筑遗构中具有普遍性，反映了民间工匠们的创造性。大殿所施柱子卷刹和缓，尤其是两根内柱，柱底直径46.5厘米，向上至直径41厘米处开始卷刹，卷刹高22厘米，柱头直径22厘米，刹收15厘米，从其用材及制作手法上看，大有宋代遗构之特征。

综上分析，则天圣母庙后大殿整体构架及制作手法特征如下：

1. 选材适度、制作规整。大殿所施梁栿、柱额及梁架部件用材尺度与空间，殿之规模非常和谐，梁栿高宽比为3∶2，栱枋用材为3∶2.27，反映了山西境内现存宋金建筑梁架用材及斗栱用材之规律。

2. 结构朴实、宋风犹存。大殿梁架简洁，结构稳固，受力均匀。梁栿之间均施驼峰及出跳斗栱承点，其外侧设托脚斜撑梁栿；蜀柱之下设驼峰垫承，其上两侧施叉手捧戗，使整体屋面荷载成三角形逐层向下分解，大大地减轻了梁栿之垂直荷载，从而避免了梁栿用材过大之弊，起到了既适用美观，又节省材料之效果；丁栿施以方材，平直式构置；两山斗栱为真昂造，昂及耍头均批竹形制，这些结构特征及建筑部件的制作手法显示了宋代遗风。

3. 内柱后移，前室增大。后内柱采用金代惯用的移柱手法，内柱后移一步架，增大了前室的使用空间，体现了这一代建筑结构的又一特征。

第五节　崔府君庙

陵川崔府君庙又名显应王庙，位于县城西 15 千米的礼义镇北街村，是为纪念阴府判官崔珏而设立的庙宇。据方志载，崔钰，字元靖，乐平（今山西昔阳）人，唐贞观年间进士。庙内碑载："府君崔姓，广有奇功……施惠于民，又从而封之，广祐王是也。""唐太宗贞观七年（633年），举贤良，授长子县令"。因有功于百姓，所以建了崔府君庙祭祀。

作为中国主要宗教教派之一的道教，在全国各地建有东岳庙、城隍庙、阎王庙等道教庙宇，虽然少不了判官这个角色，但是单独为一个判官建庙立祠，并不多见。而陵川崔府君庙，就是为纪念阴府判官崔珏而设立的庙宇。当时追求正义、渴望平等、惩恶扬善、崇拜清廉已成为一种美好愿望。崔珏由人到神、由人间县官到阴府判官，就是一种期盼和寄托。该庙的设立对研究中国宗教文化的多元性，民俗文化的区域性，构筑和谐社会有着一定的现实和历史意义。

崔府君庙创建于唐朝。据庙内民国二十三年（1934 年）《重修府君庙碑记》载："重修于金大定二十四年（1184 年），洪武二年（1369年）……迭经修葺。"崔府君庙坐北面南，规模宏大。山门前筑有 3米余高的石砌平台，两侧石阶对称而上，平台左右各有配房一座，平台面积约 600 平方米，高大宽阔，气势雄伟。中轴线自南而北依次为山门楼、倒座戏台、献厅、正殿。山门楼左右各掖门一座，戏台两侧各有配房一座，献厅东西各置配殿一座，正殿两山各贴耳殿一座，耳殿外侧稍后则各建二层配楼一座。整个庙宇共有殿堂房舍 16 座，56 间。建筑面积共计 1825 平方米。

崔府君庙内的建筑，从金至清，时代跨度较长。建筑屋顶形式有歇山、悬山、硬山等。建筑形式或简或繁。现仅以金代山门楼作分析。

崔府君庙前平台以条石（当地黄砂石）砌筑，长41.55米，宽16.1米，高（不含基础高度）3.4米，平面呈凸字型，平台气势恢宏，舒展大方。平台前部东西两侧对称砌筑双向条石18步台阶，以供百姓登台入庙。平台转角部位均立角柱石，上置45°斜出鱼形角兽。平台侧壁雕刻古朴典雅，颇具唐风遗韵，是崔府君庙内最早期的雕刻作品。

山门楼是崔府君庙的门户。平面呈长方形，面阔三间，进深二间，二层楼阁。二层腰身之间四周设平坐，二层为重檐歇山顶。底层山门台基为长方形，条石砌筑，前设月台，置五步石阶。台面与地面条砖铺墁。一层柱网为身内分心式布局。前、中、后每列用柱四根，共计12根。四周檐柱高370厘米，柱径40厘米。两中柱高415厘米，柱径48厘米。各柱柱身略有侧角，无生起，柱头卷刹明显。四周檐柱柱头

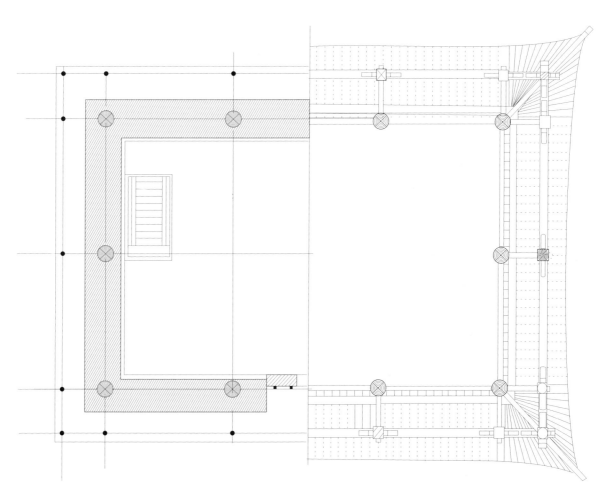

图3-5-1　山门楼一层梁架仰视图与二层平面图

施搭头木和普柏枋，交圈闭合。山门楼斗栱铺作分为平坐铺作和襻间铺作。平坐铺作施于四周檐柱柱头，五铺作，双抄单栱偷心造。外转横栱仅施斜令栱一道承楼板枋，而里转全部偷心，不施横栱，二跳抄头呈踏头式或蝉肚式托平坐梁头。襻间铺作施于两中柱柱头，十字单栱造。柱头栌斗横向出蚂蚱头式足材栱承托二层楼板和梁，纵向置泥道栱，柱头枋上隐刻慢栱。门楼一层当心间前后檐墙辟筑拱券门，前后木制版门，室内心间分心墙上辟方孔，嵌置石质线雕花卉门框，装置硕大版门两扇。门框左右两下角浮雕石狮，形制古朴，形象生动。门框石质细腻，雕刻线条流畅。属金代石雕艺术的上乘之品。

山门楼二层为副阶周匝，六椽栿对前后剳牵用四柱，重檐歇山顶。二层用柱分两种，即檐柱和副阶柱，分别为 10 根和 18 根，共计 28 根。檐柱为叉柱造形制，柱底十字开口立于平坐铺作之栌斗上，柱高 224 厘米，柱径 40 厘米。各柱柱身略有侧角，无生起，柱头卷刹明显。四周檐柱柱头施阑额和普柏枋，交圈闭合。副阶柱一周立于平坐外椽出头木上，柱高 140 厘米，柱径 18 厘米。各柱柱身向内略有侧角，柱头无生起，无卷刹。四周副阶柱柱头施小阑额，不设普柏枋。外檐铺作分为三种类型，即柱头铺作、补间铺作和转角铺作。

柱头铺作：柱头五铺作，单抄单昂单栱偷心造。柱头设素枋三层，枋间以散斗隔承，下层柱头枋隐刻泥道慢栱。外转一跳出抄头，偷心造。二跳出华头子托批竹真昂，横栱仅施令栱一道，栱头斜抹，托替木，承托檐槫。耍头昂与令栱十字相交。而里转双抄，全部偷心造，不施横栱，二跳抄头上与昂尾下嵌置蚂蚱式靴楔。昂与耍头后尾挑托六椽栿。

补间铺作：补间铺作每间一朵，于一层柱头枋上隐刻菱形（或云形）栱，上托散斗一枚，承二层柱头枋，二层柱头枋上隐刻泥道栱，再置散斗三枚。

转角铺作：转角铺作形制基本同柱头铺作，只是在 45° 斜出角华栱、角昂、角耍头，三层柱头枋分别列抄头、假昂、耍头，里转双抄，托角昂尾，角昂和角耍头后尾承托大角梁。斗栱用材 13.5：20 厘米，约合宋《营造法式》的五等材。抄头圭角状、栱斜抹、耍头昂形、昂嘴批竹式。栌斗、散斗颇内卷，斗底呈皿板状。

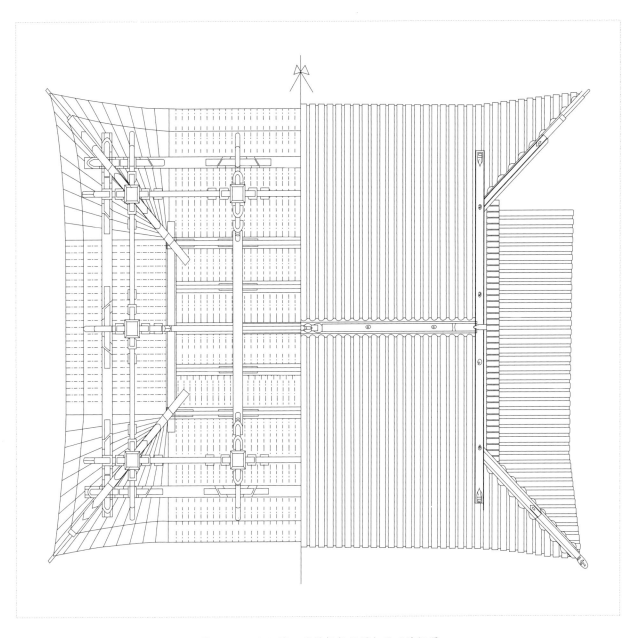

图3-5-2　山门楼二层梁架仰视图与瓦顶俯视图

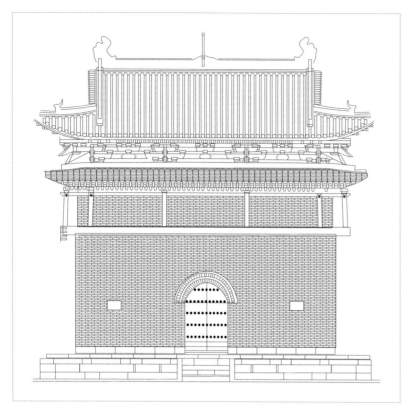

图3-5-3　山门楼正面图

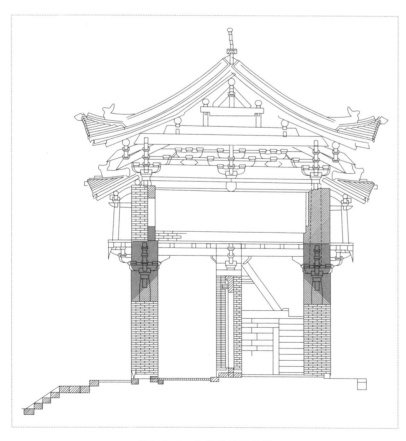

图3-5-4　山门楼横断面图

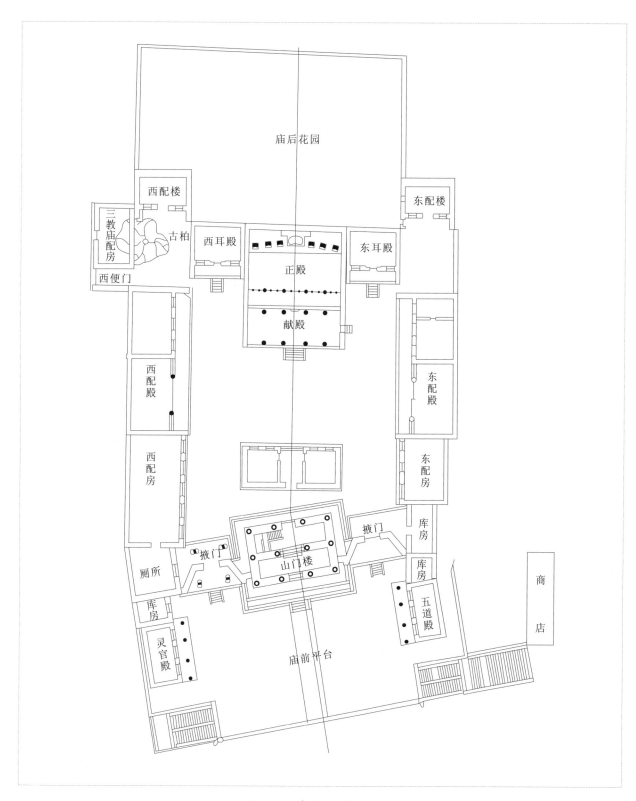

图3-5-5　崔府君庙总体平面图

第四章

儒学和文庙建筑

第一节　儒学和文庙发展的历程

中国封建社会历来把儒学视为中国的正统文化，儒家文化思想的集大成者——孔子，自然受到封建统治者的重视。文庙建筑作为具有特定意义的建筑，体现了社会的文化现象。

孔庙，又称"至圣庙"，是中国历代封建王朝奉祀儒家学派创始人孔子和传授儒家文化的场所，是祭祀孔子及其夫人和七十二贤人的地方。由于很多地方同时建有奉祀关羽或其他历代名将的"武庙"，与此相对应，孔庙亦称"文庙"。

文庙建筑的营造是随着尊孔活动的升级而发展的。文庙建筑对其周边文化空间乃至整个城市是有影响的。

1. 儒学文化的产生及其发展

以孔子为代表的儒家学说，从先秦两汉至清中叶，经历了形成发展以致衰微的历史全过程。其影响之大，可以说没有哪个学派可以与之匹敌。儒学在中国思想史上绵延 2000 余年之久，成为中国传统文化的主导思想。在诸子百家中，只有儒家学说能够最大程度地满足中国宗法社会的客观需要，能够适应封建的中央集权制政治的需要。因而，自汉以来，历代王朝均以儒家学说为治国的思想。儒学得到了广大民众的认可，在社会生活中有着深厚的群众基础。在长期的历史演进过程中，儒学凝聚着中华民族的智慧和力量。

儒家思想，以孔子为代表，主张礼制，强调传统的伦理，"礼"与"仁"是两大思想支柱，是中国古代的主要观念形态。这些观念形态影响到封建社会各方面，在建筑中也得以体现。

图4-1-1 孔子行教图

2. 圣哲先师——孔子

"在孔子以前中国历史文化当已有两千五百年以上之积累,而孔子集其大成。在孔子以后,中国历史文化又复有两千五百年以上之演进,而孔子开其新统。在此五千多年,中国历史进程之指示,中国文化思想之建立,具有最深影响最大贡献者,殆无人堪与孔子相比论。"[1]

在孔子之前已有儒存在,然而自孔子开始才出现系统的儒家学说,形成儒家学派。春秋战国作为中国思想文化的繁荣时期,出现了百花齐放、百家争鸣的局面,儒家和墨家并称"显学"。《韩非子·显学》载:"世之显学,儒墨也。儒之所至,孔丘也。"自汉代开始,历代封建社会均强调孔子为后王立法的历史作用,孔子创立的儒家被赋予更为深远的意义。儒家思想成为封建社会最高的指导思想。

秦汉之际,儒家一度处于低潮。秦统一中国后,战国时期百家争鸣的局面不复存在,代之以法家思想作为治国之本。秦始皇接受李斯的建议,下令禁废"诗书百家语"和"焚书坑儒",使儒家受到巨大的打击。

汉初承秦制,文帝时崇尚刑名法术。由于法家推行严刑峻法,社会矛盾很快激化,暴露出法家的某些弊端。汉初统治者又奉行黄老之道,但是,黄老之道崇尚自然而反人文主义的思想本质,使它难以适应大一统的君主专制制度与农业社会宗法血缘关系的需要。至汉武帝,已经不满意黄老之道的无为而治,转而采用儒家的有为政治,接受董仲舒建议,"罢黜百家,独尊儒术",从而使儒学走出困境,成为官方哲学,取得独尊地位。并设五经博士,

---

[1] 钱穆.孔子传[M].北京:三联书店,2002:序言.

将儒学经学作为学校教育的基本内容。

汉高祖刘邦总结秦国败亡的原因，开始认识到儒学对治理国家的重要性。在一次出巡时，他"乃自淮南还，过鲁，以太牢祭祀孔子"。这是帝王祭祀孔子的开始。同时，封建社会统治者还经常派遣官员作为代表到曲阜祭祀，历史上有记录的遣官祭祀就达196次之多。

汉末以后，社会动荡，四分五裂，儒家学说统一的局面也被打破了，代之以魏晋南北朝时期的玄学。由于玄学、佛学兴盛，佛、道二教盛行，儒家再次处于低潮，形成了儒、道、释相互排斥又相互融合的复杂局面。

北魏孝文帝太和十三年（489年），"立孔子庙于京师"，于京师平城（今山西大同）中央官学内兴建了第一座曲阜以外的孔庙，此后孔庙的发展就逐渐脱离家庙的性质，成为一种可以设置在外地的庙宇。北齐文宣帝天保元年（550年），首开在地方官学建孔庙祭祀孔子的先例。

隋唐时期，实行儒、道、释兼容并包的政策。从整体上看，儒家学说作为统治意识形态的主体地位并未动摇，但不像汉代那样处于独尊地位，出现了儒、道、释融合的趋势。儒学为了适应社会发展变化，在保存儒学基本思想的同时，产生了新的儒学体系，对宋代理学产生影响。这一时期可称为儒家由汉代经学系统到宋代理学系统的转折期，为宋明理学的形成奠定了基础。

儒家学说在宋代发展成为理学，理学提出"理"为宇宙本体，"理"又称"天理"，"天理"乃仁义道德纲常伦理的哲学升华，是高度哲学化和政治伦理化的儒学。宋代理学在理论上具有与先秦儒学和汉唐经学不同的形态、内容和特征，着重探寻性命天道，深化了儒家义理。

宋代在思想统治方面，继续利用儒道佛三教，其中特别重视对儒学的扶植。宋太祖不但多次亲祀国子监孔庙，而且诏令孔庙用一品仪，门列十六戟，《宋史·舆服志》载："木为之而无刃，门设架而列之，谓之棨戟。天子宫殿门左右各十二，应天数也。宗庙门亦如此。国学、文宣王、庙武成王庙亦赐焉，私门则第恩赐者许之。神宗元丰之制，凡门列戟者，官司则开封、河南、应天、大名、大都督府，皆十四，中都督皆十二，下都督皆十。品官恩赐者，正一品十六，二品以上十四。"宋徽宗时增加为二十四戟，与天子宫殿、宗庙的规格相等。至宋真宗时追封孔子为"玄圣文宣王"。

第二节　建筑思想对建筑形式的影响

儒家思想和学说具有深厚的土壤、绵延的历史、众多的流派，从而构成了极为丰富和庞杂的思想文化体系。尽管儒学的发展历经不同时期，形成不同的理论形态，但是儒学作为中国传统文化的主导思想，又有其共同的思想属性。这些儒学思想渗透到中国古代社会的各个领域，当然也深深影响着中国古代建筑活动的诸多方面。

1. 天人合一

中国"天人合一"的思想，是中国哲学的重要命题。儒家"天人合一"的整体思想并不是一成不变的，基本上有三种发展趋向。一是自孔子到荀子直至刘禹锡倡导的自然论"天人合一"模式；二是以汉代大儒董仲舒为代表的有神论"天人合一"；三是从孟子直至宋儒所开创的心性论"天人合一"。

总之，传统儒学把"究天人之际"奉为最大学问，以追求"天人合一"为最高境界，它不仅局限于人与自然的关系问题，而且把天人作为一个有机整体来思考，认为天道与人道是一致的，自然与人际是相同相类的，把宇宙本体与社会人事及人生价值密切相连，成为贯通自然、社会、人生等问题的古典系统论思想，反映了中国古代的天道观。

这种天人合一的哲学观念，长期影响着人们的意识形态和生活方式，这也正是风水学说的思想根基，风水学说在建筑上要解决的主要问题就是人居环境的避凶趋吉。

2. 礼仁一体

"礼仁一体"是儒家思想体系的核心构架。所谓"仁"是儒家处理人际关系的基本准则和要求，其最高原则是"爱人"，核心在于"己欲立而立人，己欲达而达人"和"己所不欲，勿施于人"的中恕之道。儒家所谓"礼"，是指赖以维护社会和谐、秩序和稳定的典章制度和行为规范，仁与礼是统一的。仁要受到礼的调节，以礼为依归。

儒家"礼仁一体"在建筑上首先表现在建筑类型上形成一整套庞大的礼制性建筑系列；其次突出强调建筑等级制度，这种建筑制度，贯穿于城市规划至细部装修的各方面。

3. 内圣外王

儒家所谓"内圣"是主体性修养方面的要求，以达到仁、圣境界为极限，"所谓修身，在正其心者"（《礼记·大学》）；"外王"是社会、政治、教化方面的要求，以实现王道、仁政为目标，"政者，正也"（《论语·颜渊》）。反映到建筑上，中国古建筑总体布局都力求表现为方正对称，从而形成庄严肃穆的氛围。

图4-2-1 儒生祭孔活动

4. 致中和

儒家所谓"中"指的是事物的度，不偏不倚，过犹不及，以中为尊，它是实现和谐的根本途径。"和"即事物的和谐状态，是事物最好的秩序和状态，是最高的理想追求。建筑的"择中观"在儒家思想里臻于礼制化。《吕氏春秋·知度》有："古之王者，择天下之中而立国，择国之中而立宫，择宫之中而立庙。"《荀子·大略篇》曰："王者必居天下之中，礼也。"

5. 述而不作，信而好古

"述而不作，信而好古"，出自《论语·述而》，为孔子语。也就是说：对于旧有的文化典章、礼仪制度，应该发扬、遵循、效仿，并不是自行去创造，而是要信赖、喜好、遵从古老的传统。孔子还说："周兼于二代，郁郁乎文哉，吾从周。"《礼记·经解》也曰："以旧礼为无所用而去之者，必有乱患。"这种趋于静态的思维定式正是封建统治者为了统治秩序稳定，使其家族繁衍延绵而推崇和利用孔子及其儒家学说的主要因素之一。

中国古代建筑也遵从建筑领域旧的规制而发展，《礼记·王制》曰："作淫声、异服、奇技、奇器以疑众，杀。"建筑的营造不是依据建筑的实用功能和现实需要来规划设计，而是按既定的等级规制照章套用。如果说古代生产力发展水平、人们的思想观念与审美意识等综合因素是导致中国古代建筑营造模式定格为"上为屋顶、中为屋身、下为台阶"的原因，那么儒家学说在一定程度上为中国古代建筑传统形式奠定了社会思想基础。

第三节 文庙建筑的产生及其发展历程

1. 文庙建筑的产生、发展

文庙建筑既是祭祀建筑又是教育建筑，是古代城市营建制度的集中反映，只有县级以上的治地才可以修建。文庙建筑在中国古代与教育及其教育建筑结合紧密，也就有了所谓的"庙学合一"，这里所指的"庙"为孔庙，"学"为学宫，也就是中国古代的学校。由于在中国封建社会办学有官学和私学之分，所以中国古代官学和私学学校的教育机制及其称谓有所不同，与孔庙相结合的平面布局也有所不同。

唐宋以后，孔庙又称为文庙、学宫。以行政区域划分，又有国学、府学、县学等之称，实为中国古代学校与奉祀孔子之所相结合的建筑。除山东曲阜孔庙和浙江衢州孔庙外，无论京师还是地方皆为"庙学合一"。

官学是官府统辖的教育体制，具有悠久的历史和完备的制度。早在夏代，教育工作就是国家的重要事务，由国家行政管理机构中六卿政务官的司徒主管教化，官学已有中央国学和地方乡学之分，国学又分为大学性质的"东序"和小学的"西序"。

商代国学，则称大学性质的为"右学""西学"，小学性质为"左学""东学"。教育内容以祭祀、军事、乐舞、文学为主，教育活动与政治活动和宗教活动联系紧密，成为宫廷的组成部分。

官学至西周时进一步发展，设在王都的小学、大学，总称为国学；

设在王都郊外的六乡行政区中的地方学校，总称为乡学。中央国学有大学性质的天子所设明堂辟雍、诸侯所设泮宫和小学性质的虞庠、下庠，地方乡学则有乡校、州序、党庠、家塾等。西周天子所设大学性质中央国学，规模很大，分为五学：中间叫"辟雍"，又称为大学，周围环水，是天子承师问道和举行飨射的地方；水南叫作"成均"，是大司乐教授乐德、乐语、乐舞的地方；水北叫作"上庠"，是典书和诏书者之处；水东叫作"东胶"，又称"东序"，为学习干戈羽籥的地方；水西叫作"西雍"，是学礼的地方。五学中以辟雍为尊，所以大学统称为辟雍。诸侯的大学，规模较小，仅有一学，半环以水，所以又称"泮宫""泮池"。西周的国学由大司乐主持，各级乡学也归大司徒主管。

春秋战国以前都是学在官府，教育对象仅限于皇家和贵族子弟，而无私学，教学内容主要传授礼、乐、射、御、书、数"六艺"。春秋战国时，官学制度逐渐瓦解，各地私学产生发展，孔子开其端，第一个创办了大规模私学。

秦代专制，尽管在春秋战国时孔子已经开私学先河，各地私学也随之产生，但秦统治者严禁私学，也不设官学，代之实行"以吏为师"的吏师制度。

汉代是中国教育制度发展的重要时期，为中国封建社会学校教育制度的发展和完善打下了基础。汉代的学校有官学和私学。官学分为中央官学和地方官学两种。

汉承秦制，实行郡县制，但是汉代又保留了西周分封制的残余，封皇子以王位和土地。被分封给皇子的郡就称为国。郡国是最大的地方行政单位，地方官学又称为郡国学校；郡国以下地方行政单位县道邑设"校"，乡设"庠"，聚设"序"，但未真正实行。汉武帝元朔五年（前124年）创建最高学府太学，从严格意义上说是中国古代官学的开始。汉代的学校有官学和私学之分。官学分为中央官学和地方官学两种。中央官学是以传授儒家经典为主的太学，由九卿之一的太常领导管理。《太平御览》有："国学于郭内之西南，为博士之宫，寺门北出，立于其中为射宫，门西出。殿堂南向为墙，选士肄射此中。此之外为博士舍三十区，周环之。此之东为常满仓，仓之北为会市，但列槐树数百行为遂，无墙屋，诸生朔望会此市，各将其郡所出货物及经书传记、笙磬生罄乐器，相与买卖，雍容揖让，或论议槐下。其东为太学宫，寺门南出……"可见太学规模庞大，形制有序。在东汉还增设有鸿都门学、官邸学等特殊性质的学校。东汉国学还增设四姓小侯学，招收外戚子弟。地方官学则自西汉景帝末年文翁主蜀郡，立学宫于成都为开端，此后陆续出现。东汉《周公礼殿记》载："仓龙甲戌，旻天季月，修旧筑周公礼殿，始自文翁。"汉武帝实行"罢黜百家，独尊儒术"的文教政策，教学儒学经典，高级教育阶段以诗、书、礼、易、春秋为主要内容。可以看出，汉代及其以前官学京师太学宫包括郡、县、乡学校，形制和功能都很单一，只是学习之所，学校内不设孔庙。

魏晋南北朝社会动乱，官学时兴时废。西晋除继续兴办传统的太学外，还创办了一所旨在培养贵族子弟的国子学。国子学设立初期，隶属太学。曾规定五品以上子弟入国子学，六品以下子弟入太学。

北魏明元帝时改国子学为中书学。中书学属中书省管辖，内设中书博士以教授中书学生。"中书学"称谓为北魏固有。北魏文帝太和十三年（489年）于京师平城（今山西大同）国子学（中书学）兴建了第一座曲阜以外的孔庙，南梁武帝时国子监也建有孔庙，此后的南北两朝中央官学也均设孔庙。

北齐改国子学为国子寺，国子寺负责训教胄子，为统理学官、生员的机构，这一教育行政机构后为隋唐沿袭。北齐天佑元年（550年）更令郡学立孔子庙和颜回庙，为地方官学设孔庙之先河。

魏晋南北朝是文庙"庙学合一"建筑形制的开始，且京师中央官学"庙学合一"建筑形制先于地方官学"庙学合一"建筑形制出现。

隋代教育制度前期沿袭北齐，后改为国子监，总辖国子学、太学、四门学，并增设书学、算学。这是中国历史上第一次由中央政府设立专门管理教育的机构。隋开皇九年（587年）又开辟了有进步意义的科举制度。

唐代教育在制度、种类、质量上都达到前所未有的水平，教育空前发展。中央官学归独立的教育行政机构国子监统管，由国子学招收三品以上官员子弟，太学招收五品以上官员子弟，四门学招收三品以上无封、四品以上有封和七品以上子弟及庶人优异者。书学、算学皆收八品以下子弟及庶人精通其学。唐代地方官学按行政区划分为京都府学（包括京兆、河南、太原）、都督府学、州学、县学，各地地方官学分别设置有京都学、大都督府学、中都督府学、下都督府学、上州学、中州学、下州学、京县学，各按人口规定一定名额的经学和医学生；县学、上县学、中县学、中小县学、下县学则按人口规定一定的经学生。自唐贞观四年（630年）"诏令州县学皆作孔子庙"，由此州县学校与孔庙相连，"凡学莫不有先圣之庙矣"。庙学合一遂成通例，沿袭至清代。

五代动乱，官学不发达。宋代官学基本继承唐制，自宋开宝八年（975年）设立国子监，建国子学（国子监亦称国子学）。它既是宋朝最高教育管理机构，又是最高学府。宋代官学教育制度分为中央官学和地方官学。中央官学属于国子监管辖的有国子学、太学、辟雍、四门学、广文馆、武学、律学、小学等；直属于中央政府的有资善堂、宗学、诸王宫学、内小学等。宋朝地方行政分为三级：第一级为路；第二级为州、府、军、监（一般设州或府，特殊情形设军、监）；第三级为县。地方官学有州学、府学、监学以及县学，属于地方政府及诸路提举学事司管辖。宋崇宁元年（1102年）建外学辟雍于城南门外，学生初入外学，经考试补入内舍、上舍，始入太学。宋代地方官学，自庆历四年（1044年）诏州县立学。宋代"州县有学，置官立师，宫室禀饩无所不备，比汉唐且有过之"。

2. 文庙建筑的特点

文庙以主要建筑大成殿院落的祭祀空间为核心，与明伦堂（国子监）院落的内庭空间为次中心所产生的位置关系，组成内庙为学、前庙后学、左庙右学、右庙左学、中庙旁学等文庙的基本形制，创造了不同的院落空间模式。轴线布局一种是以大成殿和明伦堂（国子监）为主的两条轴线合成为一条主轴线；另一种形式是各自以大成殿和明伦堂（国子监）为主的两条轴线。

自儒学产生以来，中国文化和建筑形式就一直受到它的影响，中国周边的越南、朝鲜、韩国、日本等国家和地区受其影响，兴建了许多孔子庙。中国孔庙建筑具有自己独特的空间构成形式，无论是从鲁哀公利用孔子故宅立庙祭祀，还是到近代大型孔庙建筑群，都有一种独特的组合结构形式。

第四节　平遥文庙大成殿

平遥文庙在平遥县城东南隅，坐南向北，占地总面积8240平方米，建筑面积2766平方米，总体建筑属于木构类。

大成殿始建年代查无考据，重建于公元1163年（见大成殿脊檩下方墨迹：维大金大定三年岁次癸未四月一日辛酉重建）。

大成殿建在高1米的方形基础上，面宽五间，进深五间。大殿单檐歇山顶，五脊六兽。正脊置琉璃鸱尾。檐柱有侧脚生起。柱头之间，普柏枋出头，阑额不出头。檐柱之径0.47米，柱高5.11米。

檐柱与内柱之间，用草栿搭牵，内柱之间，以复梁拼成的草栿承重。草栿以上，用四椽栿、平梁、叉手、侏儒柱、驼峰等。草栿以下设天花板，中央置藻井，其表面加工粗糙而简朴。屋架举高为7米，与前后檐柱之距离为1：3.7，较《营造法式》1：4之规定略低。

柱头铺作为双抄双下昂重栱七铺作，偷心造。由栌斗口向外伸出华栱两跳。第一跳跳头上安翼形栱，第二跳跳头上安瓜子栱和慢栱，慢栱上承托罗汉枋。第三、第四两跳各出下昂一层，昂尾斜深入槽内，压在单乳栿之下。第三跳跳头上安翼形栱，第四跳跳头上安令栱，与耍头相交，上施替木以承托挑檐榑。

铺作后尾出华栱两跳，以承托乳栿。第一跳跳头上安翼形栱，第二跳跳头上安瓜子栱和慢栱，其上安柱头枋四层，每层各用散斗托垫。

斗栱向外檐出跳，较第一跳长，第二、第三跳次之，第四跳较短。出跳总长度为169.5厘米，铺作总高为227.5厘米。

转角铺作各用双抄双下昂，在45°的角线上伸出华栱两跳、角昂

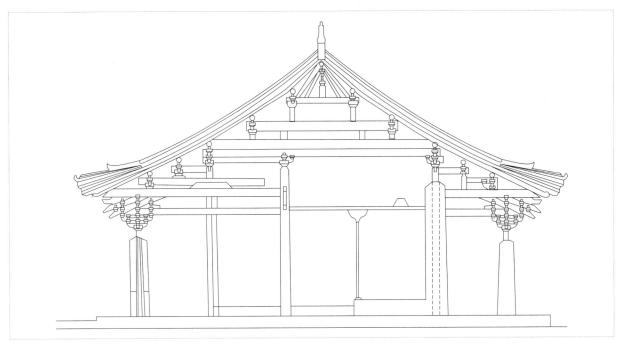

图4-4-1 平遥文庙大成殿横断面

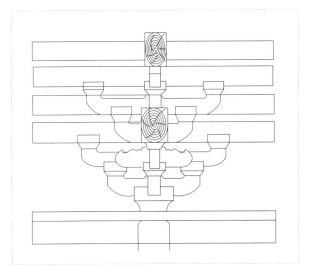

图4-4-2 柱头斗栱侧立面

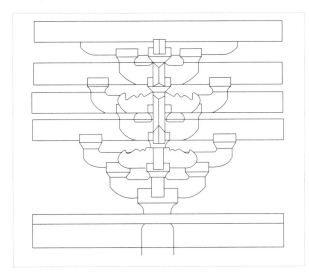

图4-4-3 柱头斗栱正立面

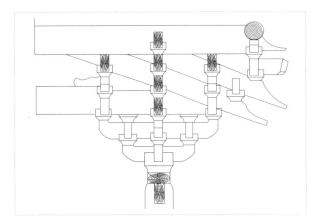

图4-4-4 柱头斗栱背立面

图4-4-5　平遥文庙大成殿外观

图4-4-6　平遥文庙大成殿前檐斗栱

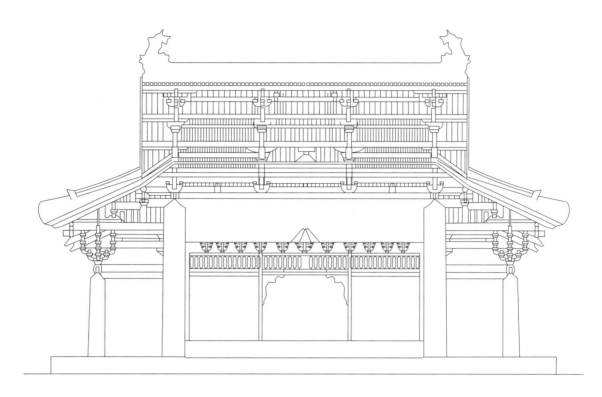

图4-4-7　平遥文庙大成殿

两层，由昂转角正侧两面用连栱交隐的做法。其后尾则于45°角线上，斜出华栱三跳，以承托角梁。

补间铺作在两柱头铺作之间，置一长斜梁，外端搭于罗汉枋之上，以承托挑檐槫，后尾则安置在内槽的柱头枋上，以代替补间铺作。

檐下以大斜梁而收代补间铺作，实属罕见之例。殿之当心间的两缝间，用中柱两根。东、西、北三面及梢间正面，设有檐墙，厚达1米余。当心间和两次间的正面装隔扇门。

第五章

道教建筑和民间神仙祠建筑

第一节　道教建筑

一、山西道教

（一）道教概况

道教在东汉时已广为传播，对道教的崇奉主要是在宋、金两朝。道教经历了五代战乱，出现衰微景象；宋太祖和宋太宗时，"道教之行，时罕习尚，惟江西，剑南人素崇重"。宋真宗发动了尊崇道教的运动，自称梦见神人，称道教人皇九人之一的赵玄朗是自己的始祖。

北宋晚期，宋徽宗沉溺道教，出现了第二次道教热。开封寺院改宫观计691区，僧尼改德士、女德者15955人。宋徽宗自称教主道君皇帝，设置道官、道职、道学等，道官享受各种特权，"其家得为官户，其亲得以用荫"。北宋末，金军攻宋，宋徽宗慌忙退位。宋钦宗即位后，又尊他为教主道君太上皇帝。金军最后攻开封，宋钦宗等人竟乞灵于方士郭京的"六甲法"。郭京招募"六甲正兵"7777人，"不问武艺，但择其年命合六甲法，又相视其面目以为去取"，自称"择日出师，便可致太平"。结果在金人铁骑的攻击下，六甲兵不战而溃。

辽太祖神册三年（918年），"诏建孔子庙、佛寺、道观"。辽兴宗也崇信道教，"如王纲、姚景熙、冯立辈皆道流中人，曾遇帝于微行，后皆任显官"。

金代民间兴起了全真道等新的教派。金章宗虽然"以惑众乱民，禁罢全真及五行毗卢"，"禁以太一混元受箓私建庵室者"，但是，道教，特别是全真道等新教派，却"已绝而复存，稍微而更炽"。金卫绍王时，受蒙古军攻击,国势危蹙,将"全真师"郝大通"赐号广宁全道太古真人",通过道教影响民众抵抗外侵。

宋代道教本身的教旨,不再以虚幻的"神仙可成"来吸引百姓,而是从现实社会中找到神仙,于是出现了若干仙人故事,如对吕洞宾的信仰即形成于北宋,并发展成"八仙"。还吸收民间方术,提倡内丹炼养。一批社会儒生和官僚也加入信仰道教的行列,他们谈儒书、习禅法、求方术。对于道教在思想上的发展,起到推动作用。

（二）道教的发展

宋代对道教采取扶持的态度,如宋太宗就曾召见华山道士陈博,赐号"希夷先生"。北汉刘继元投降后,有道教人物认为,宋兴起之地为归德（今河南省商丘市）,属于"商星分野",太原属于"参星分野","自古参商不相见",而这即成为焚毁太原城的理由之一。宋真宗伪造天书,封禅泰山、祭祀后土以树立威信。宋徽宗自称道君皇帝,尊信道教,大建宫观,道教有了很大的发展。

宋朝太宗、真宗、徽宗在崇仰道教的同时,还广求和命人编纂道教典籍。宋太宗即征得道书7000余卷,命人校正。宋真宗鼓吹:"释道二门,有补世教。"又说:"三教之设,其旨一也。"并虚构一个赵姓祖先赵玄朗,为道教天神"太上混元皇帝"。命编成《大宋天宫宝藏》七卷,再纂成《云笈七签》一书,共收编道书4300多卷。徽宗更在全国诏求道教仙经,命人编纂《道史》,颁布《御注道德经》,甚至在大学、辟雍各置《内经》《道德经》《庄子》《列子》博士。

宋代河东路,道教也曾一度盛行,并且建筑有很多道观,著名的有泽州（今晋城市）、晋州（今临汾市）的玉皇顶、五皇庙、东岳庙等。其中泽州的玉皇庙创建于北宋熙宁九年（1076年）,分前院、中院、后院,前院是道教活动场所,中院和后院雕塑神仙。从中院的塑像看有东岳大帝、十殿阎王、马王、牛王、禁狱王、五道将军、六瘟,诸家相杂,其中还有被尊为药王的唐代名医孙思邈的塑像。后院塑像全是道教之神,反映出宋代道教的兴盛。正中为玉皇大帝殿,殿前建有享亭,殿中玉皇大帝高居其上。东、西、南的配殿中则塑有三垣、四圣、九曜星、十二辰、六太尉、二十八宿等。

晋祠内的道教建筑，如朝阳洞、老君洞、开源洞，依悬瓮山的天然石洞逐层而建，形成了道教建筑所特有的风格。

宋代河东境内小的道观很多，道教遗迹到处可见。如我国境内最大的石窟——龙山石窟内一石洞壁间，有"宋童"二字，又如位于今山西娄烦县城内的熙真观等。

二、道教宫观

（一）永乐宫

民间敬奉的诸神中，首推八仙。八仙之一的吕洞宾，名岩，是唐代河东府永乐（今芮城县）人。他曾中进士，两任县令，后弃官到九峰山修炼。向钟离权学道，改名吕洞宾，号纯阳子。他云游四方，济困扶危，深受百姓爱戴。群众心目中的吕洞宾，头戴华阳巾，身着白袖衫，背插宝剑。据说他长于剑术，经常黎明起舞、月下习剑，曰剑为"一断烦恼，二断色欲，三断贪嗔"，直到"百余岁而童颜，步履轻疾"。永乐民众为之立祠，叫吕公祠。

（二）泽州县北义城玉皇庙

玉皇庙位于泽州县北义城村西北，有二进院落。玉皇殿是玉皇庙内的主体建筑，坐北朝南，单檐歇山顶。

1. 历史

前廊石柱上有题记："泽州晋城县莒山乡义城村重修玉皇殿，时大观四年（1110年）岁次庚寅二月十五日甲申……"证明玉皇殿大殿为北宋末期建筑遗构。

2. 平面

玉皇殿面阔、进深各三间，前为廊，通面阔7.59米，当心间宽3.11米，次间宽2.24米。地面铺墁方砖，且正中有以九块方砖合拼而成的方形相套图形。台明高1.345米，东西长10.44米，南北深10.115米，砖砌台明。台明四角上方设置角兽（角石），规格为42厘米×74厘米×46厘米，下方施角柱石。周施压阑石，长度不等，断面尺寸为29厘米×20厘米。殿前正中设置砂石踏道七级。

图5-1-1　玉皇庙

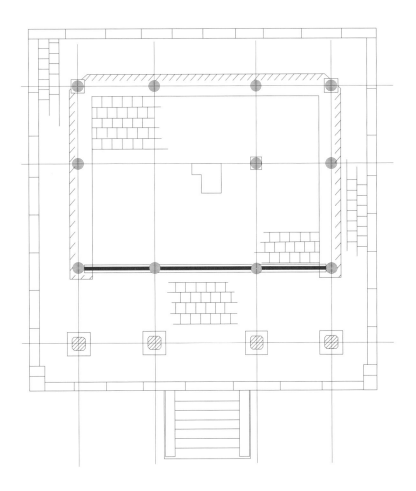

图5-1-2　玉皇庙平面

前廊柱设四根，37.5 厘米 × 37.5 厘米见方、八棱、青石材质，平柱高度为 3.04 米，角柱高度则为 3.08 米，柱子有侧角和生起。殿檐柱为圆形木柱，柱径 32 厘米，柱头无卷刹。

柱子的侧角为 8 厘米，柱生起为 4 厘米。殿四周柱头施普柏枋，柱间施阑额，均素面无饰，普柏枋出头而阑额不出头。柱头通面阔 7.43 米，当心间宽 3.11 米，次间宽 2.16 米。柱网排列每面均为 4 根，另外设置檐柱两根，柱底施莲瓣覆盆柱础。

铺作为六种，前、后檐柱头铺作、两山柱头铺作、廊柱柱头铺作。材宽 13.5 厘米，高 18.5 厘米，架高 9 厘米，接近《营造法式》规定的五等材。斗栱出跳 45 厘米，略大于《营造法式》规定。

前檐柱头为四铺作出单抄，横向外出华栱上托要头和撩檐枋，华栱里转为剳牵，要头后尾叠压剳牵之上和罗汉枋相交。纵向施泥道栱、素枋，外施斜面令栱及替木。

内檐柱头铺作栌斗之上横向托剳牵和三椽栿，剳牵里转呈头，三椽栿上设蜀柱、襻间枋支撑平梁结点，纵向则施泥道栱。

后檐柱头铺作、两山柱头铺作构造与前廊柱头铺作相同。不同点在于前廊柱头铺作里转为剳牵，而后檐柱头铺作里转华栱后尾呈楂头托三椽栿，两山柱头铺作里转托丁栿，上施合、蜀柱及脊檩。

转角铺作外转顺身出跳与其他柱头铺作相同，角昂上出由昂，托撩檐枋交角处及上部的大角梁和仔角梁。里转出华栱一跳承托角昂及上部的角梁后尾节点。大角梁后尾之上立蜀柱，置大斗，承接平槫。

1. 梁架

殿内梁架彻上露明造，后三椽栿前压剳牵通檐用三柱，前一间为廊，左右施丁栿，主体结构为宋代建筑特征，构架梁栿等大木构件制作较为规整。

横向剳牵、三椽栿及纵向丁栿构件均搭交于前檐柱头节点之上。三椽栿上设蜀柱、大斗支撑平梁与平槫结点，后部蜀柱下施合，三椽栿后尾伸出檐外呈异形要头。平梁上正中置合，合上立蜀柱，置大斗，托纵向捧节令栱、替木和脊槫。两侧叉手合交于大斗斗口和替木之间。

梁架之间则以纵向襻间枋连接。

次间梁架，前间为丁栿，后间丁栿为自然弯材。前端搭在山面柱头铺作之上出异形耍头，后尾搭交于三椽栿之上且与合叠压。丁栿上部施合，立蜀柱，置大斗，托襻间枋、合、蜀柱、叉手和其上的脊部节点。

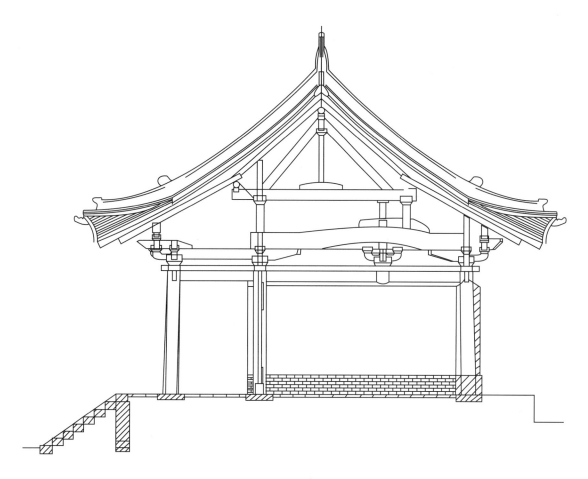

图5-1-3　玉皇庙梁架

脊槫、平槫等构件皆挑出歇山构架以外，宋《营造法式》称之为山花出际，槫头钉博风板，悬鱼，各构件空挡用土坯封砌。

歇山构架与当心间梁缝中距60.5厘米，两山出际尺寸为1.58米，略显大。

在唐代早期建筑中，梁架脊部并无蜀柱和合构件的设置，而是用叉手直接承托脊槫。

蜀柱立于合之上的做法在五代和宋代建筑中已经被普遍应用，如平顺大云院大佛殿、晋城青莲寺释迦殿和高平开化寺大殿等与玉皇殿梁架年代相近的建筑结构。

叉手上端位置在替木与蜀柱上斗口之间，未叉至脊槫。

此类做法是早期建筑结构的一种表现形式，如高平崇明寺中佛殿和榆次永寿寺雨花宫。叉手的位置也有不同。有些建筑平梁以上叉手直接叉到脊槫之上，如五台佛光寺文殊殿、文水则天圣母庙大殿、朔州崇福寺弥陀殿、壶关三嶕庙大殿等。

横向无丁华抹颏栱，纵向施捧节令栱。

纵向施捧节令栱的做法在历史上由来已久，而横向的丁华抹颏栱至辽金时期才普遍应用。如文水则天圣母庙大殿、朔州崇福寺弥陀殿、壶关三嶕庙大殿、陵川西溪二仙庙后殿等。

2. 屋面

玉皇殿屋面施青灰筒板瓦。大吻和脊刹为琉璃制品，正脊上图案为行龙、花卉，而垂兽也是灰陶烧造，垂脊和戗脊图案仅为花草。

"龙凤呈祥"图案的瓦当在大殿仅留存一件。其烧造质地非常细腻，尺寸也较大，个别长度竟然达到 73 厘米。除此之外，瓦当的构图非同寻常，"凤在上、龙在下"，这在古代是有悖常理的。这样大胆的想法只有在唐代的武则天女皇时代才敢于付诸实战。由此证明玉皇殿的创建应该是在盛唐时期。

3. "化生童子"瓦当

这种瓦当主要保存于前檐勾头之上，系质地细腻的青灰烧制，存量不多且偶有残缺，但刻画手法洗练，工艺十分精湛，体现出那个时代高超的艺术水平。

玉皇殿上的"化生童子"图案，神态各异，塑造自然，刻画生动，画面饱满，造型丰富多彩。童子手捧莲花等吉祥缠枝花卉，有坐姿和俯爬姿势两种。人物刻画活灵活现，寄托了百姓祈盼美好未来的愿景，是秋天童子戏水采莲等生活场景的再现。

古代有在钱币上錾刻"化生童子"的工艺，特别是在唐朝金银器辉煌发展的时期，延至宋代已经比较少见。在瓦当上雕造和烧制类似的图案，在别处很难见到。

"化生童子"胖乎乎的，完全是唐朝崇尚的肥美之风，外圈亦与唐代的莲花瓦当装饰法近似，缠枝花卉和童子的工艺又明显和唐代工艺雷同，是中国古代建筑中微雕艺术之精品。

另外，玉皇殿属"大观四年"重修之物，而"化生童子"则透着唐代所追求的雍容华贵和肥硕高雅的自然神韵，图案明显为唐朝风格，当属唐代的遗留物件。

玉皇庙通常供奉的是民间的神灵，而建筑瓦当上面的童子像应是佛教中的"化生童子"。《观世音授记经》中记载："昔于金光狮子游戏如来国，彼国之中，无有女人。王名威德，于园中入三昧，左右二莲花化生童子，左名宝意，即观世音是，右名宝尚，即得大势是。"

据载，浙江湖州有一座飞英石塔，始建于唐中和四年（884年），历经十年，于乾宁元年（894年）建成。后被毁又重修，须弥座上面有在缠枝花卉间穿行的童子"化生"的石雕图案。

所谓"化生"，是佛教所说的"四生"之一，即胎生、卵生、湿生、化生。佛教宣称：凡无所依托，惟以业力而忽起者，谓之"化生"。

玉皇殿"化生童子"运用在建筑上主要起装饰作用，同时也有佛教供养的寓意，应当是当时的信徒为供佛而特制的。

由此分析，宋代重修的玉皇庙前身有可能是一座唐建的佛教寺院，或是一座多教合一的庙院。

4. 壁画与彩画

据初步统计，玉皇殿内四周现存栱眼壁画约8平方米。壁画大部分以红、白为主调，黑色描边。

画面上分别绘制行龙、树木、人物、花卉等图案，一部分是将原有的画面覆盖后重新绘制的水墨山水画。

彩画画面由红、黑、黄、绿等色彩构成，绘制在当心间三椽栿上内侧中部相对应的位置，分别彩绘行龙各一条，整体保存完好。

5. 地面方砖图案

玉皇殿内地面由方砖铺墁，正中又以九块方砖拼接成一个完整的方形，其上雕刻有精美的艺术图案。

在一个大的正方形内再对角套一个小的正方形，中心为一个小圆圈，所有的空挡内均雕刻花卉（或卷草）等"吉祥图案"。

据记载，唐代常用模印莲花纹方砖铺于重要建筑的坡道和甬路上，宋以后多为素平铺装。

砖雕由设计者先行构思，表现既定主题，借物寓意。

砖雕作品的含义有：吉祥如意，多子多福，五谷丰登，连年有余。

它以丰富的想象力将互不相关的事物和谐地组合在一起，使之具备了超越事物本身的社会内涵。

（三）平顺县九天圣母庙

1. 圣母庙状况

九天圣母庙，坐落在平顺县城西 10 千米的北社乡河东村，南北长 102 米，东西宽 80 米，占地面积 8000 余平方米。庙坐北朝南，庙址高耸，布局紧凑，结构严谨，工艺精湛。古人赞其"接天连云，庄严肃穆，气势非凡"。

圣母庙"东、北、南三面山环而中峰秀起，观其形，状九山来朝，二水夹流，适九天圣母坐落其上亦天造地设以矣……背水纡青，面松拥翠，近者奉之而致敬，远者闻之而来朝"，香火很旺。

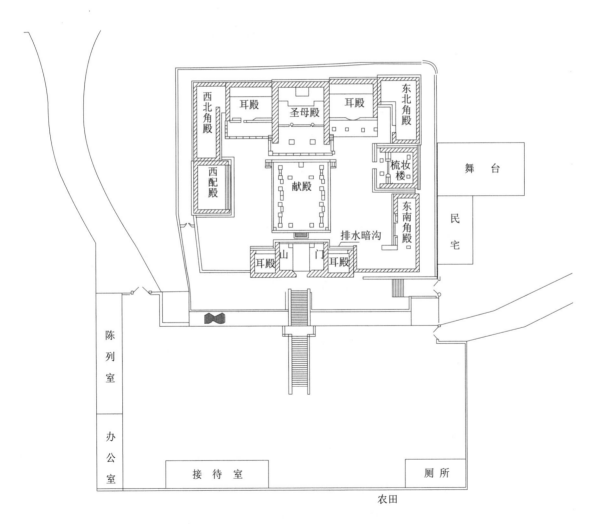

图5-1-4　九天圣母庙总平面图

2. 庙院布局

九天圣母庙坐北朝南，中轴线由南往北依次有山门、献殿、圣母殿。中轴两侧有东西耳殿，献殿两侧东有梳妆楼，西有西配殿，山门两侧有夹楼各一座，庙院东北、东南、西北位置分设角殿（西南角殿已毁），整个庙院是一个封闭院落。

3. 历史沿革

九天圣母庙究竟创于何代、始于何人，已无从稽考。据现存元中统二年（1261年）"重修九天圣母庙记"碑："……其庙自隋唐以来有之，迄今五百余霜矣……"明崇祯五年（1632年）重修碑，亦有"自晋唐以来千有余载"的记述。综合考证其余碑碣，该庙自创建至今，历代均有不同程度的修葺、增补和改建，始成今之规模的古建筑群。现存圣母殿为宋代遗构，其余建筑均为明清两代遗物。

圣母殿创建年代不详，现存主体结构系宋代建筑，宋元符三年（1100年）重修，元中统二年（1261年）再修。据不完全统计，明朝共重修五次。

圣母殿作为庙内主要建筑，修葺虽显频繁，但并未改变其宋代原有的规制和结构。

4. 圣母殿建筑

①圣母殿的平面和立面形式

圣母殿是一座歇山式屋顶的大殿，设前廊。大殿面阔三间，总面阔9米，进深三间，总进深10米。明间面宽3.6米，次间面宽2.7米。大殿平面近似方形。大殿前廊柱4根，殿前檐柱4根，殿身后檐柱和山柱埋入墙内，柱高为3.6米，廊柱直径48厘米，檐柱直径40厘米。

②圣母殿斗栱铺作

大殿柱顶有柱头铺作六种，均为五铺作，即廊步柱头铺作，转角铺作和殿身柱头铺作，殿后身转角铺作和殿身前檐内转角铺作，当心间廊步补间铺作共15组。

大殿廊步柱头以上置栌头，栌头上垂直殿身施华栱，一跳二跳外拽华栱变插昂，昂身上施令栱承托替木和檐槫，令栱上出耍头，梁头隐于令栱内侧。铺作转里是宋代铺作的程式做法。

大殿前廊明间设补间铺作一组，其形式为单抄单昂，昂身里转变挑斡，挑斡后尾置令栱，承托替木和下平槫。大殿转角铺作正面和侧

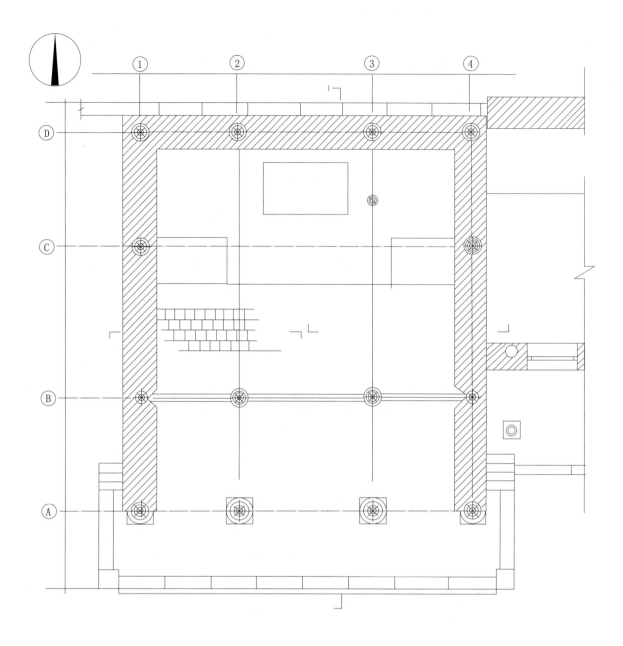

图5-1-5 圣母殿平面图

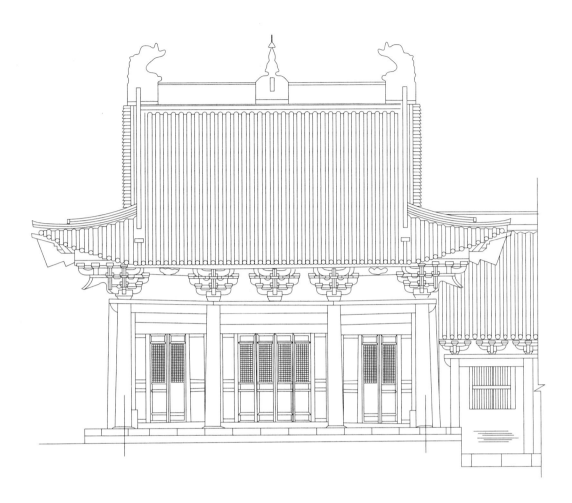

图5-1-6　圣母殿正立面图

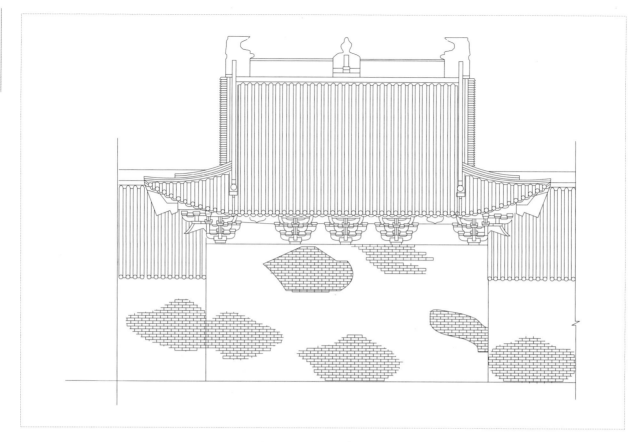

图5-1-7 圣母殿背立面图

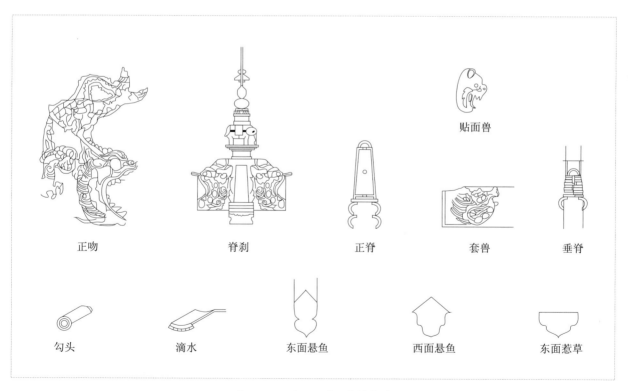

正吻　　　　　　脊刹　　　　　　正脊　　　　　　套兽　　　　　　垂脊

贴面兽

勾头　　　　　　滴水　　　　　　东面悬鱼　　　　　西面悬鱼　　　　　东面惹草

图5-1-8 圣母殿屋顶装饰构件

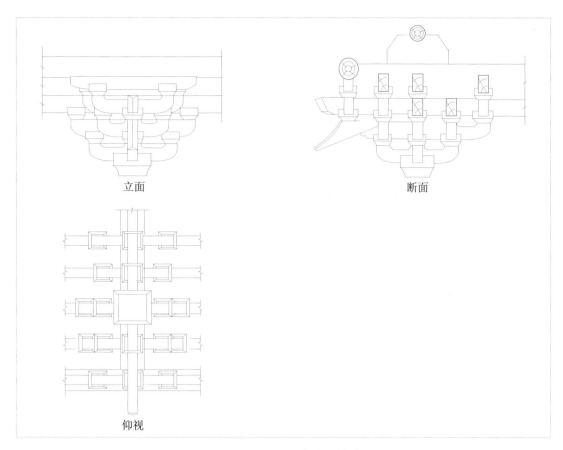

立面　　　　　断面

仰视

图5-1-9　圣母殿柱头铺作图

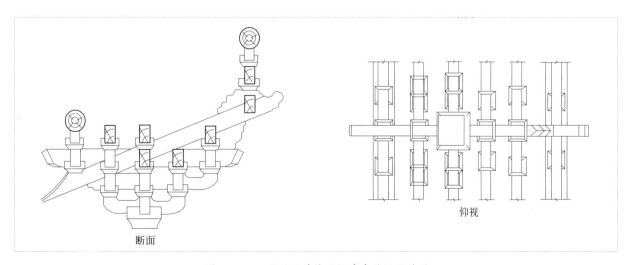

断面　　　　　仰视

图5-1-10　圣母殿前檐明间廊步补间铺作图

面同正身斗栱铺作，斜出单抄华栱单下昂，并出45°方向栱形耍头上承平盘斗支撑角梁，转角铺作上令栱为鸳鸯交首的形式。

③圣母殿屋顶梁架

主体梁架为前乳栿对后四椽栿用三柱。其中四椽栿和前乳栿在前檐柱头剳接，并设斗栱铺作承托。四椽栿断面为280毫米×410毫米。六椽栿包括乳栿之上设四椽栿，其断面为280毫米×500毫米，栿前端置乳栿之上，设驼峰支承。四椽栿上顺前檐柱顶部作为平梁的端口，以此位置设平梁，平梁以上为宋代传统做法，叉手扶蜀柱支撑脊槫。

圣母殿的前檐歇山部位处理采用早期建筑惯用的单支点的做法，而转角处的角梁在转角铺作之上，转角铺作坐于角柱上。角梁前端承担了屋顶出檐的翼角，角梁后部承担了下平槫和踩步金梁。角梁受力形式如挑担式，处于不稳定平衡状态。在这种受力状态下，大殿的翼角竟然千年安然无恙，虽然是古建筑结构的奇迹，但不能认为这是合理的。而大殿后转角出檐则弥补了角梁单支点的不足。它是在大殿的转角部位加设了一个抹角梁，用以支承角梁的后尾，这样角梁就有了两个支点，使大殿的转角部位达到稳定平衡。

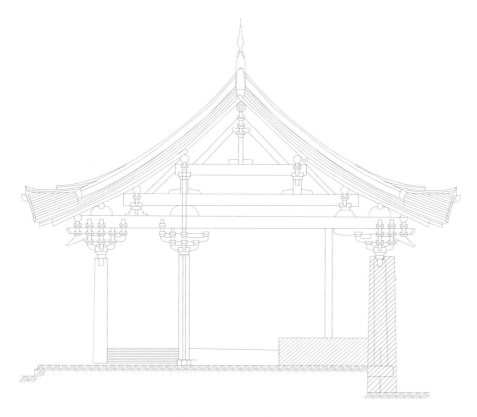

图5-1-11　圣母殿横断面图

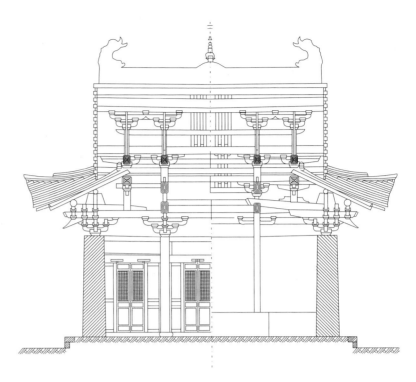

图5-1-12 圣母殿前后视纵断面图

图5-1-13 圣母殿仰俯视图

大殿的次间顶部梁架设踩步金梁，其两端坐在角梁的后尾，实际是前后角梁承起了系头栿。系头栿的作用仅为承接山面檐椽的后尾。

5.圣母庙内其他建筑

①献殿：又称舞亭，位于庙院正中，始建样式已不存，现为明代建筑。对于献亭设置，碑中有"修亭本身为大殿设，亭朽丽殿固减色，亭美岂殿可无华"的描述。

宋建中靖国元年（1101年）"重修圣母之庙"，有"……元符三年（1100）……毕修舞楼……"的明确记载。这是目前国内古代建筑中，有关戏台历史的最早记录，具有极高的史料价值和戏曲艺术研究价值。

献殿面阔五间，进深六椽，单檐庑殿顶，明间七架梁通达前后用二柱，次间前后双步梁对三架梁通檐用四柱。

②梳妆楼：顾名思义，乃圣母梳洗、装扮之所，属二层楼阁式建筑，设计巧妙，雕刻精致。其始创年代不详。明万历三年"重修楼路记"碣载："九天圣母庙内有梳洗楼一座，且壮丽于隆庆三年，偶值火灾烧毁。"据记载，其隆庆六年（1572年）重建后，万历二十一年（1593年）重修。

梳妆楼平面呈方形，底层面阔三间，二层采用叉柱造，面阔一间，进深四椽，单檐歇山顶，为二层楼阁形式。

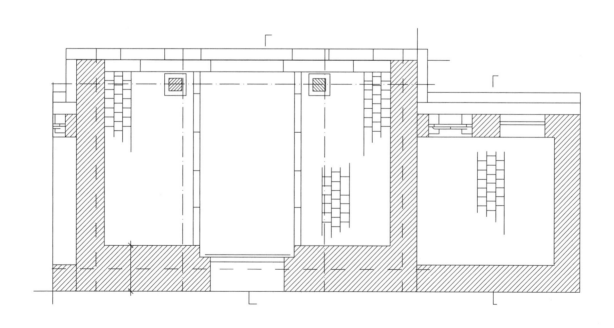

图5-1-14　九天圣母庙山门一层平面图

③山门：兼倒坐戏台。其现存建筑虽系清代重建，但始建年代久远。

山门面阔三间，进深四椽，单檐硬山顶，五架梁通达前后，二层为倒坐戏台，一层前辟拱门，二层后檐为插檐歇山式。

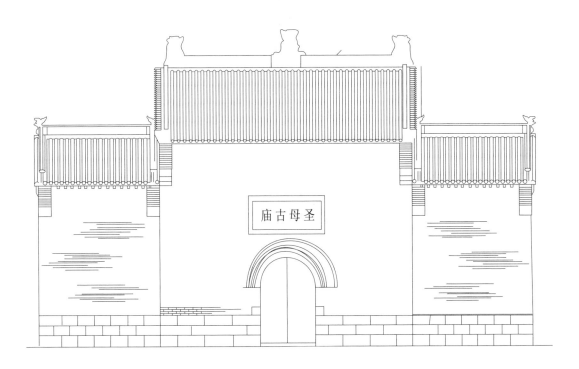

图5-1-15　九天圣母庙山门正立面

④圣母殿西侧有西配殿，面阔三间，进深四椽，五架梁通达前后，前后用两柱，单檐悬山顶。

毗邻圣母殿东西耳殿，面阔三间，进深四椽，前单步梁对后四架梁，通檐用三柱，前为廊，单檐悬山顶。

庙院东南角殿，面阔八间，进深四椽，五架梁通达前后用两柱，单檐悬山顶，为曲尺型建筑。

东北和西北角殿面阔分别为五间和六间，其余构造与东南角殿几近相同。

（四）汾阳市太符观

太符观，坐北朝南，南北长177.5米，东西宽50米，占地面积8875平方米。院内现存中轴线上，由南到北依次有牌坊、昊天玉皇上帝殿。牌坊至昊天殿，由南到北西向残留窑洞五间，五岳殿五间，东向有办公室、保卫室（临时建筑）、圣母殿五间。

昊天玉皇上帝殿位于观内最北端，属金早期遗构，是观内主要且建造年代最早的建筑。殿面宽三间，进深六椽，梁架为四椽栿前压乳栿用三柱，单檐厦两头造。殿檐下施五铺作双抄计心造斗栱，前檐及两山南次间设补间铺作。殿身南向明间辟版门，次间设直棂窗。殿南设月台，为金代做法。因殿之角梁为平直式结构，故造成翼角生起明显，柱头所设普柏枋用材较薄，阑额与角柱相交不出头，宋代遗风犹存。

①平面：面阔三间，明间4.49米，次间4.08米，进深三间。殿前设月台，东西13.24米，南北4米，高90厘米。台明东西16.12米，南北15.06米，高113厘米。

②梁架：梁架形式为六椽栿，四椽栿北端后檐柱头铺作，南段交三椽栿之蜀柱，下压乳栿通檐用三柱。三椽栿南向由内柱之上蜀柱及栌斗承托，交三椽栿上之蜀柱，前对且扣压剳牵之结构，剳牵南端由下平槫蜀柱及栌斗承托，且交襻间栱出梁头，其上设托脚斜承平梁。三椽栿北端由合楷栌斗承托，平梁由蜀柱及栌斗承托，且两端设托脚斜戗；平梁之上设蜀柱及襻间斗栱承脊槫，且施叉手捧戗。

纵架于次间上平槫襻间处设托脚，与繁峙岩山寺、五台佛光寺文殊殿、朔州崇福寺弥陀殿相近。两山北向设斜直式丁栿，制作规整，有宋代遗风；南向设平直式丁栿与内柱铺作合构。梁架结构简洁，地方特色明显。

梁架举折和缓，前后檐槫中心距12.74米，总举高3.98米。

③铺作：铺作制作较为特殊，五铺作双抄计心造，一跳华栱出跳之上承交互斗、瓜子栱，不设瓜子慢栱，二跳华栱承交互斗、要头交令栱承衬头枋。里转不设出跳栱也不设纵向栱，一跳华栱延伸殿内交内柱栌斗制成乳栿，二跳华栱延伸殿内制成半驼峰承蜀柱，要头向殿内延伸交蜀柱出要头，衬头枋向殿内延伸与蜀柱合构，制作独特，实例少见。

栱用材高22厘米，宽15厘米，高宽比为3：2.05，约合宋《营造法式》中规定的五等材。

（五）晋城冶底岱庙天齐殿

晋城泽州冶底岱庙位于山西省晋城市泽州县南村镇冶底村，依山势分为上下两院，坐北朝南。上下院的中轴线上从南到北依次排列有山门、鱼沼、舞楼、天齐殿。下院东侧由南到北依次为虫王祠、五谷神祠、高媒祠，西侧依次为后土祠、五瘟殿；上院由南至北依次建有东西云水楼、东西道舍、东西廊庑。而龙王殿、牛王殿、关帝殿、速报司神殿东西对称，建于天齐殿两侧。天齐殿与两侧配殿之间另建有夹殿各一座。整座庙内共建殿宇21座，总建筑面积1685平方米，占地面积3720平方米。

1. 天齐殿建筑形制

天齐殿为岱庙的主殿，坐落于庙内中轴线最北部。前檐石柱及石质门额上的题刻为该殿历史提供了确切依据。天齐殿主体构架属于宋元丰三年（1080年），而局部木构件及装修等历经金大定二十七年（1187年）重修。大殿坐北朝南，建于砖砌台基上，面阔、进深各三间，前檐两椽出廊，单檐歇山顶。

①平面：台基东西宽15.24米，南北深13.79米，建筑面积210.16平方米。四面台明砌筑方式及高度不相同：前檐台明高1.635米，系27层砍磨条砖干摆而成，上覆青石质地的压沿石（断面51厘米×15厘米）一层，东南角与西南角各施平面为方形的角石一块。其上原有雕饰。台明两端立设角柱，踏步砌在台明两侧，各设石台阶七步，施压沿石一层扎边。台明平面为不规则形，边长最大的为1.88米，最小的为0.82米，后檐无台明。台面与殿内地面用30厘米×30厘米的方砖十字缝铺墁而成。

图5-1-16　冶底岱庙

殿身面宽与进深各三间，平面近于方形，明间面阔 4.56 米，次间面宽 3.19 米，通面阔 10.94 米，总进深 10.36 米。周檐立柱 12 根，前檐明间金柱两根，共用柱十四根。前檐檐柱为青石制作，其余皆为黄砂岩石质。平柱高 4.5 米，角柱高 4.54 米。柱头向纵轴线方向侧脚 5 厘米，向横轴线方向侧脚 2 厘米，柱身收分 2.5 厘米。前檐柱断面为长方形，44 厘米 ×45 厘米，其余柱子断面亦为长方形。除明间两金柱做一寸三錾斜纹外，墙内柱子略加处理即用。柱脚均施以宽大的础石，前檐柱础为覆莲式（双层莲叶），础盘上部也做出弧形，总宽 1.28 米，总长 1.26 米，总厚 26 厘米；其余础石素平无饰。周檐柱头以阑额、普柏枋四面交圈连构，上承檐部斗栱，阑额至角柱不出头，普柏枋出头垂直斫截。

　　该殿位于前槽金柱之间，明间为青石门框、抱框的实榻版门，次间于下槛墙上置破子棂窗。两山与后檐砌檐墙间隔内外。檐墙由下槛墙、大墙身、墙肩三部分构成。下槛墙总厚 99 厘米，由地坪起为磨砖淌白丝缝、叠涩收分砌成，高 66 厘米，上覆以仰砖一层；槛墙之上，大墙内收 15 厘米，墙为土坯垒砌，外壁抹红泥，内壁为白灰罩面，墙身收分比率为 4%；墙头至阑额底皮向下斜抹出墙肩，在平面上，墙身两端至角柱内侧斜抹收头。

图5-1-17　冶底岱庙鸟瞰图

殿内明间北侧檐柱轴线至两山墙之间，有砖雕束腰式须弥座神台，神台上立设落地罩式神龛。神龛顶部向外挑出三层花板，内部以天花板盖顶。

②檐部斗栱：檐部斗栱总计二十六朵，有转角铺作、前檐柱头铺作、前檐补间铺作、两山柱头铺作、后檐柱头铺作等。两山与后檐各间柱头枋上隐刻斗栱计六种；在总体平面分布上，除四角角柱及平柱上的铺作外，前檐明间施补间铺作两朵、次间施一朵，两山南次间补间铺作一朵，其余后檐及两山明间、北次间无补间铺作，仅在二层柱头枋上由下而上分别隐出泥道栱、慢栱，其间设散斗隔承，形成扶壁栱。

1）前檐柱头铺作：五铺作计心造，出双昂，蚂蚱形耍头，里转四铺作偷心造。单材高 19.5 厘米、宽 12 厘米，足材高 27 厘米、宽 12 厘米，斗栱总高 1.395 米，总出跳 74 厘米。栌斗内头昂与泥道栱十字相交，昂嘴琴面式，身下刻华头子，昂身里转制成抄头。泥道栱为足材，其上以散斗隔承，共施柱头素枋（单材）三层。头昂上设交互斗，斗内二昂与瓜子栱十字相构，瓜子栱上以散斗托瓜子慢栱及罗汉枋一道；二昂里转制成楂头扶托于乳栿梁底皮。二昂之上、交互斗内令栱与耍头相交托承撩檐槫。

2）前檐补间斗栱：形制与柱头铺作一致（栌斗为圆形讹角栌斗）。里转偷心造，共出华栱三跳，再上置斜向上挑的挑斡，挑斡与第三跳华栱之间嵌塞靴楔与异形栱十字相交于抄头上的交互斗内；挑斡下端与柱头枋相交，上端托下平槫结点的襻间斗栱的栌斗，挑斡两侧施襻间枋纵向联结。

3）转角铺作：45°方向外转角出双昂，其上再出由昂。角昂里转为角华栱两跳，由昂后尾挑承于大角梁底皮，由昂的尾部与二跳角华栱上下间隙施角靴楔、抄头塞垫，故角部斗栱里转呈现为三跳华栱的形制。大角梁前端置于搭交檐檩之上，后尾由角衬枋、由昂共同扶承。角梁后尾伸至系头栿与下平槫搭交处，在梁背施骑栿栱分别承托平槫、系头栿端部。角昂两侧的搭交正昂及昂形耍头分别与正面泥道栱、两层柱头枋相列出头；瓜子栱与搭交华栱出头相列；瓜子慢栱与蚂蚱形耍头出头相列。

4）后檐柱头铺作：同前檐柱头铺作。该殿明间梁架为后四椽栿压前乳栿梁用三柱，前乳栿梁出头为蚂蚱形形式，而后檐无乳栿之制。为使四椽栿底皮平置斗栱上，在后檐斗栱二跳昂上加施耍头，其后尾制成楷头托于四椽栿底皮，因此后檐柱头斗栱较前檐斗栱里转多出一跳，形成了二跳华栱、一跳楷头的结构。

5）两山明间北侧平柱柱头铺作：殿内纵架在北山柱柱头铺作与四椽栿背上架设爬梁，爬梁前端较明间南侧柱头斗栱的耍头高起一个足材的高度，斗栱的耍头尾部制成楷头，爬梁置其上，耍头抵于撩檐槫内侧不出头。

6）两山柱头铺作：外转同前后檐形制。里转双抄托丁栿，丁栿出头为耍头，其尾部在金柱头铺作内。

7）前槽金柱柱头铺作：两根金柱柱头之间纵向施阑额一道，柱头之上各施四铺作斗栱，其做法为泥道栱与楷头木十字构于栌斗内，泥道栱明间一端以散斗隔承素枋两层，至次间一端托接山面丁栿后尾；楷头木前托于乳栿底皮，其后尾制成抄头承乳栿。乳栿梁后尾也制成楷头式托于四椽栿底部，四椽栿叠压乳栿梁上。

③梁架构造：天齐殿面宽三间，进深六椽。横架为后四椽栿压前乳栿，通檐用三柱，四椽栿上立蜀柱承平梁，柱身与下平槫结点处施剳牵梁结构，平梁上竖脊瓜柱，通过双层襻间枋及两侧叉手承载脊部荷载。纵架于东西两次间前后槽分别施丁栿、爬梁各一道，梁上立柱承系头栿，系头栿上的梁架构造同明间，丁栿前后分别在两山明间南平柱柱头铺作与金柱斗栱内；爬梁前端构于两山明间北侧平柱柱头铺作耍头之上，其后尾穿过蜀柱柱脚搭压在四椽栿背部。

明间四椽栿两根，断面椭圆形，后尾覆压在后檐柱头铺作的耍头上，抵于撩檐槫内侧不出头；前端与乳栿梁后尾呈上下叠压式结构于金柱柱头铺作之上。在四椽栿、乳栿梁上依下平槫所居位置，设置下平槫结点斗栱，由栿背所立的蜀柱支顶。蜀柱断面为方形，四角斜抹，柱脚设三卷瓣式的鹰嘴合楷稳固；柱头施栌斗，斗内捧节令栱与剳牵梁十字相交，剳牵梁后尾穿构于上平槫缝的蜀柱身内，前端垂直截去；捧节令栱两端置散斗托承随槫枋及下平槫。因四椽栿高于乳栿梁，故后檐下平槫结点处以高度小于前檐蜀柱的梯形垫木替代瓜柱支托于栌斗底皮。

四椽栿上设支承平梁及上平槫荷重的蜀柱，柱身亦为方形抹棱，前后檐各立四根。其中两次间各两根，置于系头栿上承次间平梁，柱身之间设顺身串纵向联构，柱头上施上平槫襻间斗栱。上平槫结点处的单材枋、替木与平梁端部十字交构于栌斗内，将上平槫荷重传递于蜀柱上。明间单材枋内外侧隐刻瓜子慢栱。另在明间襻间枋坐中位置也隐刻出菱形栱，以散斗一枚扶托上平槫中段的替木。

平梁中竖蜀柱，柱脚施双向斜抹的合楷稳固，两次间柱头之间纵向施顺脊串联构。蜀柱头置栌斗，斗内丁华抹颏栱、襻间枋相交以散斗隔承随槫枋。襻间枋单材，明次间各用一材，隔间上下相闪。明间襻间枋伸至次间，瓜子栱在外；次间襻间枋隐刻瓜子慢栱，出至明间，也制成半栱。明间襻间枋上隐刻异形栱，栱子托承由大斗、令栱、耍头组成的脊部补间斗栱两朵。

在纵向构造方面，该殿各结点处的瓜柱、蜀柱、合楷之间均施以顺身串联构；前檐金柱柱身之间、金柱头铺作之间施以襻间枋联络；各槫下除上平槫施短替外，其余均为随槫枋。金柱柱头铺作与相应的山柱斗栱间架设的用以承接系头栿的丁栿梁制成月梁式。

④柱身：周檐列柱十二根，前槽立金柱两根。柱头用阑额、普柏枋四向围合形成铺作槽；各柱子的柱头侧脚5厘米，四角角柱生起4厘米，起到稳定殿身的作用。

⑤举折：前后撩檐槫水平距离为11.76米，由檐槫至脊槫的总举高为3.87米，总举高与总步架的比例关系为1∶3，大于《营造法式》规定的厅堂造折屋之法，而与殿堂造相符。第一折近于总举高的1/10，第二折为总举高的1/30。这种折度比例使得该殿屋顶略显陡峻。

⑥屋顶瓦作：天齐殿为单檐歇山顶，筒板布瓦覆盖，计前后坡正身筒瓦31垄、翼角16垄，两山正身各计31垄，筒瓦长32厘米、直径15.5厘米、厚3厘米，滴水为花边重唇式样，长33厘米、前宽28厘米、后宽22厘米；翼角生起67厘米、斜出45厘米，各脊均为瓦条脊，鸱吻、垂兽、套兽、宾伽等为黄绿琉璃质地。鸱吻总高2.35米、宽1.6米、厚32厘米，由下向上分作四层。屋顶瓦件脊兽85%以上为宋代原物。

第二节 关公崇拜和关庙

一、关公崇拜

关公名羽，字云长，三国蜀汉大将，山西运城市解州人。在《三国演义》和戏剧舞台上，他是一位叱咤风云、忠义两全的人物，因此历代统治者对他进行极力宣扬。宋徽宗敕封关公为崇宁真君、义勇武安王。平民百姓喜欢他仁义待人，宗教界推崇他救苦救难，自然而然出现了对关公长达1700多年之久的崇拜现象。

目前，国内与关公有关的文物古迹不下百余处，其中以关帝庙为主，而解州关帝庙又是全国现存最大的一座，占地总面积22万平方米。它创建于隋开皇九年（589年），大中祥符七年（1014年）重建。

二、关公庙宇

（一）阳泉关王庙大殿

关王庙位于阳泉市郊区东北12千米处白泉乡林世村南玉泉山山腰。关王庙依山而建，坐西南朝东北，呈二进院落。中轴线依次为马殿（山门）、献殿、正殿，献殿前左右两侧为配殿，正殿前右侧为官窑，左侧置围廊。其中正殿为宋代遗构。关王庙正殿是中国现存已知最早的祀典武圣关羽的木结构建筑实物。

院内现存宋熙宁五年（1072年）残幢载："奉为皇帝万岁，郡主千秋，文武百官，常居禄位，赵国弟六帝□熙宁五年四月十八日建立闰七月。"此幢系当时兴造。正殿脊槫随槫枋下墨书题记"维南誉悚祖

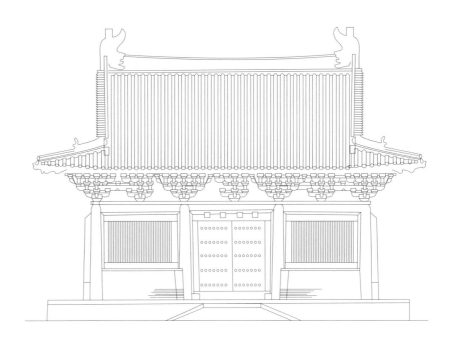

图5-2-1　关王庙大殿正立面图

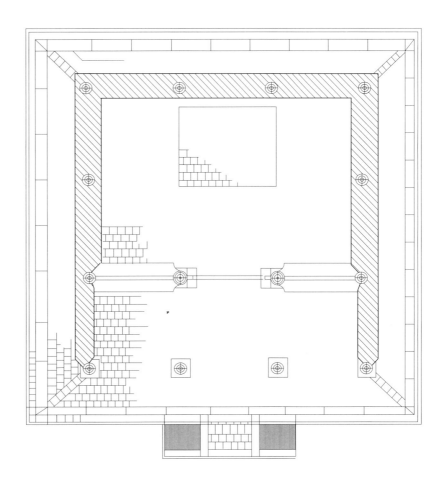

图5-2-2　关王庙大殿平面图

大宋国河东路太原府平定军平定县升中郡白泉村于宣和四年（1122年）壬寅岁三月庚申朔丙子日重修建记"，从题记证明正殿为北宋宣和四年（1122年）重建。

关王庙创建年代最晚为宋熙宁五年，宋、明、清时均有修缮。

1. 正殿建筑

正殿面阔三间，进深六椽，梁架采用"六架椽屋乳栿对四椽栿用三柱"式，单檐歇山顶，各柱均有侧脚，角柱生起，柱头有卷刹，斗栱为五铺作双抄计心造，不设昂。屋檐翼角伸出并翘起，出檐平缓。

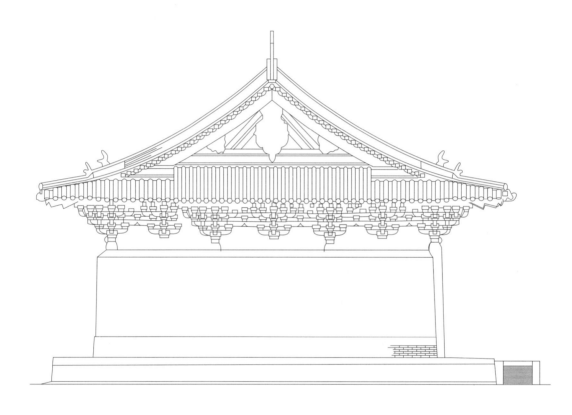

图5-2-3 关王庙大殿侧立面图

（1）平面

大殿建在高84厘米的台基之上。通面阔1182厘米，当心间410厘米，两次间386厘米。通进深1182厘米，平面呈方形。前一间为廊，门窗设在前槽柱之间，两山及后檐柱由墙体围砌。台基四角安角石55厘米×55厘米×18厘米，四周砌压檐石宽43厘米，厚同角石。

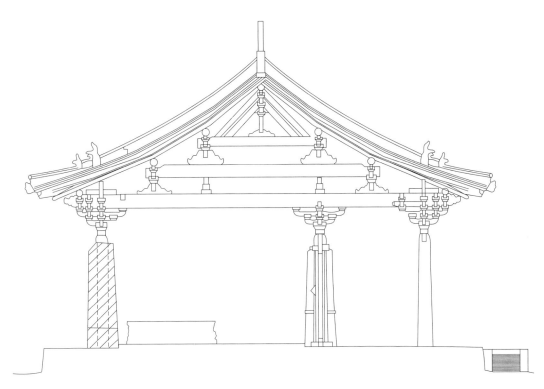

图5-2-4 关王庙大殿横断面图

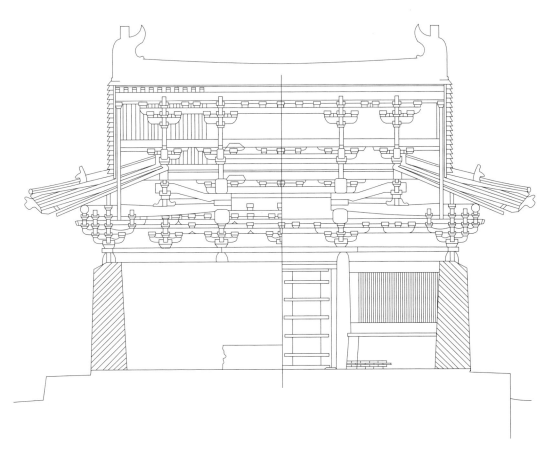

图5-2-5 关王庙大殿纵断面

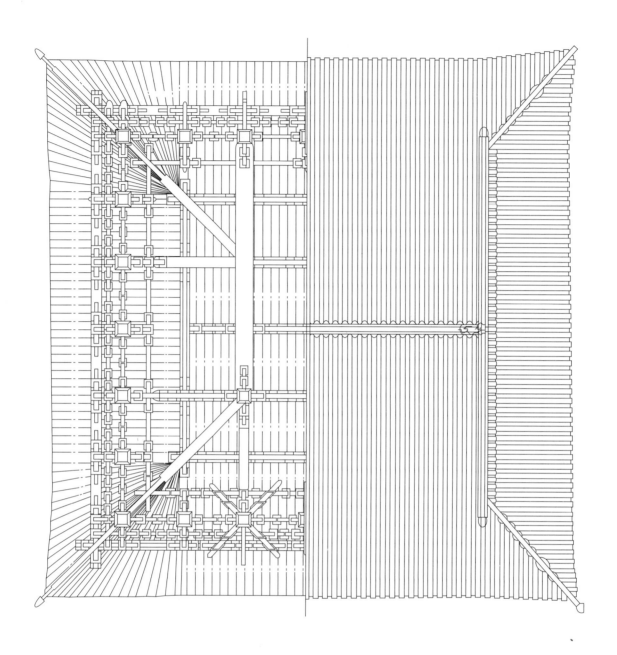

图5-2-6　关王庙大殿梁架仰视及瓦顶俯视

（2）柱额

殿身用柱 14 根，平柱高 400 厘米，角柱高 405 厘米，生起 5 厘米。前槽柱与平柱同高。柱径 55 厘米，合 36.67 分，柱高与柱径之比约为 7：1。柱有卷刹，卷刹长 9～12 厘米，收分 6～8 厘米，柱子有侧脚，平柱侧脚 2 厘米，角柱侧脚 6 厘米。

柱头上施阑额、普柏枋联接，转角处阑额不出头，阑额用材 29 厘米×15 厘米，普柏枋 14 厘米×29 厘米，阑额合 19.3 分×10 分。

柱底施盘石，无覆盆。

（3）斗栱

大殿栱枋用材规整，材高 21 厘米，材宽 15 厘米，架高 10 厘米，足材 31 厘米，折合宋尺材高 6.56 寸，材厚 4.69 寸，合《营造法式》的五等材。

大殿铺作总体分柱头、补间、转角和前槽柱头铺作四种，补间铺作每间一朵。檐下斗栱为五铺作重栱出双抄计心造，里转五铺作出双抄，第一跳偷心。各铺作纵向出泥道栱，上施正心枋三层，最上为压槽枋。第一、二层正心枋上分别隐刻成鸳鸯慢栱和鸳鸯令栱，栱头处施散斗。前后檐明间柱头铺作的耍头成麻叶式，其余铺作的耍头为蚂蚱式。麻叶式耍头的形制与佛光寺东大殿、应县木塔耍头相似。

（4）前檐柱头铺作

柱头铺作因所处位置的不同，结构略有变化。

前檐柱头铺作，五铺作出双抄计心造，里转五铺作出双抄，第一跳偷心。华栱两跳均为足材，上承乳栿，栿首头伸出檐外成耍头。铺作里外 45°出斜华栱两跳，均为单材，其上耍头外转成批竹昂形式，里转成蚂蚱式。铺作外出第一跳上施瓜子栱，其上慢栱与明次间补间铺作慢栱成鸳鸯栱。二跳跳头施鸳鸯令栱、通替承撩檐槫。里转二跳跳头也施鸳鸯令栱上承罗汉枋。斜栱的设置一方面缩短了铺作间净跨距，起到联结、稳固的作用，另一方面增加了前檐斗栱的艺术观感。

（5）后檐柱头铺作

五铺作重栱出双抄计心造。第一跳头施瓜子栱和慢栱，第二跳头施令栱、短替承撩檐槫，里转五铺作双抄偷心造，第二跳头置平盘斗承下四椽栿。

山面柱头铺作，外转同后檐柱头铺作，里转前后各异。后端柱头铺作里转出三跳，第一、三跳偷心，为隔跳偷心，第二跳头施令栱承罗汉枋，第三跳为足材耍头后尾延伸制成，栱头上施平盘斗托丁栿。前端柱头铺作，里转只出一跳偷心。外转第二跳华栱及耍头，为前槽第一、二层正心枋伸至檐外制成，里转二跳华栱为隐刻栱，栱头上施令栱承罗汉枋。

（6）补间铺作

补间铺作，外同后檐柱头铺作。里转出双抄第一跳偷心，第二跳跳头施令栱承罗汉枋。

（7）转角铺作

转角铺作正侧两面与柱头铺作相同，五铺作重栱出双抄计心造，45°线出华栱两跳及耍头，跳头上施平盘斗，令栱成鸳鸯交首栱。里转出三跳，第一、三跳偷心，第二跳跳头施平盘斗承正侧两面补间铺作里转鸳鸯交首令栱及罗汉枋。第三跳为耍头后尾延伸制成。栱头上施平盘斗托递角栿。递角栿同丁栿、搭牵叠置于下四椽栿上。

（8）前槽柱头铺作

前槽柱头铺作为五铺作，前后出双抄偷心跳。跳头施平盘斗承托下四椽栿和乳栿栿尾。泥道栱上施正心枋二层，第一层隐刻慢栱，栱头上施散斗上层枋。没有补间铺作，但在次间补间处第一层枋上隐刻令栱，上施散斗三枚。

2. 梁架

大殿当心间梁架采用六架椽屋乳栿对四椽栿用三柱的构架，四椽栿与乳栿两端分别搭于前后檐柱头铺作上，栿端架在前槽柱头铺作之上。其上又施四椽栿跨于两栿之间，再上为平梁，各梁栿端均置驼峰交栿斗支撑。平梁之上安驼峰、立蜀柱等承托脊槫。脊槫下前后各施叉手两根。

两次间施丁栿，承托次间中部的歇山构架。丁栿上施剳牵，其尾部与递角栿叠置，后部搭在下四椽栿上，前部搭在下四椽栿与乳栿联结处。剳牵下置交栿斗、驼峰立于丁栿之上。头栿两端下施交栿斗，驼峰支于前后递角栿上。由于歇山构架悬挑出际达170厘米，故在各栿头下施夹际柱支托，栿头外施博风板、悬鱼、惹草。

大殿当心间横向构件及歇山构架纵向，除用槫作为联系的构件外，各槫下及头栿均施襻间枋做纵向联系结构。脊槫下施襻间枋至歇山构架外出半栱，其下以令栱承托。上下平槫下施襻间枋两层，其上层至次间出半栱，下层至歇山构架外出半栱。头栿下施襻间枋至下平槫搭交处与下平槫的襻间枋相交出半栱。

梁栿断面除平梁、乳栿用材高宽比近 3 ∶ 2 外，其他主要梁栿的用材较《营造法式》规定要大，类似原木断面。当心间梁架还要承担两山丁栿上的歇山部分构架，两山后面的丁栿架在下四椽栿的中部，这就增加了梁栿的负荷，下四椽栿用材粗大是必要的。

前后撩檐槫中心距 1330 厘米，举高为 365 厘米，总举折为 1 ∶ 3.64，在《营造法式》规定的殿阁 1/3 与厅堂 1/4 之间。

大殿檐出 105 厘米，椽径 13 厘米，合 8.67 分，头部卷刹 2 厘米，卷刹长 35 厘米。飞椽出 50 厘米。飞椽高 9 厘米，宽 8 厘米，卷刹头部高 6 厘米，头宽 5 厘米，卷刹长 20 厘米。

3. 墙体

殿身檐柱间以墙体围砌。下肩墙为砍磨干摆叠涩收分垒砌，底宽 116 厘米，上宽 110 厘米，高 71.5 厘米，内外各收 3 厘米。其上墙身下宽 106 厘米，上宽 91 厘米，高 306 厘米。顶部留有墙肩，外侧收分 10 厘米，内侧收分 5 厘米。

4. 装修

大殿前槽柱之间施门窗。当心间施版门，门高 299 厘米，宽 289 厘米，基本呈方形。版门上施五路门钉，每路七枚。门簪四枚，呈方形，边缘抹八字素面无饰。立颊外施抱框，门帖为木制。

两次间施坎墙高 120 厘米，上置破子棂窗，每窗安棂条十九根，窗槛外施抱框。

5. 屋顶

屋顶为布瓦顶，坡度曲线柔和，正、垂、戗、曲脊均为瓦条脊。岔脊为条砖一层，上为扣脊瓦。正脊连同脊座、扣背瓦高 70 厘米，两端施鸱尾式琉璃大吻。垂脊、曲脊高 40 厘米，戗高 30 厘米，垂、戗兽为琉璃贴面兽。

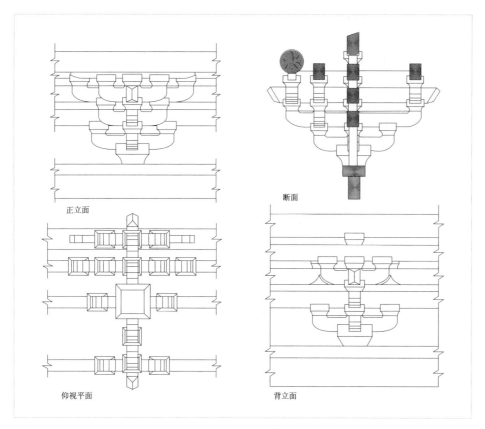

正立面　　　断面

仰视平面　　　背立面

图5-2-7　补间斗栱

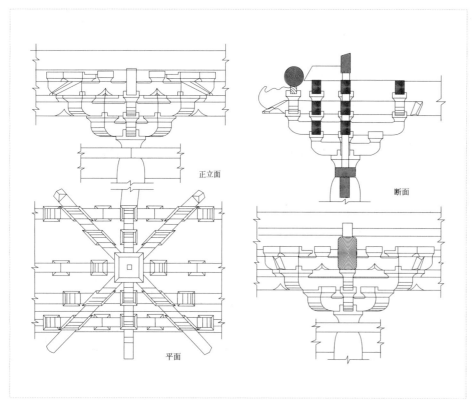

正立面　　　断面

平面

图5-2-8　前檐柱头斗栱

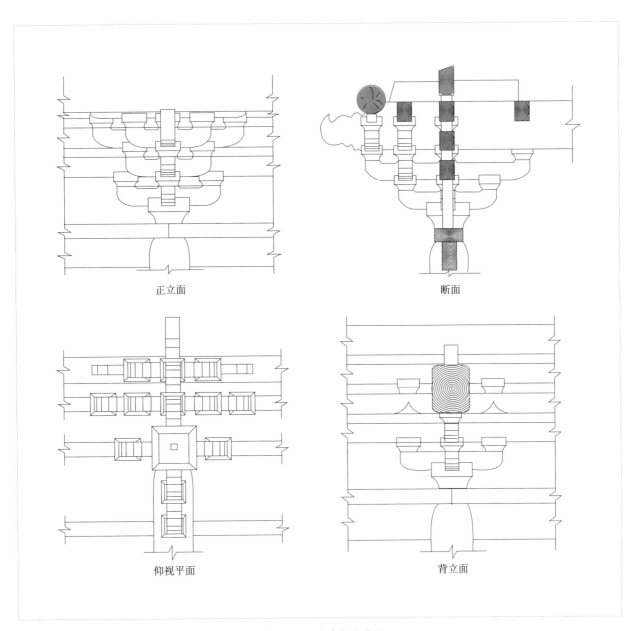

正立面　　　　　　　　　　　　　断面

仰视平面　　　　　　　　　　　　背立面

图5-2-9　后檐柱头斗栱

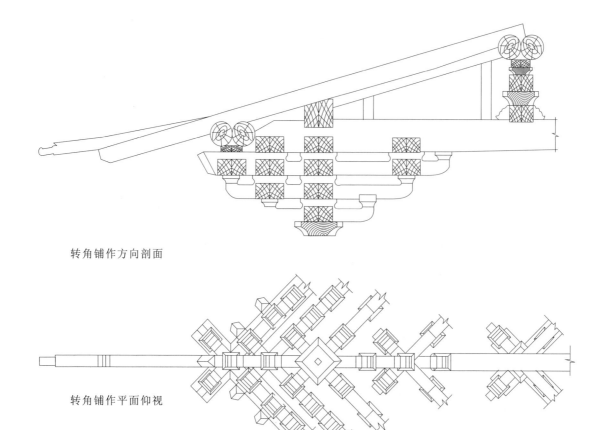

转角铺作方向剖面

转角铺作平面仰视

图5-2-10 转角斗栱

（二）定襄县关王庙

山西省定襄县城北关王庙，早年为寿圣寺西配殿，因寺已废，独存的西配殿便成为一座庙宇。

据《定襄县志》载："悯忠祠在北关，祀定襄王李大恩，元至元间改为寿圣寺。"《五代会要》载，天福二年八月"敕，唐卫国公李靖封灵显王，是灵显王之号，封于晋"。据此可知，唐建悯忠祠，宋宣和年间更名为昭惠灵显王庙，主供灵显王李靖。

金泰和八年所立石碣《新创关王庙记》载："将，以义为主，勇武辅之，然后可以不比于物议。求之三国之际，得蜀将关侯其人也。按本传，公讳羽，字云长，河东解人也。……是时威震华夏，战功尤多，其事业著见，进封昭烈武安王。至于民间，往往神事之。"据此，定襄县于金泰和八年（1208年）塑关王像，实为中国现存较早的关王庙之一。

关王庙原正殿唐祀定襄王李大恩，宋宣和祀灵显王李靖。东配殿供玉皇大帝，西配殿供关王，现仅存西配殿。

1. 大殿平面形式

关王庙坐西向东，面阔三间，进深两间，单檐歇山顶。前檐当心间平柱向两次间侧移183厘米，形成当心间较宽，次间甚窄，殿内金柱未移。在横断面上，前檐柱头铺作与后檐次间补间铺作相对。普柏枋之下使用巨大额枋一根，次间额枋很小，不设普柏枋，其内端伸进明间额枋之下。柱侧脚向山面倾斜5厘米，向正面倾斜10厘米。柱础石不加雕饰，用自然平面石衬垫。殿前设小月台，两山及背面台明，用自然卵石垒砌。破子棂窗较小。殿四面墙用土坯垒砌，里外抹白灰，外刷红土。

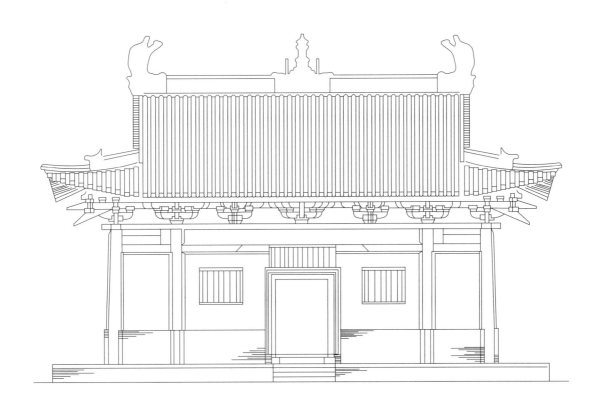

图5-2-11 定襄县关王庙正立面图

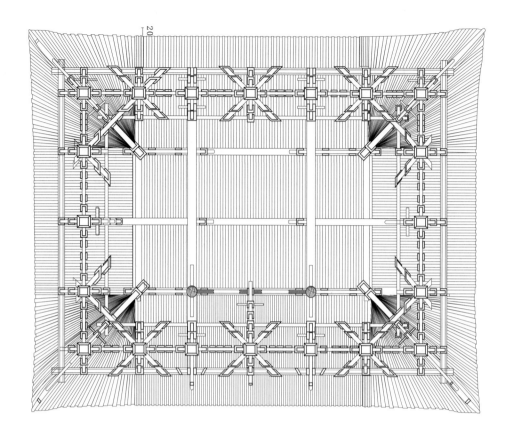

图5-2-12　梁架仰视

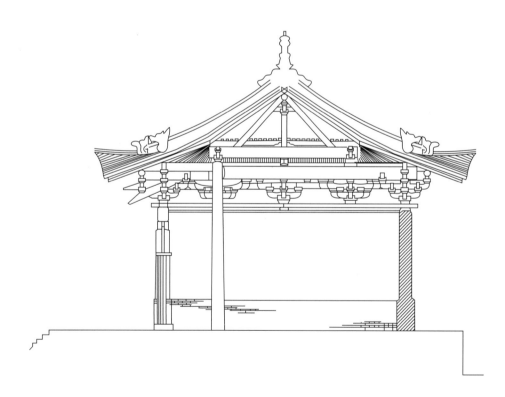

图5-2-13　明间横断

2. 大殿梁架

殿内梁架三椽栿对乳栿，实为劄牵，伸出檐外置撩檐檩，后尾插入金柱与三椽栿相交，宽厚呈单材。两山丁栿后尾搭于三椽栿之背，前端伸出檐下呈华栱直挑撩檐檩。歇山出际只用承椽枋一根，不使用踏脚木。平梁前端由金柱头大斗相承，后尾驼峰承托，之上置侏儒柱、合楂、叉手承托脊檩。四角用小的单材抹角梁，斜交于前檐柱头铺作和山面次间补间铺作。前檐砍成 45° 斜栱，山面伸出不加雕饰。

3. 斗栱设置

关王庙虽然只有三间，但斗栱竟有八种之多，而且造型奇特。八种斗栱大体可分两大类。一类是前檐明间补间及转角铺作，均为四铺作单下昂，下昂较长。另一类为其余铺作，皆为五铺作重抄，其两跳出跳的长高等于前一类下昂的长高。具体制作上，一类下昂之下有华头子，上部施令栱。另一类不施令栱；由第二跳栱头的散斗直承撩檐枋。因此形成二者之间结构制作不同，但总高总长相等。前檐明间较宽，补间铺作使用三朵，次间不用补间铺作。山面及后檐每间各一朵补间铺作。斗栱材宽 14 厘米，材高 20 厘米，栱高 7.5 厘米。

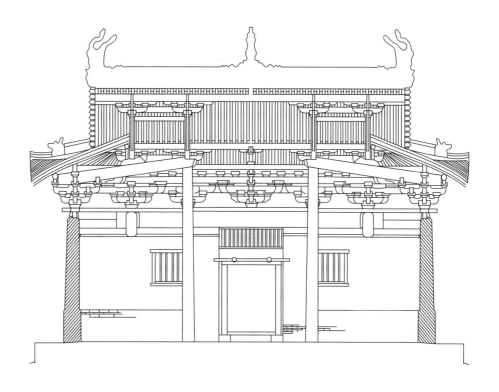

图 5-2-14　纵断前视

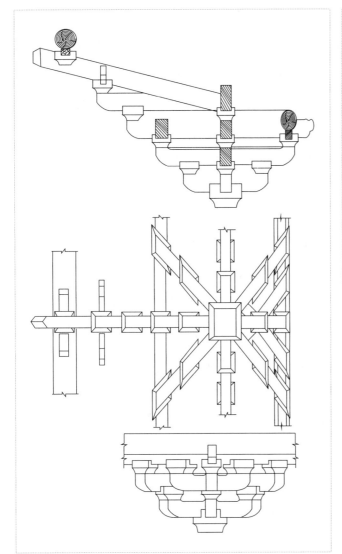

图5-2-15 前檐明间补间铺作　　　　　　　图5-2-16 前檐明间两侧补间铺作

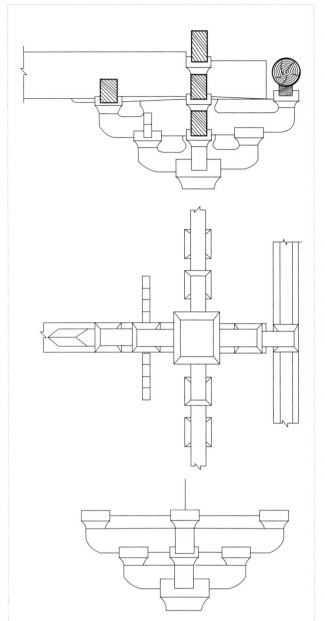

图5-2-17 前檐柱头铺作

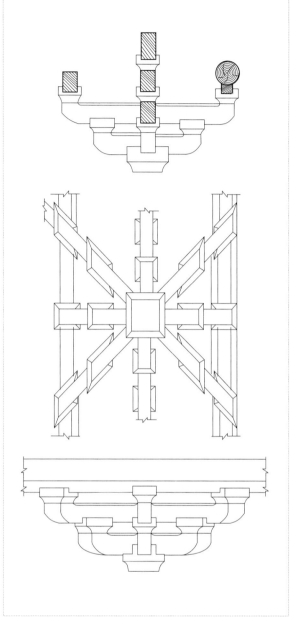

图5-2-18 山面柱头铺作

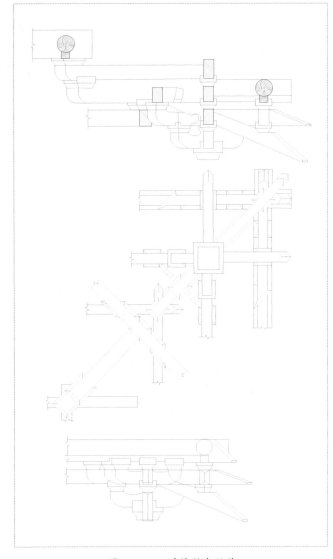

图5-2-19　前檐转角铺作

第三节　民间信仰和二仙庙

一、民间信仰

宋代民间崇祀十分庞杂，人间充满了"鬼神"，如六畜之神、庄稼之神、河神、山神，似乎无不有神。数目之多，时人也为之惊叹。如朱熹谈到风俗尚鬼时，以新安等处为例说，"朝夕如在鬼窟"。又举二王庙说，此本是蜀中因李冰开凿离堆有功而立，宋时却节外生枝生出"许多灵怪"来。宋真宗好道，封他为"真君"。逐年人户赛祭，杀羊数万头，庙前积谷如山。利州路又有"梓潼神"，据说是"极灵"，此二神"似乎割据了两川"（《朱子语类·鬼神》）。

宋代的"民间诸神"众多，遍及南北各地的城隍庙、土地庙、灶神等，可知宋代民间信仰的一般状况。

城隍庙。城隍为护城沟渠，被视为城市的保护神，司求雨、祈晴、禳灾等事，列为古八蜡神之一。城隍庙在唐宋之前不普遍，宋以来，"其祀几遍天下，朝家或赐庙额，或颁封爵。未命者，或袭邻郡之称，或承流俗所传，郡异而县不同。至于神之姓名，则又迁就附会，各指一人"（《宾退录·卷八》）。一些名人被搬进庙中，有的演化成为当地城隍庙的主神。城隍神成为宋代民间最普遍的信仰之一。

土地庙。民间祭奉土地神，以求得一方平安。土地庙的普遍盛行是在宋代。这与"千年田八百主"的现实有关，人们希望得到土地神的庇佑。南宋吴玠在和尚原大败金军，宋廷特封当地山神为康卫侯，土地神为保安侯，中雷神为宅神。宋人称，其神"实司一家之事，而阴佑于人者，晨夕香火之奉，故不可不尽诚敬"（《春渚纪闻·中雷神》）。

土地神的功能与城隍庙有重复之处，乡村中一般有其庙宇，较小，祀仪也简单，与百姓生活关系密切。

灶神。灶神又称灶王，灶君。宋代民间以灶神为"司命"之神，管一家良贱之命，记人善恶，上奏天曹，故民间对"灶"有多种禁忌。腊月二十三日是灶王爷朝天言事之日，为灶神节，民间备酒果食馔之类，家家拜祭灶王。北宋都城开封、南宋都城临安都有祭灶神的记载。范成大的《祭灶词》记述了苏州一带祭灶民俗，"古传腊月二十四，灶君朝天欲言事。云车风马小留连，家有杯盘丰典祀"。可以看出，祀典是很丰盛的。

民间崇拜中，有的为官方祀典，而未入祀典者则被官府和士人称为"淫祠"，一般在禁毁之列。如朱熹在《朱子语类·鬼神》中说，"人做州郡，须去淫祠。若系敕额者，则未可轻去"。敕额就是以皇帝的名义颁赐的名号，也就是得到了官方的承认。对百神的封赐实际上是按统治者的思想建立了另一个管理系统，"百神受职于都邑之内，犹百官之在朝廷，各司其事而不相乱"（《宋大诏令集·卷一三七》）。宋代有朝廷掌握的祀典，也有地方上自己的祀典。根据古代儒家《礼记·祭法》，祭祀有常典，凡日月星辰为民所瞻仰，川林谷丘为民所取材用，能御大灾，能抵抗大患皆是祭祀的对象。被认为有大功大劳于民于国者，或者是地位显赫的先贤圣帝，或者是德行可为楷模，方可受到官府认可的祭祀。

宋代民间崇拜的范围很大，那些地位低微的民间诸神，"生无功德可称，死无节行可奖"（《因话录·卷五》），在唐代被认为"淫祠"者，在宋代却可能被纳入官方祀典之中，数量非常之多。朱熹学生说，"今之神祠，无义理者极多"，且对是否应该前往祈祷那些"极无义理"然而有"敕额"的神祠感到困惑。有许多"极无义理"的神祠被纳入祀典。

祀典范围自宋初以来就不断扩大。据《宋史·礼志八》载，自开宝、皇祐以来，已把一些神祠增入祀典。熙宁年间朝廷要求把各地"祠庙祈祷灵验"而未有爵号者上报，于是诸神祠无爵号者赐庙额，已赐额的加封爵，又更增神仙封号等。大观年间，因神祠加封爵未有定制而造成了许多混乱，朝廷曾毁神祠一千余处，禁军民擅立大小祠。秘书监何志同上言说，诸州祠庙多有封爵未正之处，如屈原、李冰等，因未入祀典，造成各地封爵不一，请求加以稽考，予以统一。经北宋神宗、哲宗、徽宗三朝整顿，在禁毁一些神祠的同时，又大加封爵，宋代的许多有功之臣均立以新庙，载入祀典。而州县岳渎、城隍、仙佛、山神、龙神、水泉江河之神及诸小祠，"皆由祝祷祈感应，而封赐之多，不能尽录"。对于民间崇拜，朝廷顺势而为，把其中许多神祠纳入官方祀典，使民间信仰在宋代得到了发展。民间崇拜须有"灵验"为信。宋代不少"以神仙显，或以巫术著，皆民俗所崇敬者"。

二、晋东南二仙及二仙庙

（一）二仙信仰

晋东南地区的二仙属于地域性民间崇拜之神，主要发展于晋东南、晋南两地 [1]。二仙为"乐氏两女"。北宋时期，二仙信仰在晋东南地区迅速发展，并得到统治阶级的认同，被敕封为"冲惠""冲淑"二真人，庙号为"真泽"。民众在各地为二仙大量兴建庙宇行宫。

二仙，所奉的是乐氏二女，她们本为屯留里村人，商代微子 [2] 的后人。后来随父迁徙到紫团乡益阳里。父亲名为乐山宝，母亲杨氏，传说母亲感应到神光而产下二女。此二女自出生起便聪颖异常，虽沉默寡言却极具悟性，七岁时便能出口成章，行为举止得体大方，当时有学识的人都认为其为仙流道侣之人。

关于二女成仙的缘起，从文献看，大致有两种说法。一是由于遭到继母吕氏 [3] 的虐待。冬天时身穿单薄的衣物，赤裸双脚，到山上采菇，血泪浸到了土里化生成苦苣，红色的叶子犹如沾满了血渍，回家后激怒了继母。于是又逼迫二女到田间捡拾麦穗，但没有收获。二女由于惧怕继母，于是便仰天哭泣。就在这时，有黄龙下降，将二女腾起，

---

[1] 后期发展范围扩大到河南地区，但规模不大，只限于晋东南周边与其接壤的地区。《壶关县志》卷之七《人物志·仙释》记载："道光十年，于河南荥阳县丕彰灵佑，水旱疾病祷者辄应，建庙立祠，请崇封典，移文壶关，备查原委以闻。"另：（道光）《河内县志》卷之四《金石志补遗》中记载了一块"元重修真泽庙记碑"，可见当时的河内地区（即今河南省沁阳市）也建有二仙庙。

[2] 微子：商纣王的长兄，建宋国。史籍《急就篇》中载："乐氏之先，与宋同姓，戴公生乐父衎，是称乐也。"

[3] 一说为"李氏"，盖流传过程中产生的音谬。

于是幻化成仙人离去。时年大女十五岁，二女十二岁[1]。二是两个人成年后便隐居山林，遇到得道高人教授其采药之法，于是在石室中修炼，终日以草药（传说中为紫团山盛产的紫团参）为生，后上天又赐其一身红袍，最终得道成仙。

晋东南地区的二仙信仰具有浓郁的地方性色彩。正是由于这种本土性及民众性，使得二仙信仰带有明显的功利色彩，主要以趋利邀福为主。

宋徽宗崇宁年间西夏侵扰中原，朝廷派大军出征路过紫团山，由于长途跋涉，军旅困乏，二仙化身为农妇为朝廷大军沿途送饭。消息传至朝廷，宋徽宗于政和元年[2]敕封乐氏二女为冲惠、冲淑真人，并敕立宫庙命民间以祭祀，庙号真泽。

目前有关二仙记载最早的文献为唐乾宁元年（894年）张瑜《乐氏二女父母墓碑》，从碑中可以了解到当时二女已经具备了诸多神性，并受到当地民众的崇奉和信仰。说明早在唐末，二仙信仰就已经在晋东南地区盛行。

对于民间信仰来说，不具有如佛教或道教般完备的理论体系及组织机构，是民间百姓按照自己的臆想赋予神灵的。二仙原本是两个极为普通的女子，由于恪守孝道，事迹被广为流传，最终演变成神话人物。在这个故事中，"善良"和"邪恶"形成了鲜明的对比，在某种意义上，起到了教化作用。而且这种"恪守孝道"的精神与儒家的伦理道德观念非常契合，所以在后代宣传二仙时候特别重视其孝顺。如顾应祥的《翠微仙洞》云："乐家二女此登仙，留得芳名百世传。岂有灵丹能脱骨，祇因纯孝自通天。"（道光《壶关县志》）二仙的"忠孝"成了感动天地的主导因素。正是因为其与儒家理念相合，并且在后代的流传和记述中，反复强调和宣扬二仙的孝道，所以二仙才能从普通的风俗神

---

[1] 一说为"大女二十三岁，小女十五岁"，出自明洪武二年吴善《二仙感应碑记》。正文说法"大娘仙时年方笄副，二娘同升少三岁许"。引自赵安时《重修真泽二仙庙碑》，为金大定五年所作。赵安时为陵川人，贞元年间的进士，文中讲到作者"至天德四年，因任太常职事，于寺扃检讨旧书，偶见二仙墨碑，乃唐乾宁年进士张瑜所撰"。他所见到的，应该是比较完整的《乐氏二仙父母墓碑》，因此其记述有一定的可靠性。

[2] 关于敕封的年代，不同的碑刻也有不同的说法。在壶关县真泽二仙宫内现存当时敕封的碑刻，即为李元儒的《真泽庙牒》，碑为宋政和元年所撰，因此"政和年间敕封"一说较为可靠。

中脱颖而出，成为上党地区千年兴盛不衰的大神[1]。另外，古代上党地区有"居民稼穑耕瘠田，凿井百尺难通泉"之说，可见其自然条件十分艰苦。在这种情况下，男性成为生存力量的代表，而女性则往往处于附属地位，难以摆脱被奴役、被压迫、被抛弃的地位。"二女"受迫便是这样一个时代背景下的必然中的偶然事件[2]；而"二女"被神话为"二仙"，则反映了那个时代女性内心抗争，向往平等的精神寄托。

北宋时期，统治者大力扶植信仰道教，这为二仙信仰的发展提供了一个良好的社会环境，二仙即是在这个阶段被敕封，而之所以在此期间得到统治者的敕封，与北宋时期的社会局势有着密切的关系。北宋年间，边境战乱频繁，周边少数民族政权对其构成很大的威胁，这种动荡的社会局势使得统治阶层需要这样一个民间的神灵来对自己的政权进行护佑。尽管很多皇帝信奉佛教或是道教，但是佛、道所能提供的是心灵上的慰藉，是社会的精神支柱，而"二仙"在"危难时刻补给将士"的传说，恰好符合了统治者对舆论支持的需求。

在晋东南地区，除二仙信仰外，还盛行多种神灵信仰，如城隍、关帝、崔府君等。上党大地之所以孕育众多的神话传说，与其地理自然环境是分不开的。一方面，这种相对封闭的地理环境，是最佳的文明孵化场。关于这一点，中国近代地理学与气候学的奠基者竺可桢先生，在20世纪30年代发表了一篇题为《气候与人身及其他生物之关系》的文章，文中指出，"在文明酝酿时期，若有邻近野蛮民族侵入，则一线希望即被熄灭。所以世界古代文化的摇篮统在和邻国隔绝的地方"。另一方面，"祈雨"的要求促进了该地区的神灵信仰。晋东南相对稳定的地理环境和多神话系统的社会环境为二仙信仰的产生和发展提供了支持和保障。同时，这种环境也是二仙信仰没有走出晋东南地区的原因。

（二）二仙信仰庙宇和历史变迁

二仙信仰几乎遍及上党大地，明崇祯元年（1628年）赵世宁《晋城南村二仙庙》载："每年春秋血食，岁时笃殷，迄今二百余祀。"

---

[1] 王锦萍. 虚实之间：11-13世纪晋南地区的水信仰与地方社会［D］. 北京大学硕士学位论文，2004年5月.

[2] 李会智，赵曙光，郑林有. 山西陵川西溪真泽二仙庙［J］. 文物季刊，1998（02），27.

可见其庙宇的分布是十分广泛的。庙宇作为民间宗教文化的载体，确切而直观地体现出二仙信仰在晋东南各地发展的历史。

由于二仙本宫位于壶关县树掌镇神郊村北，所以早期的二仙庙多集中在壶关、陵川以及高平等紫团山周边地区。后期的发展也是由于这几个地区向外扩散，最终形成了一个以紫团山为中心的圆形辐射区。

北宋时期，二仙信仰已经发展到了一个相当成熟的阶段。宋徽宗于政和元年敕封乐氏二女为冲惠、冲淑真人，并敕立宫庙命民间以祭祀，庙号真泽。这使得二仙信仰在晋东南地区的发展达到了顶峰，逐渐走出紫团山一带，开始向泽州、长子等地发展。二仙信仰遍及整个上党地区，这一格局是在宋代奠定的。二仙信仰由此得到统治阶级的认同，在晋东南地区大力发展，最终形成一个成熟的体系。

表 5-1　晋东南地区二仙庙统计表（按始建年代分类）

序号	朝代	地点	历史沿革	资料来源
1	唐	壶关县树掌镇神北村	创立于唐乾宁三年（896年）	《长治市志》（1995年）清乾隆《潞安府志》
2		陵川县崇文镇岭长村	创立于唐乾宁年间，宋崇宁年间加封真泽宫。金贞祐年间曾毁于兵火。元初又经营十年始复旧貌	《陵川县志》（1999年）清雍正《泽州府志》
3		高平市北诗镇中坪村	唐天佑年间	《山西通志》（2002年）
4	唐	高平市西李门村	创建于唐。金正隆二年（1157年）、大定二年（1162年）、明清均有修葺	《晋城市志》（1999年）《高平县志》（1992年）
5	后晋	陵川县西南30千米	创建于晋天福年间	清乾隆《陵川县志》
6	宋	高平市南赵庄村东北	北宋乾德年间创建，宋政和年间重修。元至元二十一年（1284年）重修，清嘉庆二十一年（1816年）重修，现存为清代建筑	《晋城市志》（1999年）《高平县志》（1992年）
7		陵川县东南80千米处壕村	宋大中祥符五年建（1012年）	清乾隆《潞安府志》
8		陵川县附城镇小会岭（古称分神岭）	宋嘉祐八年（1063年）建。正殿主体结构为宋代遗物，余皆明清所建	《晋城市志》（1999年）
9		泽州县金村镇东村	建于宋绍圣四年（1097年）	《山西通志》（2002年）
10		长子县宋村乡高家洼村西	创建于宋，重修于明	《长子县志》（1998年）
11	金	屯留区余吾镇二仙头村	金大定二年（1162年）建	清乾隆《潞安府志》
12	明	长治郊区（今属潞州区）西池乡故县村	创建于明代	《长治郊区志》（2002年）

表 5-2　晋东南二仙庙统计表（按地区分类）

所属县（市、区）	具体地点	所属县（市、区）	具体地点
陵川	崇文镇岭常村	高平	河西镇西李门村
	附城镇小会村		米山镇米西村
	潞城镇石圪峦村		南城区赵庄村
	潞城镇（侯庄乡区域内）		北诗镇中坪村
	杨村乡太和村		寺庄镇芦家峪村
	杨村乡杨庄村		石末乡侯庄村
	潞城镇侯家岭村		永禄乡三军村
	秦家庄柳义村	泽州	金村镇东村
	秦家庄桥蒋村		南村镇牛匠村
	礼义镇西头村		高都镇胡里村
	礼义镇西伞村	长治	老顶山镇西长井村
	西河底镇附近		西池乡故县村
屯留	余吾镇二仙头村	壶关	店上镇南寨村
晋城	市东郊小南村		树掌镇神北村
武乡	韩北乡石圪垟村	长子	宋乡高家洼村

（三）二仙庙平面构成

晋东南地区二仙庙宇分布十分广泛。

表 5-3　五处被列为全国重点文物保护单位的二仙庙

名称	地点	木构年代	列入国保时间
晋城二仙庙	泽州县金村镇东南村	宋	第四批 1996.11.20
小会岭二仙庙	陵川县附城镇小会村	北宋至清	第五批 2001.6.25
西溪二仙庙	陵川县崇文镇岭常村	金至清	第五批 2001.6.25
中坪二仙庙	高平市北诗镇中坪村	元至清	第六批 2006.5.25
西李门二仙庙	高平市河西镇西李门村	金至清	第六批 2006.5.25

国保单位二仙庙多集中在陵川和高平两地，创建年代多集中在唐末至北宋。二仙庙宇的平面布局，从整体上反映出该地区二仙庙的建造规模。

（四）晋城泽州二仙庙

1. 庙宇的地理位置和布局

泽州县位于晋城盆地中央。泽州县主要河流为沁河和丹河。晋城二仙庙位于晋城市东 13 千米处的泽州县金村镇东南村。二仙庙坐北向南，建于高岗之上，下临丹河，东侧隔河与珏山相望，西侧公路回环。在北宋大观元年（1107 年）苟显忠《鼎建二仙庙记》中记录了当时二仙庙周边的情况："卜地放馆之头村西北高冈左侧，四远眺望，东有女娲圣窟，西有垂棘玉洞，南为凤凰山惠远公掷笔之台，北有龙门峡魏孝文驻跸之地。山环水绕允为此方胜境。"

2. 庙宇主体格局

从现存碑刻来看，庙宇的创建年代十分清晰。在后殿前檐东石柱上刻有宋"建中靖国元年十月二十九日"（1101 年）的施柱题记。又据北宋大观元年（1107 年）《鼎建二仙庙记》载："因其地僻路歧，瞻礼无由，公议建立行祠与招贤馆……遂选匠庀材，雷动云集，经之营之，不日而成巨观。"北宋政和七年（1117 年）的《二仙庙记》载："自绍圣四年五月内下手，至政和七年秋完工。"期间共经历 20 年时间。

《二仙庙记》中还记载："于北纮田宗地内施地一所，充为庙基、挟屋、行廊、门楼五道□□□□□□□□□□□为记。"由此可见，平面布局中的后殿、挟屋、行廊、门楼都是庙宇创建时期所建。

（五）高平市西李门村二仙庙

1. 庙宇的地理位置

西李门村二仙庙位于高平市河西镇西李门村南 600 米，属于平原区向山区过渡地带。西李门二仙庙处于一高岗之上。

2. 庙宇布局

关于西李门二仙庙的创建年代，庙内蒙古庚子年（1240 年）《重修真泽庙碑》中载："自唐天祐迄今三百余年，庇庥一方，实受其福，

图5-3-1 高平西李门二仙庙山门及耳房

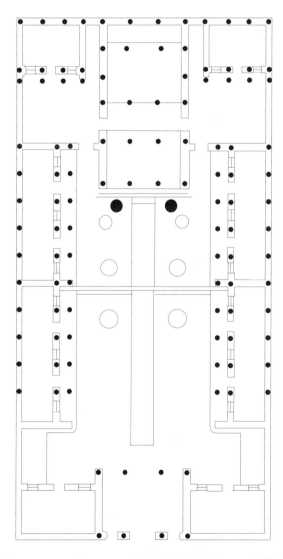

图5-3-2 西李门二仙庙总平面图（引自山西古建所
《高平西李门二仙庙建筑调研报告》）

水旱疾疫，祷无不应。"由此可知，庙宇创建于唐天祐年间。

从现存碑记来看，金代对庙宇进行了大规模修缮。碑文中对每次庙宇的修缮范围、修缮程度等均未做详细说明。

金正隆三年（1158年）的《重修二仙庙记》中记载："……重修前殿、梳妆楼、后殿及耳房。"这说明其他单体建筑的格局至迟在金代已经落成。另外，在蒙古庚子年的《重修真泽庙碑》中还记载："遂以重门翼之两庑，旁列诸灵之位。"这一史料说明，在蒙古庚子年，已经存在两重门的形制，此处的两重门，应指山门与戏楼。

西李门二仙庙平面呈长方形，坐北朝南。中轴线上建筑由南向北依次为戏台、山门、前殿以及后殿，前殿为歇山顶，后殿为悬山顶。前殿位于中心位置，是中轴线上的中心建筑，且前设月台。东西两翼设置廊庑、梳妆楼以及耳殿。梳妆楼独立于廊庑之外。耳殿接近后殿山墙。

（六）小会岭二仙庙

1. 庙宇的地理位置

小会岭二仙庙位于陵川县西北附城镇小会村。陵川属平川区域，有丹河的支系流经。庙宇选址因地制宜，建在宽敞的平地之上，四周皆为农田。历史上小会岭二仙庙是周边的七个村共有的庙宇，七个村庄即为现在的沙泊地、黑土门、柳树河、徐家岭、毕家掌、神眼岭、小会村。二仙庙处于七个村的中心位置。

2. 庙宇主体格局

小会岭二仙庙的始建年代无从考证，现存香炉台座碑《二仙醮盆碑记》上刻有"嘉祐八年李则为首率修"。这说明，至少在宋嘉祐八年（1063年）此庙就已经存在了，因此成为目前所知晋东南地区二仙庙实物遗存中年代最早的一座。

除后殿为宋代遗构外，其他建筑的建造年代都较晚，所以无法准确复原二仙庙初创时期的格局。现存的二仙庙为规整的长方形，坐北朝南，格局为前后两进院落，中轴对称。中轴线建筑依次为山门（包括东西梳妆楼）、献殿及后殿。后殿居最北端，献殿紧邻，后殿为歇山屋顶，献殿为悬山屋顶。东西建筑格局对称，依次为廊房及耳殿，耳殿山墙远离后殿。

图5-3-3　中坪二仙宫山门正面

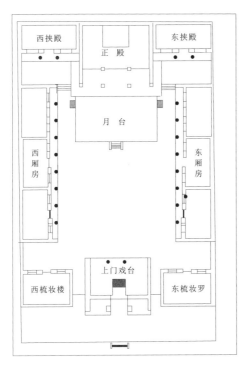

图5-3-4　中坪二仙庙总平面图

（七）中坪村二仙宫

1. 庙宇的位置

中坪二仙宫位于高平市北诗镇中坪村，在翠屏山南麓的二仙岭上，这里山川秀丽，风景宜人。元至元五年（1339年）《重修真泽行宫记》记载了当时周边的秀丽景色："夫人之宝祠，深溪之泉。背随城而面太行，肘天党而履龙井。堆牧翠岫，稠叠四围，桑柘平原，以塞其贵。"另外，二仙宫被周边数村庄环绕，历年来庙宇的修缮都由数村庄合力完成，这一点类似于小会岭二仙庙。

2. 庙宇布局

关于庙宇的创始年代，庙内元至元五年（1339年）《重修真泽行宫记》记载："泽北邑泫水东乡，天祐末年建行祠。"这说明，至少在唐天祐年间该庙已经存在。该碑文又载："将正殿重修壁画。创盖挟殿塑像壁画。创盖两廊二十二间壁，画塑马二匹。创盖舞楼一座，三门三间。五道殿一座。太尉殿、太保殿、前后大小门窗二十余合。里外基阶墁砖，排仗俱全。至今补修三辈，方才完备。"可见，除正殿外，其他建筑都为元代重修时创建。

中坪二仙宫现存主体格局相对简单，为一进院落，中心建筑是位于平面最北端的正殿，歇山顶，前设敞廊，东西设配殿，山墙与正殿紧邻。东西两翼设廊庑，不设置独立于廊庑的配殿。另外，山门、戏台与梳妆楼合为一体的形制，应为后期所建。

（八）西溪真泽二仙庙

西溪真泽二仙庙，位于陵川县崇文镇岭常村。

其坐北朝南,背水面山,周围景色清幽,位置独特。

据庙内现存金大定五年《重修真泽二仙庙》碑文记载,该庙创建于宋,是陵川县西庄村秦氏与其子张志因崇奉二仙而初创的。至金皇统二年(1142年)又由张志之后组织扩建,"重建正大殿三间,挟殿六间,前大殿三间,两重檐梳洗楼一座,三滴水三门九间,五道安、乐殿各一座,行廊前后共三十余间",并塑像数尊,使之"楼殿峥嵘,丹青晃日",是一座布局完整、规模较大的道观建筑。

图5-3-5 西溪真泽二仙庙鸟瞰图

西溪真泽二仙庙,以中轴线对称布局。庙院南北长68.93米,东西宽42.30米,占地面积2915.74平方米。庙内现存单体建筑15座。中轴线上由南至北依次建有山门(山门之上设戏楼)、香亭、前殿及后殿。山门东西设掖门,西掖门边设有耳房,前殿与后殿之间东西建梳妆楼,后殿东西设耳房。

1. 山门楼及掖门楼

(1)山门楼

设于庙之南端,共两层。下层为山门,是通往庙内的主要大门。面阔三间,进深两间,建筑面积66.46平方米。明间于中柱间辟版门,次间施砖墙隔断。上层为戏楼,面阔三间,单檐悬山屋顶。

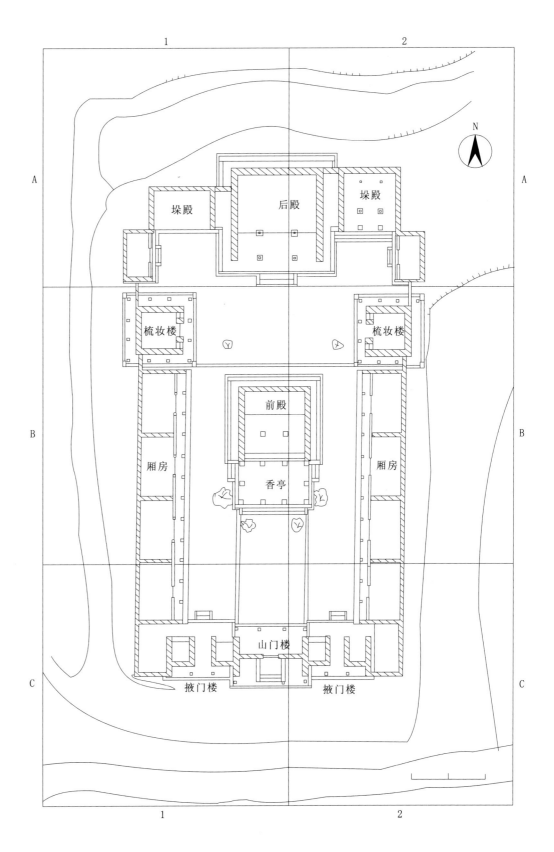

图5-3-6 西溪真泽二仙庙总平面图

上层梁架为五架梁后压双步梁用三柱。五架梁与三架梁之间于中部设瓜柱一根，以减轻三架梁之荷载。单步梁前端施小瓜柱顶承，尾部插入瓜柱，瓜柱之间以小枋穿插稳固。三架梁中部立脊瓜柱。其上设丁华抹颏栱与叉手稳固脊部。整体梁架虽不设襻间斗栱，但均于檩下设替木。

（2）披门楼

设于山门楼东西两侧与山门排列。面阔三间，进深一间，建筑面积43.69平方米。明间中部辟版门。上层与戏楼相通，为戏楼后室。梁架为五架梁通檐用二柱，单檐硬山屋顶。

2. 前殿

位于山门楼之北，是轴线上主要建筑之一。面阔三间，进深六椽，建筑面积74.6平方米。殿身前檐设格扇门，明间六扇，次间四扇。檐下周设铺作，双抄五铺作45°出斜栱。单檐五脊顶。

图5-3-7　西溪真泽二仙庙前殿正立面图

（1）台基

前殿建于高84.6厘米的台基之上。歇山屋顶。前大殿面阔三间，明间阔320厘米，次间277.5厘米，通进深852厘米。前檐台明与香亭台明相连且高于香亭台明7.6厘米。

（2）梁架结构

前殿梁架为四椽栿前压乳栿用三柱。金柱与檐柱同高，其上设五铺作重抄斗栱承乳栿及四椽栿，四椽栿之上立蜀柱承平梁。平梁上设蜀柱支撑脊槫，丁华抹颏栱、两材襻间栱及叉手承托稳固。乳栿之尾交金柱斗栱之上，并出楷头木扶承四椽栿，乳栿之上设蜀柱出角背，上施剳牵。

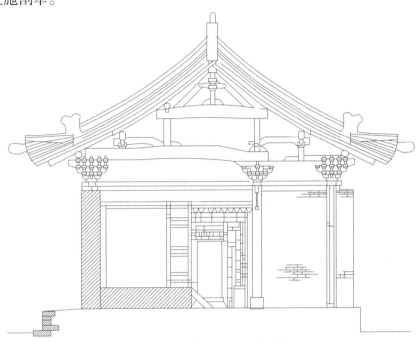

图5-3-8　西溪真泽二仙庙前殿横断面图)

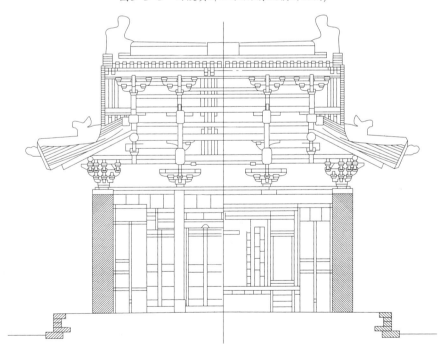

图5-3-9　前殿纵断面图

明间东西两缝四椽栿的前端由金柱及斗栱承托，后端由后檐墙及檐部斗栱承托。两缝四椽栿均为自然弯材，东缝之栿为自然弯材稍作加工，西缝之栿局部加工且较细，加工之处断面尺寸高54.2厘米，宽42厘米，呈明代特点。两栿对比，无论是材料质地，还是整体制作手法都基本相同，表现出元代遗风。平梁断面高47厘米，宽36厘米，高宽之比为3∶2.3，制作也较规整。

乳栿为圆材稍作加工而用之，断面高26.5厘米，宽31.7厘米。栿上劄牵断面高20厘米，宽17.5厘米，月梁形制。丁栿梁之尾搭压于四椽栿之上，前端置铺作耍头之上，其形制及用材为晋东南金代建筑中的惯用手法。

槫缝襻间各不相同。脊部襻间两材造，每间各用一材隔间上下相闪。瓜子栱于明间连身对隐，于次间半栱向外；慢栱于次间半栱连身对隐，于明间半栱向外，下平槫设捧节令栱及替木。

（3）斗栱

大殿檐下周设斗栱三种10攒，分布于柱头及转角处。材高15.5厘米，材宽10.5厘米，高宽比3∶2，约合宋《营造法式》中规定的八等材。

①前后檐柱头铺作：五铺作双抄计心造，与栌斗及一跳交互斗相交各出45°华栱。泥道慢栱之上设单材素枋两层，各层以散斗间隔，下层素枋隐刻泥道栱。外跳所设的纵向栱和斗均制成斜面形，与正身耍头相交，左右各出45°耍头两道，头道为龙头形制，二道斜弧向上，端部下卷；里转五铺作双抄计心，45°方向出斜面华栱两道，令栱与三个耍头相交，且于正心和斜耍头之间隐刻令栱，其正心耍头似楷头木扶承四椽栿（前檐铺作里转无耍头）。

②两山柱头铺作：铺作外转结构与前后檐柱头铺作雷同。里转五铺作双抄计心造，栌斗45°方向出斜面形华栱一道，其上与斜形交互斗相交分别向纵方向和45°方向出耍头两道，不设二跳斜华栱。其中45°方向耍头形制同外转，此耍头之上设有一个足材构件，形制与驼峰相似，与正心素枋呈45°角相交，并向檐外延伸制成龙形耍头。铺作正身出华栱两跳。耍头制成楷头木扶承丁栿。

③转角铺作：五铺作双抄计心造，从栌斗开始与45°角华栱成直角，逐跳设有泥道栱、泥道慢栱、瓜子栱、令栱及异形栱等斜栱。铺

作正身泥道栱与华栱出跳相列；因设斜栱，故泥道慢栱与切几头相列，瓜子栱与小栱头出跳分首相列，且小栱头起华栱作用直承令栱、瓜子慢栱与切几头相列；令栱与瓜子栱出跳相列。

该殿转角辅作特殊之处是设用斜栱。这是为了增强转角铺作的刚性而采用的一种技术措施。一般只于转角正心设一道斜栱，这种斜栱的作用与抹角梁相近，故称之为"抹角栱"。该殿抹角栱逐跳设之，数量增多，表明了抹角栱由功能型向装饰型的发展，是功能型与装饰型有机结合的实例。

3. 屋架举折

屋架举折较缓，檐槫中心距（950 厘米）与总举高（304.5 厘米）之比为 3：1，符合宋《营造法式》中规定的殿阁式建筑所用之比。屋架折距分别为：第一折 27.07 厘米，为总举高的 1/11.25；第二折 12.25 厘米，为总举高的 1/24.86。与山西现存的元以前建筑梁架"举折"基本相同。

据庙内现存元初《重修真泽庙记》碑载，金贞祐兵火后，元太宗至定宗朝十年间曾进行过大的修缮；明洪武十八年乔宣撰《重修真泽二仙庙记》碑载："……于当年夏五月成，……前后二殿、东西两座梳妆楼莫不以新曷旧"；明间脊槫襻间枋下皮有"大清朝乾隆五十六年岁次辛亥七月二十四日丙午，时开黄道，上梁大吉。知陵川县事熊中砥……仝磕社维首重修"题记。将这些文字记载与梁架结构、建筑部件的制作手法以及用材尺度结合分析，可证实该殿自金代重建之后，历经了元、明、清三代的修葺，使整体建筑中带有了不同时代的特征，故现存构件中也留有不同时代的烙印。其中丁栿就其选材和形制特征而言是晋东南地区金代建筑惯用手法，为金代遗物；四椽栿、平梁、脊部襻间斗栱、檐下斗栱及金柱斗栱当为元代遗物；乳栿、剳牵、瓜柱、丁华抹颏栱、上金檩及随檩枋等构件均在明代及清代修缮时改换。就该殿之平面、整体梁架结构关系及屋架举折而言，更显金代特征。

4. 后殿

后殿面阔三间，进深六椽，建筑面积 121.57 平方米。前廊式单檐并厦两头造，檐下周设五铺作双下昂斗栱。前檐柱间设格扇门，明间六扇，次间四扇，为 20 世纪 80 年代修缮时制作。

（1）台基

后殿建于高 88.5 厘米的台基之上，于前檐设金柱和檐柱各两根，柱为方形青石作，檐柱底部设高 51 厘米梯形柱顶石。前檐台明自檐柱中外出 210 厘米，两山台明与耳殿台明连成一体呈"凸"字形，后檐台明自檐墙中外出 208 厘米，廊部及室内地面施 32 厘米 × 32 厘米 × 6 厘米的青砖铺墁。台明之上施宽 52 厘米、高 20 厘米压沿石收边，其下设宽 27 厘米散水石。

前檐于明间设踏步五级，每级宽 23 厘米，高 16 厘米，两边设宽 21 厘米垂带石，下部周设 7 厘米金边，金边之外设宽 23 厘米土衬石，台明所用石料均为青石。

（2）梁架构造

梁架为六架椽屋四椽栿前压乳栿用三柱，单檐并厦两头造。与宋《营造法式》中六架椽屋乳栿对四椽木栿用三柱厅堂式建筑相近，不同之处是该殿金柱与檐柱同高及乳栿设于四椽栿之下，互相搭压而使梁架更加稳固。

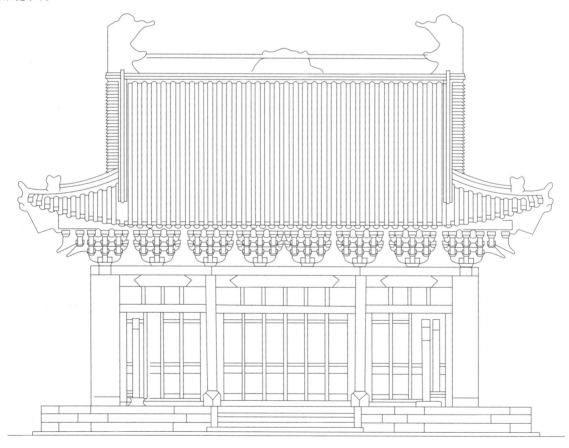

图5-3-10　西溪真泽二仙庙后殿正立面图

乳栿高 36 厘米，后端受压处高 29.5 厘米，为一足材，并交金柱铺作出楂头木，前端交檐柱斗栱出要头。乳栿中部设蜀柱以缴背稳固，上设剳牵，其尾制成角背稳固蜀柱，蜀柱与金柱同一重心。后向剳牵设于四椽栿之上，其尾亦为角背稳固蜀柱。蜀柱之上施栌斗承平梁，平梁之上立侏儒柱与襻间斗栱，并施丁华抹颏栱及大叉手捧承脊槫。

梁架各槫缝均设襻间斗栱。脊部为两材，每间各一材隔间上下相闪。明间瓜子栱为半栱连身对隐，半栱在外；次间慢栱为半栱连身对隐，半栱在外制成足材楂头木与替木共同向外延伸至博风板内皮。上、下平槫设单材襻间枋并隐刻令栱，以散斗隔承替木及平槫。

次间纵架设丁栿两道。前向高一足材交金柱铺作至明间为单材枋，并隐刻令栱以散斗相间承素枋，素枋交四椽栿至两山柱头铺作为乳栿之缴背，乳栿之上设蜀柱承剳牵、头栿。后向丁栿为自然弯材制成，前端与两山檐相接，置于衬枋头位置，尾部与四椽栿上皮搭交，栿上设合楂承栌斗及头栿。头栿不直接承托两山檐椽，而由与头栿紧贴的一根檩子承托。

（3）斗栱

大殿共设斗栱 8 种 25 攒，分布于檐下及金柱之上。檐下斗栱除前檐明间的补间设两攒外，其他各间均设一攒，加之柱头及转角铺作共设 23 攒，两金柱之上各设斗栱一攒。

①前檐柱头铺作：双下昂五铺作单栱计心造。泥道栱之上设素枋三道各以散斗间隔，头道隐刻泥道慢栱，二道枋隐刻令栱。昂为琴面形制，下刻华头子。里转为双抄五铺作，一跳偷心、二跳设绞栿栱，乳栿交铺作前出单材要头，衬头枋向后延伸为乳栿之缴背并穿过蜀柱制成半合楂。

②前檐补间铺作：五铺作双下昂，单栱计心造。头跳昂隐刻华头子，二跳昂之尾向后延伸为挑斡，上托一材两栔承下平槫。里转为五铺作双抄，头跳偷心，二跳华栱向外延伸与昂相切出华头子，令栱与要头相交上设靴楔承挑斡。

③后檐柱头铺作: 五铺作单栱单抄单下昂计心造。昂下隐刻华头子，令栱与要头相交，中设齐心斗，要头尾部与里转令栱相交出楂头木扶承四椽栿。泥道栱之上设素枋三道各以散斗相间，做法同前檐。里转

为五铺作双抄,一跳偷心。

④后檐明间补间铺作:五铺作单栱单抄单下昂计心造。里转为五铺作双抄,一跳偷心。其他部件结构同前檐补间铺作。

⑤后檐次间及两山北次间补间铺作:五铺作单栱单抄单下昂计心造。泥道栱之上设素枋三道,枋上无隐刻栱,头道枋无散斗,二道枋上设有散斗。里转,一跳出华栱,二跳出实拍栱,是外转二跳华栱内伸足材栱不设交互斗的一种做法。此铺作无挑斡,而是将外转耍头向内平行伸出形成一个力臂,端部立小瓜柱承头栿及下平槫。

⑥两山柱头铺作:五铺作单栱单抄单下昂计心造。里转五铺作双抄,一跳偷心。北山柱头铺作,里转设蝉肚形楂头木扶承丁栿,南柱头铺作里转同前檐柱头铺作。

⑦转角铺作:五铺作单栱单抄单下昂计心造。泥道栱与华栱出跳相列,隐刻泥道慢栱与二跳下昂出跳相列,瓜子栱与耍头出跳相列,瓜子慢栱与切几头分首相列,身内长一跳,瓜子慢栱与切几头分首相列,内长一跳交隐,令栱与瓜子栱出跳相列,上承撩檐槫头。里转设令栱与小栱头相列并与次间柱头铺作之令栱连身交隐,制成鸳鸯交首栱。45°方向,一跳内外并出华栱,外跳华栱头及交互斗为45°斜面形,二跳外转出下昂,其上设由昂,里转出华栱,栱头及平盘斗为45°斜面形,上设耍头、靴楔、挑斡共同承托角梁。

⑧金柱柱头铺作:因金柱与檐柱同高,故柱上所设斗栱之出跳数与檐柱铺作同,为五铺作重栱内外并双抄偷心造,二跳华栱前向承乳栿,后向承楂头木。泥道慢栱于次间以散斗相间承丁栿,丁栿交楂头木出正心隐刻令栱,慢栱于明间以散斗间隔承素枋。此铺作将乳栿、丁栿及四椽栿纵横交构十字相承,是整个构架的主要承载构件。

(4)建筑部件及用材尺度

构架所用梁、栿、蜀柱、栱枋等部件制作规整,乳栿、蜀柱、平梁卷刹和缓。四椽栿跨度长而用材大,其材料的选择也较难,加工成品后也很难保证构件整体规格的统一性。所以栿之跨空部分宽度一般在52厘米左右,而高度尺寸在61.5~66.5厘米,高宽比在3:2.35~3:2.54之间。就其整体而言,它是由一根规格较大的自然圆木加工而成的。从形制和做法上看,仍保留着自然弯形的痕迹,但细部加工还是比较讲究的，其断面之上下端加工成为平面，上部平面较下部平面小。说明工匠们在加工时既考虑到视觉效果，又考虑到荷载问题，故既保留了四椽栿的足够高度，又保证了其美观性。在处理栿之宽度时，也是保留了最大有效尺度，并使两侧形成了自然性的较大刹面。

平梁高 39 厘米，宽 25.2 厘米，卷刹 0.6 厘米，乳栿高 36 厘米，宽 23 厘米，卷刹 1.25 厘米；劄牵高 24 厘米，宽 16 厘米，断面两侧平直无卷刹，上下弧形；前檐丁栿构造及规格同乳栿；后檐丁栿为自然弯材加工制成，高 37.5 厘米，宽 28.5 厘米。

梁栿用材高宽比与宋《营造法式》卷五中规定的"凡梁之大小各随其广分为三分，以二分为厚"基本相符。

檐下斗栱及襻间栱枋用材统一，其材高 21 厘米，宽 14 厘米，约折合宋《营造法式》中规定的五等材，用于"殿小三间、厅堂大三间"。就该殿建筑规模而言，其所用栱枋规格尺度大于《营造法式》中所规定的材分尺度，而殿内所施大木构件之用材尺度与铺作、栱枋尺度相比要小于《营造法式》中的规定。这反映了地域性特征。

（5）屋架举折

殿之梁架举折平缓，前后撩檐槫中心距之比为 1∶3.7，在宋《营造法式》"举屋之法"规定的 1∶3～1∶4 之内。各架折距，自脊槫往下依次为，第一折 35.77 厘米，为总举高的 1/10.62；第二折 15.31 厘米，为总举高的 1/24.82。

宋《营造法式》卷五载："折屋之法，以举高尺丈，每尺折一寸，每架自上递减半为法。"按此法计算该殿之折距，自脊槫上皮往下递折应为：第一折 38 厘米（总举高的 1/10）；第二折 19 厘米（总举高的 1/20），而该殿实际折距较其分别小 2.23 厘米和 3.69 厘米。

5. 梳妆楼

梳妆楼是二仙庙建筑群中最有代表性的建筑物。楼建于后殿与前殿之间的东西两侧，南接行廊，北邻五道安、乐殿。两座梳妆楼结构相同，为两层三檐中设平坐，副阶周匝，厦两头造。

（1）平面

平面正方形，下层楼身及副阶面阔、进深各三间。楼身部分，明间阔 253 厘米，次间阔 146 厘米，前向明间辟版门，次间设直棂窗，余三面皆以厚 80 厘米檐墙封闭。副阶部分，减去了与楼身角柱同轴的廊柱，明间阔 253 厘米，次间阔 277 厘米，建筑面积 65.12 平方米。台明高 12 厘米，以压沿石收边。

上层楼身三间，明间阔 253 厘米，次间阔 125 厘米；副阶面阔五间，明间阔 253 厘米，次间阔 143.5 厘米，梢间阔 77 厘米，建筑面积 48.16 平方米。楼内施方砖铺墁。

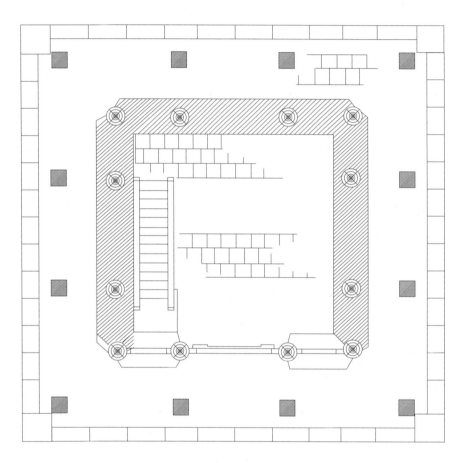

图 5-3-11　东梳妆楼下层平面图

（2）木构架

楼身构架以平坐过渡分上下两层。下层檐柱高 401 厘米，直接承搭头木，搭头木既起到了井口枋的作用，又直接承托平坐斗栱，简单省料。柱头以下 32.7 厘米处设由额，将楼身檐柱联为一体，既起到了圈梁作用，又上承峻脚椽，使整体构架稳固牢靠。

下层副阶柱高 248 厘米，不设普柏枋以阑额联络各柱。廊柱与檐柱间设穿插枋及剳牵结构。上层廊柱高 142 厘米，立于平坐斗栱的二跳华栱之上。柱间以阑额联络，不设普柏枋。各间设勾栏。平坐由铺作、枋等构成，是叉柱造和缠柱造相结合的构造方式。平坐内不设柱脚枋，而于明间前后檐柱上交铺作栌斗，设高24厘米、宽25厘米横木（跨空梁），横木向外延伸制成一跳华栱。南北及转角铺作二跳华栱尾部向内延伸制成类似丁栿的枋材，尾端搭在横木之上。上层檐柱穿过衬枋及横木立于铺作栌斗之上，角柱及两山檐柱穿于衬枋、丁栿枋及里转一跳华栱，半个柱脚踏于栌斗之上。这样的构造方式使平坐简洁稳固。

图5-3-12　西溪真泽二仙庙东梳妆楼正立面图

楼顶梁架"彻上露明造"。横架属四椽栿通檐用二柱。四椽栿置于铺作耍头之上，耍头之尾制成楂头木扶承四椽栿。老角梁尾部压于四椽栿之上并设栌斗承平梁，平梁中部立侏儒柱，栌斗及实拍栱和替木承脊槫。其纵向排架于两山设斜弯形丁栿承系头栿。丁栿尾部压于四椽栿之上与老角梁尾扣结。脊槫及平槫设实拍栱及替木，脊部两侧施叉手捧戗，替木向两山延伸至博风板。整体构架简洁严谨，体现了当时的大胆创意。

图5-3-13　西溪二仙庙东梳妆楼（左：横断面图　右：纵断面图）

（3）斗栱

梳妆楼共设斗栱八种56攒，分布于副阶平坐及上层檐下各柱头之上。

①副阶铺作：两种36攒，上下层副阶铺作不同。下层为把头绞项造，柱头素枋之上隐刻泥道栱，转角处正心出半栱；上层柱头之上设栌斗，栌斗纵向不开口，不设泥道栱，斗耳之上承通替檐槫。

②平坐铺作：共三种12攒，铺作外转均为五铺作单栱双抄计心造。泥道栱之上设素枋两层以散斗间隔，下层隐刻泥道慢栱，一跳华栱之上设令栱交二跳华栱，衬枋与二跳交互斗相交出头木至雁翅板。柱头铺作里转结构有两种形制：一种是设于两山柱头之上，为四铺作单抄偷心造，外转二跳华栱内伸为足材枋似乳栿，尾部压于横木之上承地面枋；一种是设于前后柱头之上，外转一跳华栱由横木两端延伸制成。转角铺作的泥道栱与华栱出跳相列，隐刻泥道慢栱与二跳华栱出跳相列，令栱与45°华栱相交出跳承出头木，里转同两山柱头铺作。

③上层檐下铺作：共三种12攒。均四铺作计心单下昂壁内单栱造，要头为足材昂形，正心设单栱，上设素枋两道以散斗间隔，下层隐刻泥道慢栱，里转四铺作单抄偷心造。前后檐柱头铺作要头向楼内延伸

制成楷头木扶承四椽栿，两山柱头铺作耍头向楼内延伸制成斜弯形丁栿，搭扣于四椽栿之上，并与老角梁交咬承襻间栌斗及平梁。转角铺作为里转五铺作偷心造。二跳华栱与外转耍头为同一足材制成，泥道栱与下昂出跳相列，隐刻泥道慢栱与耍头相列，令栱与瓜子栱出跳相列。

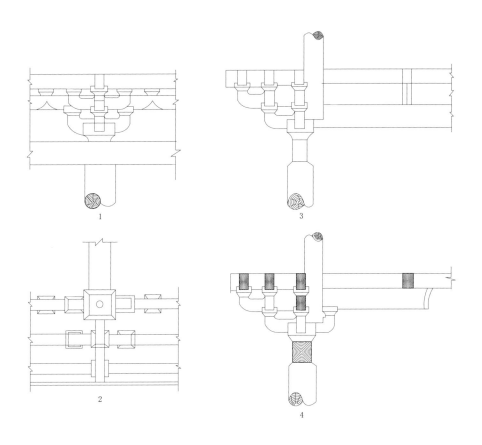

图5-3-14　东梳妆楼平坐柱头铺作1.正视图　2.前后向柱头铺作(仰视)　3.前后向柱头铺作(侧视)　4.左右向柱头铺作(侧视)

表5-4　西溪二仙庙东梳妆楼二层上檐斗栱尺寸表（单位：厘米）

名称	上宽	下宽	上深	下深	耳	平	欹	总高	额	备注
栌斗	390	290	355	255	100	40	80	220	10	
散斗	195	135	185	125	50	20	50	120	3	
交互斗	195	135	185	125	50	20	50	120	3	
名称	长	宽	高	上留	平出		栱眼（高×深）			
泥道栱	800	120	240	70	15		90×8			三瓣
隐刻泥道慢栱	1305	120	170	70	80		30×8			三瓣
令	800	120	170	70	60		30×40			三瓣

（4）建材尺度

四椽栿：断面高 42 厘米，宽 38 厘米，高宽比为 3 ：2.7。考其用材规格及制作手法与后殿四椽栿相近，为金代遗物。

平梁：断面高 32 厘米，宽 22 厘米，高宽比为 3 ：2.06，比例适当，用材灵活，为金代特征。

老角梁三种：上檐高 24 厘米，宽 21 厘米，高宽比为 3 ：2.6；中檐高 14 厘米，宽 12 厘米，高宽比为 3 ：2.6；下檐高 17 厘米，宽 15.5 厘米，高宽比 3 ：2.7；丁栿及榼头木均为足材，为金代特征。栱枋用材，平坐高 18.5 厘米，宽 12 厘米，高宽比为 3 ：1.95，约合宋《营造法式》中规定的六等材。上檐高 17 厘米，宽 12 厘米，高宽比为 3 ：2.12，合《营造法式》中七等材。关于造平坐制度，宋《营造法式》卷四载："造平坐之制，其铺作减上层一跳或两跳，其铺作宜用重栱及逐跳计心造作。"此楼造平坐与之相反，上檐施四铺作单下昂计心造，而平坐却施五铺作壁内重栱计心造。说明民间在建筑设计实施中不拘泥于官式制度。

搭头木高 26 厘米，宽 25 厘米，高宽比为 3 ：2.89。此构件实际上是普柏枋，因材料尺寸加大故称搭头木。这一构件是将自然圆木稍作加工而用之。平坐中所施跨空梁类似《营造法式》中柱脚枋，由一根直径 25 厘米的圆木制成。上层楼身角柱直径 41 厘米，平柱直径 26 厘米，与《营造法式》规定的"凡用柱之制，若殿阁即径两材两栔至三材，若厅堂柱即径两材一栔"中的厅堂用柱相符。

（5）屋架举折

前后檐槫中心距 570.4 厘米，总举高 167.8

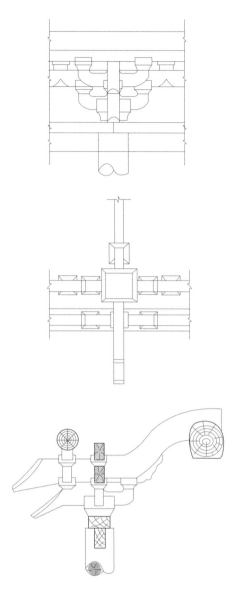

图5-3-15　东梳妆楼西山墙柱头铺作

厘米，两者之比为 3∶0.88，比宋《营造法式》规定中的 3∶1 弱，为早期手法。椽架平长为脊部 126.28 厘米，檐部 158.95 厘米，折距 8.02 厘米，为总举高的 1/20.92。比《营造法式》规定的 1/10 小一半之多。这一现象的出现完全是因结构本身所造成的。即四椽栿之上搭咬丁栿及老角梁并上设栌斗承平梁，这些构件的总高决定了檐部举高和梁架"折距"，导致了屋面曲线平缓。这种做法在晋东南小型建筑中比比皆是，可以说是这一地区早期建筑惯用手法。梳妆楼整体构架，除廊部及椽飞明清修缮时改动较大外，其他构造仍保留着金代风格，是研究晋东南地区金代楼阁建筑的珍贵实物资料。

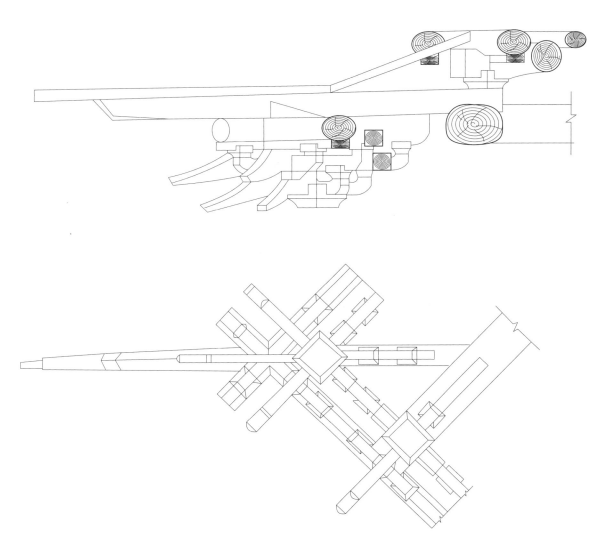

图5-3-16　东梳妆楼上层转角铺作及角梁结构

（十）二仙庙宇的特殊性

1. 关于二仙庙宇的选址

这些二仙庙宇都建立在靠近村落之处甚至在村落之中。这种选址特点与二仙信仰属民间信仰有很大的关系。作为民间信仰，与正统宗教（如佛教、道教）不同，二仙庙没有教义教规，没有组织团体、教职人员等。二仙庙宇邻近村落的布局，使得其祭祀方面的功能更能融入当地百姓生活之中。小会岭二仙庙及中坪二仙宫虽远离村庄，但被数村环绕，处于几个村庄的节点处，是历朝历代数村共同祭祀之处。

2. 二仙庙宇中的戏场

庙宇戏场属于庙宇中的主要建筑。其作用更多的是为民众提供生活娱乐场所。戏场建筑是一种礼制要求。

晋城二仙庙现存主体格局形成于北宋绍圣四年，现存平面格局保留有戏台的位置。戏台位于中轴线最南端，山门之前。西李门二仙庙戏台的布局与晋城二仙庙类似。

高平西李门二仙庙现有格局形成于金代正隆年间。戏台位于中轴线山门以南。须弥座呈正方形，可以推测金代的戏台应为单开间、单进深。这种戏台的后台是简单地用布幔与前台隔开的[1]。

二仙庙宇中的戏场建筑在其产生和发展过程中表现出一定的共性及时代特征。其共性的产生是由于戏场建筑产生于庙宇之中，依附于庙宇，同时又要服务于庙宇的祭祀功能，具体反映在两个方面：一方面，戏场建筑都位于庙宇的中轴线上，且坐南朝北。一般来说，戏台具有服务性、辅助性的特点，可将其放置于厢房或配殿的位置。之所以采取这样的设计，是由戏台"娱神祭神"的性质决定的。由于供奉神像的正殿都位于中轴线上，因此戏台不但要位于中轴线上，还应坐南朝北[2]，取悦于神。另一方面，戏台和山门有着密切的关系。庙宇往往坐北朝南，戏台位于主殿之南，山门也位于主殿之南，这就先天性地决定了戏台和山门的密切关系：或上下式，即上为戏台下为山门；或前后式，戏台和山门在中轴线上一前一后；或并排式，即中间为戏台，两侧为山门；或合一式，平时为山门，演戏时临时为戏台，不一而足。

---

[1] 冯俊杰. 略论明清时期的神庙山门舞楼 [J]. 文艺研究 2001（04）：93.
[2] 采取坐南朝北设置的另外一个原因是在戏剧的表演活动中要求防止眩光现象。

3. 二仙庙宇中梳妆楼形制

梳妆楼是二仙信仰的标志性建筑。梳妆楼，顾名思义，即为二仙梳妆之用的楼阁式建筑。绝大多数的二仙庙宇都建有梳妆楼。二仙庙宇中梳妆楼分列东西两翼。

第六章

娱神建筑

第一节　戏台建筑的演变

现存文物与文献资料表明，11 世纪即北宋中叶，戏剧进入神庙祭祀之中。在山西，宋时就有神庙露台、舞楼之建，金代神庙舞楼开始增多，并且流行墓葬舞楼和戏俑。宋金都市瓦舍勾栏里常年都有商业性的杂剧演出，年节则有露台子弟的当街表演。而在广大城镇和乡村的神庙里，人们利用春祈、秋报或神诞之时的一些赛社活动，邀请戏剧艺人前来表演。露台或舞楼，连同周围可容纳数百、数千观众的空地，共同形成了中国神庙剧场。

一、宋金以前的时期

原始时期就出现了民间歌舞戏曲的萌芽，那时的表演场地是借助于自然地势。《诗经》所说的"坎其击鼓，宛丘之下"中的"宛丘"即是当时的一个观演地，它四方高而中间低，利于观众观看表演。此后一直到汉代，这种观演方式一直存在。而将观演场所建筑化，是在汉代。当时搭建临时的看棚，用以观看"百戏"。这是为观众搭建的，而表演者则仍就自然地势来表演。将表演场所建筑化，是在唐代，即"乐棚"。"乐棚"供下层百姓观看表演，在民间广泛存在。上层贵族观看演出则在"歌台""舞台"。由此可见，在宋金时期以前，已经有用于戏曲表演和观赏的场所，不过这个时期的戏曲表演和观赏的场所只是根据需要临时搭建的，属于临时建筑。

二、宋金时期

宋金时期，是戏台的形成时期。北宋崇宁、大观年间，出现了娱乐场所集中的地方——"瓦子勾栏"。"瓦子"的意思就是娱乐场所集中的地方，而"勾栏"就是演出百戏杂剧的戏台、戏场。宋代出现的各类技艺表演场所，多在当时的瓦舍中搭建。勾栏之名源于表演台周围所设之矮栏杆，观众席逐步升高，三面环勾栏而建。为演出方便，勾栏已经有了前后台之分，中间用布幔隔开，演员通过下场门出入于表演区与后台，时称"鬼门道"。这时广大观众所观看的表演除了其他技艺之外，也包括了戏曲的雏形。而且，当时的勾栏已经由原来的四面观看表演变成了三面观看，有了前后台的区分，有了上下场门。

而在农村，各种表演技艺的表演场所是"舞亭"，即它是个高出地面的，有顶盖的固定建筑。它是后来农村戏台的雏形。把戏台作为完整的一座建筑物，置于院落一侧，戏台对面及两厢的建筑皆为观众席的中国传统演出之模式在金代墓葬中留下了珍贵的遗物，宋史料中有"舞亭""舞楼"的称谓。"舞亭"和"舞楼"是有区别的，"舞楼"是指舞台面有门洞，可供行人穿行，通常与山门结合在一起。"舞亭"是一个高出地面的，有顶盖的固定建筑，它是宋代农村出现的戏曲演出场所，源于以前之"露台"，只是在上面加了顶盖。舞亭高出地面，观众四面围观上面的演出，是元代戏台的前身。据此推断，"舞亭""舞楼"的演出场所在市井中也会存在。这种舞台不再是临时用木构搭建、四面围观的简单形式，而是一座富有装饰的永久性建筑物，如樱山金墓中的舞亭、台座取须弥座式，座上为一建筑，利用这一建筑的一开间形成舞台的台口。以阑额、普柏枋形成台口大梁。梁柱上施柱头铺作及补间铺作，上部屋顶取九脊顶，山面朝前，山花上悬鱼也多加装饰、变化，有的变成卷草花饰。台呈"凸"字形，三面临空。

宋金时代娱乐建筑完成了从"露台"向正式舞台的转变，是演出建筑发展史的重要一页。

第二节　民间娱乐建筑——
瓦舍勾栏

一、瓦舍勾栏

院落空间是我国营造建筑空间的重要手段。对于能容下千人的瓦舍剧场来说，仅靠单体建筑是不可能达到的，加之瓦舍剧场继承了神庙戏场的某些形制，因此瓦舍表演场所应该也是以院落形制出现。

（一）瓦舍院落规模

"街南桑家瓦子，近北则中瓦，次里瓦，其中大小勾栏五十余座，内中瓦子莲花棚、牡丹棚、里瓦子夜叉棚、象棚最大，可容数千人。"（《东京梦华录》）

由此看出，瓦舍内可容纳数千人。我国传统剧场瓦舍勾栏因为表演内容多样、观演模式不一，导致其形制相对较自由，观演区也较拥挤，这又与我国戏剧发展模式是紧密相连的。唐代戏场都是在广场中表演，观众随来随走，到了神庙剧场时虽在看棚内设有少量座位，但在庭院中的观众也还是自由出入，见缝插针地找地方观演，仍较为拥挤。

因神庙剧场早于瓦舍表演场所，所以若以金元时期的神庙戏场为一个研究对象的话，我国戏剧演出场所中能被正式称为剧场的，应该是神庙里的戏台和围合院落供观者观演的这一整体戏场空间。"戏场"一词最早记载于唐代，两宋后多见于乡村的寺庙中。所以，两宋时期专门用于商业演出的剧场瓦舍勾栏成形时，肯定会从神庙戏场中得到某种借鉴，如在瓦舍勾栏中保留了神楼和腰棚（神庙戏场也称看棚）的叫法。神庙戏场始终依附于寺庙，故这类剧场并不能算是专业性的剧场。

如按照杜仁杰（1201—1282年）《庄家不识勾栏》中记载的瓦舍内观众"团团坐"来做一个换算的话，可以大致得出能容下千人的瓦舍面积。一个人在坐着的情况下最少占地0.27平方米，再加上每排座位过道，所以人均需要0.45平方米的空间。在院落中不记戏台面积，要想容纳千人，这个院落观演区域至少要有450平方米。这样，瓦舍院落观演区的大小大致为20米×25米或15米×30米。

从现存金元时期的神庙戏场院落规模来看，有些甚至已经超过了能容纳数千人的瓦舍剧场。如临汾市东羊村东岳庙的戏场院落进深达到110米，面宽也达到40米。而阳城县下交村汤王庙和高平市下台炎帝中庙的尺寸和上文推测的结论较为吻合，面宽分别为21.8米和22.1米，进深为24.5米和31米。如果再按照《庄家不识勾栏》中记载的将两层的腰棚和神楼也建造在瓦舍院落内的话，人数还会增加不少。

此外，建筑等级制度也肯定会影响瓦舍院落的规模。北宋《营造法式》中对各种类型的建筑做了等级规定。《清明上河图》中所绘临街的酒肆、茶肆、店铺等都是无斗栱的样式（见图6-2-1）。这和宋代规定的"庶人屋舍许五架"相一致。估计平民百姓瓦舍的建筑单体也不过三间或五间。

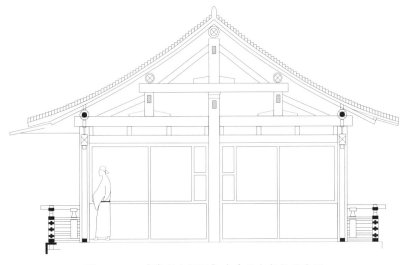

图6-2-1　《清明上河图》中房屋木架构示意图

根据以上推测，瓦舍院落应该是一种露天但四面围合的形制。加上勾栏台和其他配套设施后，瓦舍院落面积可以达到700平方米左右，而勾栏台正对面的神楼和左右两侧的腰棚应为三开间或五开间建筑。

　　杜仁杰一般被认为是元代散曲家，也有人认为他是金代的。由于南宋、金、元在一段时间内并存，而杜仁杰生活的时期正是在这一时间段内，所以笔者认为杜仁杰的记载还是很有说服力的。现将《庄家不识勾栏》其中几段摘抄如下：

　　风调雨顺民安乐，都不似俺庄家快活。桑蚕五谷十分收，官司无甚差科。当村许下还心愿，来到城中买些纸火。打街头过，见吊花碌碌纸榜，不似那儿闹穰穰人多。

　　【六煞】见一人手撑着椽做的门，高声叫道"请请"，道"迟来的满了无处停坐"。说道"前截儿院本《调风月》，背后么末敷演《刘耍和》"。高声叫："赶散易得，难得的妆哈。"

　　【五煞】要了二百钱放过咱，入得门上个木坡，见层层叠叠团圆坐。抬头觑是个钟楼模样，往下觑却是人旋窝。见几个妇女向台儿上坐，又不是迎神赛社，不住地擂鼓筛锣。

　　【四煞】一个女子转了几遭，不多时引出一伙。中间里一个央人货，裹着枚皂头巾顶门上插一管笔，满脸石灰更着些黑道儿抹。知他待是如何过？浑身上下，则穿领花布直裰。

　　"花碌碌纸榜"是一种宣传的广告形式，一些大型的瓦舍剧场门前搭建彩楼。另外，从文献中看出进入瓦舍内要通过门，"椽做的门"可以看出门的样式是用木条连接，用木椽子做成的，这与《清明上河图》中的很多酒肆大门式样相符（见图6-2-2）。另外，在门口有艺人高声宣传即将表演的节目。

　　瓦舍院落大都为正南正北设置，戏台正前方是神楼，入口大门在院落南侧，即戏台端。从现存的戏台建筑来看，大都是从戏台端的戏台下面穿过戏台进入戏场。戏台在院落南端朝北，正殿则坐北朝南，正殿与戏台也是南北正对着，这种神庙戏场的门大都是从戏台端进入，有些也可从正殿端进入。瓦舍院落不同于传统的戏场，因为瓦舍是商业性很强的专业剧场，形制相对灵活、随意。而且进入两宋后，无论是北宋汴梁还是南宋临安，城市已经与唐朝完全不同，规整的城坊已

图6-2-2　椽子式大门

经消失，瓦舍剧场、各种店铺、民宅等共存于城市的大街小巷中。所以，瓦舍院落一定也依附于城市空间的格局来安排。据此，笔者推测门的方位应当有两种。一种是和现存金元、明清时期的戏台一样，将门设置在瓦舍院落南端勾栏台的底部，从勾栏台下架空的地方穿过进入戏场观演。按照我国传统建筑文化观念讲究的对称来看，在勾栏台的对面也就是神楼一侧也应当设有进入剧场的门，猜测此时瓦舍院落的主入口应为神楼侧门。因为要想满足瓦舍内的千余人随意进出剧场而不停滞、混乱，勾栏台下的空间显然很难满足这一条件。《庄家不识勾栏》中有较为详细的记载作为依据。第二种是将门设置在院落东西两侧，也就是左右腰棚处。而具体位置可能在腰棚与勾栏台附近，或腰棚与北端神楼附近。瓦舍院门到底设置在何处应该依瓦舍院落所处街道环境和街道布局灵活而定，并不是唯一的。

上面的文献中提到抬头见到钟楼样式，几个女艺人坐在台上，不停地敲锣。从语言描述的顺序结合空间分析，这个钟楼样式的建筑应位于高处，而艺人在上面敲锣，供艺人表演的地方显然应该是勾栏台。从建筑特征本身来看，钟楼的特点是底部有较高的台基，平面形式接近正方形，从现存的戏台实物上看，戏台更加接近钟楼形制。

（二）瓦舍勾栏的台基

由于瓦舍勾栏在规模、内部演出内容以及本身演出地点上都存在很大不确定性，所以瓦舍勾栏台基的存在形式应该是多样且灵活的。综合几种可能的情况将它们分为以下三种形式。

1. 无台基的临时场所

无台基的临时表演场所主要有两种：一是在市井中随处安置的临时性表演场所，二是技艺稍逊进不去正规勾栏的"打野呵"在热闹街头做的场。

"瓦舍"是勾栏艺人在外表演的一种场所。这种临时场所应该是极其简单的，市井中选择较为繁华的地段临时搭建起快捷的表演区。它们通常规模很小，可以说是没有台基的，一种是在平地上直接将木构件互相绑扎制成极其简易的棚子，再在棚内摆道具或演艺用的桌子，此种样式在《清明上河图》中有所描绘（见图6-2-3）。

另一种是先把木构件相互捆扎，再在其上搭制水平木板而形成简单的高于地面四五十厘米的台子，台上再施表演桌椅、道具等（见图6-2-4）。这两种临时的表演场所机动性极强，也便于拆卸和组装。之所以推测是用绳捆绑，是因为《清明上河图》中这种用绳捆绑的连接方法被广泛使用在当时低等级建筑、小构筑物上。

2. 木制台基

随着瓦舍的发展，比较正规的表演场地逐渐多起来，台基的样式也得到了改进和发展。山西侯马市金大安二年（1210年）董明墓中砖雕仿木结构戏台模型展现出一种类似于干阑式的木台。戏台用矮柱支起，以梁在开间与进深方向用榫卯连接，改变了用绳捆绑的形式，提

图6-2-3 临时表演场所
图片来源：北宋《清明上河图》（故宫珍藏版）

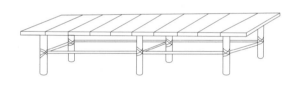

图6-2-4 捆绑式临时表演台

图6-2-5 山西侯马市金大安二年
董明墓砖雕戏台（局部）
图片来源：《山西神庙剧场考》冯俊杰著
中华书局2006年

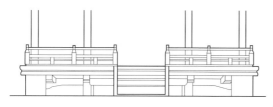

图6-2-6 勾栏木台基推测图

图6-2-7 山西高平王报村二郎庙舞亭的石质台基
图片来源：《山西神庙剧场考》冯俊杰著 中华书局2006年

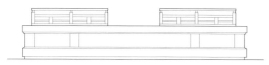

图6-2-8 依据二郎庙舞亭须弥座台基绘制石质台基
图片来源：张甲绘

图6-2-9 "忠都秀作场图"壁画戏台铺面

高了稳定性与整体性，戏台四周再用云板装饰（见图6-2-5）。整体来看，是以纵横两个方向的构架互相组合连接形成台基，然后再在这个台基上铺设平板，搭建起台面，整个勾栏台被架空起来。

根据董明墓中所展现出的戏台样式，结合可能的三开间勾栏台和相应的演出内容要求，设计出一种可能的木台基架空形式（见图6-2-6）。

3. 石质台基

从发掘的墓葬看，山西各地均有供勾栏艺人表演的固定瓦舍。那些规模较大、步入成熟的瓦舍极有可能已经使用了石制台基。而这种石质台基的形式也保留、延续了前期露台的须弥座式台基，如现存最早的舞亭——山西高平王报村二郎庙舞亭的石质台基（见图6-2-7）。根据二郎庙舞亭的石质台基，可绘制出可能的石质台基样式，其造型简洁、施工相对方便（见图6-2-8）。

从露台和现存的金元戏台台基实物分析，勾栏台基应该是四边形；而宋金戏台实物台基平面还未发展成后期的正方形，其长宽比大都是在1：1.2到1：1.4之间。

我国传统建筑台基的做法种类有很多，勾栏台基仍是以木质台基为主，以石质台基和木质捆绑为辅。主要原因是瓦舍剧场是很灵活的商业娱乐剧场，并不像神庙戏场和后期戏台建筑那样采用相对单一的形式。而且《庄家不识勾栏》载："入得门上个木坡。"这里所说的"木坡"有两种可能性：一是通向阶梯状观演台的通道，二是通往某个高处建筑或平台的坡道。如果是第一种可能，我们可以想象本身阶梯观演台就是由大量木质所建造的。如果是第二种可能，用一个木质坡道通向一个石质建造的平台，用临时性的木质坡道通向一个永久性的石质台基似乎也不太合理。如果当时勾栏台基普遍使用石质的话，应该有石质勾栏台实物留存下来，所以勾栏台基仍是以木质台基为主，石质台基、砖石质台基木质捆绑为辅的形制存在。

对于台面铺设的做法，若是木质台基，台面上肯定是以木板铺设；若是石质或砖石台基，其台面铺砖大都分为两种：普通墙砖和方形地砖。这一点我们可以参考山西省洪洞县广胜寺明应王殿中壁画"忠都秀作场图"里的情景，这是一种四边形的方砖铺地（见图6-2-9）。

（三）勾栏舞台形制

瓦舍表演场所中最吸引观众的就是勾栏台上的演出，勾栏台作为瓦舍内的核心区域是探究瓦舍勾栏形制的关键，也是难点之一。

1. 熊罴案与勾栏形制

说到熊罴案和勾栏舞台就必先提到露台。露台出现于汉代，《汉书·文帝纪》载："尝欲作露台，招匠计之。"现在基本认为是在空地或院落中建造起独立的台式构筑物。露台的功能是繁多的，早期用于祭祀、摆放祭品、迎接使臣，后期还作为迎神仪式的场所，既然是降神就少不了歌舞。至唐代，露台进入神庙建筑中，而作为娱乐性的演出露台则兴起于五代。

露台产生之后于梁武帝时期出现了"熊罴案"，《四库全书·乐书·卷一百五十》中载：

熊罴案十二，悉高丈余，用木雕之，其上安板床焉。梁武帝始设十二案鼓吹，在乐悬之外……上用金彩饰之，奏《万宇清》《月重轮》等三曲。亦谓之十二案，乐非古人朴素之意也。

熊罴案是一种木结构搭建的高台形制，台上有艺人演奏表演，还有金彩饰物加以装饰。在《四库全书·乐书·卷一百五十》中配有熊罴案图一张。（见图6-2-10）

从图中可看出，熊罴案以栏杆环绕，在栏杆上还有金彩的绸布装饰。《宋史·卷一百四十二》载："茶酒新任殿侍，《大晟乐书》曰：前此宫架之外，列熊罴案，所奏皆夷鞑，师人所掌。"这是关于熊罴案在官方编撰的正史中的一次记载，从中可以看出它也是作为一种宫廷演出台使用。

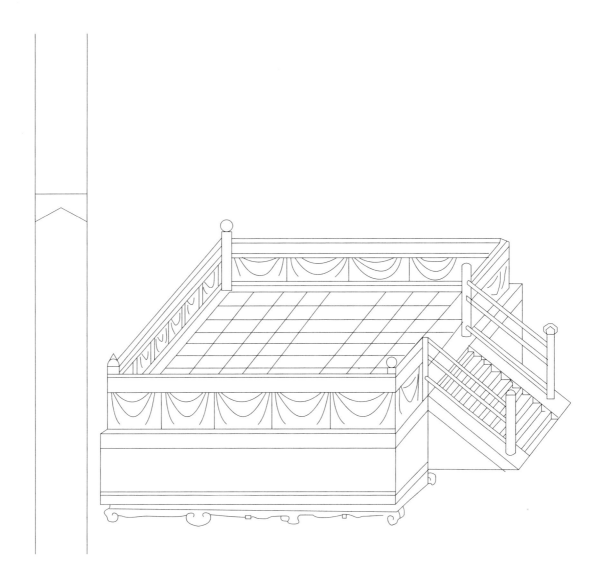

图6-2-10　熊罴案图

至于熊罴案与勾栏台的关系，一是其样式已与之后出现的勾栏台没什么区别，唯一的区别可能在于熊罴案上还没有柱子顶起屋顶。二是熊罴案虽仍属于露台，但能在官方文献记载并且梁武帝参与其中，这说明等级已很高，不一定上有屋顶才是正规的表演场所，若天气很好时在这种露台上表演，观者感受肯定要好于在室内。三是勾栏台肯定借鉴了熊罴案的形制，如通往台上的踏道、栏杆上的装饰、木质的台基等，现存的金元明清戏台建筑都没有这些特点，从有关瓦舍勾栏的文献中可以清晰地看出勾栏台设有踏道、栏杆装饰、木质台基的依据。

2. 敦煌莫高窟第 112 窟、444 窟勾栏形制

敦煌莫高窟艺术中有丰富的建筑史资料，在建筑类型的多样上，除常见的佛寺、住宅、城垣、宫殿、阙之外，还包括很多次要建筑类型，如坟墓、帷帐、舞台客栈、酒店、桥梁等。此外还留下很多建筑的细部做法：台基、勾栏等。从莫高窟第 112 窟（见图 6-2-11）唐代《反弹琵琶》壁画所绘场景中可以看出，舞台平面为"品"字形，有艺人在围有勾栏的台面上演奏表演的，且在舞台正前方有通往台上的踏道，这种形制与后来的勾栏戏台已经非常相似。在敦煌莫高窟中还有一种舞台平面，是将多个舞台用慢道或踏道互相串联起来的超大型演出场地。

莫高窟第 444 窟宋代窟檐的勾栏原已残缺，仅剩北头两根栏杆柱残存，从柱上的卯眼可以推断出栏杆是卧棱式的，至于现在卧棱中部的蜀柱，是根据 130 窟二层门洞处的西夏栏杆残存地栿的榫卯眼而推定复原的（见图 6-2-12）。444 窟宋代窟檐建筑的勾栏很清晰地向我们展现了一种勾栏栏杆样式。

二、神楼和腰棚

（一）神楼

瓦舍剧场里放置梨园神[1]牌位的地方就在神楼内，神楼确实继承了

---

[1] 梨园，原是唐代对戏曲班的称呼。习惯上称戏班、剧团为"梨园"，戏曲艺人为"梨园子弟"，世代从事戏曲艺术的家庭为"梨园世家"，戏剧界称"梨园界"等。《新唐书·礼乐志》载："玄宗既知音律，又酷爱法曲，选坐部伎子弟三百，教于梨园。声有误者，帝必觉而正之，号皇帝梨园弟子。"梨园神，供奉的行业神叫"老郎神"，英俊少年模样，身穿黄袍。

图6-2-11　莫高窟第112窟（局部）

图6-2-12　莫高窟第444窟

神庙戏场中正殿的某些样式和称谓，所以在建筑规模上，神楼与神庙戏场的正殿应该没有太大差别。

相对于神楼的大小规模，我们目前只能从现存的金元神庙戏场中找到一些可供参考的东西，这些神庙戏场中的正殿开间大都是三开间约 10 米。虽然这些戏场建筑大部分在后代（明清）进行了修缮，但整个院落大小和建筑基础、柱础位置应该还是很好地保留了金元时期的大小。

表 6-1　金元时期主要神庙戏场正殿开间统计

（单位：米）

序号	名称	年代	总宽	明间	次间	备注
1	泽州县冶底村东岳庙正殿	始建于北宋 1080 年	11	4.55	3.25	后经过元、明、清重修
2	高平市下台村炎帝中庙正殿	金代	10.1	3.55	3.27	在主殿的两侧各有三间侧殿
3	阳城县屯城村东岳庙正殿	金代	9	3.2	2.9	
4	临汾市魏村牛王庙正殿	始建于元代	11.7	4.67	3.51	清道光年间重修

按照上表统计来看，如瓦舍剧场内的神楼按三开间计算，那么其面宽应为 9~12 米，明间会稍微大于两边次间，通常情况下最小开间也应该在 3 米左右，最大开间约在 4.7 米。如果神楼的规模较大，达到五间的话，总宽度应为 15~18 米。而腰棚的面宽，则以整个瓦舍院落的规模而定，开间均匀分割，不会划分明间、次间这种明显的开间大小，只要能使腰棚的整体与神楼和勾栏台相一致即可。

从文献中知道瓦舍剧场中的神楼与腰棚都是二层建筑，但它们的样式肯定有所差别。神楼的高度肯定要高于腰棚，因为神楼原是贡梨园神牌位的地方。神楼是院落中轴线上的建筑，相比左右两边的腰棚，体量和规格都应更高大些。此外，瓦舍院落内正对勾栏台的神楼应同神庙戏场中的正殿殿阁类建筑形似。

（二）腰棚

瓦舍中的腰棚应该是后来增加的供观众观演的建筑，同时有围合起院落的功能，所以腰棚的建筑形制显得相对灵活。腰棚中的观演座位应是逐层向上升起的座椅，像我们现在的阶梯看台。腰棚中最高的座席已经接近屋顶。元代高安道《嗓淡行院》中记载有"靠棚头的先虾着脊背"。从这里可以看出，坐在腰棚中最高处的观众已经是弯着腰紧靠建筑顶部了。根据文献中的这一记载，结合前文对院落空间的判断，对腰棚中的看台绘出推测示意图（见图6-2-13）。

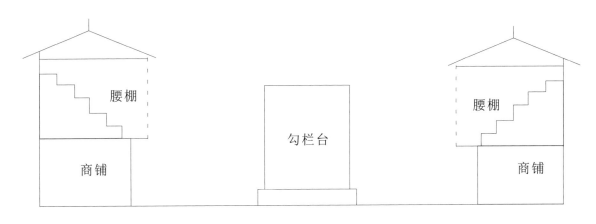

图6-2-13　腰棚看台示意图

从上图可以看出，这种形式在观演形式和观演角度上已经同现代的体育场、剧院等非常相近。可以说，瓦舍勾栏剧场的这种形制影响到后期很多观演类建筑，如今天的剧场、竞技场、体育馆的发展。

瓦舍剧场院落内的神楼和腰棚虽在样式上源于神庙戏场，但瓦舍剧场毕竟是专业的娱乐演出场所，发展到这时，神楼和腰棚的形制样式肯定已发生了重大变化，此时的瓦舍中除了包含勾栏台供演出外又进驻了很多商业店铺，这必然导致瓦舍院落的建筑形制更灵活，也更适合于瓦舍院落的经营、表演与观演效果。

三、瓦舍勾栏的配套设施

瓦舍勾栏内演出内容广泛，演出的配套设施等，常常会因为演出内容的不同而发生改变。

（一）扮戏房

瓦舍内的勾栏演出台承担着艺人表演的功能，这就不得不考虑到扮戏房[1]。

20世纪20年代，著名书画艺术家、收藏家叶恭绰先生到伦敦时发现并购买回一卷散落在海外的《永乐大典》（第13991卷），上面清晰地记载了三种戏文剧本，其中《张协状元》就是当中最完整的一本。这本历史文献终于为我们揭开了一部完整的南戏[2]剧本，为我们了解和研究南戏提供了宝贵的历史资料。这三种戏文剧本是现存最早的南戏剧本，它未经后人任何删改，因极其完整地保留了南戏的本来面目，而备受戏曲学术界的关注。据学者考证，这三种戏文剧本为温州九山书会创作（也有部分专家不认同此观点）。戏的开端是由一个艺人以局外人的身份进行说唱记述，后半段才将说唱转变为台词戏文，进入由艺人角色扮演的戏剧表演。可以从这点看出南戏《张协状元》保留着从说唱过渡的迹象，而它的研究价值和文化价值也正在此处。下面通过书中的一段台词来推测勾栏扮戏房的样式。第二十三出中道："净在戏房做犬吠。"第三十五出中道："（生在戏房里唱）什么妇女直入厅前？门子当头何不止约？"第四十一出中道："（叫）婆婆，（净在戏房内应）谁谁？"

因为南戏是宋高宗在南渡建立南宋时产生的一种南曲戏文，由此我们可以确定至少在南宋时的勾栏已经产生了扮戏房这一空间。

那么扮戏房出现的准确时间能否进一步推测呢？或许我们可以从苏轼的两句诗中看出一点端倪。清代黄旛绰等著《梨园原》《胥园居士赠黄旛绰先生梨园原序》中记载了苏轼的两句诗："搬演古人事，出入鬼门道。"诗中所述的"鬼门道"也称"古门道""鼓门道""鬼门"。它是宋、元时期戏台通向扮戏房（后台）的门。《四库全书·集部·词曲类·南北曲之属·御定曲谱》记载："古谓之滑稽，杂剧中取其便捷讥谑，故名曰引戏，即院本中之狚也，戏房出入之所，谓之

[1] 扮戏房也就是后来戏台建筑后面的后台，专供演员扮装、休息和存放道具的房间。
[2] 宋高宗在南渡之初，为避金兵，曾浮海逃至温州，以"州治为行宫"。（《温州府志》）。北方士绅平民，纷纷随之来到温州，温州人口在短期内骤增一半。城市消费人口与日俱增，进一步推动了温州商业经济的发展。同时，诸色艺人也纷至沓来，各种民间伎艺云集于此，相互影响，也相互促进。一种新的艺术样式——南曲戏文，就在这样的土壤中孕育、萌发，在宋杂剧角色体系完备之后，并在叙事性说唱文学高度成熟的基础上出现的。它综合了宋代众多的伎艺，如宋杂剧、影戏、傀儡戏、歌舞大曲以及唱赚、缠令等在表演上的优点，与诸宫调的关系则更为密切。

鬼门道。"称其为"鬼门""古门",是因为艺人们饰演的角色大多是逝去的人物,所以称其门是鬼门。这道上下场门的设置,是一般表演台向成熟戏台演变的关键。苏轼是北宋著名文学家、书画家,于建中靖国元年(1101年)逝世。因此可确定鬼门道在北宋宋徽宗在位之前(1100年)就已经出现。因它是连接戏台和扮戏房的门,所以可推知扮戏房也应该在北宋1100年之前就已经出现在规模较大的瓦舍勾栏演出地了。

根据以上考证推测,扮戏房早在北宋1100年之前就已经出现,但这并不意味着扮戏房被设置在所有的勾栏戏台中。《庄家不识勾栏》记载:

【二煞】一个妆做张太公,他改做小二哥,行行行说向城中过。见个年少的妇女向帘儿下立,那老子用意铺谋待取做老婆。教小二哥相说合,但要的豆谷米麦,问甚布绢纱罗。

从"见个年少的妇女向帘儿下立"中看出,当时在勾栏台上是有帘子的。建于1309年的洪洞广胜下寺明应王殿内东南壁上的元代壁画《大行散乐忠都秀在此作场》中描绘出一种幕幔样式。画中有一人在舞台幕后用手撑布帘,向外探头张望。横额上书写:尧都见爱,大行散乐忠都秀在此做场,泰定元年(1324年)四月。"尧都"指的是今天的山西省临汾市,"忠都"指今天的永济市。所以忠都秀应该是指永济市一带的艺人,前往临汾演出,得到百姓的肯定和喜爱。根据壁画所绘幕幔的样式可以看出,即使是到了元代,舞台区分前后台的方式也可以如此简单,仅靠悬挂幕幔划分。这样看来,尽管进入元代,戏台表演场合仍然有可能没有设置扮戏房和鬼门道,演出的舞台仍处于一个整体的建筑内,仅用幕幔做遮挡来区分前后台。

图6-2-14　山西洪洞广胜下寺《大行散乐忠都秀在此作场》壁画

而从苏轼的诗句中可预见的是，在戏台还没有扮戏房之前，古代的表演区域可能并不做明确的台前台后的分隔，演员在表演时不通过物理分割舞台的前后关系来演绎出戏剧表演的虚幻场景，所以在不区分前后台的表演区域内，舞台应该仅是方便观众观演的高台。这时的表演台可能并不指望营造出多么迷幻的场景，也不掩饰观众到剧场或舞台观演时的真实存在感，所以也就没必要设置专门的前后舞台。

戏曲史家周贻白先生在《中国剧场史》中认为："所谓后台，其实本就没有什么形式可言。其最初形成的原因，可能只是便于戏剧中角色们的登场；追后'内场'的应用，竟可以予剧情以帮助，乃成为一个固定的部分。其化妆、装扮等事，似乎是次要的问题。因之，后台一部，在戏剧上也有不当忽视的地方。"

一开始扮戏房可能只是配合剧情演绎的需要，不会占用太大空间。只是发展到后期，随着戏曲演绎的成熟，对整个演出场地的功能要求越来越强，这时的扮戏房不仅要放置所有的服装，还要提供演员换装、化妆、休息的区域，这时产生较大规模的扮戏房也就变得理所当然了。这种专门化的扮戏房常与戏台前后相连，或位于戏台左右两侧，有的面积甚至会超过舞台。但并不是所有勾栏戏台都设有扮戏房，它的设置还是相当灵活的。

（二）乐床

元杂剧《蓝采和》记载勾栏里有一种叫"乐床"的设施。

《蓝采和》载：钟离想迫使蓝采和出家，来到勾栏里："【做见乐床坐科[1]，净[2]（王把色）云】这先生，你去那神楼上或腰棚上看去。这里是妇人做排场的，不是你坐处。"后来，蓝采和外出回来，王把色对他说："方才开勾栏门，一先生坐在这乐床上。我便道，你去那神楼或腰棚上坐。这里是妇女们做排场的坐处。"

从以上可以看出，乐床是勾栏中专供女子坐着做排场用的。戏班中的男子不得随便进去使用，更不要说勾栏艺人以外的闲人了。所以，

---

[1] 科：戏曲术语，宋元时期杂剧表演的一种动作，称"科"，如瞧科、叹科、笑科等。本文中所指坐科估计是一种坐着表演的演出形式。

[2] 净：戏曲术语，元戏剧角色，俗称"花脸"。

要弄清乐床，关键是要弄清两个问题：一是为什么要坐着才能做排场，为什么都是妇女们；二是乐床设置在勾栏台上的什么位置。

针对第一个疑问，已有戏曲史家考证，形成了一些可供参考的观点。但对第二个问题，还未引起足够的重视，论者寥寥。

冯沅君[1]在《古剧说汇·古剧四考跋》中提出："床本是'安身之坐者'（《说文》），乐床的得名是指这是乐人（女伶[2]）安坐休息的所在。"在《古剧说汇·古剧四考》中又说："宋元时演剧叫做'做场'[3]。……或称'作场'，或称'做排场'"。

冯先生认为乐床为"乐人（女伶）安坐休息的所在"，这一点基本成立。因为古时的"床"是坐的，不是躺或睡的。从演职人员的角度看，要坐着只有四种可能：一是休息，二是候场，三是化妆，四是伴奏。据上文文献记载，乐床只供女演员使用，所以能使用的女伶只能是女演员和女乐师。而在节目交替或变化的过程中在乐床上休息或候场，也是有可能的。但是，冯先生将"做排场"解释成"做场"或"作场"，显然与她自己对乐床的解释有矛盾。

许多资料记载说明，所谓"做场"，是指乐人或演员登台表演，而"做排场"则是"妇女们"坐在乐床上。

图6-2-15 莫高窟第112窟 唐代《反弹琵琶》壁画所绘场景

---

[1] 冯沅君：我国现代著名女作家，古典文学史家。
[2] 伶：古时对艺人的称呼，通常的叫法为男优女伶。
[3] 做场：也称"作场"。指卖艺，演戏。

从敦煌莫高窟第112窟（见图6-2-15）中的唐代《反弹琵琶》壁画所绘场景中可以看出，两名女艺人跪坐在乐床左右演奏乐器，乐床上则摆放着乐器、果盘、演出道具，乐床有帷幔垂下。而舞台前端才是主要的表演区域，共有7人在舞台正前方，舞台正中央一人在舞蹈，其余6人分坐左右两侧，手持不同乐器，吹拉弹唱。

依据122窟的《反弹琵琶》壁画，绘制出舞台中乐床位置的示意图（见图6-2-16）。从简易的示意图中不难看出：台上共有11人，仅有4人在后方或左右两侧，有多达7人在舞台前方，说明后方和左右两侧不属于主要表演区域，乐床被设置在舞台靠后的区域。

从现存山西省博物院的一块北宋时期的乐舞壁画（见图6-2-17）中可以看出，左右各有一乐床状的架子，右侧架子的上面放有一面鼓，左侧的架子上应该摆放的也是某种打击乐器，各有一位穿着素雅服饰的艺人弹奏。这两个形似乐床的东西都只是放在舞台的两侧，而正中位置穿着华丽的艺人和儿童才是主要的表演者。

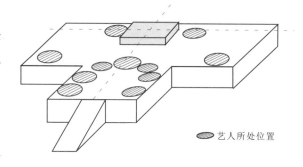

● 艺人所处位置

图6-2-16　《反弹琵琶》壁画示意图

图6-2-17　北宋《乐舞》壁画所描绘的场景
（现存于山西省博物院）

（三）彩楼

规模较大、成熟的瓦舍院落外设置的标志性的建筑物就是彩楼。

《庄家不识勾栏》中记载："正打街头过，见吊个花碌碌纸榜。"从此句不难看出，这个"花碌碌纸榜"被设置在瓦舍门外，而且是被悬挂在高处吊起来的。至于为什么将其吊起来，应该不难理解，肯定是为了更好地引人注意，招揽生意。

北宋孟元老《东京梦华录·卷二·酒楼》载：

"凡京师酒店门首皆缚彩楼欢门，唯任店入其门，一直主廊百余步……灯烛荧煌上下相照……修三层相高，五楼相向，各有飞桥栏槛，明暗相通，禁人登眺……大抵诸酒肆瓦市。"这几句向我们传达的信息点非常多：第一，此物称彩楼。第二，它普遍出现在所有东京城的酒楼门前。第三，因为是"缚彩楼"，而"缚"字中的"纟"在古义中指绳子，"尃"意为花样，所以这种彩楼是用绳子花式捆绑而成的。第四，晚间彩楼上会挂起灯烛。第五，彩楼规模很大，且用木栏杆相互绑扎。第六，虽彩楼庞大，但因为是绑扎而成的，所以禁止人们登高。第七，这种彩楼被普遍设置在酒楼、瓦舍这种娱乐性很强的场所门前。

《清明上河图》中所绘大小彩楼有6处，这些彩楼虽大小规模不一，但做法、样式与《东京梦华录·卷二·酒楼》中记载的几乎一模一样。（见图6-2-18至图6-2-22）

图6-2-18　酒肆门前的彩楼

图6-2-19 酒肆门前的彩楼（局部）

图6-2-20 酒肆门前的彩楼

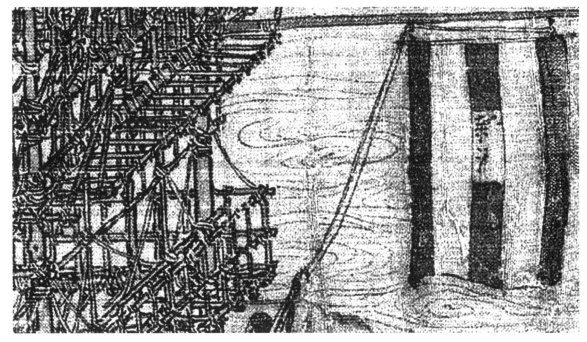

图6-2-21 彩楼上悬挂的宣传彩旗

从图 6-2-18 中可以看出，彩楼的局部非常复杂，上面挂满了各种宣传广告、彩灯、彩布、挂件等，很多彩色的挂件其实并没有特殊的作用，就是为了烘托热闹的气氛。

图 6-2-19、6-2-20 是《清明上河图》中另一处彩楼，彩楼上悬挂着酒肆的名称。

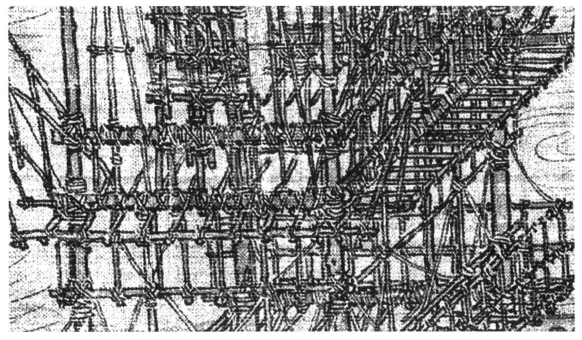

图6-2-22 彩楼的绑扎形式

根据《清明上河图》中几处彩楼欢门和建筑的关系，结合瓦舍院落，草绘了进入瓦舍剧场门前的彩楼和院落的关系示意图，试图比较直观地推测出两者的空间位置关系。（见图6-2-23）

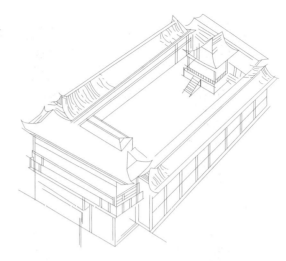

图6-2-23　彩楼与瓦舍院落的空间关系示意图

（四）其他元素

因为瓦舍勾栏形制灵活且不确定因素很多，对其形制的探究仍然停留在宏观研究的层面上，把握的是瓦舍勾栏的主要空间格局、功能分布。原本对中国建筑很重要的承重体系分析在这里就显得过于具体，所以本节只是对承重体系做一简单分析。

1. 柱

两宋时期，柱的样式有十几种之多：圆柱、方柱、八角柱、瓜楞柱、弧身柱、盘龙柱、雕华柱、束身柱、梭柱等，但比较常见的为木质材料的直柱，柱头略有卷刹。《营造法式》中较为详细地描述了造法和规格，但目前来看梭柱并未使用到戏台或戏场建筑中。

山西省高平市王报村二郎庙戏台是目前现存最早的戏台建筑实物，建于金大定二十三年（1183年），此戏台建筑柱径约0.5米，近似于宋代建筑的七等材，这一尺寸与《营造法式》中规定的小型殿宇、亭榭的等级规定是相同的。此外，根据《营造法式》卷三十《亭榭斗尖用筒瓦举折》可知，戏台建筑的基本尺寸与建造亭榭建筑的尺寸基本接近，而通过研究金元戏台建筑的台柱尺寸我们也可找到一点规律。（见表6-2）

表6-2　金、元代戏台台柱尺寸统计

（单位：米）

戏台	前檐角柱径	后檐角柱径	山面辅柱径	后檐辅柱径	柱高	柱底径与柱高比	材质与柱式
高平市王报村二郎庙戏台	底径0.5		无	无	3.13	1：6.2	木质圆柱
阳城县下交村成汤庙舞楼	底径0.49×0.46 顶径0.40×0.40	0.46			3.08	1：6.3	木质圆柱
泽州县治底村东岳庙舞楼	底径0.59 顶径0.45	0.59	无	无	3.97	1：6.7	方形凹角砂石柱
高平市下台村炎帝中庙舞亭	底径0.47 顶径0.40				3	1：6.4	圆形木柱
临汾市魏村牛王庙戏台	0.46×0.475	0.45	0.25	0.25	3.41	1：7.5	方形石柱
永济市董村二郎庙戏台	0.43×0.44		0.3		2.74	1：6.4	圆形木柱
翼城县武池乔泽庙戏台	0.78×0.74	0.7		0.45	3.57	1：4.6	圆形木柱
临汾市东羊村东岳庙戏台	底径0.50 顶径0.45	0.4	0.2	无	4.13	1：8.3	方形石柱
临汾市王曲村东岳庙戏台	底径0.58 顶径0.50	0.45	0.35	0.2	3.71	1：6.4	圆形木柱
万荣县孤山风伯雨师庙戏台遗址	0.33	无	无	无	3.4	1：10	方形石柱
洪洞县景村牛王庙戏台遗址	0.43	无	无	无	3.30	1：7.7	方形石柱
沁水县海龙池天齐庙戏台遗址	0.42			无	2.52	1：6	方形石柱

注：上表是依据罗德胤博士学位论文《中国古戏台建筑研究》及笔者野外考察数据整理而成。

宋至金元，戏台建筑大都是一开间，其上部的梁架结构和屋顶主要由四根角柱撑起，柱的质地还是以木质为主，石柱也有，但较为少见。而柱式大都是圆柱或方柱，不管是什么柱式什么材料，柱子均有明显侧脚和收分，柱顶的截面面积通常会比柱底截面面积小10%~20%。若使用石柱，则截面大都为方形或抹角八角状，柱底尺寸为0.37~0.5米，柱上通常刻题记与简单的浮雕。题记和浮雕内容一般为建造纪年、营造工匠、建造者、牡丹花、化生童子案或者一些风俗画。若使用木柱，则前檐角柱尺寸略微大于后檐角柱尺寸，而且柱上的雕刻也更为精致些。

《营造法式》卷五规定："凡用柱之制，若殿间柱，即径两材两栔至三材，若厅堂柱，即径两材一栔。余屋，即径一材一栔至两材。"结合上表可以归纳出：大多数戏台的柱径为0.45米左右，这等于《营造法式》中的七等材（即42°）或36°的六等材大小，完全符合《营造法式》中亭榭用六等、七等材的规定。在《营造法式》按实际建造中，用柱的制方法会整体尺寸偏大，安全储备过大，比较浪费材料，这和选材有关。如临汾市东羊东岳庙戏台建筑的檐柱达到五等材，翼城乔泽庙戏台建筑的柱径尺寸达到0.77米。

虽然两宋对建筑的建造有着极为严格的规定和制度，但很多时候并不一定完全按照规定来建造。实际情况是完全按照《营造法式》尺寸大小建造的两宋建筑目前还没有发现一座。"北宋时虽然规定除官僚宅邸和寺观宫殿以外，不得用斗栱、藻井、门屋及彩绘梁枋，以维护封建等级制度，但事实上有些地主富商并不完全遵守。"[1]这一点其实李诫也早已认识到，并在《营造法式》中提出了"以材为祖"的观点。用材不同，柱高的尺寸也会呈现差别。《营造法式》并未规定柱高尺寸，但据实物，宋代建筑檐柱径、高比为1：7至1：10。《营造法式》中规定：亭榭类建筑若柱径用七等材，约为现在的3.46米，柱径、柱高比为1：7.4。若柱径选用八等材，约为现在的3.04米，柱径、柱高比为1：7.5。从现存的金元戏台来看，基本符合法式的规定。

宋、金时期建筑遗构中，勾栏台的柱子使用的是木质柱子，通常柱径为0.4~0.6米，柱高为3.04～4.32米，大致相当于法式中的六、七、八等材的大小。

2. 墙体

墙体在宋代已经开始使用砖筑墙，但夯土仍是民间最主要的筑墙形式。《营造法式》中记载了三种墙的制作方法，一种是版筑墙，一种是土坯砖墙，还有一种砖墙。这三种筑墙的尺寸均有所不同，总体来说，墙的厚度与高度成比例，如版筑墙的厚度与高度比为1：3，墙上部厚度为下部厚度的一半；土坯砖墙的墙厚与高度比为1：4，上部

---

[1] 刘敦桢.中国古代建筑史（第二版）[M].北京：中国建筑工业出版社，2003：246.

厚度比下部厚度少百分之三；砖墙的厚高比为1:2，上部收分为下部的五分之三。根据以上尺寸可以看出，砖墙为三者中最厚的，本来最结实、最先进的材料却呈现出最笨重的结果，这只能反映出宋代还未完全掌握砖墙的特点和结构性能，搭建砖墙的技术尚未成熟。这么厚的墙是无法用在瓦舍上的，因此，能用作勾栏外墙的只有版筑墙与土坯砖墙两种形式。因为是商业剧场，故勾栏墙不可能为栅栏式，因为栅栏是通透的，在墙外就可看戏，这就失去了戏场的意义。

现在比较确定的是元代戏台已经出现了墙面。无论是从文字记载还是遗留戏台实物都能看到墙面，而且这些戏台已经有三面观与一面观的区别，然而宋代的勾栏究竟是否出现墙面仍是一个待解的问题。

学界有一种共识，寺庙戏台在称为"舞亭"阶段时显然不可能有墙，有相当一部分的舞亭为露台加装棚顶而成，因此，它仍然停留在"亭"的阶段，当为四面观建筑。另外，此时的舞亭与献殿似乎难以分割，它的演出功能也未完全独立出来，多半还具有祭祀的功用。

山西金元代戏台均有墙的结构，其中可三面观的戏台有临汾魏村牛王庙戏台、翼城县曹公村四圣宫戏台、翼城县武池村乔泽庙戏台等；临汾王曲村东岳庙戏台与临汾东羊村东岳庙戏台则呈一面观样式，[1] 金代王报村二郎庙戏台也呈一面观样式。这两个时期的戏台最大的差别在于二郎庙戏台山面墙及后墙内没有设立任何的辅柱，只靠四根檐柱支撑整个屋顶的重量。与它相同的还有建于金海陵王正隆二年（1157年）的泽州县冶底村东岳庙戏台，戏台由四根方形凹角砂石柱支撑，虽然现在呈四面观亭式结构外观，实际为三面观之戏台，南面檐柱之上缺少阑额。冯俊杰先生认为："是其原本砌墙之证。"[2]

根据实地测量，元代戏台墙体厚度为 0.6 ~ 0.9 米，高至大额或大额下替木，顶端抹角，墙末端与角柱或山面辅柱交接处亦抹角（有的戏台将后角柱也埋入墙中）。后檐如有辅柱均埋入墙中，仅露出柱头部分。

戏台墙体为青砖和土坯砖混合。墙裙高 0.4 ~ 1.2 米，一般用青砖砌筑。墙裙之上则用土坯砖，外抹泥浆与麦秆、稻秸之混合物，最外

[1] 薛林平.中国传统剧场建筑［M］.北京：中国建筑工业出版社，2009：70.
[2] 冯俊杰.山西神庙剧场考［M］.北京：中华书局，2006：65.

层再抹石灰。[1]

廖奔先生认为："神庙演出是给神看的，表演从来是对着神殿，过去戏台没有墙时也不可能真正实现四面观看，所以加盖一堵墙只是顺应现实。但这种改革却奠定了中国戏台的基本样式，此后虽然还有变化，但三面观看的舞台基本格局已经被历史地形成和固定下来了。"[2]

另外，演出内容也决定了戏台样式的形成，汉代百戏歌舞演出于广场皆因它的方向性比较自由，没有过多的要求，而唐代常飞月《咏谈容娘》中形容其演出情景为："举手整花钿，翻身舞锦筵。马围行处匝，人簇看场圆。歌要齐声和，情教细语传。不知心大小，容得许多怜。"[3]观众四面八方将演员围绕在正中间。唐敦煌壁画中也显示演出多进行于露台之上，露台位于殿堂围起的院落中央，众仙四面环绕观看。然而发展至宋代，杂剧有唱、有舞、有故事情节，综合了多种表演因素，它的演出是有方向性的。从金代的两个墓室戏台模型可以看出，演员多正面一字排列，而且众多宋元杂剧文物形象也显示出，演员表演时已经具备了面对观众的方向感。如宋画《眼药酸》及《宋杂剧图》中的两位人物，皆以四分之三侧身的角度面向观众，演员的扮相、妆容、行头等细节均展现得非常清楚。

勾栏是城市中进行商业演出的建筑场所。它独立的标志便是脱离了神庙剧场的附属功能，成为独立的、专门用于演出的场所。其中杂剧最受老百姓欢迎，因此演出杂剧的勾栏棚最大，可容纳数千人。

宋代南戏剧本《张协状元》第二十三出中道："净在戏房做犬吠，小儿去墙头看，怕有人来偷鸡。"可见当时的演出不仅有了遮挡作用的墙，也已经产生了功能性的戏房结构，可防止外人随意入内观看。

3. 铺作层

从现存的金元戏台建筑实物看，其梁架结构大部分为大额枋的形式。在四个角柱上架四根大额枋，构成类似于"井"字形的上部结构，然后再在其上放置斗栱，承载全部的屋顶荷载。

大额枋或为圆形截面，朝上一面略抹平，如永济董村二郎庙、石

[1] 罗德胤.中国古戏台建筑［M］.南京：东南大学出版社，2009：30.
[2] 廖奔.中国古代剧场史［M］.河南：中州古籍出版社，1997：22.
[3] 陈多，叶长海.中国历代剧论选注［M］.湖南：湖南文艺出版社，1987：49.

楼张家河圣母庙等。大额枋的摆放形式也不尽相同，有的架在角柱上，有的通过角柱上的栌斗进行连接，如临汾魏村牛王庙戏台，四角柱头各施一大栌斗，平面约0.5米见方，高0.38米，栌斗上施"十"字形替木。（见表6-3）

表6-3　金、元舞亭构架尺寸表

（单位：米）

戏台名称	面阔	进深	台口高	辅柱距后檐角柱距离	柱径	大额高	大额搭建样式
高平市王报村二郎庙舞亭	4.85	5	2.87		0.5	0.35	额枋宽厚，不用阑额，柱上施十字相交的绰木枋，承载大额枋。额枋与绰木枋都伸出柱外，断面垂直截去
阳城县下交村成汤庙舞亭	9.1	7.23	3.17		0.49	0.42	柱顶置大斗，宽厚的大额于斗上相交，伸出柱外，断面垂直截去
临汾市魏村牛王庙舞亭	7.45	7.42	3.79	2.49	0.46×0.475	0.55	柱上置大斗，斗上置十字相交绰木枋，其上承载大额枋，额枋与绰木枋都伸出柱外，断面垂直截去
永济市董村三郎庙舞亭	8.38	6.7	2.84	3.35	0.43	0.55	柱四向施以大额，额下明间加雕花绰木枋，次间用枋木连接
翼城县武池乔泽庙舞亭	9.3	9.07	3.67	2.9	0.78 0.74	0.65	四根角柱上开十字形的榫口，十字相交的绰木枋嵌入其中，上承大额，大额与绰木枋伸出柱外，断面垂直截去
临汾市东羊村东岳庙舞亭	8.04	7.9	4.43	2.63	底径0.5 顶径0.45	0.5	柱顶置大斗，四道替木于斗上相交，上承大额枋，替木与大额枋一并伸出柱外，断面垂直截去
临汾市王曲村东岳庙舞亭	7.37	6.83	4.14	2	底径0.58 顶径0.5	0.55	柱顶置大斗，上承十字相交绰木枋，托起去皮原木充当大额枋，额枋与绰木枋一道伸出柱外，断面垂直截去
翼城县曹公村四圣宫舞亭	8	7.86		2.62			四根角柱上开十字形的榫口，十字相交的绰木枋嵌入其中，上承大额，大额与绰木枋伸出柱外，断面垂直截去
石楼县张家河圣母庙舞亭	4.65	4.3	2.57	2.15		0.21+0.21	大额高0.21米，下设一道等高的阑额

注：上表由罗德胤《中国古戏台建筑》第三章"金元舞亭中构架尺寸及实地考察"整理而成。

我国的传统建筑材料来自大自然，很多时候尺寸并不是非常规范和讲究，有时只能因地制宜，灵活选择。很多戏场建筑中即使是同一座戏台里的大额构件尺寸也不是完全相同，四面大额中前檐大额最为重要，因为山面及后檐面都可施平柱进行辅助支撑，而前檐不行。

冯俊杰先生指出："宋金建筑，斗栱的立面高度一般要达到柱高的三分之一，而元代的通常要达到四分之一，且用材比较宏大。"[1]

四、瓦舍勾栏的几种形制

瓦舍勾栏是宋代专门用于杂剧演出的勾栏棚。勾栏演出丰富多彩，花样繁多，大小不一。演杂剧与上演傀儡的勾栏，在舞台尺寸、样式、剧场规模上有很多不同。都是傀儡戏，但悬丝傀儡、仗头傀儡与水傀儡的表演场地有很大不同。悬丝傀儡，顾名思义，类似日本提线木偶，需要将位于舞台上半部分的表演者遮挡起来；仗头傀儡则恰恰相反，是用细木棍支撑的木偶，需要将位于下方的表演者遮挡起来；而水傀儡更加复杂，技术要求更高，需要在水中进行表演，还需要搭建一个巨大的水池。

（一）瓦舍勾栏的营造技术

中国传统建筑主要是以木材质建造的。木结构建筑以"间"为单位沿水平横向展开，不易形成高大宏伟的建筑。《营造法式》颁布之时房间横向最大跨度只有6米左右。因此，中国传统剧场的形成需要突破由单纯戏台向完整剧场的过渡，必须突破大规模单体建筑的技术障碍。历史上能突破"横向水平发展格局"的木结构建筑大多是楼阁或者木塔等特殊类型，楼阁和木塔虽可用作戏台，却不能形成足够容纳众多观众的大型空间。直到清朝，搭建跨度超过10米以上建筑的技术才成熟，出现了10米以上的支起顶棚的大梁，这才形成全封闭的茶园剧场建筑，须知这一跨度是木建筑结构的极限。因此，露天四周围合的院落形式成为勾栏棚发展的自然选择。

瓦舍的发展必然是一个复杂的历史过程，它的形制应该也不尽相

---

[1] 冯俊杰. 戏剧与考古 [M]. 北京: 文化艺术出版社, 2002: 233.

同，再具体到建筑细部结构必定也会存在南北的差异，不过如果对它的样式进行一个推测，则勾栏基本样式为四合围起式结构，平面上看是方形建筑院落，中间有露天的庭，戏台正对神楼，戏台的两侧有腰棚，神楼与腰棚为二层楼结构。

（二）瓦舍勾栏的几种形制

研究我国古代剧场建筑会看到一条线索，这条线索是我国古代剧场建筑发展的主线：原始演出场地——露台——舞亭——唐代神庙戏场——宋元瓦舍勾栏——明清戏园。这条主线巧妙地说明了我国传统剧场由四面敞开的广场向院落围合，再到室内剧场的全过程。

1. 搭棚式的简易形制

早期的瓦舍勾栏由于各方面还不成熟，很多条件不允许建立很复杂的建筑形制，很多时候是在市井中直接选取繁华热闹的地方搭设简单的戏棚进行表演，此时的瓦舍勾栏更像是早期的露台表演场所，相当于将木质搭设的"露台"放置于棚内。神庙戏场中的戏台在称为"舞亭"时显然不会设置墙，有很多的舞亭是在露台的基础上加装棚顶而成的。所以，它依然是在"亭"的阶段，与宋代出现的作为新型娱乐场所的瓦舍勾栏似乎存在着演变关系。

图6-2-24　《清明上河图》中简易说唱棚

除了《清明上河图》中的场所，还应当有一种靠绳捆绑起木椽，再在上面搭设平板进行表演的临时表演台，规模较大。

图6-2-25　临时搭台式的演出场所示意图

由于露台的特殊作用，唐代开始进入神庙，成为神庙祭祀献艺的场所。随着宋代市民阶层的增加和民众娱乐需求的扩张，神庙露台逐渐演化为舞楼。民间瓦舍勾栏就在这样的大背景下破茧而出，它吸收了露台演出的基本形式，设置舞台和坐席，进行简单的演出。

2. 围合庭院式的瓦舍勾栏

勾栏作为城市里固定的演出场所，除了那些可以随搭随拆的"乐棚"以外，渐渐形成一种剧场形制。金元诗人元好问在《顺天府营建记》中说："元初四大万户之一的张柔在清苑[1]营建顺天府，其中包括'乐棚二'。"这两座乐棚被纳入城市建设，应是固定的瓦舍勾栏——剧场。

《东京梦华录》除介绍了瓦舍勾栏中的各种表演外，也说到了瓦肆中有卖药的、算卦的、卖衣的，也有剪纸画的、唱小曲儿的……"终日居此，不觉抵暮"，是个很好玩的地方。由此看出，瓦舍内包含了许多做买卖的店家，他们与勾栏舞台共存于瓦舍内，为观演者提供服务。这些小店铺一般被设置在建筑一层，而二层的腰棚和神楼则供观众观演。

---

[1]　清苑：位于河北省中部，京、津、石三角腹地。

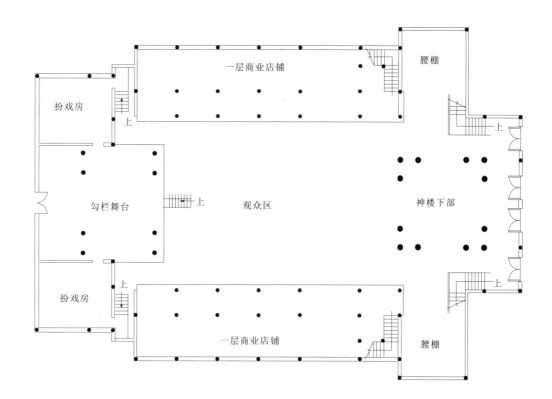

图6-2-26　围合庭院式瓦舍形制一层平面图

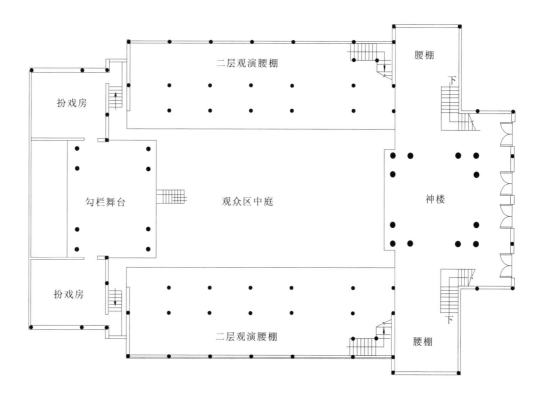

图6-2-27　围合庭院式瓦舍形制二层平面

第三节　宋金露台式剧场

　　宋金时期，山西露台式神庙剧场中，除太原晋祠一处外，还有汾阴后土祠、高平西李门村二仙庙、芮城东岳庙等。完整保留至今的，只有西李门二仙庙金代正隆二年（1157 年）创建的露台。

一、汾阴后土祠宋代露台及剧场现状

　　汾阴在晋西南，黄河东岸，汉代为汾阴县，宋代改名为宝鼎县，金代改称荣河县，1954 年与万泉合并而为万荣县。相传轩辕氏祀地祇，扫地为坛祭于脽上，就在这里。地祇就是后土，厚德载物，主管大地之神。《国语·鲁语》载："共工氏之伯九有也，其子曰后土，能平九土，故祀以为社。"《礼记·月令》则注曰："后土亦颛顼之子，曰犁，兼为土官。"说法不一。后世则取天阳地阴、天刚地柔之义，定为女性，称作柔祇，民间则敬称为后土圣母、后土娘娘。

　　宋真宗大中祥符四年春（1011）二月，发陕西、河东卒共 5000 人赴汾阴，亲祭后土，脽上后土祠迎来了它的又一个辉煌时期。《宋史·礼志》载："祭前七日，遣祀河中府境内的伏羲、神农、帝舜、成汤、周文、武王、汉文帝、周公等庙，于脽下祭汉唐六帝。正日，真宗服衮冕登坛祀后土，备三献，奉天书置神座之左，次以太祖、太宗配，诵侑册文毕，亲封玉册。礼毕乃改服通天冠，降纱袍，乘辇谒后土庙，设登歌奠献，遣官分奠诸神，至庭中视所封石匮，还奉祇宫，钧容乐和太常鼓吹始振作。是日诏改奉祇宫曰太宁宫。四年四月，诏后土祠亦上额为太宁宫。"回京途中，值回鹘、大食国及吐蕃诸族来贡，随

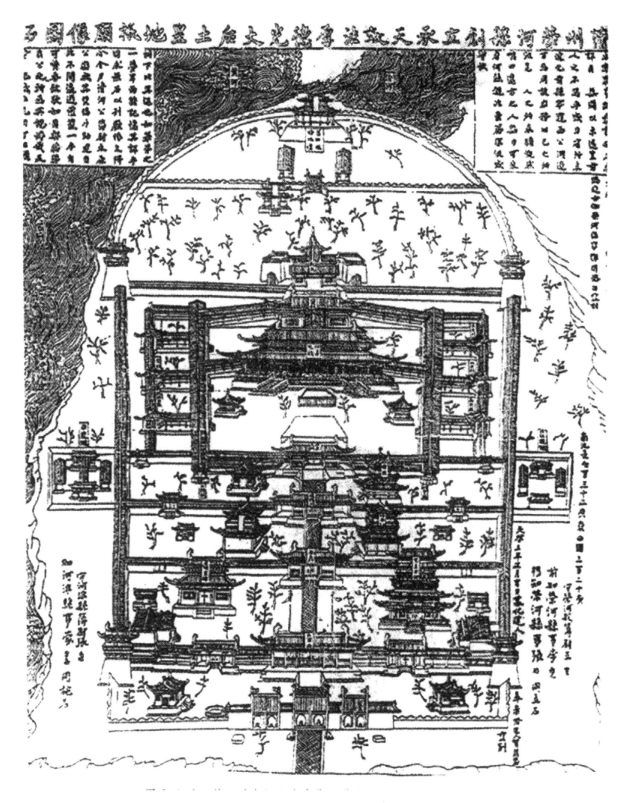

图6-3-1　汾阴后土祠庙貌碑摹本

即"大赦天下，文武官并迁秩，赐天下酺三日，大宴群臣"，并御制《汾阴配享铭》与《河渎四海赞》等，极力庆祝。这是后土祠历史上最后一次大放光彩。

庙貌碑展示的后土祠，坐北朝南，共五进七重院，重要建筑图上都有标识。

正殿前有较高的月台，设左右阶，阶下有前后两座方台，前者围以栅栏，应是封藏石匮之小坛。后者面积较大，当是露台。露台两侧各有四角攒尖顶亭子一座。史载宋真宗遣官分奠诸神后，尝"登郊丘亭，视河汾"，疑即此也。高台两侧正面下方，各有一孔门洞，通往内院。内院正北为坛，此即所谓"方丘"，相传为轩辕扫地以祭后土的地方。坛上建有重檐歇山顶殿宇一座。真宗皇帝当年服衮冕登坛祀后土，备三献之礼，就是在这里举行的。坛南有配殿两座，东西对峙。真宗祭前七日曾经派员于脽下祭汉唐六帝，这大概就是汉武帝、宣帝、元帝、成帝、光武帝及唐玄宗的配享之殿。

古代朝廷的祭祀礼节，最重要莫过于祭天、祭地、祭明堂。以天圆地方，性分阴阳，故祭天于圆丘，礼用燔柴（焚烧祭品）；祭地于方丘，礼用瘗埋（掩埋祭品）。后世帝王常于京城南郊祭天，北郊祭地，于是建有天坛、地坛。祭天须有地祇配，祭地须有皇天配，故于后土祠中建有配天殿。同样，因取天圆地方之义，后土祠建成方形与半圆形相结合的院落，用以象征天地宇宙。在中国，脽上后土祠这种奇特的庙貌结构，具有特定的政治、宗教寓意。

正院的露台是陈列祭品、献演歌舞的场所。当年宋真宗亲自主持坛祭之后，改服通天冠、绛纱袍，乘辇诣庙，设登歌奠献，就在这里。所谓"奠献"，即按照礼节奉神以玉币。《宋史·乐志十·汾阴十首》记其"奠玉币登歌"，曲曰《嘉安》，歌词四言四句："至诚旁达，柔祇格思。奉以琼币，致诚在兹。"此外，还要在露台上表演舞蹈，周代已有"舞《咸池》以祭地祇"的制度。唐《开元礼》祀后土又有文舞、武舞之分。宋代奠玉币时也要命"乐正帅工人二舞依次入"（《文献通考·郊社考九》），工人指伶工，二舞指文舞和武舞。当时后土祠官方的礼神活动，还不会有戏剧演出，这是政统神系本庙之祭的局限。至于官府祭毕，是否允许当地百姓进庙祭祀并大演其剧，就不得而知了。

二、晋祠露台剧场

晋祠自圣母庙创建之日起，就拥有剧场，剧场的中心就是莲花台。实际上它是一座宋人创建的露台，具有祭祀和演乐两大功能。金代修起了献殿，分担了露台的祭祀作用，此后的莲花台主要用来上演戏剧。这情形经元入明而未变，直至明万历年间创建了水镜台，才结束了露台的使命。后世分别以圣母庙水镜台、关帝庙钩天乐台为中心，形成了两大剧场；又以圣母庙献殿、唐叔虞祠献殿、东岳庙献殿为中心，形成了三个小剧场，庙外还有两座卫星剧场。这才满足了庞大庙群此起彼伏的赛社演剧活动的需要，适应越来越多人们喜爱戏曲以及戏曲演出规模越来越大的具体需求。晋祠剧场的演进轨迹，与中国戏曲的发展历史是一致的。

晋祠在北宋以前，以唐叔虞祠为主庙，那时的庙貌没有记载。晋祠拥有剧场，应当是宋代的事情。北宋在我国文化艺术史上颇有建树。

图6-3-2　晋祠圣母庙金人台

宋金杂剧院本的繁荣，标志着中国戏剧正式形成。现存文物资料表明，此时的杂剧院本不只活跃在都市的瓦舍勾栏里临时搭建的街头露台上，还活跃在一些神庙的祭祀礼仪中。晋祠宋代莲花台、金代献殿就是在这样的大背景之下创建的。

莲花台今名金人台，俗呼铁汉桥。《晋祠志》说："此台建于北宋绍圣年间，在祠中央，高可五尺许，纵横各四十尺，四面绕以砖栏。东西设阶以同陟降，中峙琉璃瓦小楼，高可丈许，榱题牖甍，均属雕琢。四隅序立镇水金神四，俗呼铁汉，各高五尺余。"旧时尺短，积土渐高，今日测量，正面台高仅在 1 米上下，宽则 8.7 米，侧宽 8.34 米，砖栏高 0.58 米。平面接近正方形。

宋代创建的莲花台，从名称上看，原来是一种须弥座式的露天平台。须弥座的结构特征之一，就是一定要有合莲和仰莲之石雕，要有束腰石和圭角等，就像高平市西李门村二仙庙金代露台台基、阳城县屯城村东岳庙金代正殿台基一样。

宋代神庙建制，正殿之前一定要有一座陈列供品、酬神献艺的台子。台分两种，与正殿台基连为一体的，叫作月台；独立于正殿之前，与正殿拉开一定距离的，叫作露台。当时莲花台显然只是一座露天平台，因其须弥座式台基的形象而称为莲花台。圣母殿前紧接鱼沼飞梁，可以排除殿前建造月台的可能。在金代献殿创建之前，正对圣母殿的只有这座莲花台，因此，陈列供品，登歌献舞和表演百戏、杂剧，非此台莫属。宋杂剧每场四至五人，规模不大，此台的面积不只用于演剧，也可以上演社火节目。此台从位置到形制，和宋代其他神庙露台完全一致。

我国古代露台之建由来已久。《汉书·文帝纪》载，文帝"尝欲作露台，召匠计之，直百金而罢"。早期文献中的露台多为独立建筑，但在后来的神庙里却是和大殿相连的。宋代神庙露台比较普及，有些地方还创建了更加先进的舞楼，晋祠拥有一座祭神演剧的舞台是很平常的事。

山西神庙在北宋前期就已开始营造带有屋顶的戏台。真宗景德四年（1007年）碑记，晋南万泉县（今万荣县万泉乡）桥上村后土庙有舞亭；神宗元丰三年（1080年）碑记，晋东南沁县城关关帝庙建成舞楼；

徽宗建中靖国元年（1101年）碑记，晋东南平顺县东河村九天圣母庙"再起北殿，创起舞楼"。与这些神庙舞楼相比，晋祠露台符合当时的礼制。宋代凡是朝廷和地方官府直接管理的神庙，都是只造露台而不修舞楼的。

关于宋代神庙露台，孟元老在《东京梦华录》中有非常具体的描述：

其社火呈于露台之上，所献之物，动以数万。自早呈拽百戏，如上杆、跃弄、跳索、相扑、鼓板、小唱、斗鸡、说诨话、杂扮、商谜、合笙、乔筋骨、乔相扑、浪子杂剧、叫果子、学像生、倬刀、装鬼、砑鼓、牌棒、道术之类，色色有之，至暮呈拽不尽。

三、高平市西李门村二仙庙金代露台

高平市北接长治，南靠晋城，为战国长平地，著名的长平之战古战场。秦将白起曾经在此一举坑杀赵国士兵40万众，耕田尚能发掘出累累白骨。汉置泫氏县，属上党郡。北魏永安二年（529年），析泫氏县而置高平县，治高平城；又置长平郡，治泫氏县，隶建州。北齐旧曰平高县，天保元年（550年），至高平移平高县治于泫氏城，仍改平高为高平，属长平郡。隋开皇十六年（596年），从高平析置陵川县。唐贞观以后，以高平属泽州，迄清未变。今属晋城市。

图6-3-3　高平市西李门村二仙庙山门

1. 二仙庙的现存建筑

西李门村二仙庙坐北朝南，以东西钟鼓楼为界，分为前后两院。前院宽20.3米，深28.3米，有山门、正殿、露台、廊庑等，山门距露台14.18米。后院宽22.45米，深15米，有寝宫、侧殿、配殿等建筑。庙外正对山门21米处，还有一座戏台。现存建筑只有正殿及连为一体的露台是金代遗构，其余多是明清所建。钟鼓楼早被侵华日军炮火轰毁，外院东庑被改成普通民房，庙貌已不算完整，现存明清碑刻共5通。

山门比较高大，门上横帔"真泽宫"三字依稀可见，单檐悬山顶三间，筒瓦覆布，进深3.9米，面宽8.45米，其中明间宽2.8米。檐下四根沙石抹角柱，柱面浮雕麒麟等神兽，方凳础。

2. 二仙庙金正隆二年（1157）之露台

露台紧靠正殿，却不是正殿台基的前伸，而是独立之台，二者当创建于同一年代。台高1.18米，宽13.5米，侧宽6.66米，整体造型为须弥座式，形制古朴。台前正中及两侧之后部均有台阶。上枭浮雕仰莲，高22厘米；下枭雕作覆莲，高36厘米。台上青砖墁地，角柱为八角形。东西南三面束腰，均有线刻或浮雕图画。东侧自南起，依次为队戏线刻图、母狮与幼狮线刻图、鹿与花卉线刻图、雄狮线刻图；自西侧至南，依次为人物故事线刻图（已模糊）、云彩与花卉浮雕图，其余两幅不清。正面，台阶东侧是巾舞线刻图、二龙戏珠图。台阶西侧是鹿与花卉图、二龙戏珠图。束腰之间用浮雕力士和狮子等神兽之蜀柱隔开，更显古雅。这些线刻、浮雕艺术品中，最有价值的是队戏图和巾舞图。

图6-3-4　高平市西李门村二仙庙金代正殿及露台

图6-3-5　二仙庙金代正殿前露台

图6-3-6 二仙庙露台须弥座线刻队戏图

队戏图高44厘米，宽127厘米。图上线刻人物共10人，男女各半，眉目清秀，身材修长。走在前面的是头戴展角幞头的参军色，手持竹竿子，引导艺人作行进表演。其余男伶均戴翘脚幞头、簪花或拍其杖鼓，即所谓杖鼓色；或作擎手、叉手状，姿态各异。女伶每人手中各执一件乐器，有横笛、洞箫、尺八、托鼓和绰板。她们个个缩发插翠，衣裙华丽，展示了金代艺人演出服饰的动人风采及民间祀神队戏的楚楚神韵。

图6-3-7 二仙庙露台须弥座线刻巾舞图

巾舞图嵌于露台正面台阶左侧第一方束腰石上，石板高43厘米，宽114厘米。图中有6个粗壮、虬髯、行伍装扮的男性，脑后各留发辫数条，显然是女真族军人。画面上的军人中，左三和左四正在挥巾对舞，舞姿粗犷豪放，醋态淋漓；右一则拊鼓击节；右二好像是个侍卫，腰挎弓箭，呈拍手助兴状；而左一大约是位将军，坐在那里兴致勃勃地观看着。

第四节 宋金亭楼式神庙剧场

宋金时期，山西神庙剧场不仅有露台式的，还有亭楼式的。保留至今的三通北宋碑刻，真实记录了真宗景德四年（1007年），晋南万泉县（今万荣县万泉乡）桥上村后土庙，创建舞亭大小工头的姓名；神宗元丰三年（1080年）晋东南沁县城关关帝庙建城舞楼一座；徽宗建中靖国元年（1101），平顺县东河村九天圣母庙，"再修北殿，创建舞楼"等信息。桥上村后土庙和沁县关帝庙早已荡然，好在后土庙宋碑记载的主要建筑，有大殿、后宫、舞亭、真武殿、二郎殿、花园娘子殿、六甲殿、崔相公殿、中门三门、大门楼等，知其规模甚为可观。这三座舞台及太原晋祠莲花台的地理位置，反映出宋杂剧在山西南部、中部、东南部广泛流行的趋势。

金代山西神庙剧场进一步普及。在已发掘的金人墓葬中，经常可见舞亭模型和戏俑，有的还有戏曲和乐舞砖雕，可见当时神庙舞楼演剧活动的普及程度。侯马市大安二年（1210年）董氏墓，垣曲县后窑金墓，稷山县苗圃金墓，稷山县化峪镇第2、3号金墓，以及马村金代段氏墓群的第1、2、3、4、5、8号墓，都有此类

图6-4-1 侯马金代董氏墓舞亭模型及戏俑

舞亭模型，四个或五个戏俑。从形制、规格、用料和雕刻手法看，这些东西显然是当时砖窑按照固定的模子成批生产出来的，作为墓主在地下"休闲""享乐"用的一种高规格的设施，成为一时的丧葬习尚。当时神庙亭楼式剧场要比露台式剧场更为兴盛。

宋代剧场的风貌已不可见，金代舞楼的实物，在山西神庙里却有遗存。目前纪年确切的发现有两处：一在高平王报村二郎庙内，建于大定二十三年（1183年）；一在阳城下交村成汤庙里，建于大安二年（1210年）。纪年确切但是早已被毁弃的，知道的有三处：一在阳城崦山白龙庙中，明昌三年（1192年）所建；一在阳城豆村佚名庙内，建于泰和八年（1208年）；一在临汾市东亢村圣母庙里，始建于兴定二年（1218年）[1]。年代不详，经过后人改造的有两处：一在泽州县冶底村东岳庙，一在高平市下台村炎帝中庙。

一、高平市下台村炎帝中庙及其舞亭

太行山区高平、长治一带一直流传着炎帝神农尝五谷于羊头山的故事。文风较为严谨的光绪《山西通志》中有："羊头山，在县西北三十五里，神农尝五谷之所，形似羊头。"旧《通志》所说的高平三庙，中庙在换马镇东南，而不在下台村。高平故关村明成化十一年（1475年）《重修神农炎帝行宫碑记》也说："祠在换马村东南，见存坟冢，木栏绕护。"[2] 然下台村康熙九年（1670年）《重修炎帝庙并各祠殿碑记》云："吾泫有上中下三庙，在换马者为上，在县治东关者为下，而余乡则其中也。"泫谓泫氏县，为此地古县名。盖康熙时羊头山的上庙已毁，遂改称换马村东南之庙为上庙，下台村庙则称中庙。今换马村东南的庄里村即其上庙所在地，现仅存大殿和明代万历竖立的"炎帝陵"碑，陵墓被铲平，城关下庙业已拆除，只有下台村中庙和故关村的炎帝行宫保存得比较完整。中庙现存元明清碑共6通。

下台村今属神农镇。炎帝中庙占地12000平方米，三进院，外院只剩下禅房二层五间，文昌楼废址，戏楼已被拆除。现在拾级而上即

---

[1] 这三处剧场，阳城县崦山白龙庙，有金泰和二年（1202）《复建显圣王灵应碑》记载；另两处可见《中国戏曲志·山西卷》，文化艺术出版社，1990年，563页。

[2] 碑高129厘米，宽60厘米，侧宽21.5厘米，现存故关炎帝行宫正殿内。

进山门，门内则是原来的中院。院宽 27 米，深 7 米，比较狭窄。山门两侧各有三间悬山顶房屋，两座房屋之外，又各有一座二层悬山顶建筑，居于院墙东西角，是其钟鼓楼。院的正北面就是舞亭，舞亭两侧为进入内院的通道，通道外各有悬山顶房屋三间。内院宽 22.2 米，深 31 米。正北为正殿，正殿左右各有悬山顶侧殿三间，东西向的配殿各三小间。正侧殿的台基下，又有东西廊庑各七间。院内多数古建筑保存较好。

正殿悬山顶，带前廊，黄绿琉璃屋脊，筒瓦。面阔三间 10.1 米，明间宽 3.25 米。前后六架椽，通进深 8.2 米。四排方形凹角石柱，皆方凳础，凳角雕狮子头，凳腿之间雕狮子、麒麟等神兽。挑尖梁伸出，刻作三幅云。斗栱双下昂五踩，平身科皆三攒双杪，每攒三缝，出 45°斜栱。大殿台基高约 0.88 米，束腰石上有线刻图，可看清者仅一幅，画的是某人得道成仙后的升天景象。图旁刻曰："康熙八年岁在己酉十二月吉旦：前后石台毁坏，今修殿之后重新修理。本村施主：五班社首暨领合村。住持僧人普修，石匠姬自元。"是其康熙年间曾经大修之证。

舞亭单檐歇山顶，距离正北方的正殿 19.3 米。它和冶底村东岳庙舞亭一样，建在内外院的分界线上，因建造年代较早，过于狭窄，所以当地民众后来在庙外另建一座大戏台，而把它改作拜亭了。这是一座始建于金代的戏台，原为三面观，只有后墙，两旁无房屋，台前及左右空地可以容纳上千名观众。

舞亭黄色琉璃脊，筒瓦，鸱吻完好，宝珠残破，垂戗脊兽及仙人等俱已毁灭，山花悬鱼、惹草也已损坏。它的面阔只有 5.5 米，进深 5.15

图6-4-2　高平市下台村炎帝中庙正殿

图6-4-3　高平市下台村炎帝中庙舞亭藻井

图6-4-4　高平市下台村炎帝中庙舞亭

图6-4-5　炎帝中庙舞亭斗栱

米，平面接近正方形。台基宽 6.4 米，侧宽 8.6 米，正面高 0.5 米，背面高 1.3 米。四根粗壮的圆木柱，素平础，支撑着整个大屋顶。柱高近 3 米，下径 47 厘米，上径 40 厘米，有收杀，也有柱侧脚。正面两根细木柱，是后人所加的辅柱，软门、版门则是今人所补。屋内为藻井。从整体形制和某些细部特征判断，应是金代建筑，元明有所修补。

舞亭形制古朴典雅。四根宽厚的大额置于柱头，与阑额一起伸出柱外，断面垂直截去，不加雕饰，构成第一重方井。大额之上，每面斗栱四朵，五铺作双下昂，耍头昂形，正心慢栱、厢栱隐刻，坐斗瓜菱形。四转角皆三缝，双下昂，蚂蚱头。斜角出 45° 单抄单下昂及由昂，由昂上面的宝瓶，被一木雕块所替代。斗栱用材虽然不算宏大，立面高度却达 90 厘米，介于柱高的三分之一至四分之一之间，举折较高，仍具金元气象。

舞亭藻井也很有特色。四转角斗栱后尾托起抹角梁、老角梁以及老角梁上的井口枋，形成第一重方井。井口枋下每面施吊柱三根，借助阑额、普柏枋相互牵扯、平衡，吊柱下端与四面檐下斗栱耍头后尾相交。方井之上每角斗栱一攒，补间一攒，皆向上、向内层层铺垫五条短枋，代替阳马，直至屋顶，交汇处施以雷公柱。每条短枋间又施以一层相互连接的随檩枋，以增强其牢固性，并形成八角井和最上一重圆井。结构略显复杂，但是层次分明，雕镂精细，色彩绚丽，应当是明以后重修时留下的杰作。

在古人眼里，神农"开百代稼穑之源"，是"万民生成之主"，所以晋东南民众事之甚虔。前引旧《山西通志》说，高平换马镇东南的炎帝庙，"有遗冢，有司春秋致祭"，民间则以六月六日祭祀，可知这里的炎帝庙早已列入祀典。如今，每年四月初八，高平地区会举行盛大的庙会，祭祀炎帝。

二、阳城县下交村成汤庙之舞楼

成汤庙里的金代舞楼，明清碑刻称之为拜殿或献殿，这是因为明正德年间又重新创建了一座乐楼，而将旧舞楼改作献殿使用了。在山西，除因特殊的地形限制，如晋祠圣母殿前的鱼沼，献殿一般是贴近正殿建造的，两者相距不过一两米，而此献殿距正殿已有6.35米，距其南面的乐楼6.65米，矗立于内院中央。

图6-4-6　成汤庙金代舞楼侧影

舞楼单檐歇山顶，山花已毁。台基宽11.6米，侧宽9.8米，高0.46米。黄绿两色琉璃屋脊，筒瓦覆布。正脊中间原有三座琉璃小塔楼，鸱吻及垂戗脊兽、套兽及仙人等，造型古朴而又典雅，四转角为四根方形抹角石柱，雕龙雕花，素平础。柱高3.08米，东西柱距9.1米，南北柱距7.25米，舞台面积大大超过高平市王报村二郎庙舞楼。柱子底径为49厘米×46厘米，顶部40厘米×40厘米，收煞及柱侧角明显。柱顶置大斗，宽厚的大额于斗上相交，伸出柱外，断面垂直截去。北檐设二辅柱，亦为宽厚的抹棱石柱，双层方礅础。东、西、南檐下也分别设有木辅柱两根，均为后人所加。东南角柱上刻："本社张硅自愿施柱一条，大安三年岁次辛未。石人杨硅。"共22字。此外，清康熙五十二年（1713年）原景苏《重修拜殿碑记》还有"中有拜殿，按柱铭系大安二年建立"的说法[1]。不过，碑中说的柱铭如果存在，也已砌入墙中，暂时不得见了。

舞楼南北额枋上施斗栱三朵，均不在辅柱

---

[1]　原景苏碑，高224厘米，宽82厘米，现存献殿内。

柱头上。四铺作出真昂一跳，耍头蚂蚱头。正中一朵出 45°斜栱。东西辅柱柱头处各施斗栱一朵，与南北檐两侧斗栱形制相同。转角斗栱四铺作单抄，出 45°由昂、斜昂，耍头蚂蚱头，坐斗无雕饰，栱面俱抹斜。斗栱立面高度为 79 厘米，是柱高的 1 / 4。外拽令栱与撩檐桁结点处，用替木分解负荷。屋内无金柱、无藻井。前后四架椽屋，用抹角梁、大角梁、襻间斗栱和采步金梁。平梁与四椽栿之间用蜀柱、合楷，脊桁与脊枋间垫以十字斗。结构简洁而牢固。

从它的建筑位置、梁架结构、斗栱形制等方面看，舞楼虽然经过几次落架大修，却仍然可以断定为金代遗构。

三、阳城县泽城村汤帝庙舞亭

泽城村西距县城 15 千米，为古濩泽县治所在地，今属固隆乡，县治移至阳城后，衰微而成村落。《山西通志·沿革谱》："濩泽，故城在县西三十里，今为泽城村。"即此也。汤帝庙位于村子东北，单进院，宽 40 米，深 28.3 米，尚存正殿、侧殿、献殿、山门舞楼、戏房等。这里的献殿也是由金代舞庭改造而成的。

明万历四十五年（1617 年）《重修成汤圣帝神庙碑记》说，此庙"开基始于皇统，至永济石立，记岁六十，重修焉。分殿东厢房至东行廊，舞庭属豆村；分殿西厢房至西行廊，端门属泽城。一时改造焕然口目，独舞庭称最"。按金卫绍王完颜永济即位于泰和八年（1208 年）十一月，翌年改元为大安，而此直称永济而不称年号，正其甫即位而尚未改元之时，故其重修碑的刻文时间，当是在泰和八年。由此上推 60 年，可知汤帝庙创建于金熙宗皇统九年（1149）。这也是该庙舞庭创建的时间。

碑中所说的舞庭北距正殿 6.2 米，南距山门 8.4 米，虽然经过元明两代多次维修甚至重建、改建，但是庙内建筑如果说可以"称最"的话，则非舞庭而莫属。

现存献殿仍保留金代舞庭的基本形制，为单檐歇山顶，山花向前，举折比较平缓，出檐也很深远。屋顶用琉璃脊、筒瓦，脊上鸱吻、脊兽俱全，仙人、走兽业已不存。基高 0.33 米，宽 10.73 米，侧宽 14.2 米。东西六架椽屋，面阔为三小间 7.05 米，其中明间宽 3.45 米；进深为大

三间 14.25 米，其中当心间为 5.2 米，两次间各为 4.75 米，平面为纵向
长方形。四围八根宽厚的方形圆棱沙石柱，高 3 米，素平础，收分及
侧脚明显。南面两根角柱有浮雕花卉，显示出金代作风。

图6-4-7　阳城县泽城村汤帝庙改成献庭的金代舞亭

　　献殿现存八根石柱之上均有大斗，斗上平施十字短枋，以承托四
向伸出的宽厚的大额。斗栱用材宏大，五铺作单抄单下昂，每面五朵。
要头多为蚂蚱头，唯两侧之柱头铺作削成昂形，纵向之明间补间铺作
出大斜栱。四转角均出由昂。这种带有昂形要头的斗栱也是金代之残
留物。此外，柱头斗栱用假昂，补间铺作用真昂，真假昂有规律地使用，
也表现出金元建筑的特色。

　　献殿的梁架结构也比较特别。六椽栿带圆形随枋直达东西檐下，
与斗栱要头尾嵌为一体，再于栿上置两根带合楷的蜀柱，支撑平梁及
左右上金桁，并于其两端设置大叉手，斜插平梁与蜀柱的结合处，从
而省去了四椽栿。平梁上再施叉手、合楷与蜀柱，借助十字栱撑起屋脊。
纵向每间皆置襻间枋和斜撑之枋木，与金桁、昂尾相交，相交处施以
垂莲柱及阳马，阳马汇集点安装雷公柱。由于明间较宽，故以补间铺

作正中耍头尾为界，分作两个单元。耍头尾向上斜施枋木一根，与金桁垂莲柱相交，两根垂莲柱之间用一枋相连，从而形成两个框架，各架均施有四根阳马，各有雷公柱。阳马与雷公柱底部相交，雷公柱之间也以枋木相连，互相牵引，十分牢固。连续四个雷公柱，六根垂莲柱。

汤帝庙正殿侧殿共十三间一字排开，正殿三间，两侧殿各五间，俱为悬山顶加歇山檐（前后坡），带前廊，前后七檩六椽（殿内前三后一，廊占两椽），筒瓦琉璃脊。正殿三排方形抹角砂石柱，鼓磴或方磴础。侧殿三排圆木柱，鼓凳础。正殿略高，奉祀成汤，侧殿稍低，显示出主次差别。东侧殿三间供奉佛祖，另二间为高禖殿。西侧殿三间为显圣王（阳城崦山白龙王）殿，二间为五瘟殿。正殿柱头斗栱五踩单抄单下昂，正心万棋隐刻，耍头蚂蚱头，全用假昂、假华头子。平身科各一攒，明间出大栱，耍头为龙头，全用真昂。侧殿柱头斗栱三踩单下昂，蚂蚱头，补间斗栱各一攒。从各殿的总体形制及木构件制作的特点看，当为同期建筑。

图6-4-8　汤帝庙献庭梁架

汤帝庙山门舞楼为悬山顶，移柱造，清代建筑，灰脊筒瓦，鸱吻、垂兽俱在。面阔三间8.9米，其中明间宽3.73米，前台进深4.4米，后台进深1.9米。底层高22米，两侧砌墙，中间用方形抹角沙石柱，上层用圆木柱，均为二层方磴础，圆木柱连础高达3.2米。柱上设大额枋和额枋，斗栱五踩单翘单下昂，耍头为龙头变体。舞台进深2／3处安装隔扇，区分前后台。隔扇正中横披题曰"当作如是观"，两侧绘有戏曲故事。前台屋顶施天花。明间天花正中向内凹进，凹进部分呈八角形，内用木条钉成阴阳八卦图。台上有门通往两侧耳房。耳房低于舞楼，悬山顶，灰脊板瓦，面宽三小间 10.1 米，进深 5.1 米；北面设门窗，带前廊，廊深 0.82 米；檐柱为圆木柱，高 1.75 米，柱上斗口跳，大额枋有雕饰，柱间安装木栏杆。

图6-4-9　汤帝庙献庭斗栱

汤帝庙山门外观巍峨庄严，平柱为高达 6 米多的砂石圆柱，连头双狮承托莲花座式柱础，形制罕见。柱上施大额枋、平板枋，斗口跳。正中帔披曰"九围式命"，取自《诗经·商颂·长发》篇："上帝是祇，帝命式于九围。"这是殷商朝廷立其宗庙时，歌颂始祖成汤之作。祇，敬也。九围，谓九州。式，用。诗言汤德日进，"故天命之，使用事于九州，为天下王也"。"九围式命"四字是对商汤毕生事业的崇高评价。

四、阳城县屯城村东岳庙及其舞楼

屯城村位于阳城县东北 18 千米处，属润城镇，相传战国末年秦将蒙恬屯兵于此，因得其名。这里是元代潞国公张鼎的故乡，村旁存其家庙，庙前竖立着皇庆元年（1312 年）蒙、汉两种文字的《大元特赠制诰》碑。东岳庙在村东的卧虎山下，坐北朝南，单进院，现存正殿、朵殿、角楼、西庑和戏台等建筑，院宽 29 米，进深 44 米。

图6-4-10 阳城县屯城村东岳庙正殿

图6-4-11 正殿前檐侧影

正殿为金代建筑，悬山顶三间，通阔9米，明间宽6.2米，通进深7.8米，廊深1.95米，基高1.58米。屋脊鸱吻、垂兽均已毁失。正脊之上的三个五角星是今人维修校舍时加上去的。檐柱为小八角青石柱，角柱覆莲础，平柱素覆盆础。平柱含柱础高2.96米。柱收杀、柱侧角及柱生起明显。柱头斗栱六铺作三下昂，真假昂混用，正心万栱隐刻，耍头蚂蚱头，补间铺作各一朵。用材宏大，每朵斗栱的立面高度均超过柱高的1/3，故出檐深远，表现出宋金建筑的风格。大殿当心间辟门，设版门两扇，次间则安装破子棂窗。后人又在檐柱之前增设了一排细木柱，柱上阑额、额枋、斗口跳，柱础为双层方礅形，用以支撑深檐，预防塌落，虽然有碍于美观和观瞻，却是不得不采取的必要措施。

殿内无柱。前后六架椽（前一后三，屋檐占两椽），四椽栿对前乳栿，乳栿伸出，承托撩檐桁。四椽栿上设弧形角背，既承托下金桁，又借助蜀柱撑起平梁。平梁上再施合楷、蜀柱、叉手，撑起脊枋和脊槫。此与山西现存宋金悬山顶建筑的结构、手法基本一致。

正殿东角柱上端刻有铭文一条："承安四年（1199年）四月十二日立柱。匠人潘济明。张敏、张格、柴椿、赵显，四人同施石柱四条。"其余三柱上端，只刻张敏等四人的姓名。承安是金章宗年号。大殿的创建时间确切无疑。

二侧殿也是悬山顶建筑，各三间，用小八角沙石柱，柱面有牡丹等花卉浮雕。斗拱三踩单下昂，蚂蚱头。西侧殿供奉高禖，掌管婚姻和生育。东侧殿供奉关帝，其檐柱用素平础，石柱上部都有镌刻，自东向西依次为："大安二年（1210年），同施人赵佐、张格、赵佑。""本村同施人张格、赵佑、赵佐。""本村张、赵施，匠人马本、赵琼。""赵佑、赵佐、张格三人同施。"东岳庙创建过程中贡献最大的就是张、赵两家。大安二年距承安四年已过去11年，当年捐献正殿石柱的张格还在，而赵佑、赵佐可能已是赵显的后人了。

西庑悬山顶五间，用圆木柱，方礅础，斗口跳。西角楼位于西侧殿之前，单檐歇山顶，二层，面阔、进深仅一间，檐柱用圆木柱，柱上斗口跳。楼内收藏明万历二十三年（1595年）铸造的大钟一口。这不是钟楼而是角楼，所谓"晨钟暮鼓"，中国神庙之钟楼都建在庙院的东侧。

正殿前有一平台，台前设石栏杆，台基为须弥座式，高1.88米。须弥座有六方束腰石，东西两方为线刻图，中间四方是浮雕图。东侧束腰石的上角刻写着建造年代和石匠姓名："时泰和岁次戊辰（1208年）已未末月功毕。匠人高平县北赵庄赵琼，同弟赵琚、赵殉。"据此可知，这一须弥座式平台是在正殿竣工之后8年才打造完毕的，也是金代遗物。

董氏豢龙之事早就见诸经典，豢龙之处就在晋南闻喜县的董泽。《左传·昭公二十九年》，晋太史蔡墨对魏献子曰："昔有飂叔安有裔子，曰董父，实甚好龙，能求其嗜欲以饮食之，龙多归之。乃扰蓄龙以服事帝舜，帝赐之姓曰董，氏曰豢龙，封诸鬷川。鬷夷氏其后也。"杜预注曰：“豰水上夷皆董姓。”《闻喜县志·沿革》：“虞为冀州地，有豰川，为董国。”按云：“晋魏锜曰：‘董泽之蒲可胜既（概）乎！’杜注：‘闻喜县东北有董池陂。’是豰川即董泽，舜所封董氏之国也。”光绪《山西通志》记云：“董父庙在闻喜县东仓底村。”细字注云：“亦名董池庙。旧为女像，金天眷中，县令贾葵改正。”贾葵有《董父庙碑》，收在《山右石刻丛编》中。碑云闻喜每年春秋祭祀“有四焉：禹也，稷也，成汤也，董池神也”。董父之祭载在祀典，而且由来已久，但是到后来不知为什么，当地民众重修庙宇时，竟然改董父为老母之像，于是贾葵不得不下令纠正，以为“不可使董父之灵久诬于冥冥之中也”（《山右石刻丛编·卷十九》）。

金代天眷年间，闻喜县令贾葵重修董池神庙、重塑董父神像之事，在当时晋南、晋东南一带影响很大，一度被歪曲的董氏豢龙的故事得以纠正，并且再次流传开来，加之豢龙、御龙之事又为民间雩祭意识之所需，所以很快就成了当时绘画、雕刻题材的一种。豢龙故事刻到须弥座台基上，并不稀奇。

在民间，豢龙以讨好之，令其及时降雨，只是观念的一个方面。倘若龙不听命，甚或为害于民，即可屠杀之，以示严惩，则是其观念的另一面。金代工匠把豢龙和屠龙神话刻在同一须弥座台基上，就是这种观念的形象反映。除屯城东岳庙正殿台基外，陵川县礼义镇崔府君庙金代所修的庙台基上，也能看到内容相似的浮雕作品。

古代传说中，很早就有以屠龙为业者。《庄子·列御寇》云：“朱泙漫学屠龙于支离益，单（殚）千金之家，三年技成而无所用其巧。”这是一则寓言，专门讽刺那些好高骛远，学而不能致用的人。不过，同时反映出龙可能为害一方的认识：“夫龙，神物也，实难制蓄……或触山抉石，发大水以荡城邑；或迅雷奔电，降大雹以伤禾稼。时出而为人害者，盖尝有之。”因此，民间有屠龙斩蛟的神话。

舞楼坐南朝北，距正殿 19.6 米。单檐歇山顶，举折平缓。顶上有龙吻、垂兽、套兽、戗兽，琉璃屋脊。台基高 1.5 米，台前檐立石柱两根，檐角无柱，以砖柱支承。戏台台面大体呈方形，面阔 8.6 米，进深 8.75 米，台内有小抹角石柱四根，柱边距 0.47 米，东西柱距 6.15 米，南北柱距 5.45 米，四柱均有明显收分，形制古朴。其上直承大额枋，下为素覆盆础。

舞楼内部石柱及其柱础的风格，与正殿前檐柱和东偏殿檐柱、柱础的风格相近，更显古朴粗放，可确定为金元遗物。由于梁架结构和瓦顶式样在后来的维修过程中改变较大，称之为金元风貌的舞楼。

五、泽州县南村镇冶底村东岳庙舞楼

冶底村位于泽州县西南。东岳庙坐北朝南，依地势南低北高。山门三间，左右原有偏门各一，现仅存东门。入山门为前院，东西厢房各六间，北有池一座，内有泉。池北为后院台基，高2.7米，左右设15级台阶，入二小门，门上为二层屋。上院正北为正殿，名"天齐殿"，又名"五岳殿"，面阔三间，约11米，单檐歇山顶，前为廊。东西两侧各有朵殿三间，硬山顶，明代样式。正殿前檐及金柱用方形抹角青石柱，余皆为沙石柱，有收分与侧脚、生起。覆盆莲花础。东平柱上端刻"五岳殿王琮施石柱一条，元丰三年二月初三日记"。西平柱上端刻："五岳殿石匠段高施石柱一条，元丰三年二月初三日记。"金柱明间设版门，次间安直棂窗。青石雕花门框，与框联为一体，石狮门枕。门楣下刻有："阳城县石源社郭润、门二施钱贰拾贯，时大定岁次丁未乙巳月癸未日，本州石匠司贵同弟窦小二。"

《创建东岳速报司神祠记》碑称："池之北左右阶而升高丈余。人左右二小门，之间有楼焉，南则俯视于池，悚然而觉其楼之高也；北则仰瞻于祠，恍然而悟其楼之卑也。"这里所记载之"楼"，就是东岳庙的舞楼。

舞楼位于天齐殿对面，坐南朝北。十字歇山顶，单开间，屋顶举折平缓，出檐深远，戏

图6-4-12 泽州县南村镇冶底村东岳庙舞楼

台平面为正方形，宽约 7 米余，台基高 1.03 米。四角立方形抹角砂石柱，素平础，其中东北角柱雕有花、草、童子等图案，其余三根皆素面砂石，质地有异，似非同时之物。阑额粗大，下垫由额，唯南面无由额系原有山墙承重之故，斗栱五铺作双假昂，柱头各一，补间各三。转角铺作耍头昂形，补间铺作用蚂蚱头。内部架梁为抹角叠木八卦形木构架藻井，通楼不用一钉，结构别致精巧。

图6-4-13　泽州县南村镇冶底村东岳庙舞楼梁架

关于舞楼的创建年代，没有明确记载，最早的碑刻记载为明永乐二年的碑记，最早的维修记录是明万历二十六年及明万历四十三年。舞台东北柱上端有石刻纪年的痕迹，现已风化。从已剥落的文字中看到"正隆贰"三字，应该是金海陵王正隆二年，即 1157 年。从外形看，其的确有金元之风，与正殿为同时代之物，确定为金代戏台。

第七章

佛教建筑

第一节 山西佛教的发展

一、宋代佛教状况

北宋以佛教悬系民心。宋太宗又秉承太祖旨意，广建寺院，大兴佛法，佛教在宋代迅速发展起来。到真宗时期，京城及各地戒坛达72处，寺庙近4万所，僧尼45万余人。到北宋末，宋徽宗崇道抑佛，佛教发展受到影响。在宋代弘扬佛教的大环境下，河东地区的佛教也有很大的发展。

首先，是太原地区。五代时期，太原地区建立了北汉政权，周世宗灭佛对太原地区并没有什么影响，宋灭北汉以后，焚毁太原城，使千年古城荡然无存，许多著名的寺院与古城同遭劫难，佛教的发展也因此受到了影响。但北宋时期太原这一要害之地又无法摆脱佛教的影响。随着太原城的重建，太原地区的佛教也逐渐得到了恢复。宋太宗灭北汉之初，即以行宫改建佛寺，赐号"平晋"，亦名"回銮"。以后历代还修复了一些被毁坏的寺庙和佛塔，并重建了一些新的寺庙和佛塔，从而使太原地区的佛教呈现出恢复和发展的势头。

其次，是五台山地区。五台山作为文殊菩萨的道场，历来受到统治者的重视。北宋建立以后，着力扶持五台山佛教的发展，从太宗至仁宗，"三代圣主，眷想灵峰，流光五顶，天书玉札，凡三百八十轴。恢隆佛化，照耀林薮，清凉之兴，于时为盛"（《清凉山志》）。五台山佛教的兴盛，还表现在佛教文化的传播与交流上，信众崇信文殊菩萨，纷纷来五台山朝拜。

到宋哲宗时，笃信佛教的张商英迁任河东道刑狱使，三上五台山，推出关于文殊菩萨的灵应瑞相，并作《续清凉传》，称五台山为天下灵山，从此五台山香火更盛。

再次，是上党地区，即今山西东南部。在宋以前，这里的佛教一直兴盛不衰。入宋以后，崇信和支持佛教，促进了这一地区佛教的发展。

山西南部地区，即宋时的绛州、解州、蒲州等地区，佛教在唐代已很兴盛，到宋代又有继续发展之势。尤其是蒲州中条山"佛宫之盛者，曰栖岩、曰万固、曰灵峰、曰延祚、曰柏梯。俱占中条之胜，而属蒲坂之界。自隋唐以来，世有高僧继处于其间，故远近信向经营塔庙，崇基隆构，壮丽奇伟，雄冠于一方"。宋代在此基础上进行了葺残补新。

解州佛教之盛也不逊色于蒲州，如境内兴化寺曾举办大型斋会，"环千里之内外衣冠士女，云集辐辏。其盛遂与栖岩、万固之类相埒，而为解地之盛游"。

二、辽代佛教的状况

契丹人对佛教信仰深，并且源远流长。天复二年（公元 902 年），辽太祖始置龙化州（今内蒙古自治区翁牛特旗以西）时，已创建了开化寺。至公元 9 世纪末，契丹人已开始信佛。《辽史·太祖纪》载，"诏左仆射韩知古建碑龙化州大广寺以纪功德"，此时的龙化州，寺院已不只一处。神册三年（918 年），春正月，"命攻云州及西南诸部……五月乙亥，诏建孔子庙、佛寺、道观"。太祖于天显二年（927 年）攻陷信奉佛教的女真族渤海部，"以所获僧崇文等五十人归西楼（今内蒙古自治区林东），建天雄寺以居之，以示天助雄武"。皇室经常前往礼佛并举行各种佛事，佛教信仰已在宫廷贵族间流行。会同元年（938 年），契丹人取得了原本佛教就十分盛行的燕云十六州，更促进了辽代佛教的发展。圣宗、兴宗、道宗三朝时臻于极盛。

辽皇帝曾亲自研究佛经并支持佛教发展，在辽圣宗、兴宗、道宗三朝，佛教在辽管辖统治地区兴盛 100 多年。

辽代皇室支持寺庙兴建和寺院经济的发展。圣宗之女秦越大长公主舍南京私宅(辽南京即今北京西南地段)，建大昊天寺，同时赐田百顷，民户百家。兰陵郡人肖氏舍给中京大定府静安寺土地 3000 顷。现存著名辽代寺院建筑中与皇室有关的有蓟县独乐寺、大同华严寺、应县佛宫寺、庆州白塔寺等。当时的一些权贵、富豪也效仿皇室，支持佛教的发展。辽代统治时间虽短，领域不过华北、东北地区，但兴建佛寺数量却相当可观。

三、金朝佛教的状况

金在占据中原以前，已经有佛教信仰。在征服辽、宋之后，金朝施行"以儒治国，以佛治心"的统治策略，皇室出资兴建佛寺。例如金太宗天会年间，海慧大师在燕京（中都）建寺。此寺于熙宗时命名为大延圣寺，世宗时改名为大圣安寺。世宗在中都为玄冥禅师建大庆寿寺，并赐沃田 20 顷，钱二万贯，重建昊天寺，赐田百顷。修建中都郊外之香山寺，并改名为永安寺，赐田 2000 顷，钱二万贯。同时世宗还在东京建清安禅寺。后来其母贞懿太后出家为尼，又于清安禅寺别建尼院，由内府出资三十万贯，并施田 200 顷，钱百万贯。但金代禁止民间建寺。

金朝度僧制度较严格，僧人需经课试，才准进入佛门，并于五台山等佛教圣地别置僧官，管理寺庙。

第二节　山西佛寺的兴建

　　宋辽金时期与佛教兴盛相关的是佛教建筑的发展。宋代河东路辖14州，除岚州、宪州等为军事防御设置外，其余均有佛寺的分布，依今之行政区划，其分布如下：晋东南地区（隆德府、泽州）88处，以五台山为中心的忻州地区（代州、忻州）65处，运城地区（绛州、蒲州）56处，晋中（汾州）、阳泉（辽州）地区58处，临汾地区（平阳府、隰州）38处，太原地区（包括清徐、阳曲）25处，吕梁地区（石州）29处。总计359处。众多佛寺的兴建，除佛教自身的发展外，也与皇帝大力提倡支持有关。

　　宋太宗平定北汉之初，即于太原平晋寺召见五台山鹿泉寺沙门睿谏，询问五台山佛寺兴建情况，"遣中使诣五台山焚香虔祝，特加修建"，并下诏曰："五台深林大谷，禅侣幽栖，尽蠲税赋。"这为五台山佛寺修建提供了经济基础。到太平兴国五年（980年）正月，又"诏修五台十寺，以沙门芳润为十寺僧正"。十寺即真容、华严、寿宁、兴国、竹林、金阁、法华、秘密、灵境、大贤寺。同年四月，宋太宗为加强对五台山大规模修建寺庙的管理，"敕使臣蔡廷玉、内臣杨守遵等诣五台山菩萨院，与僧正净业，同计度修造事及同部辖工匠等，并敕河东、河北两路转运给五台山菩萨修造费用"。

　　宋朝皇帝除派官员监造佛寺及从经济上资助修建佛寺外，更多的是以赐额的形式，对修建佛寺予以名义上的支持。当时河东佛寺得到皇帝赐额的很多，这对佛寺的建造有着极大的鼓舞和推动作用。如宋太宗太平兴国三年（978年）赐天下无名寺额时，佛寺兴建达到高潮，上党地区被赐额的有长治市荐福寺（今崇建寺），上党区李坊村洪福寺、内王村宝云寺，平顺县禅东里荐会寺，沁县万安山灵泉寺，黎城县庆安寺、法曾寺，潞城区东禅村万福寺，高平市大成街崇果寺，陵川县崇安寺等。《法兴寺新修佛殿记》碑载："建隆初，僧凝诲缔构复完，天圣中，释法信与麻衣从深壁基，敞三门于其前，为殿三楹，周以腰廊。"现存法兴寺圆觉殿就是这时修建的。又如平顺龙门寺自宋太祖赐额后，兴建达到鼎盛。

在宋代崇佛的大环境下，民间修建佛寺的积极性很高。如解州静林山妙觉寺，太平兴国二年（977 年）易名"兴化寺"。

宋庆历四至五年，僧普真主持，乡人出力增修，"崇起殿阁，创修砖塔，广一寺之基，日修月葺，讲论有堂，燕息有室"，并奏准以"十方"为名。又如建隆元年（960 年），黎城、潞城两县（区）人"起盖观音堂一座，并石像三士及门楼、屋宇、行廊五十余间，装修完美"，朝廷颁赐《大藏经》，又修转轮藏殿，起盖碑楼，于时"王臣崇敬，士庶皈依"。

当时僧人也重视佛寺的修建。建隆元年（960 年），黎城、潞城两县（区）人所修的寺院，到熙宁八年（1075 年），寺僧思吴、德果等修葺殿堂、寮舍数楹，增塑圣像。绍圣三年（1096 年），建大雄宝殿。继有法静、广伦、惠堂相继住持龙门寺，研习金刚、华严等佛教经典，并修建殿阁，直至元代仍庙貌焕然。

佛寺是佛教传播的重要场所，宋辽金佛寺保留至今的并不多，仅存遗构 29 处，这些散布于民间的佛寺，建筑技法纯熟，巧思独运，反映出宋辽金时期山西佛寺建筑的发展水平。

第三节　寺院建筑布局

1. 以塔为主体的寺院

自汉代佛教传入中国后开始出现的这种以塔为中心的寺院布局一直流传到公元 10 世纪以后的一些宋辽时代的寺院，例如辽清宁二年（1056 年）的山西应县佛宫寺，便是以释迦塔为主体的寺院，塔后建有佛殿。建于辽重熙十八年（1049 年）的内蒙古庆州白塔（释迦佛舍利塔），现仅存一塔，当年也是一座寺院，塔后有佛殿。

2. 以高阁为主体的寺院

高阁在前，佛殿、法堂在后。这类寺院在敦煌从中唐至五代的壁画中均可看到，说明唐代已经流行，现存佛光寺大殿的前身即为高阁。在这一时期，可以蓟县独乐寺为代表。辽代佛寺中这种前高阁后佛殿的寺院，以供奉观音高大立像的楼阁为中心，与辽代皇室尊"白衣观音"为家神的信仰有密切关系。

3. 前佛殿、后高阁的寺院

将高阁放在殿后的布局在敦煌盛唐、晚唐的壁画中有过多幅，见于宋代寺院的例子，如河北正定隆兴寺。寺院中轴线上的建筑有山门，大觉六师殿、摩尼殿、大悲阁及阁前的转轮藏殿和慈氏阁，阁后殿宇。该寺始建于隋，北宋初重建寺内主要建筑大悲阁（现已非原物），并于其北建九间讲堂。现存寺内主要佛殿为摩尼殿，建于宋皇祐四年（1052 年），慈氏阁、转轮藏也皆为宋代建筑。

4. 以佛殿为主体，殿前左右置双阁的寺院

现存佛寺中这类寺院可以山西大同善化寺为代表。善化寺中轴线

的建筑有山门、三圣殿、大雄宝殿。大雄宝殿前有文殊阁、普贤阁及周围回廊。该寺始建于唐开元年间，但寺内现存建筑皆为辽、金遗物；其中大雄宝殿建于辽，其余如山门、三圣殿和普贤阁皆系金代重建。文殊阁及回廊现已无存，早期的寺院布局没有改变。

始建于辽的山西大同华严寺也曾采用过这类布局。据金大定二年（1162年）《重修薄伽教藏记》载，华严寺在金天眷三年（1140年）"仍其旧址而时建九间、五间之殿；又构慈氏、观音降魔之阁，及会经、钟楼、三门、朵殿"。另据《大同县志》卷五称华严寺"旧有南北阁"的记载，均可证明华严寺曾采用"二阁夹一殿"的形式。

5. 七堂伽蓝式寺院

该寺院属禅宗寺院格局。禅宗祖师达摩"来梁隐居魏地，六祖相继至大寂之世，凡二百五十余年，未有禅居"，而是"多居律寺，然于说法、住持未合规度"。至唐德宗、宪宗时期，百丈大智禅师"创意，别立禅居"，并规定禅刹制度。

据《安斋随笔》后编十四载，禅宗佛寺有七堂，即为山门、佛殿、法堂、僧房、厨房、浴室、西净（便所）。日僧无著道忠（1653—1744年）所著《禅林象器笺》中"伽蓝"条有"七堂伽蓝"之称，并附图解。南宋时期，以五山十刹为代表的禅宗寺院即属七堂伽蓝类型。

第四节　山西佛教建筑

一、五台山佛教建筑

（一）概况

山西成为全国最早的佛教圣地，同五台山有着极为密切的关系。东汉永平十一年（68年），明帝"永平求法"。据说印度高僧迦叶摩腾、竺法兰东来弘法，云游五台山时，看见山势雄伟，酷似释迦牟尼修行的天竺灵鹫山，于是劝说汉明帝刘庄兴建了大孚灵鹫寺（后改名显通寺），与洛阳白马寺同年建成。虽属传说，但大孚灵鹫寺乃全国最古老的佛寺之一却是事实。

五台山之所以成为全国四大佛教名山之首，除了得天独厚的地利外，历代帝王崇拜佛陀也是主要原因。东汉在五台山始建大孚灵鹫寺，到北魏孝文帝在五台山的五个台顶各建一寺。孝文帝不但设斋度僧，而且自称"佛弟子"。隋文帝也曾"诏五顶胥建寺，塑文殊像，岁度僧三人"。唐代除武宗一度灭佛外，诸帝无不扶持五台山佛教。隋唐两代五台山佛教进入极盛时期，唐寺庙增至360多所，僧尼逾万。贞观、乾元两朝就在五台山建寺庙10座。宋太宗攻克太原之后，就依当地风俗破例改太原行宫为平晋寺。太宗、真宗、仁宗三朝皇帝，留在五台山的"天书玉札"就有380轴。五台山的活动，也直接加深辽王朝对佛教的信仰。崇拜五台山，信仰佛教，日渐盛行。从辽圣宗开始，五台山建寺庙，时称辽五台。后在距大同几十千米的怀仁县创建佛寺。另外，西京城内所建的几处华严寺庙，都与五台山佛教活动的影响有关。

据 20 世纪 60 年代调查，五台山尚有青庙 99 处，黄庙 25 处。其中许多是宋、金、元之际创建、扩建。五台山华严寺始建于大中祥符九年（1016 年），七佛寺创建于元丰之际；寿宁寺系景德初改建易名（初名王子焚身寺）；延庆寺为景祐二年（1035 年）重建增修。金元统治者"奉佛尤谨"，以华严宗为重。金天会十五年（1137 年）增建佛光寺，还重修了延庆寺；正隆三年（1158 年）创建岩山寺；泰和二年（1202 年）创修普宁寺。岩山寺当时地处沙漠区域边沿，每年四月初八纪念佛诞，信徒们纷纷越长城，跨北岳，远道朝台，成为香客进五台山的第一站。

五台山不愧为全国佛教第一名山，直到现在，还保存各种大小佛像 4004 尊，塔 39 座，历代碑刻 244 通，牌匾 39 块，经卷 925 套以及北宋淳化金印等一大批珍贵文物。

（二）山西五台山佛光寺文殊殿

佛光寺位于山西省五台县豆村镇东北 7 千米的山腰上，坐东向西。现存唐建佛光寺大殿，金建文殊殿是大殿的配殿，位于北侧。文殊殿以其独特的结构与古朴风格在中国古代建筑史上具有一定的地位。

文殊殿是一座金代遗构，建于天会十五年（1137 年），位于一进院北厢，坐北朝南，单檐悬山顶，面阔七间，进深八架椽。正面见八柱，山面用五柱。

1.平面：通面阔为 3140 厘米，通进深为 1772 厘米。明间宽 476 厘米，次间宽 466 厘米，梢间宽 438 厘米，尽间宽 428 厘米。

两山墙墙壁下部是片石垒砌，上部用土坯垒砌。前檐尽间有墙，用砖包砌墙边。后檐次间、梢间、尽间都是砖包砌墙边。前后墙主体均为土坯墙。

2.柱网：殿身内为双槽布局，为了增大殿内使用空间，采用了典型的减柱造手法，殿内前金柱槽，只在次间设柱，后金柱槽只在明间设柱，前后檐用八柱。由于前后台明高低差，造成前后檐柱高矮不一。明间前檐柱高 465 厘米，后檐柱高 350.5 厘米，柱础高 19 厘米，前后檐柱身高度相差 95 ~ 98 厘米。檐柱下径为 54 厘米，柱头卷刹高 6 厘米，深 3 厘米。

前后檐柱后侧脚为 5 厘米，两山角柱侧脚约 8 厘米。两山中柱为

图7-4-1-1 佛光寺文殊殿

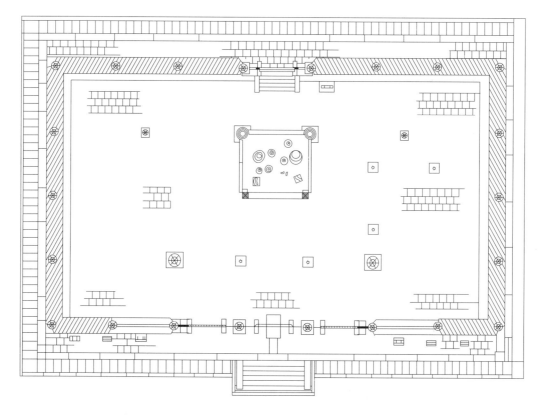

图7-4-1-2 文殊殿平面图

通柱，高 104 厘米，前后山柱高 596 厘米。

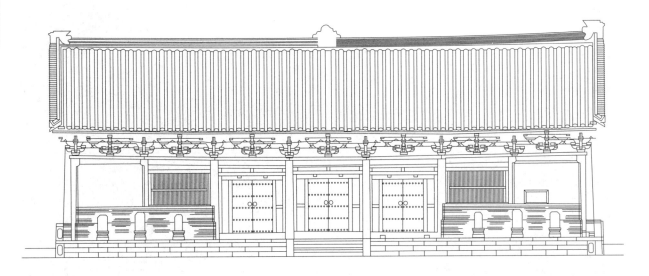

图7-4-1-3　文殊殿正立面图

前槽金柱高 723 厘米，东金柱直径为 76 厘米，西金柱直径为 71 厘米，柱下有带莲瓣覆盆的柱础石。后槽金柱高 715 厘米，直径为 70 厘米，东后金柱的柱础石高 30 厘米，西后金柱的柱础石为 43 厘米。

3. 梁架：殿内每缝为抬梁式结构，为四椽栿对前后乳栿。即前后金柱槽上均用四椽栿，跨度为 880 厘米，截面尺寸为 50 厘米 × 43 厘米。栿头明间、次间缝均一端置金柱头，另一端置大额上，梢间缝两头都置于大额上，大额下有蜀柱、替木、合楷等把重力传于由额。四椽栿上用驼峰、大斗、襻间枋，承托平梁，梁上置蜀柱、合档、叉手、襻间枋、檩。而没用丁华抹颏栱与托脚。

平梁头下的驼峰均为"梯形驼峰"，蜀柱为小八角形，这些都是宋金时期建筑的特点。蜀柱根部为三卷瓣式，大小类似驼峰。

山柱缝梁架：因中柱是直抵脊檩的通柱，所以平梁部位变成前后剳牵形式，前端有大斗、驼峰承托，后端开榫插入中柱，下施雀替。四椽栿部位变成前后乳栿，下施替木。前后角柱与山柱上也施乳栿剳牵。

梁架纵向独特之处是使用了粗硕的由额与"梯形柁架"，前槽由额共用三根，中间一根跨明间、东西次间，中距达 1408 厘米，净跨度为 1334 厘米，截面尺寸（68 ~ 78 厘米）× 57 厘米。由额头下施 610 厘米的大雀替，两旁的由额跨梢间、尽间，净跨度为 797 厘米，截面尺寸为 65 厘米 × 46 厘米。

图7-4-1-4　文殊殿平梁、蜀柱、合楷、叉手等

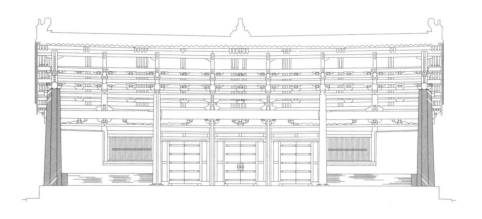

图7-4-1-5　文殊殿前视纵断面

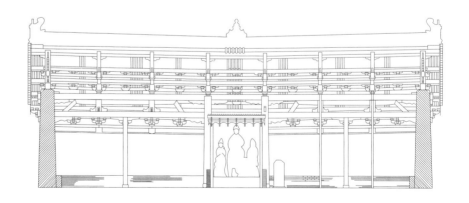

图7-4-1-6　文殊殿后视纵断面

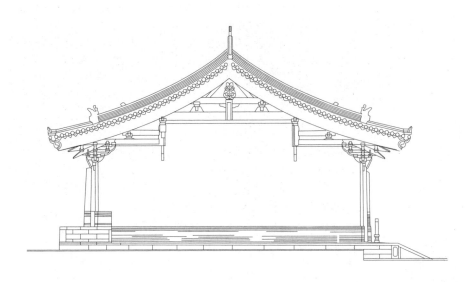

图7-4-1-7 文殊殿侧立面图

　　后槽由额也用了三根，明间由额长仅一间宽。两旁由额跨次间、梢间、尽间，三间净跨度为1262厘米，截面尺寸为46×41厘米。由额上又置阑额、雀替。阑额尺寸（31～36厘米）×46厘米。阑额与由额之间施（835～1070厘米）×18.2厘米×35.2厘米的"梯形柁架"。柁架内在相应的梁缝位置施小八角蜀柱，使四椽栿的大部分重力由阑额、柁架经蜀柱传至由额；另一部分经柁架的斜撑传到由额两端部位，再传到雀替、金柱上。

　　梁架总举高以东次间为例是412厘米，前后檐槫相距1906厘米，它们的比为1∶4.63，低于辽金建筑的经验常数1∶4和1∶3。

图7-4-1-8 文殊殿明间横断面图

4.斗栱：斗栱铺作总高136厘米，材宽150厘米，材高22.5厘米，栔高10.5厘米。铺作高与柱高比例为29.8％，符合金代的特征。

①前后檐柱头斗栱：五铺作单抄单下昂，一跳华栱头置异形栱，二跳昂近似批竹昂，上置联体通令栱，剔出令栱的卷刹轮廓。再上置散斗、通替木，耍头斜出为昂，衬枋头从齐心斗出，做成麻叶头状。上承撩檐槫。里转六铺作，出三抄，一跳偷心，二跳出枋子二层，下层刻出令栱。三跳偷心，上有散斗承托乳栿。顺槽置泥道栱，其上再置三层柱头枋，泥道慢栱隐刻在柱头枋上，上面两层枋上还隐刻异形栱，栱头并置散斗。

②前檐明间、次间补间斗栱：五铺作出双抄单栱造。从栌斗角出斜栱二跳，从正一跳交互斗角出斜栱一跳，此跳斜栱后尾交于柱斗枋，里转不出头。斜栱头抹斜，其上分别置菱形交互斗与菱形散斗，耍头正中与两侧位置的为蚂蚱头形。一跳栱头置长异形栱，用以联结稳固正、斜华栱。里转为五铺作出双抄，一二跳均出斜栱，一跳偷心，二跳置枋两层，枋上刻令栱。

③前檐梢间、尽间、后檐明间补间斗栱：五铺作出双抄，栌斗角出斜栱二跳；一跳偷心，二跳置联体令栱、散斗、通替等。

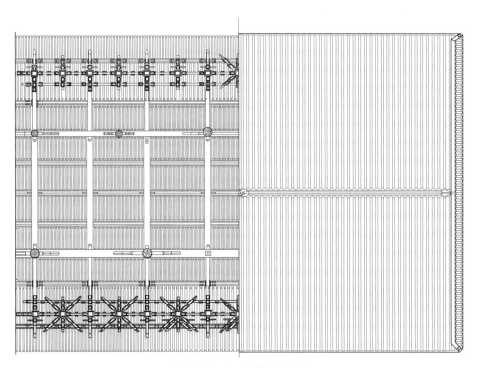

图7-4-1-9　文殊殿俯视图

④后檐次间、梢间、尽间、补间斗栱：五铺作出双抄，一跳置异形栱，二跳置令栱，上有散斗、通雀替等。里转五铺作出双抄，一跳偷心，二跳置令栱、散斗、通雀替、耍头。

5. 门窗：门为双扇版门，门与额枋、立颊等背面均为锛子砍平，这一手法属早期特征。前檐在明间、东西次间共开三门。明门门颊相距250厘米，版门尺寸129厘米×5.5厘米×330厘米。门下有地栿、木门枕；门上有门额、障日板、门簪两枚、鸡栖木；门旁置抱框、腰串、余塞板。每扇门由4～6块木板拼成。门背有五道门楅，正面相应钉五路门钉，每路安钉八枚。钉帽直径5厘米，门钉距19.5厘米。门安铺首。次间版门与明间大致相同。后檐只明间开一门。

窗为直棂式，开于两梢间，由抱框、上槛、风槛、棂条、棂串组成。棂条23根，尺寸为187厘米×9.5厘米×5.7厘米，窗宽随间广。裙墙高102厘米，窗台高210厘米。

6. 椽、槫与屋顶：檐部只用檐椽，檐出为203.5厘米。超出下檐出（即台明沿）40.5厘米。檐椽头部砍削成方形，檐椽径与脊椽径均为15厘米，上下花架椽径为8～12厘米，用椽粗细不一。前檐椽空挡坐中，后檐椽头坐中，这与常规布椽正好相反。脊槫径32厘米，其他各槫径为26.5～31.6厘米。

屋顶瓦为仰合瓦结构，俗称阴阳瓦。屋顶不用筒瓦，全部用板瓦。该屋顶合瓦81垄，仰瓦82垄，前后坡均合瓦坐中。板瓦尺寸为31厘米×49.7厘米，与宋《营造法式》中最大尺寸"殿阁厅堂五间以上用仰瓦长一尺六寸（合今50.7厘米），广一尺（合今31.7厘米）"。相差仅

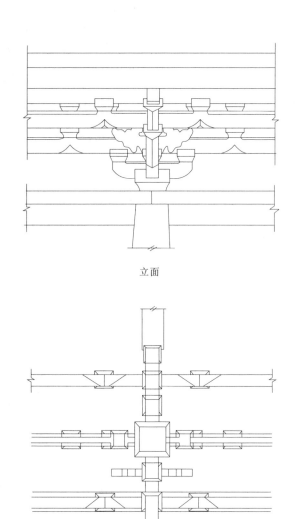

立面

仰视

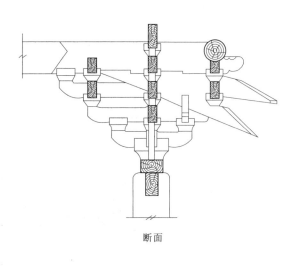

断面

图7-4-1-10 文殊殿前檐柱头铺作图

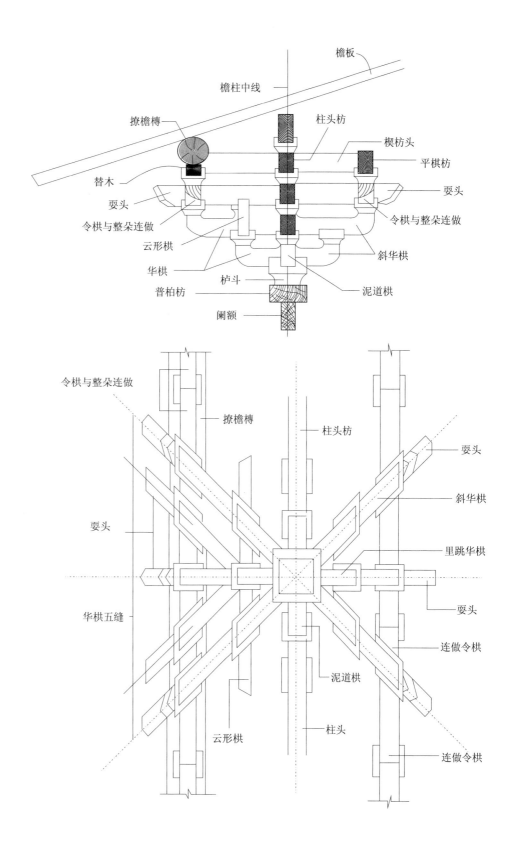

图7-4-1-11　文殊殿前檐明间和次间补间铺作图

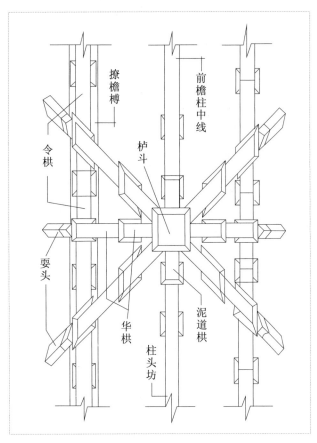

图7-4-1-12　文殊殿前檐梢间和后檐明间铺作图

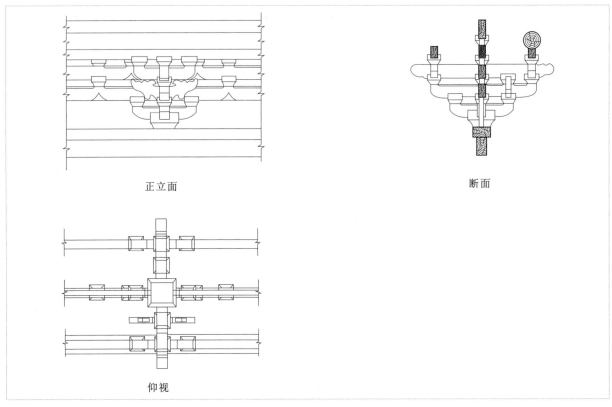

正立面

断面

仰视

图7-4-1-13　文殊殿后檐补间铺作大样图

在 1 厘米以内。屋顶用瓦是符合宋代制度的。垄沟相距 13 厘米。

排山勾滴，滴水长 31 厘米，宽 15 厘米。勾头长 29 厘米，直径 13 厘米。悬鱼尺寸不大，是后人更换的，但透雕的整个花纹图案还是因袭了宋金时代的式样。惹草很小，为 29 厘米 × 30 厘米，造型也特殊，为倒置的石榴形，上雕鱼形图案。山檐出际为 144.5 厘米。

二、大同华严寺

（一）大同华严寺沿革

华严寺的初建年代，见于康熙十二年碑《重修大同府上华严寺大殿暨添造禅堂廊庑记》，"肇自拓跋氏（即北魏）无疑"。依《辽史·地理志·西京道》载："元魏宫垣占城之北面，双阙尚在。"近年田野考古调查得知，现华严寺的位置当在北魏平城宫城南，郭城内偏西南处，即《水经注》所记的如浑西水流经地。《水经注》在记如浑西水时就曾提到这一带有皇舅寺与永宁寺。据《魏书·释老志》记，自文成帝兴光年间至孝文帝太和中，"京城内寺新旧且百所，僧尼二千余人，四方诸寺六千四百七十八，僧尼七万七千二百五十八人"，京城内已是佛寺林立。北魏晚期六镇之乱以后，至东魏、北齐以至于隋代，平城经济、文化凋敝，社会动荡。随着突厥的进犯，烽烟又起，往昔的建筑大部摧毁，成为"荒郊处处生荆棘"的荒凉之地。唐代重视修建佛寺，收拾北魏之残存遗址，在贞观、开元时重新修复华严寺。

有关华严寺最早的有确切纪年的史料，是华严寺薄伽教藏殿内槽当心间左右两侧四椽栿底的题字："推诚竭节功臣、大同军节度、云、弘、德等州观察处置等使。荣禄大夫、检讨太尉，同政事门下平章事、使持节云州诸军事、行云州刺史、上柱国，弘农郡开国公，食邑肆仟户、食实封肆百户杨又玄"，"维重熙七年岁次戊寅玖月甲午朔十五日戊申时建"。薄伽教藏殿当时是华严寺现存最早的建筑。

华严寺现存金、元、明、清、民国历代碑幢志石共记 21 通，由此可粗略看出该寺自辽以来的兴衰沿革。

华严寺，亦名"大华严寺"。现分为上寺和下寺。据梁思成先生考查，上寺主殿大雄宝殿为金代建筑，下寺正殿薄伽教藏殿为辽代遗构，另有海会殿为辽代建筑遗址一处。如上所言，原建于华严寺的北魏寺庙，入唐以后，必已残破不堪，故"唐贞观时重修"，但此时的唐建华严寺，其建制与规模不及初唐所建的善化寺（唐代称开元寺）。辽重熙七年（1038年）建成今华严寺薄伽教藏殿，整个佛寺并未形成规模。《辽史·地理志》称，"清宁八年（1062年）建华严寺。奉安诸帝石像、铜像"，实为增建、扩建。显然有诸多大型建筑，包括九间之殿、七间之殿及薄伽教藏殿与海会殿等五间之殿。辽代的华严寺，建筑鳞次栉比，规模宏大，薄伽教藏殿庋藏有宏幅巨帙《契丹藏》，加之又有诸帝后石像、铜像，这里既是一处参禅礼拜和储存经藏的佛教道场，还兼有皇室祖庙的性质，而收藏辽代以国家力量刨刻的佛教经典又是其一项主要功能。金大定二年（1162年）《大金国西京大华严寺重修薄伽藏教记》（以下简称《金碑》）载："至天眷三年（1140年）闰六月间，则有众中之尊者，因游历于遗址之间，更相谓曰："曩者，我守司徒大师，秀出群伦，兴弘三宝。爰出官财，建此梵宇，壮丽严饰，稀世所有。"据此分析清宁八年建华严寺，是由官方出资的，而具体负责此项工程的则是僧人守司徒大师。

辽天祚帝保大元年（1121年）。金人大举进攻辽境，"郡县所失几半"，次年春西京大同失守。《金碑》载："天兵一鼓，都城四陷，殿阁楼观，俄而灰之。唯斋堂、厨库、宝塔、经藏、泊守司徒大师影堂存焉。"

（二）华严寺的建设

华严寺坐落在辽西京故城的西部偏北。清《大同县志》载："大华严寺，在府治南少西，东向，台崇数十尺，上构大殿，高亦如之。俗谓上寺，其地旧名舍利坊。"所以称舍利坊，是因为辽以前曾在这里建过佛寺，葬过僧人，以僧之坟塔而命名。据史料记载，北魏时京城内寺新旧百所，这里创寺于北魏也是可信的。当时有名的"五级大寺"可能就在这里，而舍利坊之名应早在北魏时即有。

辽建华严寺坐西面东，源于契丹族的习俗。《辽史·百官志》载："辽俗东向而尚左，御帐东向。"欧阳修《新五代史·契丹传》云："契丹好鬼而贵日，每月朔旦，东向而拜日。其大会聚，视国事，皆以东向为尊，四楼门屋皆东向。"此外，这一习俗也符合佛教的崇尚。《大

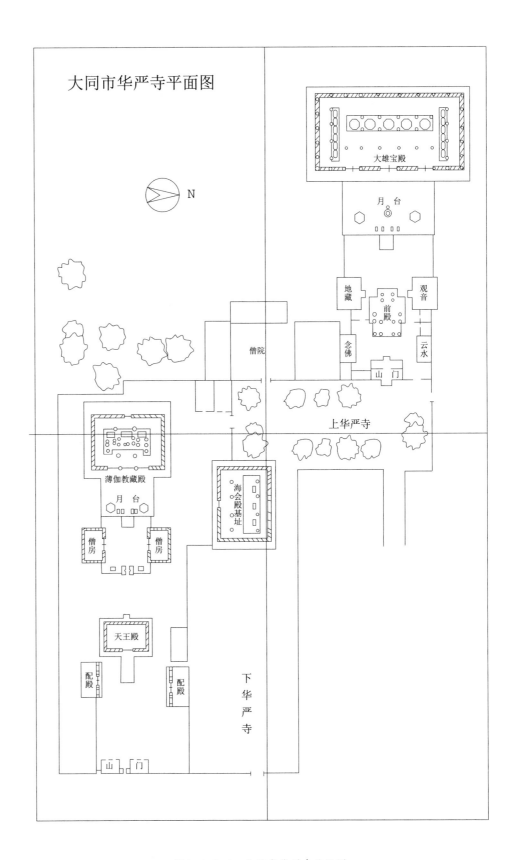

大同市华严寺平面图

N

大雄宝殿

月台

地藏 前殿 观音

僧院 念佛 云水

山门

上华严寺

薄伽教藏殿

月台

僧房 僧房

海会殿基址

天王殿

配殿 配殿

下华严寺

山门

图7-4-2-1　大同市华严寺平面图

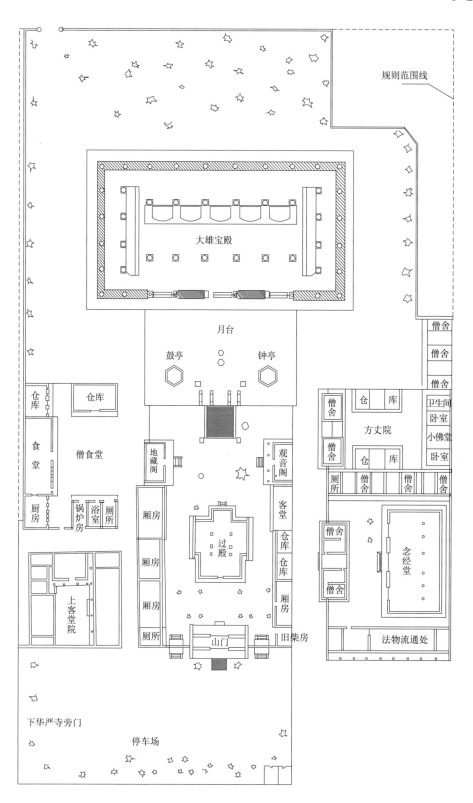

北

规则范围线

大雄宝殿

月台

僧舍
僧舍
僧舍

鼓亭　钟亭

仓库　仓库
仓库

仓库
僧舍
方丈院
卫生间
卧室
小佛堂
卧室

食堂

僧食堂

地藏阁
观音阁
客堂
仓库
仓库
厢房

厨房
锅炉房
浴室
厕所
厕所
僧舍　僧舍　僧舍

厢房

过殿
僧舍

念经堂

上客堂院

厢房

厢房

僧舍

厕所
山门
旧柴房

法物流通处

下华严寺旁门

停车场

图7-4-2-2　华严寺规划总平面图

266 ｜ 山西古建筑营造史·宋辽金卷

唐西域记》载："三主之俗东方为上，其居室则东辟其户，旦日则东向以拜。"

华严寺作为皇家佛教寺院，兼有祖庙性质，规格高，规模宏大。寺内金大定二年（1162年）《大金国西金大华严寺重修薄伽教藏碑记》载有负责华严寺建设的守司徒大师（法名不详）是辽道宗时的高僧，曾为帝师。其弟子及金代住寺佛教大师颂其"秀出群伦，与弘三宝"，"人天仰止"。其建筑"壮丽严饰，稀世所有"。

辽建华严寺西至城垣，东至下寺坡街，北至大西街，南至鼓楼西街。当时西京维持北魏时城内格局，以鼓楼为中心，鼓楼东西街是最繁华的地段。现今圆通寺的地方，是华严寺的一部分。华严寺面积十余万平方米，以大雄宝殿东西为主线，由下寺坡街向西延伸直至城垣，布置三门、过殿、大雄宝殿、法堂及其他建筑。其中线南有薄伽教藏殿、海会殿、佛塔、影堂。主线以北建有宗庙大殿及相关建筑。

现今保存的薄伽教藏殿可以说明当时的华严寺是一处佛教巨刹。五间大殿坐落在3米高的台基上，宽25.65米，深20.5米，面横515.5平方米，为歇山顶，正脊两端琉璃吻高3米。屋顶平缓，出檐深远，四角伸张，十分壮观。

殿内中央设佛台，高70厘米，平面呈凹字形。四壁筑重楼式壁藏三十八间，上下两层，下层设经柜，上层为佛龛。后壁当心间窗上架一栱式天宫楼阁。佛坛上有泥塑佛像31尊。中央端坐三尊大佛，以此为中心，组成三组说法的场面。

据寺内金代碑记所载，辽亡十多年后的金天眷三年（1140年），寺僧通悟大师慈济等主持进行了华严寺的第一次大规模修缮。在华严寺毁坏的基础上，耗资千余万，"乃仍其旧址而特建九间、七间之殿，又构成慈氏、观音、降魔之阁及会经、钟楼、三门、垛殿"，恢复了华严寺的繁荣景象。金代在辽旧址上重建的九间之殿，就是大雄宝殿，此殿面宽九间53.75米，进深五间29米，为中国现存最大的木构佛殿，矗立在辽代遗存4米高的台基上，超出同寺薄伽教藏殿（3.2米）。殿前月台宽绰严整，四边置栏，辽大康二年（1076年）的经幢仍立中央。大殿梁架结构同样采用减柱以扩大空间的方法。屋顶为灰布瓦单檐，檐高9.5米，出檐3.6米，正脊高1.5米，4.5米高的黄色琉璃鸱吻分坐两端。整体建筑反映出金代大修后华严寺的面貌，气势恢宏。

城内另一处较大的唐代"开元寺"，五代后晋时改称"大普恩寺"，明英宗正统十年（1445年）又改为"善化寺"。与此情况不同的大同华严寺，历经近千年，朝代更替，风雨沧桑，不仅保存下来，而且寺名始终未变。

（三）华严寺大雄宝殿

1. 平面

（1）台基。台基高度为4米，台面南北阔61.4米，东西深34.33米。台基全部由青砖垒砌。

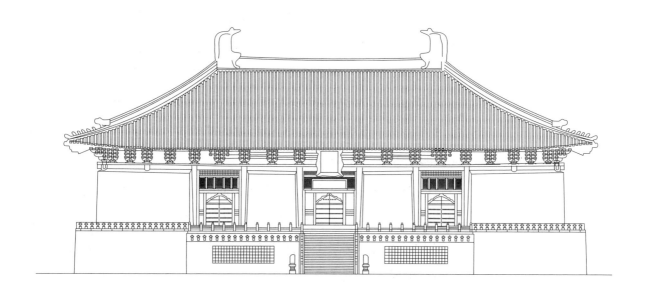

图7-4-2-3　华严寺大雄宝殿正面图

（2）月台。台基前面低20厘米左右是宽阔的月台，南北阔33.3米，东西深18.9米，与台衔接处伸进阶条石内，总体平面如"凸"字形：月台地面使用38厘米×19厘米、32厘米×16厘米两种条砖铺墁。月台前面有垂带踏跺，为石阶22级。每级宽32厘米，厚21厘米。此月台是现存辽、金建筑中台基最高最大的一座。

（3）平面。大殿面阔九间，进深五间，面阔与进深约为5：2.56，近2：1。总面积1443.53平方米，为国内现存已知的辽、金时期最大的佛殿。各间面阔分别为：当心间6.98米，左右次间各6.65米，左右梢间各 5.9 米，左右末间各 5.65 米，左右尽间各 5.15 米。其中以当心间最阔，其余依次减小。这和宋《营造法式》规定的"若逐间皆用双铺作，则每间之广，丈尺皆同"有所不同，正面的当心间和左右梢间各开门，门上设窗。

2. 柱、阑额、普柏枋

（1）柱列。此殿是"金箱斗底槽"的一种变体，与河北曲杨元代建造的北岳庙德宁殿相同。此殿柱子的配列根据用途和结构的需要而有所变化。两山檐柱间距等于两架椽之长。殿内各柱除了两尽间四根金柱仍相隔二架椽成五间六柱，中央七间为扩大前部空间，七间六缝中每缝只有前后金柱两根，位置不与山柱对照，而恰好介于山面次间二柱之间，所以柱数减为二十根。这种减柱移柱法，辽代始用，金、元两代最为盛行。该殿既有殿堂特点，亦有厅堂特征。内外柱高度不同是厅堂特点。随着内柱的更移，梁柱结构上也发生了变化。当中七间六缝接近"十架椽屋前后三椽栿用四柱"，南北两尽间略似"十架椽屋前后乳栿用六柱"。此殿檐柱中的平柱高 7 米，当心间面宽 6.98 米，符合"柱高不越间广"的规定，角柱因有生起，高 7.3 米。柱头卷刹成覆盆状，下径最大为 0.69 米，上径为 0.63 米。下径与檐柱高之比约为 1：10.5。内柱高 9.15 ～ 9.37 米（因有生起），柱径与内柱高比例为 1：13.5，符合宋、金时代柱径与柱高比的一般规律。金柱之侧贴一附柱，转角处一柱贴两附柱，用以加大负载力度。附柱断面为 27 厘米 ×34 厘米，柱顶一斗，规格如散斗。

（2）生起。按宋《营造法式》规定，"凡用柱之制……至角柱则随间数生起……九间生高八寸"。此殿角柱生起 32 厘米，合宋制一尺，大于宋《营造法式》的规定。

（3）柱础。素平无雕饰。实测边长为 120、122、124、126、130、134 厘米不等，平均值约接近为柱径的两倍。

（4）阑额与普柏枋。外檐一圈阑额高 44 厘米，上宽 25 厘米，两侧卷刹，中宽 30 厘米，高厚比约为 3：2。普柏枋宽 44 厘米，高 25 厘米，其宽厚比约为 3：1.7。普柏枋与阑额叠交成丁字形，是为宋、辽、金一般特征。阑额、普柏枋至角柱出头而垂直截去，不施雕饰，亦如辽式，内额高 41 厘米，宽 30 厘米。其上普柏枋高 20 厘米，宽 42 厘米。

内额的厚宽比为 3 : 2.2，大于宋《营造法式》规定的宽为高的 1 / 3，普柏枋宽厚比为 2 : 1。

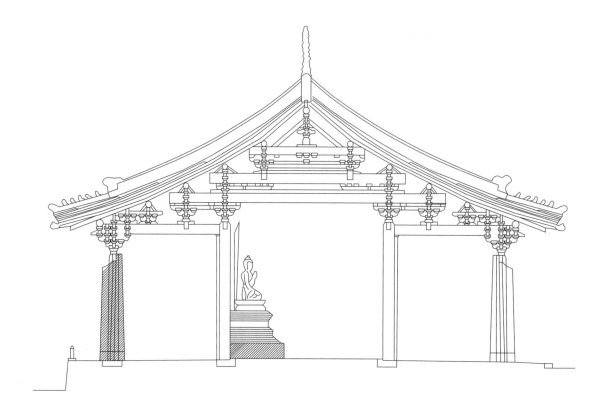

图7-4-2-4 大雄宝殿梢间横剖面图

3. 材栔

大殿梁枋斗栱，材高 30 厘米，材厚 20 厘米，折合宋尺为 9.6 寸，大于一等材。实测栔高平均为 13 厘米，合材高的 6.5 / 15。大殿为九间，用材超过宋《营造法式》规定，似为辽代之规。梁架襻间都是一材，断面很规则，似为官式做法。

4. 斗栱

大殿有外檐斗栱五种，即柱头铺作、转角铺作各一种，还有补间铺作三种；内檐斗栱五种，即柱头铺作两种，梁架斗栱三种。现将十种斗栱分述如下：

（1）外檐柱头铺作。此种斗栱为五铺作双抄重栱造。栌斗外侧出两跳华栱，第一跳计心，上施瓜子栱、慢栱及罗汉枋各一层；第二跳跳出长度与第一跳相同，栱端施令栱与批竹昂式要头相交，要头是三椽栿或乳栿伸出檐外制成的，承受随槫枋和撩檐槫的负荷。栌斗左右两侧出泥道栱与第一跳华栱相交，上施柱头枋三层，无隐刻慢栱，但设置散斗，最上是压槽枋一层。栌斗内侧出华栱尾两跳，第一跳偷心，第二跳以平盘斗置于二椽栿或乳栿以下，栿的内侧出瓜子栱与慢栱，上施素枋两层，其上以生头木承托檐椽。中央七间后人加置平棊，遮住了最上两层枋和生头木。此殿泥道栱、瓜子栱、令栱、异形栱四者长度相等，均为120厘米，和其他辽、金建筑不同，较宋《营造法式》规定略短，应为此殿独特之处。各栱头卷刹均为三瓣，与宋《营造法式》规定的令栱五瓣，其余均四瓣的做法不同，较为简单。宋《营造法式》规定斗栱出跳之长以三十分为标准，七铺作以上第二跳减四分，六铺作以下不减；辽、金斗栱反铺作者，第二跳开始减短。此殿斗栱为五铺作，实测内外出跳均为50厘米，与宋《营造法式》不同。

（2）外檐转角铺作。栌斗之外两侧各增一附角斗。转角栌斗上正侧出华栱两跳。第一跳施瓜子栱，上置罗汉枋两层。罗汉枋延长到柱头铺作以上以加强联络。第二跳施令栱与批竹昂式耍头相交，和外檐柱头铺作相同。在平面45°角线上自转角处出角栱三层。第一、二跳角栱上面皆施横栱，最上为通长令栱承托撩檐槫下随槫枋。第三跳用角栱而不用由昂，栱头不用小斗。两侧附角斗的高和长都比转角栌斗小，因而下垫驼峰。附角斗外侧出华栱两跳，结构与柱头栌斗所出相同。因两斗相距很近，故瓜子栱、慢栱、令栱等皆为一根长材制成，连为一体。又因为附角斗上出跳的斗栱，其位置类似辅间铺作性质，所以耍头形状不用柱头铺作上的批竹昂式，而是与辅间铺作的耍头相同，为麻叶头；角栌斗内侧出角栱后尾五层，均为偷心。第一跳角栱后尾上置平盘斗，承托第二、三跳角栱后尾，两侧附角斗的二、三跳的后尾也与其相交于平盘斗上。相交后延长其尾端而成重栱，上施素枋三层，贴于椽下。第四跳偷心，第五跳栱端施散斗，正面与山面第四缝槫下襻间枋交构其上。

（3）外檐当心同补间铺作。因栌斗比柱头铺作稍矮而加用驼峰。外侧自栌斗两角出平面60°斜栱二缝，每缝列斜栱两层。第一跳斜栱上施瓜子栱、慢栱及罗汉枋各一层。第二跳斜栱上施令栱与耍头相交，耍头形状为麻叶头，其上置随槫枋和撩檐槫，斜栱前端截割与令栱方向平行。瓜子栱、慢栱、令栱的前端截割与斜栱方向平行。辅间后尾亦出 60° 斜栱，共计五跳。第一跳偷心。第二跳施瓜子栱、慢栱和素枋两层贴于椽下。第三、四跳偷心。第四跳后尾为衬方头。第五跳前端与压槽枋十字相交，后端则施散斗，托于第四槫缝襻间以下，约分当心同襻间之长为三等分。这里的斜栱虽形体不是下昂，却具有昂所起的杠杆作用。它比左右梢间的辅间铺作所负重量约减 1 / 6，使荷重分布更为均匀。各栱两端的截割方法与外檐相同。

（4）外檐左右梢间补间铺作。自栌斗外侧出华栱二跳。第一跳施瓜子栱、慢栱和罗汉枋，在瓜子栱两端各出平面 45° 斜栱一层，有托于随槫枋下面，无要头。后尾出五跳，第一跳计心，上施瓜子栱、慢栱、素枋各一层，瓜子栱的两端又各出 45° 斜栱一层，上施麻叶形要头，第二跳施瓜子栱，其上为素枋二层。第三、四跳偷心。第五跳栱端施散斗，支撑第四缝槫下襻间。

（5）外檐补间铺作。除了当心间和梢间已如上述，其余结构相同，都是五铺作双抄重栱造。只是栌斗稍低，下垫驼峰，要头不是批竹昂式，而是麻叶头。尽间补间铺作第一跳华栱改慢栱为通长罗汉枋。后尾出华栱五跳。第一跳偷心。第二跳施瓜子栱、慢栱、罗汉枋两层贴于椽下，尽间于瓜子栱上施两层罗汉枋而无慢栱。第三、四跳偷心，第五跳栱端置散斗，承托第四缝槫下的襻间。外槽有平棊部分将第五跳遮住，平棊以下只露四跳。补间铺作出跳数目与柱头铺作一样。

（6）内檐前后金柱柱头铺作。栌斗上前后跳出华栱二层，第二跳华栱上置平盘斗承托六椽栿。栌斗两侧无泥道栱，上置柱头枋七层。这是其他辽、金建筑上未遇见的。其上置随槫枋承托第二缝槫。每一间的七层柱头枋之间又安置散斗。其布局是每间于内额普柏枋中部置驼峰和栌斗，其上于一至三层枋间布散斗，形制如同补间铺作。又于四至七层枋间布置驼峰、栌斗、散斗，有如补间铺作。柱头两侧也如上述形式，排列散斗上下两组，如泥道栱、慢栱的位置。

（7）左右尽间中央二柱柱头铺作。栌斗上出华栱三层，后尾出两跳，其上施批竹昂式要头与异形栱十字相交。批竹式要头由第三层华栱延长而制成，再上为扒梁的外端。

（8）前后三椽栿里端 1 / 3 处设补间铺作一朵。栌斗下施驼峰，栌斗上出二跳华栱，上置平盘斗以承托六椽栿的外端。其形制和出跳与前后金柱柱头铺作相同。栌斗左右无泥道栱，上置襻间枋四层。其间有散斗垫托，承于第三缝槫下面。

（9）前后三椽栿外端 1 / 3 处及左右尽间梁栿上补间铺作。栌斗下设驼峰，有两种，前者是装饰性板雕驼峰，后者为隐刻三瓣鹰嘴驼峰。大斗上施华栱、泥道栱各一层，十字相交。华栱上又施一材与檐部柱头枋相交，似为剳牵。泥道栱上置襻间枋一层，上施散斗、随槫枋承第四缝槫。

（10）左右尽间内额上补间铺作。大斗上出华栱三层，承托左右次间、梢间的扒梁。外端伸出二跳，其上施异形栱与第三跳华栱后尾相交，耍头削成批竹昂式。两侧无泥道栱、慢栱，代之以柱头枋四层，上承山面第三缝槫。

5. 梁架

在外槽檐柱与前后金柱之间用三椽栿，即中央七间前后三椽栿用四柱。左右尽间用乳栿，即前后乳栿用六柱。内槽周围除了左右次间、梢间，都在柱头上端施阑额、普柏枋、柱头铺作和补间铺作。

（1）横断面。各檐柱之间，在柱上端用阑额一圈固结柱身。阑额前端伸出角柱外部分垂直截割，形如辽式。其上施普柏枋，承载斗栱。枋的断面为矩形。

此殿当心间、两次间、两梢间的六缝梁架，每间只用二柱。自檐柱至前后金柱之间用三椽乳栿，栿的前端伸出檐外砍割成衬方头与批竹昂式耍头，置于檐柱柱头铺作上，后端插入前后金柱内。三椽栿里端偏金柱 1 / 3 处施额枋一道嵌入栿中，上施普柏枋。再上设有斗栱一朵，如前面斗栱第八种所述。其前后出华栱两层承载六椽栿，第二层后尾与前金柱第二跳华栱连为一材，形同剳牵，两端砍作栱头。左右无泥道栱和慢栱，代之以四层襻间枋，即第三缝槫下襻间。其上又置随槫枋承第三缝槫。栿外端 1 / 3 处亦施斗栱一朵，承托第四缝槫。前后第三槫下四层襻间枋与两山面第三槫下四层襻间枋所组成的襻间相交接，形成矩形框架。

前后金柱之间仅距四架椽之长，但柱上却用六椽栿承载，柱头上栿的两端各超出金柱以外一架椽长。这与一般殿堂结构相异。善化寺大殿虽然也使用了六椽栿，但结构却不尽相同。善化寺大殿的六椽栿后端置于后金柱柱头铺作上，前端越过前金柱的柱头，搭在三椽栿上前端 1 / 3 处，与第三缝槫下襻间相交。此殿这根巨大的六椽栿两端架于前后金柱柱头铺作上，并各向外伸出一椽，与前后第三缝槫下的襻间铺作相交。这样六椽栿两端与前后三椽栿各有两个搭接点，平衡而稳固。

这一结构从结构力学上说是合理的。从实测情况看，前后金柱之间的跨度为 11.6 米，然而这根六椽栿竟用了 20 多米的通长大材，因而在前后金柱的外侧各伸出 4.35 米，伸出的梁头又通过一朵斗栱支架在三椽栿上。从现代建筑结构角度看，两支座的简支梁变成了四支座的连系梁，梁的断面用料就可以大大减少。实测六椽栿的断面为 75 × 50 厘米，高宽比为 3：2。

再从支座结构来看，也设计得颇具匠心。由于柱头斗栱层层出跳，使六椽栿在金柱间的净跨减少到 9.5 米。骑栿斗栱和柱头斗栱用了一根起剳牵作用的通长相互拉接，既加强了支座的整体性，又扩大了梁的支撑面，加上缝间四道襻间枋与斗栱层层拉接，使梁和斗栱、柱子之间的刚度加强。

六椽栿上施通长缴背一道，用以加强栿的承载力，缴背上为四椽栿，两端与第二缝槫下七层柱头枋相交。四椽栿两端上部又置垫板，上施小斗承托第二缝槫下随槫枋，施托脚于两侧，在四椽栿下面和六椽栿缴背上面，在相当于第一缝槫至第二槫的距离之间使用一根长材，外端斜砍为驼峰，内端卷刹成栱头，作为四椽栿的支座。上置平盘斗七个，用以承托四椽栿，并使上面荷载能均匀地传下来，其作用与驼峰类似。此长材中部横施异形栱，呈十字交叉状，其下又施板雕栌斗，仅具有装饰意义。

四椽栿上结构甚为特殊。一根长材与平梁等长，两端雕成驼峰，置于四椽栿上。驼峰形式为隐刻三瓣鹰嘴，上置栌斗，栌斗口内与纵向枋材相交的是顺栿串，两端刻作栱头，或可称为通长华栱，当心设小斗一枚，以凭支垫。再上为衬梁，紧托平梁，衬梁两端上部也刻作栱头，镶嵌散斗，似为第二跳通长华栱。衬梁两侧上部有散斗贴耳，其中部为一斗三升布局。

平梁之下紧贴衬梁，衬梁下跨中加一小斗，多了一个支点，斗下又为通长华栱（即顺栿串），组成了1米多高的组合梁。平梁支座处，即第一缝槫下再置三层襻间枋，与山面第一缝槫下的二层襻间直角相交，像圈梁一样把整个梁架上部横成又一层框架，形成在各种外力作用下都不失稳定的大木结构。

平梁的中点立侏儒柱，侏儒柱下端的鹰嘴驼峰是木板雕制的，仅具有装饰性。柱的栌斗与柱一材砍成，斗口左右与襻间栱和襻间枋相交的是丁华抹颏栱两层（下层为异形栱，上层为批竹式昂），其间用小斗垫托。脊槫下设随槫枋一道，二材合成，加高了屋顶架，上面又置散斗贴耳。次间、梢间又增设襻间枋一道，两端砍作栱头，各枋之间皆用小斗垫托。脊槫上置扶脊木，断面为矩形（12厘米×20厘米），延伸到左右梢间并渐有生起，生起高度为30厘米（当心间仅12厘米）。

（2）纵断面。南北尽间的结构为前后乳栿用六柱，又施丁栿四道，栿上置驼峰及襻间斗栱，用以承载山面第四缝槫，与横断面三椽栿的外1／3处斗栱结构一样。

山面第三缝槫位于次间、梢间金柱上。柱上施阑额、普柏枋、柱头铺作和辅间铺作。与华栱相交的是四层柱头枋，上承第三缝槫。左右次间、梢间的前后金柱上，自柱头铺作上向内施顺扒梁四道，高一材。前后两根扒梁外端相交于辅间铺作上，内端嵌入梢间六椽栿上。中间二扒梁外端交构于尽间中央二金柱柱头铺作上，内端仍嵌入梢间六椽栿上。四根扒梁上部均加缴背一层，高20厘米。扒梁的腰间置栌斗，上施襻间枋二层，与扒梁成90°。枋间置散斗承托山面第二缝槫及随槫枋。栌斗口内又出华栱一层，与下层襻间枋十字相交，栱端置交互斗，上施异形栱与襻间枋平行。与异形栱十字相交的是一枋材，外端斜削成批竹式耍头，内端嵌于梢间四椽栿内，使山面第二缝槫与山面第一槫联系加强。在梢间，自山面45°角缝上各施由戗一道，断面宽35厘米，高47厘米，与脊槫相交。其下以雷公柱与太平梁承托，用以负载上面沉重的大吻。太平梁以上与横断面当心间平梁以上做法相同，只是太平梁及其衬梁、顺栿串不是置于四椽栿上，而是由顺扒梁承托。

大角梁高一材，宽35厘米，外端雕成两卷瓣。大角梁上施仔角梁一根，梁头卷刹显著。外端装套兽。大角梁后端与由戗搭接于山面和前檐第四缝槫相交点上，然后斜向上逐架安装由戗，直连脊槫。自脊槫至檐头逐缝皆用圆槫,不用枋材。槫径37～40厘米,槫下部为随槫枋,经过砍削。槫高32～35厘米。椽的大头直径为21～23厘米,小头直径为17～19厘米,与宋《营造法式》规定殿阁椽径九分至十分相符。两椽中心距离为27～30厘米,近似宋《营造法式》厅堂八寸半至八寸之制。

（3）举折。实测此殿前后撩檐槫之间水平距离为29.56米,举高为7.4米,前者是后者的3.99倍。宋《营造法式》规定高是前后撩檐槫水平距离的1/3至1/4。此殿与其基本相符,但折槫甚微,屋顶弧度甚小。

6.殿顶

此殿为庑殿顶。正脊高1.5米,形同一堵矮墙。四条脊上端高度1.3米,然后渐渐下降到1米左右,弧线明显。

正脊北端鸱吻高4.5米,宽2.8米,厚0.68米,由八块琉璃构件组成。正脊南端鸱吻高4.55米,宽2.76米,厚0.5米,由二十五块琉璃构件组成。两端鸱吻均用铁扒钉连接固定。北端鸱吻较为陈旧,与薄伽教藏殿上北吻同为金代旧物。其形状与薄伽教藏殿内壁上的鸱吻相似。此吻内线过直,外缘方正,顶部不像鳍尾,外缘虽是鳍但不是波形鳍,耳后增足。从总体来看,此吻还有鱼尾的样子(即有鳍有鳞,仍像鱼尾)。就全国来说,此吻形制宏大,时代较早,重约3吨,可以说是中国现存早期建筑上最大的琉璃鸱吻。

殿顶板瓦硕大,长48厘米,前宽32厘米,后宽26厘米,厚2.5厘米,重约6千克。筒瓦最长者为80厘米,宽23厘米,厚3厘米,重约12.5千克。勾头为饕餮纹样。滴水为花边瓦,并在下边制成锯齿形纹样,当为辽、金旧物。

此殿中部撩檐槫上没有生头木,仅尽间转角铺作上有生头木,高32厘米。檐椽卷刹较大。出檐水平长度为3.8米,约为檐柱高的一半,大大超过了宋《营造法式》八椽至十椽屋出四尺五寸至五尺(即出檐1.4～1.56厘米)的规定。

7.墙

山墙和檐墙都用土坯垒砌,砖砌裙肩,高90厘米。檐墙厚度1.67米,内高7.4米,外高6.25米,收分显著,外侧约收分20厘米,内侧较小,约 10 厘米。

8. 门窗

版门为大门二扇。每扇高 3.65 米，宽 1.77 米。每扇门扉上有门钉七列，每列九枚，无铺兽之设。版门外饰壸门牙子，形制古朴。在辽、金建筑中，保存早期壸门的形式。它与版门和柱枋各部件的比例协调适当。此处的壸门牙子是目前所知现存古建筑中最早的实例。

上部即中槛上设窗，分五格。中央一格稍阔，其余大致相等。其上还有横窗一排，长度与两侧立颊间距相等，直接装于阑额下。檩条十字交接，为方格眼形式。

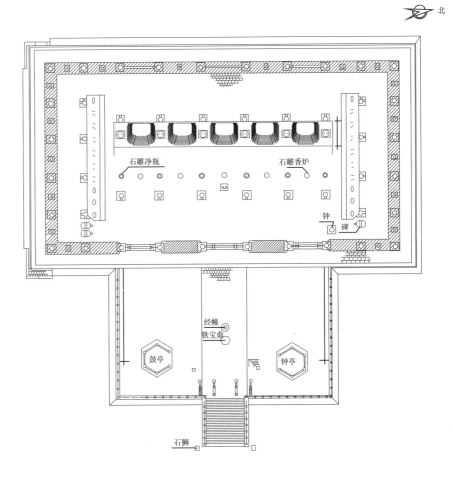

图7-4-2-5 大雄宝殿平面图

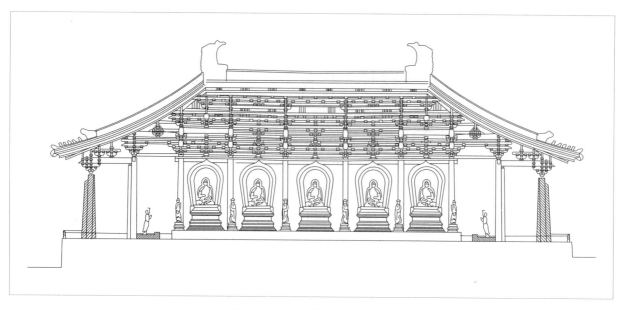

图7-4-2-6　大雄宝殿纵剖面图

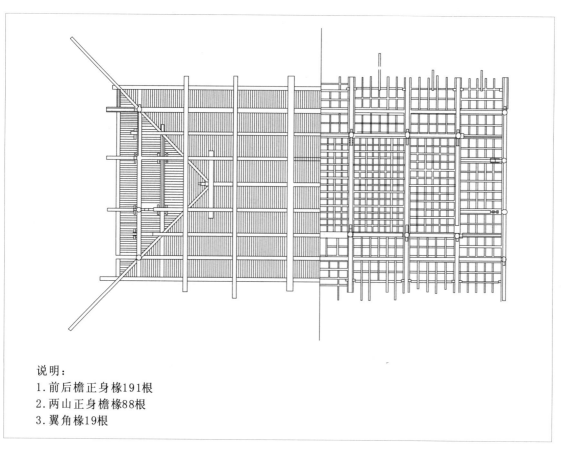

说明:
1.前后檐正身椽191根
2.两山正身檐椽88根
3.翼角椽19根

图7-4-2-7　大雄宝殿梁架平棊仰视图

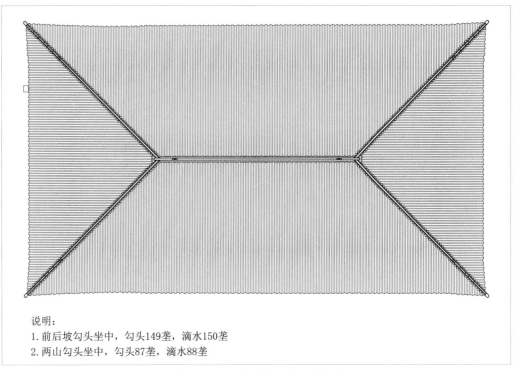

说明：
1. 前后坡勾头坐中，勾头149垄，滴水150垄
2. 两山勾头坐中，勾头87垄，滴水88垄

图7-4-2-8 大雄宝殿瓦顶俯视图

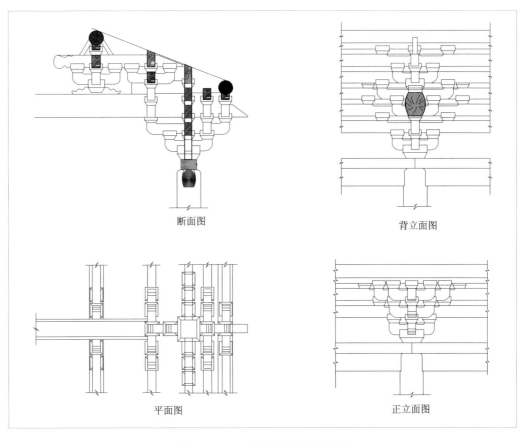

断面图

背立面图

平面图

正立面图

图7-4-2-9 大雄宝殿柱头铺作图

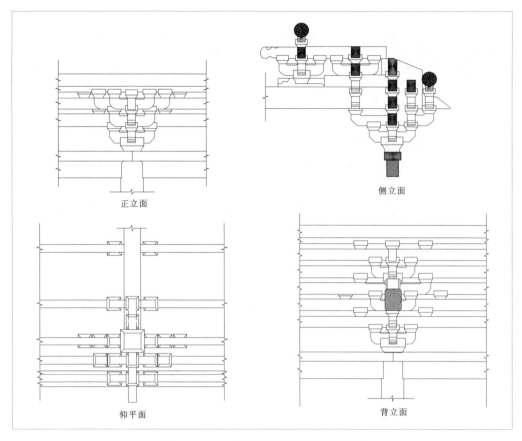

正立面　　　　　　　　侧立面

仰平面　　　　　　　　背立面

图7-4-2-10　大雄宝殿梢间柱头铺作图

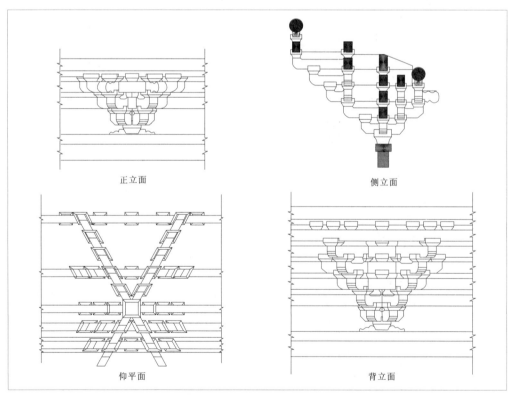

正立面　　　　　　　　侧立面

仰平面　　　　　　　　背立面

图7-4-2-11　大雄宝殿明间辅间铺作图

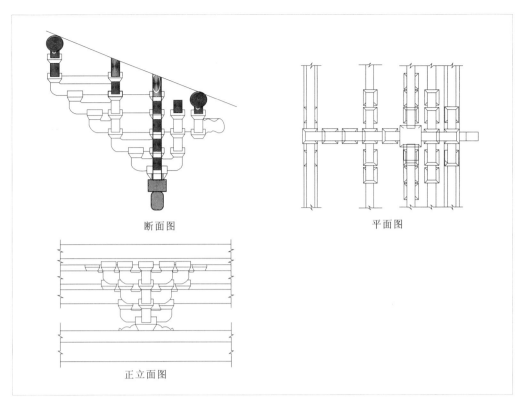

断面图

平面图

正立面图

图7-4-2-12 大雄宝殿次间辅间铺作图

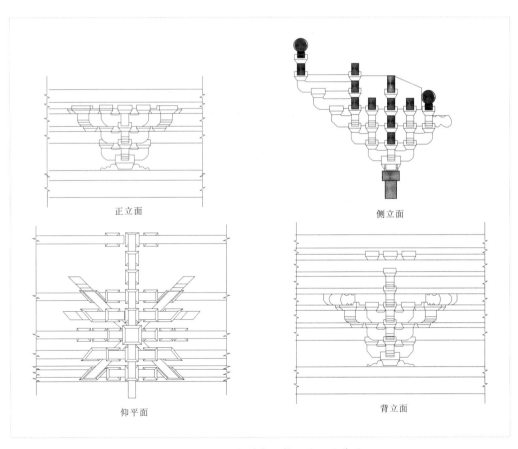

正立面

侧立面

仰平面

背立面

图7-4-2-13 大雄宝殿梢间辅间铺作图

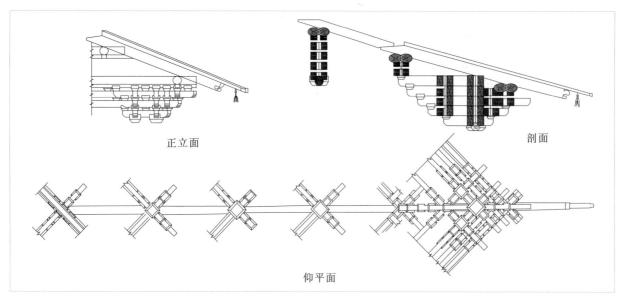

正立面

剖面

仰平面

图7-4-2-14　大雄宝殿转角铺作图

（四）薄伽教藏殿

1.薄伽教藏殿解读

建于辽重熙七年（1038年），薄伽为薄伽梵之略，是世尊释迦牟尼梵名。"薄伽教藏"意为贮藏佛藏之所。

殿建于凸字形台基后部。台基为夯土筑就，表面包砖。殿面阔五间（25.6米），进深八架椽，共四间（18.41米）。正面中央三间各施格子门六扇，背面当心间中央辟小窗。从墙砖的砌法及其上"天宫楼阁"的位置看，此处原来应辟有后门，后封堵而设一直棂窗。九脊顶，与其他同时代建筑相比，该殿殿顶坡度较缓，而两山出际颇远。原鸱吻一个为金代，另一个可能是明代重修殿顶时所制。现存二吻乃近年大修期间由太原订制。经实测，其用"材"与宋《营造法式》相同，其"栔"的高厚，与《营造法式》相去甚远。柱网配列很有特色，当心间仅两枚金柱，左右次间不仅有前后金柱，还有分心柱。外檐柱头为双抄重栱，计心造五铺作，式样简练。补间铺作皆一朵，栌斗下承蜀柱，转角铺作加抹角栱，都颇具特色。辽代大同文化，深受唐文化影响，在墓葬壁画、出土文物等诸多方面都有所反映。薄伽教藏殿之创建，早于《营造法式》六十余年，在建筑方面亦承袭唐制较多。大殿台基前有辽寿昌元年（1095年）六角形陀罗尼石经幢一件[1]，非本寺原物。

薄伽教藏殿内，环列壁藏及天宫楼阁共计38间。它不同于《营造法式》中的三层，为二层，应是天宫楼阁的早期形式。下层为经柜，便于存取经藏，上层设龛供佛。上下两层斗栱计有18种之多，其中柱头铺作为双抄双下昂七铺作，是现知辽代斗栱中最复杂的一种，殿后壁当心间悬"天宫楼阁"五间，与左右壁藏上层连接。该小木作建筑，系模仿木构建筑按比例缩小制作，实为辽代建筑的精品。

殿内中央设凹字形砖台，台上有彩塑31尊。其中前端较小的二尊坐佛疑为后世补塑，其余29尊风格相同，如出一人之手。既有丰满圆润、端庄安详的唐世风韵，又不乏浓郁的生活气息，富于个性的宋代特色，为辽代作品无疑。1964年郭沫若参观该寺后，提笔留言："下华严寺薄伽法藏塑像，乃九百二十六年前故物⋯⋯余以为较太原晋祠圣母殿塑像为佳。"佛坛中央端坐三尊主佛，以主佛为中心，并配置四大菩萨、胁侍、供养童子、四天王等像，构成一堂诸佛讲经的生动场面。三尊主佛，近年多释为竖三世佛，即过去佛——燃灯佛，现在佛——释迦牟尼佛，未来佛——弥勒佛。按《金碑》，"因礼于药师佛坛，乃睹其薄伽教藏，金壁严丽，焕乎如新"，其中有药师佛，则三尊主佛应是横三世佛，即中座为本尊释迦牟尼佛，左侧为东方琉璃世界药师佛，右侧为西方极乐世界阿弥陀佛。今内槽阑额上，南北二尊主佛前分别立有明崇祯五年小匾，分别书"南正尊释迦牟尼佛"和"北正尊毗卢遮那佛"，那么中央应是卢舍那佛，此则为法身、报身、应身之三身佛，不知所据。三尊主佛皆施禅忍印，仅从手印似难以裁定。三佛在莲台上呈跏趺坐，佛座为回马头形牲灵座，属密教，为辽金盛行密教故。背光内侧饰网目纹，类似辽宁义县奉国寺大雄宝殿七佛背光图案及梁底彩绘，平棊绘飞天，皆辽代旧物，诸菩萨或婀娜、或贤淑，造型生动传神。

今"薄伽教藏殿"名，见该殿清康熙二十七年（1688年）匾"薄伽教藏"。考大定二年《金碑》已有此名："睹其薄伽教藏，金壁严丽，焕乎如新。唯其教本错综而不完⋯⋯"文中"教本"显然指藏经，从"金壁严丽"的描述看，"薄伽教藏"应是指建筑。同碑"唯斋堂、厨库、

---

[1] 梁思成先生在《大同古建筑调查报告》中未提及此经幢，或为此后从他处迁来的。

宝塔，经藏、洎守司徒大师影堂存焉"，则"经藏"指薄伽教藏殿。可见，此殿的初名一直与贮存佛经有关。辽代圣宗、兴宗、道宗三朝一直致力于编修《契丹藏》，"及辽重熙间复加校证，通制为五百七十九帙。则有《太保太师入藏录》，具载之云。今此大华严寺，从昔以来亦有是教典矣"。在《契丹藏》的编修过程中，各地纷纷建藏经殿。

2.薄伽教藏殿

殿建于砖台上，台前后有月台突出，平面呈凸字形。

殿面阔五间，进深八椽。正面中央三间各施长槅子门六扇；背面当心间中央辟小窗。月台高七十厘米，宽为中央三间。进深自后金柱起，约为三椽架之长。其前两翼突出，达前金柱附近，平面如凹字形。

殿内当心间与左右次间柱子取不同布置方式，即当心间二缝，仅有前后二金柱：左右次间二缝，则于金柱外，复加分心柱。殿顶为九脊歇山式，次间梁架位于歇山下，其四椽栿所受重量较大，故于中点增分心柱。此外每缝另有小柱，位于补间铺作下。

（1）教藏殿用材：据实测为23厘米至24厘米不等，厚17厘米，和宋代《营造法式》是不同的。

斗栱：此殿斗栱仅五铺作，第二跳之长比第一跳竟缩短约三分之一。《营造法式》泥道栱长度，与瓜子栱相等，此殿辅作为瓜子栱与令栱等。正心慢栱长度，较《营造法式》规定增长三分之一。外内拽慢栱之长，增四分之一。要头也有增长。补间铺作仅用一朵。辽代诸例，

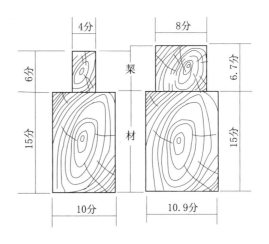

图7-4-2-15　薄伽教藏殿用材与《营造法式》的对比

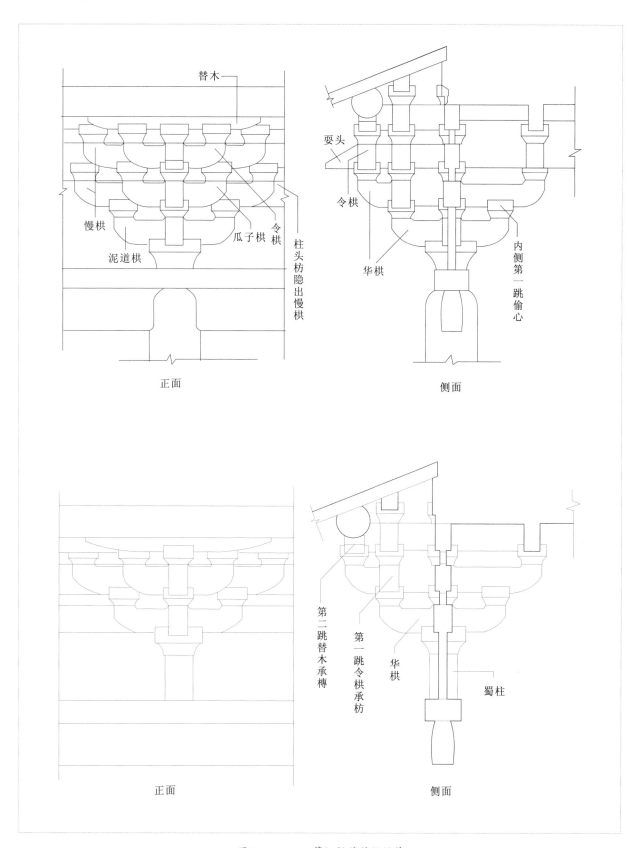

替木

耍头

令栱

华栱

慢栱

泥道栱

瓜子栱

令栱

柱头枋隐出慢栱

内侧第一跳偷心

正面

侧面

第二跳替木承槫

第一跳令栱承枋

华栱

蜀柱

正面

侧面

图7-4-2-16　薄伽教藏补间铺作

大都取同样的做法。

外檐有柱头铺作、补间辅作、转角辅作三种，内檐有柱头辅作、补间辅作两种，转角铺作一种。

斗栱结构式样简练，所用尺度比例与殿身大小高低均衡适当。

①外檐柱头辅作，系五铺作双抄重栱出计心。向外出跳者，第一跳华栱计心，栱端施瓜子栱与慢栱，上置罗汉枋二层，华栱里转偷心。第二跳华栱之端，施令栱，与批竹昂式之耍头相交，上置替木，承受撩风槫（即撩檐槫），不设撩檐枋。华栱里转施交互斗，贴于乳栿下，两侧出令栱，支撑殿内平棊枋。

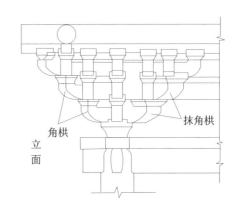

栌斗左右两侧，顺墙为泥道栱，其上施柱头枋三层。下层隐出慢栱，故外观虽为重栱，实际上仍为单栱造，与独乐奉国广济三寺一致。各栱头之卷刹，令栱与华栱、瓜子栱、慢栱泥道栱等，均为四瓣，与《营造法式》中不同。

②外檐补间铺作，每间只用一朵，无当心间与次梢间之别。其外檐补间铺作的结构仅省去第二跳华栱上的令栱与耍头，故全体提高一材一栔，其下以蜀柱承托。蜀柱正面宽27厘米，高33厘米，约为一材一栔之高。其上施斗，高与柱头铺作同。外侧第一跳华栱计心，施瓜子栱，栱上列罗汉枋二层，下层隐出慢栱。第二跳华栱之端，直接安替木，承受撩风槫，省去令栱与耍头，故其后尾也直接托于平棊枋下，无令栱。栌斗左右两端，因全体铺作升高的原因，无泥道栱，仅于柱头枋之表面，隐出泥道栱与慢栱（图7-4-2-16）。

③外檐转角铺作，正侧二面，置于转角栌斗上，列华栱二层。其排列层次，正面第一跳

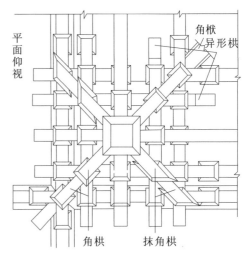

图7-4-2-17　薄伽教藏转角辅作

华栱，系侧面泥道栱所延长，栱端施瓜子栱，慢栱与罗汉枋二层。第二跳华栱为侧面第一层柱头枋延长，其端施长令栱，与耍头相交。栱上置长替木于撩风槫之下。耍头则为第二层柱头枋之延长，上部作斜刹如批竹昂形状。45°方向，设角栱三层。第一层角栱上，置平盘斗，承受第二层角栱，与正侧二面瓜子栱之延长部分，相交于平盘斗上。瓜子栱之长，与第一跳华栱齐，上出耍头。第二层角栱，承受第三层角栱和正侧两面令栱延长之栱。第三层角栱上施宝瓶，承受大角梁与仔角梁。与角栱成90°，设两层抹角栱，每层出跳与正侧两面华栱平。第一层抹角栱前端采用截剖法，与栱本身成45°，从正面看，栱端宽度较华栱稍大。其上施平盘斗，接受第二层抹角栱和平盘斗上正面挑出之单栱。此栱出跳与第二跳华栱平，上置耍头。这种做法与独乐寺观音阁上层转角铺作类似。第二层抹角栱前端之截割方法与第一层同。其上施交互斗，接受耍头与令栱。设抹角栱之目的是支撑转角辅作与梢间补间铺作间之檐端荷重，减少正侧两面华栱所受重量，间接补救屋角下垂。但此类斗栱，未见于唐代遗物，也没有著录《营造法式》。

殿内部分，在转角栌斗内侧，延长角栱后尾为斜华栱二层，承托梢间45°之角栿。第一跳斜华栱之平盘斗上，与第二跳斜华栱相交的是外部抹角栱的端部，所出的正侧两面之单栱后尾，延长到这个部位，并作华栱形状，上戴异形栱。第二跳斜华栱上，放置水平45°之角栿。

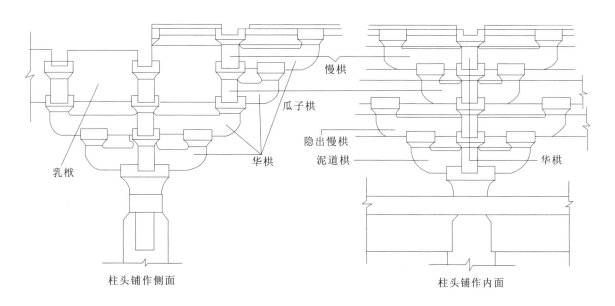

图7-4-2-18　薄伽教藏内檐斗栱

栱身较宽，乃于近平盘斗处，两侧卷刹如梭状，并与角栱相交于平盘斗上。平盘斗上又有外部第二层抹角栱上之耍头延长于后，截割如华栱。栱端施散斗，托平棊枋。

④内檐当心间金柱上柱头铺作，华栱出挑，出挑长度内外不等。在柱外侧两跳。第一跳偷心。第二跳紧贴乳栿之底，左右出令栱，承受平棊枋。内侧三跳，第一跳偷心。第二跳施瓜子栱与慢栱托平棊枋。第三跳贴于四椽栿下。因柱内外侧之平棊高度不同，故出跳之数不同。又因平棊大小不等，以致内侧出跳稍短。栌斗左右侧的泥道栱、柱头枋，与外檐一致。

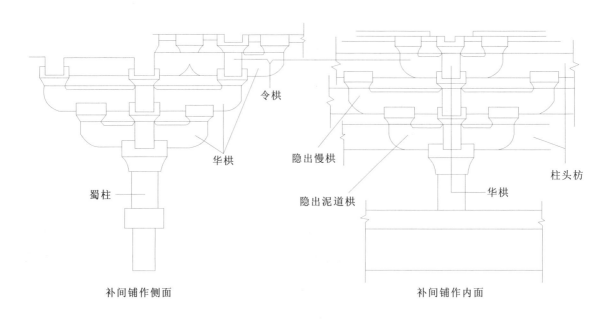

图7-4-2-19　薄伽教藏内檐斗栱

⑤内檐次间分心柱上之柱头铺作，其内侧华栱为四跳。第一、第三两跳俱偷心，第二跳施瓜子栱与慢栱，第四跳托受平棊枋。

⑥内檐中央三间，自分心柱以前之补间铺作，在内额与普柏枋上，施蜀柱及栌斗。其华栱出跳，外侧二跳皆偷心（图7-4-2-17）。内侧三跳。第一跳偷心。第二跳施瓜子栱。瓜子栱除当心间外，其余因与次间转角铺作距离太近之故，均系罗汉枋延长之刻栱，其上置平棊枋。第三跳之端，置散斗，受平棊之桯。栌斗左右侧，无泥道栱及正心慢栱，仅施柱头枋三层，下二层之表面，隐出栱状。

⑦内檐补间铺作在分心柱以后的设置，因中央三间之后半部各有

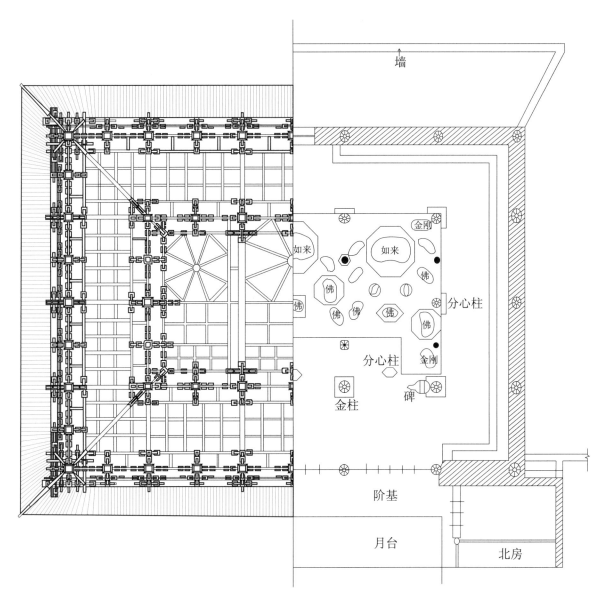

图7-4-2-20 华严寺薄伽教藏殿梁架平面与阶基平面

墙

如来

如来

金刚

佛

佛

佛

佛

佛

佛

分心柱

分心柱

金刚

金柱

碑

阶基

月台

北房

八角形藻井，所占面积很大，以致使内侧华栱三跳减为二跳（图7-4-2-18）。第一跳偷心。第二跳施令栱（系罗汉延长之刻栱）上托平棊枋。

⑧内檐次间金柱上之转角辅作，正侧两面出华栱各两跳。正面第一跳华栱，系侧面泥道栱延长并偷心。第二跳华栱，系侧面第一层柱头枋延长，前端贴于外槽乳栿之底，左右出令栱。此令栱一端托平棊枋，另一端延长，隐出鸳鸯交首栱，插入梢间平面45°之角栱内。反之，侧面华栱两层，为正面泥道栱与柱头枋之延长。

平面45°之斜角华栱，内外侧均二跳。外侧者第二跳贴于梢间45°角栱下。内侧第二跳，承受十字相交的令栱。栱的外端，承托罗汉枋延长之刻栱，内端与普柏枋上第二层柱头枋相交。

图7-4-2-21　华严寺薄伽教藏殿当心间横断面

（2）殿顶：殿顶为九脊式，屋面坡度为24°，在现存辽金诸例中，当推此殿坡之度为最低。

殿的两山出际较远，自叉手外皮至博风板外皮，长度为1.2厘米，殿角上翘的高度，除次梢诸间柱子较当心间平柱生起外，在撩风槫之上，檐椽之下，施生头木，与《营造法式》相同。生头木自次间至梢间，逐渐加高，至殿角处，高17厘米。

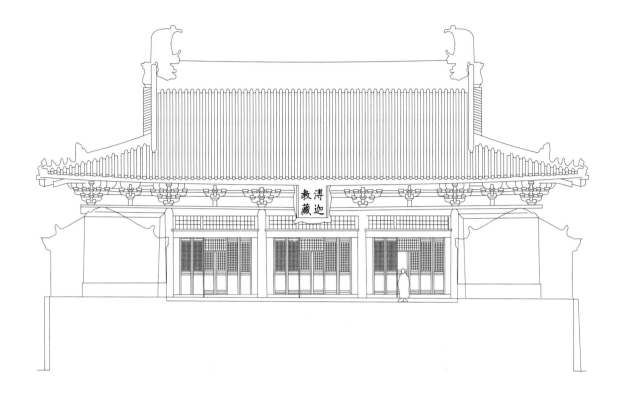

图7-4-2-22　华严寺薄伽教藏殿

图7-4-2-23　华严寺薄伽教藏殿纵断面图

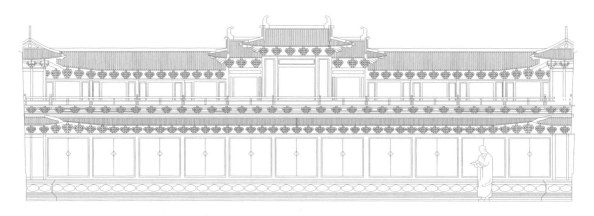

图7-4-2-24　华严寺薄伽教藏殿壁藏南立面图

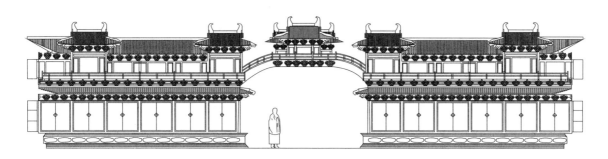

图7-4-2-25　华严寺薄伽教藏殿壁藏西立面图

檐椽径11厘米，与栔高相等。飞子方形。椽飞之端，具有卷刹。其长度之比，每檐椽一尺，仅出飞子三寸，较《营造法式》减半。

（3）门窗：正面中央三间，上为方格横窗，下为长格各六扇，装斜方格。

（4）平棊藻井：殿内平棊，有方与长方形两种。长方形的，排列于墙内四周及内额内外两侧，在藻井之左右。其宽度依华栱二跳之长设定。即第二跳华栱上，施瓜子栱，栱上用平棊枋，每间割分四格，呈长方形。前后平棊枋之间，则为方形，结构与《营造法式》同。平棊枋之上置桯，桯与枋成90°。桯上置贴，亦与桯为90°。

（五）海会殿

原在今下寺薄伽教藏殿左侧，坐北朝南，以建筑式样而言，其建筑年代与薄伽教藏殿同为辽代所建。金大定二年碑载，辽末天祚帝保大二年（1122年），金兵入西京，寺大部被毁，仅留斋堂、厨库、宝塔、

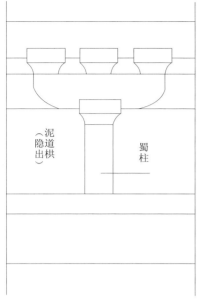

补间铺作正面

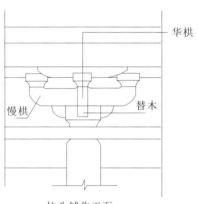

柱头铺作正面

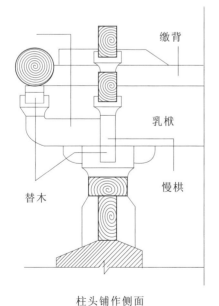

柱头铺作侧面

图7-4-2-26 海会殿外檐斗栱

经藏及守司徒大师影堂五处，没有此殿，疑为殿名变更所致。由于海会殿面积较小，相当于盛极一时的辽华严寺齐堂，是佛寺的次要建筑物，因此其结构比较简单。

1. 平面：坐北朝南，面阔东西五间，南北八椽，平面呈长方形，面阔与进深之比，与薄伽教藏殿接近。其南面当心间设门。左右次间，各于坎墙上装窗。门内中央三间。殿内有砖台，面阔尽中央三间；左右两翼向前突出如凹字形，如薄伽教藏殿之台。殿内梁架四缝，前后金柱八根。其后侧金柱前，于四椽栿下，又各增一小柱，是后世修理时所置。

2. 材栔：材广平均为23.5厘米。材厚平均为16.5厘米，栔广11厘米，合材广十五分之七。俱与薄伽教藏殿所用材栔大小相差不多。

3. 斗栱：此殿内外檐斗栱共三种。

（1）外檐柱头铺作，于栌斗口内，各施替木一层，其高度等于栌斗之口深。非真实之华栱与泥道栱，替木之比例，自栌斗心至外皮，长38.5厘米，合材高24.5厘米，较普通华栱之出跳，约减五分之一。高14厘米，合材高十五分之九，较单材栱之高，约减五分之二。有卷刹，极似普通单材栱。就结构意义而言，其出挑与高度，均较华栱与泥道栱稍小。故疑替木进展之过程，系截去单材栱之上部，置于栌斗口内，供简单斗栱出挑小者之用；或置于令栱与襻间之上，承托撩风槫，及下平槫、上平槫等。

栌斗外侧，在替木上，施华栱一层。此华栱系内部乳栿之延长，刻为栱形，故替木后尾在栌斗内侧，直接贴于乳栿下，其上无栱。华栱出挑的长度，自栌斗心至撩风槫心，长61厘米。栱端无令栱，仅置交互斗，施替木，承受撩风槫。此替木之高，等于梁高，与殿内襻间之替木一致，比前述柱头栌斗内者的减 3 厘米。顺山面，于替木上，置慢栱一层，长 1.35 厘米。其比例在泥道栱与慢栱二者长度之间。栱上列柱头枋二层，下层隐出栱状，较慢栱稍长。其上施散斗，受上层柱头枋。

（2）外檐补间铺作，下置蜀柱，柱上施散斗，受柱头枋二层。下层柱头枋之表面，隐出泥道栱，栱上列散斗，载上层柱头枋，与薄伽教藏殿补间铺作略同。蜀柱高 48 厘米，等于材高二倍，宽 15 厘米，与材厚等。

（3）内檐柱头铺作之栌斗比例，与外檐同，无替木，直接施华栱于栌斗上。华栱形状，仅栌斗内侧者俱栱形，其外侧在四椽栿外端下，上缘斜剎如批竹昂式。顺山面泥道栱的长度，与华栱同为 1.06 厘米。在辽代诸例中，大于普通华栱的出挑，而与泥道栱之长接近。始因外观整齐之故，横顺双方，取同样尺寸。泥道栱上，直接施襻间。

4. 柱及础石：外檐当心间平柱下径为 45 厘米。柱高 4.35 厘米，平柱系棱柱形，上径与栌斗之长略等，唯其收分尺寸，不若《营造法式》所述明显。辽宋遗构中，此殿檐柱为唯一的棱柱。

5. 枋：阑额之厚，与材厚等，高为一材一栔，比《营造法式》所规定稍低。普柏枋之高，等于材厚，其宽一材二梁。阑额伸出梢间角柱外部分，系垂直截割，无楂头绰幕诸雕饰。

内额施于殿内前后金柱之上端，其上无普柏枋。高一材一栔，厚与材厚等。

6. 梁架：海会殿的架构，极类似《营造法式》卷三十一《八架椽前后乳栿用四柱》一图，仅四椽栿下，省去内额。梁架之结构，各缝皆取同一方式。其在檐柱与金柱间乳栿。内端交榫于金柱，外端置于檐柱柱头铺作栌斗上，砍削为华栱，上施替木，承受撩风槫。在乳栿上，复施薄木一层，外端撑于撩风槫内侧，内端与乳栿同插入金柱内。此殿乳栿虽非月梁，但前述薄木，贴于乳栿上，以承驼峰，即《营造法式》之缴背。乳栿与缴背之中点，施驼峰及栌斗，其上为剳牵。剳牵高一材二梁，内端插入金柱内，外端与襻间十字相交于驼峰栌斗内。襻间之上，置散斗及替木。替木上皮，与剳牵上皮平。再上为下平槫，与剳牵成 90°。

前后金柱间之梁架，最下层为四椽栿。两端载于金柱上之柱头铺作，中平榑于榑之上缘。方向与下平榑同。榑两端自中平榑以内，约于栿长四分之一处，各置驼峰一具。驼峰栌斗上，施平梁。梁两端放上平榑。其中点复置驼峰。因举折较高之故，于驼峰上立侏儒柱，施栌斗。斗上置丁华抹颏栱与异形栱相交，承襻间及脊榑。

图7-4-2-27　下华严寺海会殿纵断面

以上为梁架结构之层次，劄牵，乳栿，平梁，俱为直梁。高与厚，约为一与二之比，较《营造法式》稍高。梁之两侧，俱有卷刹。驼峰形状，似如《营造法式》之鹰嘴驼峰。高与长约为一与五之比。侏儒柱方形，每面之宽，与材高等。

榑及叉手：殿之脊榑，与上平榑，中平榑，下平榑等，直径皆为34厘米，恰合一材一栔之高，与《营造法式》厅堂之榑径一致。前后撩檐枋之位置，用撩风榑，直径30厘米。

上平榑、中平榑、下平榑三者之端，分别置于平梁、四椽栿与劄牵之上。上平榑与下平榑，复于榑之下皮，出叉手，撑于下部梁栿三分之一处。在两山部位，中平榑亦出叉手，撑于下部劄牵上。

脊榑置于襻间上，与侏儒柱栌斗未直接连接，于襻间之两侧，各出叉手斜撑于下部平梁上。各叉手之高厚，均等于材，即《营造法式》"余屋广随材"的规定。

襻间：襻间位于榑下。其尺寸以脊榑下设置的为最大，高47厘米，合材高二倍。两侧刻凹线，区分上下，下层似素枋形状。其余襻间皆素枋一层，高厚等于一材。按《营造法式》之单材襻间，时左右相间的，此则各间都有，结构稍异。襻间之两端在脊槫下，放置于丁华抹颏栱上；在中平槫下的，放置于内檐柱头铺作泥道栱上；在上平槫和下平槫下的，置于驼峰栌斗内。

襻间与槫之间，即襻间之上槫之下，除脊槫外，皆以散斗与替木联系。襻间之两端与中央，各置散斗，斗上施替木以承槫。襻间出际之结构，分两种。（1）脊槫与中平槫之出际系二层，第一跳为栌斗上之泥道栱，第二跳是襻间本身之延长，刻为栱形，上置替木。（2）上平槫与下平槫之出际仅斗栱一跳，即襻间之外端刻栱状，上施替木。此外前后檐柱上出际斗栱在两山的，系三层，第一层替木，第二层泥道栱，第三层柱头枋延长，刻慢栱形状。

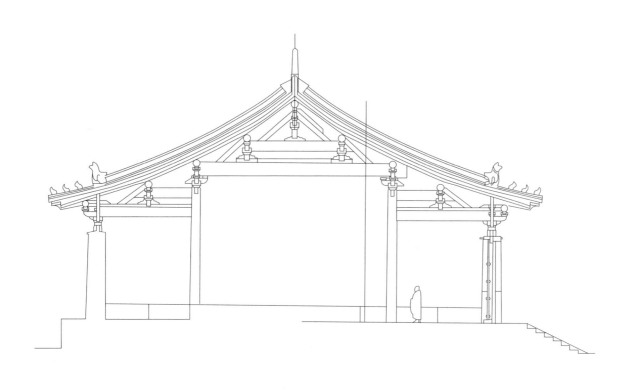

图7-4-2-28 下华严寺海会殿

7.殿顶：殿屋顶高度，自撩风槫背至脊槫背，比前后撩风槫心距离四分之一稍小。殿的举折，依八架椽屋言，前后应各折三缝，此殿虽为三折，然而中平槫一缝，所折极微，自上平槫至下平槫，几乎成一直线。可能建造以来就是这样的。前后出檐之水平长度，即柱头枋心至飞子，长2.25厘米。檐端列檐椽飞子各一层，其长度为十与四之比。檐椽圆形，前端具卷刹。飞子方形，有卷刹的较少。

两山出际，长1.28厘米。屋顶于仰瓦上，施筒瓦，皆灰色。

8.门窗：殿仅正面当心间设双扇版门一处。其比例，每扇高七宽五，列门钉五行，每行九枚，皆铁制。上部门簪两个，与善化寺普贤阁及应县佛宫寺塔相同。门簪，辽时为二具，后世始增为四。

殿创建年代：无确实纪录可凭，唯有以结构方法比较来判断。华严寺现存诸建筑中，以辽重熙七年所建薄伽教藏殿为最古，其内外檐补间铺作，与辽独乐、广济二寺俱能符合，应为辽建。此外大木架构，及替木、驼峰、叉手、襻间、出际、门簪诸项所示之式样，都是辽代做法。

三、大同善化寺

善化寺在今大同内城南门之西南。通志和县志记载创于唐开元间，赐名开元寺。据金大定十六年（1176年）朱弁所撰《大金西京大普恩寺重修大殿记》载：

大金西都普恩寺，自古号为大兰若。辽后屡遭烽烬，楼阁飞为埃坋，堂殿聚为瓦砾。前日栋宇，所仅存者，十不三四。于是寺之上首，通元文慧大师圆满者……舍衣盂凡二十万，与其徒合谋协力……

经始于天会之戊申，落成于皇统之癸亥。凡为大殿，暨东西朵殿，罗汉堂，文殊、普贤阁，及前殿、大门、左右斜廊，合八十余楹。瓴甓变于埏埴……榱桷梁柱，饰而不侈。阶序膴闳，广而有容。为诸佛萨埵，而天龙八部，合爪掌围绕，皆选于名笔；为五百尊者，而侍卫供献，各有仪物，皆塑于善工……始于筑馆之三年，岁在庚戌冬十月，乃迁于兹寺。

据《宋史·朱弁传》："朱弁，徽州婺源人，少负文名，高宗建炎元年，以通问副使偕王伦至金，留居大同十余载……"考宋建炎元年至绍兴十三年，即金天会皇统间，重兴此寺。

乾隆五年《重修善化寺碑记》载："云中有善化寺，居城之西南隅，地址规制，宏阔端严。始于唐元宗开元年间，名之曰开元寺。其后传之久，更其名曰大普恩寺。迨辽末兵焚而后，不无残废。金太宗天会六年（1128年），寺僧圆满重修葺焉，而古刹为之一新。明正统十年（1445年），

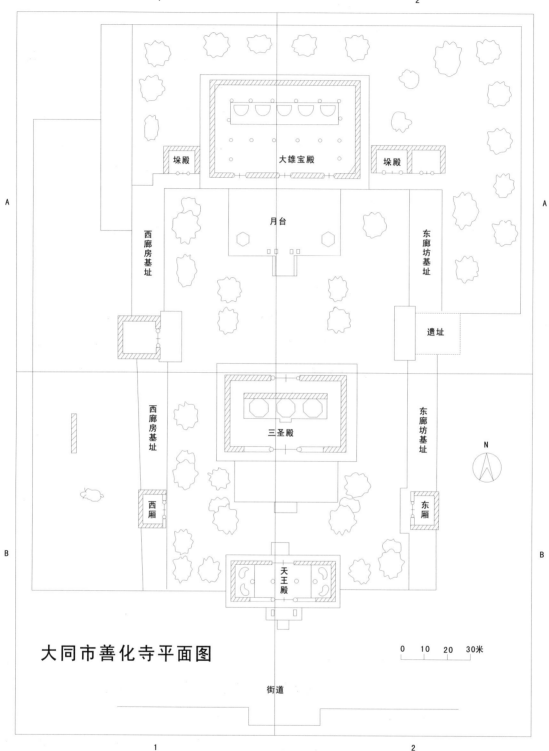

大同市善化寺平面图

街道

图7-4-3-1 善化寺平面图

僧大用奏请藏经，又为整饰，为多官习仪之所，复更其名曰善化寺……"

根据结构式样与记载，大雄宝殿、普贤阁、三圣殿、山门四处，为辽金二代遗物。

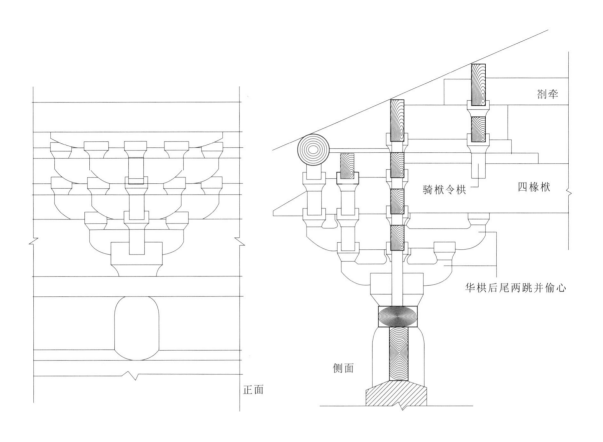

图7-4-3-2　善化寺大雄宝殿斗栱一

（一）大雄宝殿

大雄宝殿为善化寺的正殿，自山门经东西配殿、三圣殿、东西楼至此，恰符伽蓝七堂之数。正殿前设月台。月台面阔与殿中央五间相等。面阔进深之比，约为五比三，正面设石级20步。

1.平面：面阔七间，进深十架椽；每二架一间，两侧为五间六柱。面阔与进深之比，约为五比三。正面中央当心间，及左右梢间，辟门三处；门上设窗。殿内柱的配置，东西两尽间与梢间之间，每缝用四柱；中央五间四缝，省去外槽之老檐柱及内槽之后金柱，只用二柱。各柱的距离，除后部檐柱与老檐柱之间为二架椽外，自老檐柱至前金柱，及前金柱至正面檐柱之间，为四架椽之长。故虽与华严寺大雄宝殿同为进深十架椽，且同为每缝二柱，而柱之位置，与柱上梁栿之长不相同。

2. 材栔：材栔高 26 厘米，厚 17 厘米，材高与材宽比例与薄伽教藏殿接近。

3. 斗栱：此殿有外檐柱头铺作，转角铺作，各一种，补间铺作四种，内檐柱头铺作二种，共八种。

（1）外檐柱头铺作系四铺作重抄重栱造。栌斗外侧的出挑，列华栱二层。第一跳计心，施瓜子栱、令栱及罗汉枋各一层，枋上平铺遮椽板。第二跳的长度，较第一跳缩短，约为三分之一，栱端施令栱与要头相交。要头为内乳栿或四椽栿的延长，上缘截割若批竹昂，其上置替木，承受撩风槫。栌斗内侧的华栱为二层。第一跳偷心。第二跳之端，贴于四椽栿或乳栿下，两侧未出瓜子栱，而于栿上相距一材一栔处，嵌骑栿令栱于栿身内。栱上施罗汉枋二层，其间置散斗。上层罗汉枋距下层稍高，紧接椽下。椽与椽之间，以石炭填塞。栌斗左右出泥道栱，其上施柱头枋三层，下层隐出慢栱，置散斗，最上为压槽枋一层。

（2）外檐转角铺作，于转角栌斗外，两侧各增附角斗一个。其转角栌斗上，正侧二面华栱的出挑，及瓜子栱、慢栱、令栱、要头等，与柱头铺作相同。角线上则施角栱三层，第三层上置宝瓶，承受大角梁与子角梁。附角斗之长与高，与其他补间铺作之栌斗，较柱头铺作的栌斗稍小，故下承以驼峰，托斗的上椽，与转角栌斗平。驼峰为长方形的木材，表面隐出驼峰形状。栌斗外侧华栱上所施瓜子栱、慢栱、令栱、替木等，与转角栌斗以上承托诸栱，因距离太近，连为一体。其瓜子栱、令栱皆为鸳鸯交首栱，刻两栱交隐的形状。栌斗内侧脚栱后尾出挑五层。

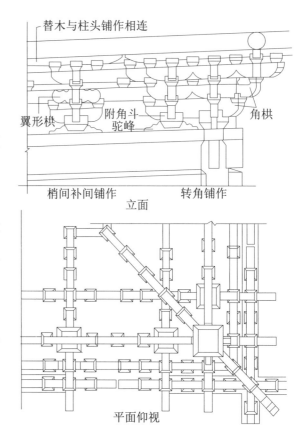

图7-4-3-3 善化寺大雄宝殿斗栱二

最末挑之端，位于正面及山面第四槫缝交叉点之下，承托槫下襻间。两侧附角斗之华栱后尾，各出四层。第一跳为小栱头，栱端无交互斗。第二跳因避免与角栱后尾冲突，其长与第一跳等。第三跳华栱，十字相交于角栱后尾第二跳平盘斗上，而延长其端，受第四跳华栱。第四跳上，施罗汉枋二层，与前述柱头铺作后尾的骑栿令栱同一高度，贴于椽下。转角栌斗与附角斗上之泥道栱，合并为一，其余柱头枋，压槽枋，同柱头铺作。

（3）外檐南北二面当心间之补间铺作。栌斗较柱头铺作稍矮，其下承驼峰，其外侧出跳。在栌斗两角部位，出平面60°斜栱二缝，每缝列斜栱二层。第一跳斜栱上，施瓜子栱、慢栱及罗汉枋各一层。第二跳斜栱上，施令栱与批竹昂式耍头相交，其上置替木与撩风槫。斜栱前端与令栱方向平行。瓜子栱、慢栱、令栱等之两端，与邻接之斜栱方向平行。

栌斗内侧出跳，系延长外侧斜栱与耍头衬枋头等之后尾为五跳。第一跳偷心。第二跳施瓜子栱、慢栱，上置素枋二层，贴于椽下。第三四两跳偷心。第五跳的前端，与压槽枋十字相交，后端则施散斗，托于第四槫缝襻间之下，约分当心间襻间之长为三等份。

（4）外檐南北二面左右次间之补间铺作，栌斗大小，同当心间补间铺作。其栌斗外侧之正中，出华栱二层。第一跳华栱上，施瓜子栱、慢栱及罗汉枋一层；第二跳施令栱与耍头相交，上置替木，所不同的是一跳瓜子栱之两端，各出平面45°的斜栱，上置斜散斗，承托替木。后尾则与第二层柱头枋及耍头交榫于栌斗中线上。

栌斗内侧之华栱后尾系五层。第一跳偷心。第

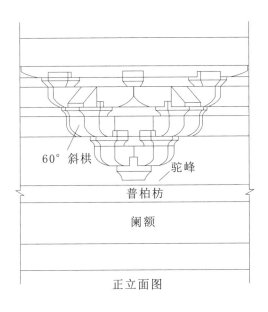

60° 斜栱　　　　驼峰
普柏枋
阑额
正立面图

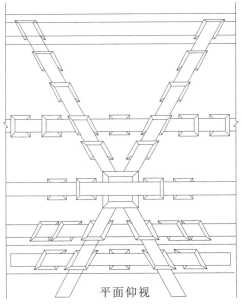

平面仰视

图7-4-3-4　善化寺大雄宝殿当心间补间铺作

二跳施瓜子栱、慢栱，其上置罗汉枋二层，紧贴椽下。第三、四两跳偷心。第五跳之端施散斗，支撑第四槫缝的襻间。

（5）外檐南北二面左右梢间之补间铺作，无栌斗外侧第一跳瓜子栱上的斜栱，其余结构相同。

（6）外檐尽间之补间铺作，栌斗外侧第一跳，与内侧第二跳上之瓜子栱为异形栱，但栱上仍有瓜子栱，二者之间，以石灰填塞，无散斗。

（7）内檐柱头铺作，在后部老檐柱上者，栌斗正面出华栱二层。第一跳偷心。第二跳贴于六椽栿下，两侧未出瓜子栱。

栌斗后侧，则延长正面第一跳华栱之后尾成为剳牵，与后侧第四槫缝之襻间相交。第二跳之后尾，约于椽架中点，压于六椽栿之后尾下。栌斗左右无泥道栱，仅于栌斗上置柱头枋四层。隐出泥道栱与慢栱，其间施散斗。最上层散斗上，施替木，受承后侧第三缝槫。

4. 柱及础石：此殿檐柱埋于墙内，柱有生起，很显著。正面两端角柱，比当心间平柱升高42厘米，超过《营造法式》七间六寸之规定。殿内诸柱之下径为67厘米，柱高928厘米。础石方100厘米，较柱径二倍稍小，其上无覆盆雕饰。

5. 梁架：横断面有二柱四柱两种。中央四缝之梁架，与东西两端二缝异。两端二缝，内额以上的柱头枋，在山面第三槫缝下，兼为槫下之襻间。

（1）横断面：各檐柱之上端，以阑额联络。阑额之前端，伸出角柱外部分，垂直截去。其上施普柏枋，承载斗栱。枋之断面，上缘微凸，只是安装栌斗处稍平。

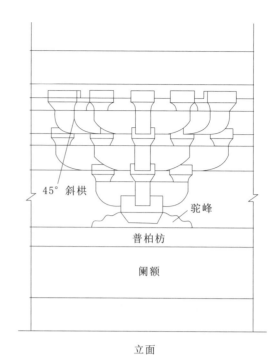

45° 斜栱　　驼峰

普柏枋

阑额

立面

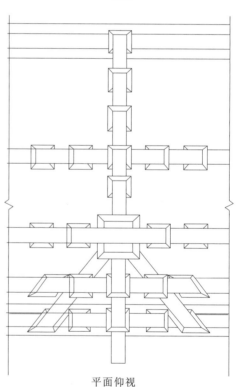

平面仰视

图7-4-3-5　善化寺大雄宝殿次间补间辅作

殿中央四缝之梁架，以每间只用二柱，故正面檐柱至前金柱之间，用四椽栿。栿之前端，截割为批竹昂式的耍头，置于檐柱柱头铺作上，后端插入前金柱内。四椽栿前端四分之一处，施简单驼峰，两肩斜削，其上置栌斗及素枋二层。自栌斗口，与襻间成 90°，向外出剳牵。剳牵前端，与外侧柱头铺作后尾第二跳上之罗汉枋，十字相交，垂直截割。后端做成栱状，托于第三槫缝与第二槫缝间的剳牵之下。上层素枋上施散斗及替木，承受第四缝槫。槫下之襻间，与广济奉国二寺及大同辽金诸寺同为通长之素枋。各层素枋之间，于两端近驼峰蜀柱处，施散斗。当心间于各层素枋的中点放置散斗，如补间铺作最上层素枋之上，施散斗及替木托于槫下。

四椽栿的中点置驼峰。每缝驼峰之间，施横枋，上缘与驼峰上口平。枋与驼峰上，施普柏枋及栌斗，上为襻间，以素枋四层累叠起来。其上置散斗及替木，受第三缝槫。第三缝与第四缝之间，联以剳牵。剳牵的后端，置于第三缝之驼峰栌斗上，前端与第四缝之襻间 90° 相交。

前金柱与后部老檐柱之间，相距为四椽架之长，但柱上的梁为六椽栿。即后端置于后部老檐柱之柱头铺作上，而延长其前端，与第三槫缝之襻间相交。故正脊之前后，各为三架椽之长，成对称形状。

六椽栿上施缴背。其上自栿的两端前后第三槫缝起，各于六分之一处施驼峰栌斗，载四椽栿，栿上亦有缴背。其与四椽栿 90° 相交于栌斗上，设素枋二层，即前后第二槫缝的襻间。上层素枋，施散斗与替木，受第二缝槫。

自四椽栿之两端前后第二槫缝起，四分之一处设驼峰及扒梁。扒梁高一材二梁，上缘与驼峰上口平，下缘嵌入四椽栿内，与栿成 90°。又于前述驼峰上施栌斗，前后出华栱各一跳，上施素枋一层，其上置缴背，高一梁，再上为平梁。其在栌斗左右两侧各出华栱一跳，上置素枋三层，即前后第一槫缝的襻间，方向与扒梁相同。襻间之上施散斗替木，托第一缝槫。

在前后第一缝槫下，自南至北，两端与槫下襻间第三层素枋 90° 相交为平梁。梁的中点，置鹰嘴驼峰，立侏儒柱其上。柱上施栌斗，置异形栱，与丁华抹颏栱相交，承受脊槫下之襻间。襻间高二材。两侧刻凹线以区划上下，使下层若单材襻间。又施叉手斜撑于下部平梁两端三分之一处，极似海会殿之结构。襻间上为脊槫，断面作八角形。

后部老檐柱之位置，施内额与普柏枋，枋上再施柱头铺作。栌斗之两侧，无泥道栱与慢栱，以柱头枋四层，后部第三槫缝下之襻间。上层柱头枋上，置散斗与替木，托载第三缝槫。

老檐柱后部用乳栿，前端插入老檐柱内，后端则截割为批竹昂式耍头。乳栿之中点，施驼峰栌斗，斗上为素枋二层构成的襻间，承受后部第四缝槫。自驼峰栌斗口，出剳牵，高一材与下层素枋平，其后端则与檐柱柱头铺作内侧第二跳上的罗汉枋相交。

（2）纵断面：纵断面之梁架，在东西尽间自两山檐柱至梢间诸柱间，施乳栿及缴背。栿之中点，于缴背上置驼峰及襻间承载山面第四缝槫。

山面第三槫缝，位于梢间诸柱上。柱上端施内额，等于二椽架之长。其上为普柏枋及内檐柱头铺作。柱头铺作的结构，是在栌斗内侧出华栱三层，都偷心第三跳之端，以承托次间顺梁。延长内侧第一跳华栱之后尾为剳牵，高一材一栔，至山面第四槫缝下，与襻间之上层素枋十字相交。设柱头枋四层，即山面第三槫缝之襻间，皆单材，表面隐出泥道栱与慢栱，其间配列散斗。最上层散斗上施替木，受第三缝槫。

在梢间的前后金柱上柱头铺作之内侧第三跳华栱上施顺梁，高一材一栔。梁之外端与第四层柱头枋相交，内端嵌入次间六椽栿上。左右梢间各有顺梁两根。此外与顺梁平行而同在梢间者，又有扒梁二根，位于前后金柱与前后老檐柱之间。内额上第一层柱头枋之上施栌斗，内侧出华栱二层。后尾外侧垂直截割。内侧第二跳华栱，则承托扒梁之外端。扒梁之内端，仍嵌于六椽栿上，与顺梁同。顺梁及扒梁上，各近于二分之一处，施驼峰栌斗，上置素枋二层，与顺梁扒梁成九十度角。此素枋即襻间，上施散斗替木，承受山面第二缝槫。其在驼峰栌斗上，与下层素枋相交为华栱一层。华栱上复施枋一层。其外端垂直截去，而内端嵌于次间之四椽栿上，联络山面第二缝与次间的梁架。

此殿梢间面阔大于二架椽的长度，故山面第一槫缝，位于次间梁架之外侧，没有在此间平梁上。自山面第一缝槫以内，有平面45°之角梁两根，自下而上，相续至顶与脊槫相交。其下以侏儒柱与丁栿承托此间与明间四椽栿上，施扒梁，与栿成90°。梁之上椽，与栿两端之驼峰上口平。扒梁上再各施栌斗，出华栱一跳。栱上设丁栿复与扒梁成90°。丁栿中点，立侏儒柱施栌斗，与异形栱、丁华抹颏栱等，受襻间及脊槫。山面二角梁，相交于脊桩之上。

（3）殿顶：殿系庑殿顶。殿顶举高之数，自撩风槫之上皮，至脊槫上皮，仅及前后撩风槫心距离四分之一，较《营造法式》中厅堂做法稍低。又连接撩风槫上皮与脊槫上皮之直线，与水平线所成角度约为27°。此殿屋顶之举折特殊，即自撩风槫至脊槫，仅折第一与第二两槫缝。其自第二槫缝以下，直至檐端之撩风槫，几乎是一直线。

（4）门窗：殿正面当心间与左右梢间，各设门，而次间不设门，门之宽度约为各间面阔五分之三。两侧用圆柱，柱之上端，嵌阑额于内，直达普柏枋下皮。每门装扉二扇，上施方格眼棂窗。

（5）平棊藻井：殿内只有当心间有平棊藻井，余为彻上明造。当心间前部自第三槫缝下起，至前金柱之间，施平棊三列，每列四格。后部则自前金柱至老檐柱之间，施藻井。周围列七铺作重抄双下昂重栱造斗栱。第一第二跳计心，第三跳偷心，第四跳施令栱。其昂嘴与耍头皆批竹昂式。此外又有平面60°之斜栱二朵，斗栱之上施斜版，上绘佛像。斗栱用五铺作重抄重栱，其上覆背版，绘写生华。中部则为藻井。井外四隅之三角形内，施背版，绘凤。藻井内，上下列斗栱二层。下层斗栱为七铺作重抄双下昂重栱造，第一、第二跳计心，第三跳施异形栱，第四跳施令栱，昂嘴耍头，都是批竹昂形式。上层系八铺作卷头重栱造，逐跳计心。中央覆圆形之背版，绘双龙宝珠。其制作年代，依斗栱结构方法，及昂嘴、耍头、异形栱、斜栱等之形状，系与殿本身同为辽代旧物。

（6）殿之年代：据西京大普恩寺重修大殿碑记，此殿建于金大定年间，经僧圆满重修，而非重建。殿的架构为辽代结构，其斗栱及耍头、替木、襻间、叉手、藻井、础石、屋顶坡度与勾滴形状等，与辽代遗物符合。

（二）普贤阁

1. 平面及形式特征

普贤阁位于大雄宝殿前之西，东侧尚有文殊阁遗址，遥相对立。

殿建于砖砌阶基之上，其平面为正方形。阶基前之月台，较阶基

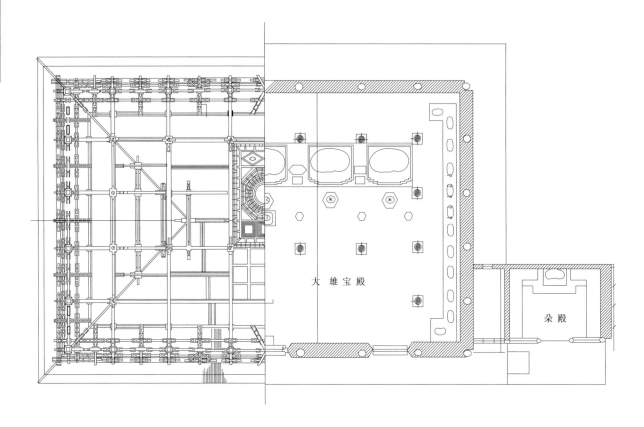

图7-4-3-6 山西大同善化寺大雄宝殿梁架平面及阶基平面

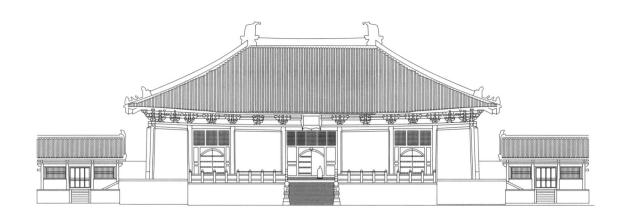

图7-4-3-7 山西大同善化寺大雄宝殿立面图

只低一步。

阁平面为三间，面向东。阁内下层西侧，设置扶梯到达平坐内。自平坐结构层内梯折向东，到上层。上层正中供普贤像，并胁侍菩萨，正面当心间辟门，周有平坐。柱子布置，上层与平坐及下层不同。下层及平坐前后各四檐柱。山面纵中线上，立三根山柱。但上层山面改为四柱，其二平柱立于平坐补间铺作之上。

普贤阁材高约 22.5 厘米，厚约 15.5 厘米，小于大雄宝殿所用之材。

下檐平坐，上檐，皆施斗栱，因位置及功用之不同，各层斗栱虽皆出华栱两跳，但跳头所施横栱个数不同。

2. 斗栱

（1）下檐斗栱栌斗之上，左右施柱头枋三层，最下层隐出泥道栱，次层隐出慢栱，上层为素枋。华栱两跳，第一跳跳头施异形栱，第二跳跳头施替木，以承撩风槫。正身二面之柱头铺作出华栱一跳，以承四椽栿，栿高二材一栔，故伸出柱头中线以外部分，作第二跳华栱及观枋头。山面柱头铺作之后尾，则出华栱二跳。第一跳偷心，第二跳托二素枋一层，及与素枋 90° 相交之楞木。补间铺作后尾亦出华栱两跳，各跳与山面柱头铺作同。转角铺作除正面侧面各出华栱两跳外，更出角栱两跳。第一跳偷心，并异形栱。第二跳跳头施替木，正侧面相交，以承正侧面相交之槫头，其后尾则出角栱两跳，以承斜梁。

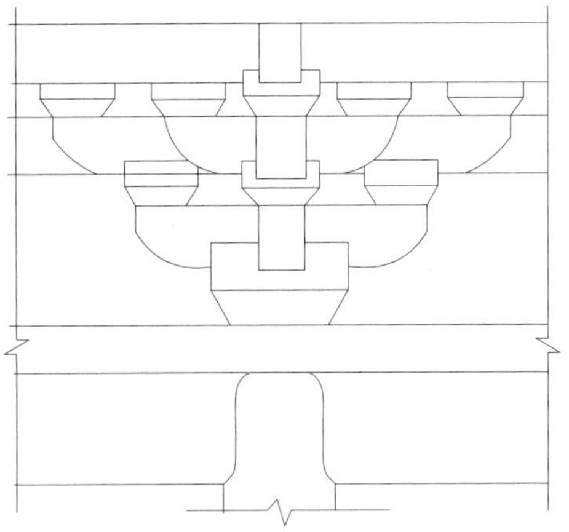

正面

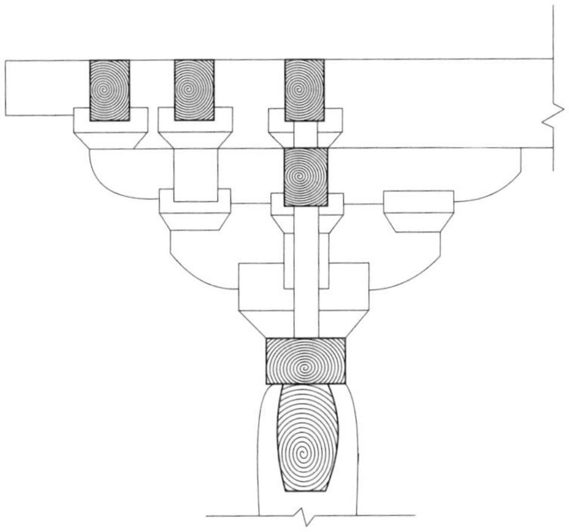

侧面

图7-4-3-8 崇善寺普贤阁平坐山面柱头铺作正面与侧面

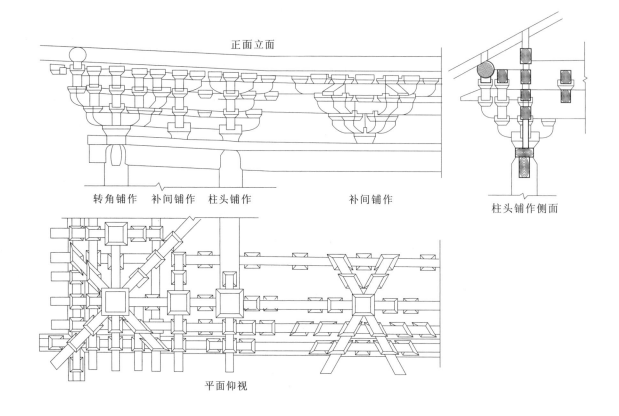

图7-4-3-9 善化寺普贤阁上檐斗栱

（2）平坐斗栱，在正背二面柱头铺作及当心间补间铺作，都在栌斗口内左右施泥道栱，其上施素枋两层，下层枋上隐出慢栱。栌斗前出华栱两跳，第一跳跳头施单令栱，上承素枋，第二跳跳头承素枋。柱头铺作之后尾变为梁身，高二材一栔，其外端作华栱两跳，梁上缴背伸出为耍头。当心间补间铺作后尾则出华栱两跳，承受平行之楞木。楞木外端伸出为耍头。山面柱头铺作之外侧出跳，与前述正面柱头铺作完全相同，唯有内侧出挑因无承重梁，改为华栱二跳。第一跳华栱偷心。枋为足材，其外端伸出为耍头，与正背二面之楞木同。

转角铺作与梢间补间铺作之泥道栱相联，作鸳鸯交首栱，在侧面伸出为华栱，其上柱头枋，亦隐出鸳鸯交手之慢栱，但在侧面则伸出为第二跳华栱。华栱跳头与柱头铺作及当心间补间铺作相同。正侧面华栱之间，出角栱两跳。第一跳跳头，施正侧面并列之瓜子栱，第二跳跳头之上为耍头。后尾出栱两跳，以承斜置之楞木。

（3）上檐斗栱，柱头铺作，转角铺作及其补间铺作等，于栌斗内，左右以连栱交隐之鸳鸯交手泥道栱相联，其上施素枋三层，下层隐出慢栱，其上二层再隐出泥道栱慢栱，更上为压槽枋。柱头铺作及补间铺作皆出华栱两跳，其上更出批竹昂式耍头，与通长之替木相交。转角铺作除正侧面各跳华栱及斜角线上之角栱外，与角栱成直角之抹角栱，使平面成为米形。各铺作第一跳跳头之上，施瓜子栱慢栱连栱交隐，其瓜子栱伸出为侧面第一跳角栱上之正华栱，慢栱其上为耍头。抹角栱亦两跳，其第一跳跳头上有正华栱，与第二跳抹角慢栱相交，两者之上施耍头。第二跳角栱跳头之上，有正侧面令栱及第三跳角栱相交。

正面柱头铺作后尾只有华栱一跳，其上即为四椽栿。山面华栱两跳承托丁栿；第二跳跳头施罗汉枋两层，与丁栿相交。补间铺作后尾华栱两跳。上檐当心间前后面补间铺作，与大雄宝殿当心间补间铺作相类似。栌斗较柱头铺作者稍小，内外出斜华栱两缝，其平面与阑额作60°角。每缝出两跳，第一跳跳头列瓜子栱慢栱及罗汉枋一层，第二跳跳头列令栱，与两缝之耍头相交，承其上之通长替木与撩风槫。两缝上之栱皆连栱交隐。栌斗左右出泥道栱一层，其上即为三层之柱头枋。里跳只斜华栱两缝，第一跳偷心，第二跳承托罗汉枋。此类自栌斗出斜华栱而无正华栱之补间铺作，除华严寺大殿及善化寺大殿外，尚见于应县佛宫寺木塔。

3. 立面

普贤阁平面为正方形，柱设置下层正面与山面微有不同，正面用二平柱，山面仅一山柱。上层正面柱和下层柱对应。山面二平柱系立于平坐补间铺作之上。上层正面山面皆见四柱。

下檐平柱高503厘米，直径530厘米，其高与径之比，尚不及十与一。角柱生起颇为显著，亦远甚于《营造法式》"三间生起二寸"之规定。平坐柱插于下层柱头铺作之上，平坐及上层柱径较细。

4. 梁架

各檐柱间，左右皆以阑额联络，其上施普柏枋以承斗栱。阑额高40厘米，厚25厘米，角柱上阑额相交出头方整无雕饰。各层前后平柱，柱头铺作之间皆施四椽栿，高54～56厘米，厚42～44厘米。下层除一部分承托楼梯之上部外，还承托藻井。次层为承重梁，梁本身之上，更贴置高36厘米、厚15厘米之缴背，将楞木嵌置其上，以承上层板。

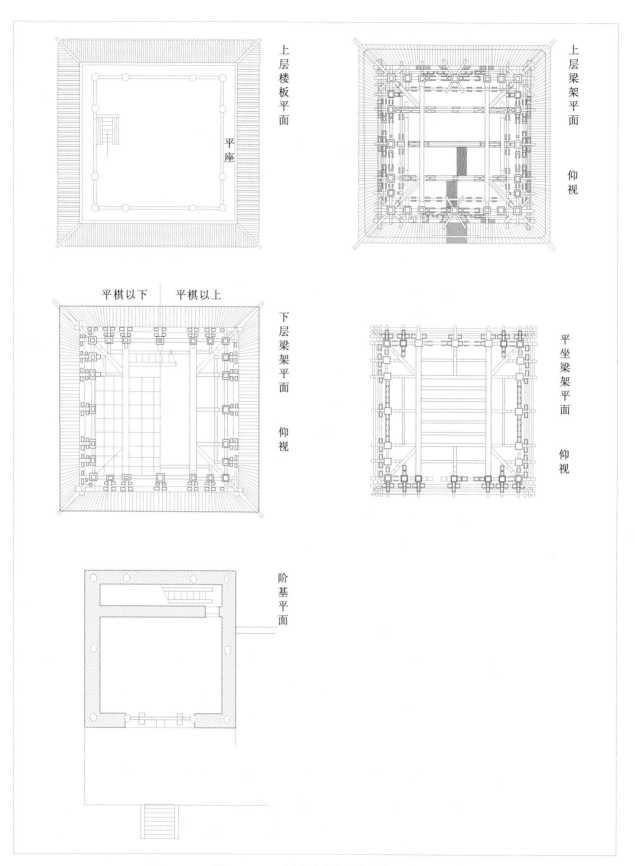

上层楼板平面

平座

上层梁架平面　仰视

平棋以下　平棋以上

下层梁架平面　仰视

平坐梁架平面　仰视

阶基平面

图7-4-3-10　善化寺普贤阁各层平面图

上层四椽栿支撑屋盖。在梁背之上，按前后檐椽之长，安放背方，前端延长为观枋头，后端至平槫缝下承驼峰。驼峰之上，大斗之内，有十字相交之令栱，以承平梁及与之相交之襻间替木。平梁之上为侏儒柱，其上施丁华抹颏栱，栱上为襻间及替木。

在平槫缝下，与槫平行，自山面柱头铺作之上，下椽槫之上施驼峰，其上十字栱与四椽栿上连栱交隐。栱上亦施平梁，梁上侏儒柱，叉手，丁华抹颏栱。在两际之下，另加平梁，以承出际部分。此相邻之平梁与蜀柱之间，以斜撑联合。

5.屋顶

阁有上下二檐，上檐为九脊式顶。阁前后撩风槫间之距离为11.38厘米，上下两檐皆以筒瓦盖顶。正脊、垂脊、岔脊、博脊，皆以砖垒成。脊下用筒瓦两路，以代线道瓦及当沟，脊上则以筒瓦扣脊。正脊正中施砖雕牌楼为饰，边楼之旁为龙头，正楼及左右龙头之上皆立刹形宝珠。

普贤阁与大雄宝殿属于同时代。

图7-4-3-11 善化寺普贤阁侧立面

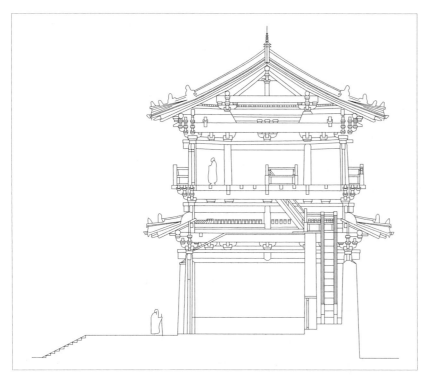

图7-4-3-12 善化寺普贤阁横断面

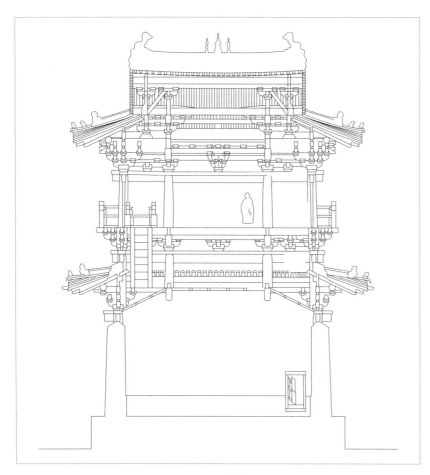

图7-4-3-13 善化寺普贤阁纵断面

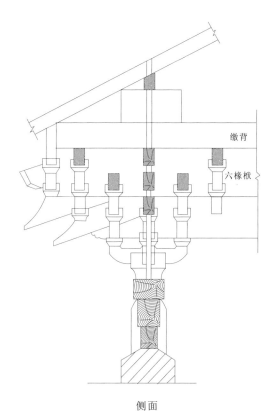

正面

侧面

图7-4-3-14　善化寺三圣殿柱头铺作

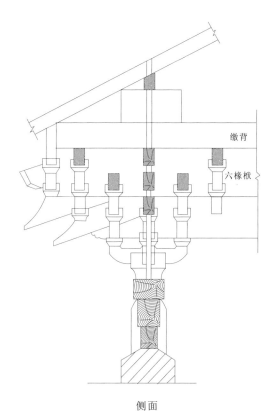

（三）三圣殿

善化寺三圣殿位于大雄宝殿之前。殿五楹间，单檐四阿顶，内供一佛二菩萨像。

殿建于砖砌台基之上，台基平面为长方形。台基之前为月台，较台基低一阶。

殿面阔五间，平面为长方形。其南面当心间设门，次间辟窗。北面在当心间设门，殿内设柱共八根，其中四根为主柱，其四根主柱中，当心间二金柱，置于后部第二槫缝之下。次间梢间之金柱，则向前移至第一槫缝之下。此种不规则之配置法，在同期其他建筑中是没有的。四辅柱中，两根在当心间前金柱位置，两根在次梢间柱后。中三间沿后金柱砌扇面墙，墙前为砖台，上供三圣像及胁侍菩萨二尊。殿东北隅供关帝并侍像。

三圣殿材高26厘米，厚16～17厘米。高与厚约为三比二。架高10～11厘米，合材高15厘米，与《营造法式》相符。

1.斗栱：此殿斗栱的外檐两次间的补间辅作为三抄，每跳皆有45°之斜栱，结构较复杂。

外檐当心间，用补间铺作二朵，余皆一朵，而柱头铺作、转角铺作为六铺作单抄双下昂垂栱造。

（1）外檐柱头铺作自栌斗口外，施华栱一跳。跳头施瓜子栱、慢栱及罗汉枋，典华头子相交。华头子上插昂，为第二跳，跳头亦施重栱素枋。第三跳亦为插昂，跳头施令栱，与由内部伸出作要头之梁头相交。要头系蚂蚱头形。令栱之上，直接施撩檐枋。

此殿斗栱出跳之长，皆远超过宋《营造法式》"不得过三十分，……第二跳减四分"的规定。第一跳长三十四分余，而第二第三跳亦为二十八分左右。栌斗口内左右伸出泥道栱，其上施慢栱并柱头枋三层。里跳卷头三跳，第一、第二跳重栱记心造，第三条偷心，直接托于乳栿之下。里跳之长，约为三十二分，也超过了《营造法式》规定之数。

（2）外檐正面当心间、梢间及山面之补间铺作，出跳之长度及栱的配置，与柱头铺作同，但出跳用下昂，在大同诸寺中，只有此殿。第一跳华栱跳头之上，出华头子，其上斜施下昂，昂后尾向上挑起。第二昂在第一昂上，与之平行，而多一跳。跳头施令栱，与耍头相交。铺作后尾出华栱三跳，第一、第二两跳重栱计心，唯第一跳跳头之瓜子栱，刻作云形。

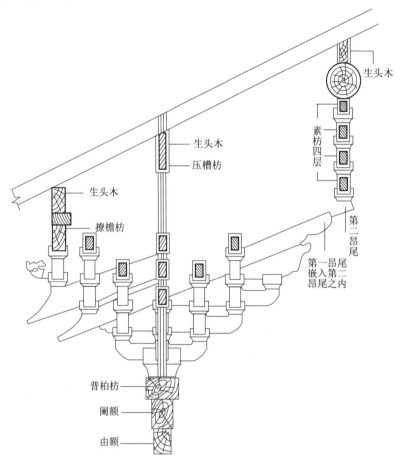

图7-4-3-15 善化寺三圣殿补间铺作侧面

第四跳之位置上，有不规则的三角形木，即所谓靴楔。靴楔刻作翼形卷瓣，紧托于第一昂尾之下。第一昂尾刻作简单之两卷瓣，托于第二昂尾下。第二昂尾方整无饰，尾端施散斗，以承托多层之素枋及枋上之槫。

（3）次间补间铺作自栌斗向外，正面出三抄，自栌斗45°斜线上，左右各斜出三抄跳头，与正面华栱出跳跳头并列。第一跳华栱跳头，左右斜出两跳，第二跳华栱跳头，亦左右出一跳至第三跳跳头并列为止。第一、第二跳正斜华栱之跳头，各施加长之重栱素枋，与正斜各华栱相交。在第三跳正斜华栱之上，与各华栱平行计有耍头七个。排比并列，与令栱相交承于撩檐枋之下。

（4）外檐转角铺作是缠柱造，做法是用栌斗三个，一个在角柱上，两旁普柏枋上，又各置一斗，即所谓附角斗。在三栌斗上，正侧两面皆出单抄双下昂，角斗在斜角线上，更出角栱角昂共三跳。正侧面跳头皆施重栱，皆为鸳鸯交首栱，连贯左右跳头，而相交于角栱角昂之上，复伸出侧面出跳。第三跳为令栱，鸳鸯交首并列，与各缝耍头及由昂相交，以支角部正侧两面相交之撩檐枋。后尾则角栱角昂向后挑起；附角斗缝上之昂尾，系贴于角昂后尾之上。角栱第二跳跳头之上，施略似圆形之平盘斗，而附角斗上伸出之第二跳华栱后尾，亦将栱之一部斜削，使贴于角华栱之侧。圆形平盘斗之上，则承托第三跳正面侧面及角华栱之相交点，其上即为角昂后尾，承托于第一缝交点之下。附角斗第一跳之瓜子栱，亦刻三福云。

（5）内檐斗栱的位置及其功用，可分为承梁与承枋两种，其构造较简单。斗栱沿内柱之一周设承枋斗栱，都在栌斗内置泥道栱，栱上置三散斗，以承槫下的枋木。其承梁之斗栱，则有华栱一跳，与泥道栱相交，其上又承大替木，将梁置于其上。沿第一槫缝之下，则在梁下施大斗，斗口内出角替，以承平梁。

2. 柱：檐柱十八根，其正面之六柱中，当心间二平柱高 6.19 米，次柱高 6.48 米，角柱高 6.59 米，角柱高于平柱 40 厘米，其生起远超过《营造法式》中"五间生高四寸"之规定。平柱下径约 58 厘米，柱头小于栌斗，微有卷刹作覆盆状。内柱达第二槫缝斗栱之下，高约 9.8 米。当心间两柱隐于扇面墙内，次柱下径 79 厘米。

3. 梁架：檐柱各柱头间左右施阑额，高 42 厘米，其下施由额高 30 厘米，其上施普柏枋。阑额角柱出头处刻作菊花头形，其上施普柏枋。

当心间前面檐柱与后面内柱之间施六椽栿，外端置于平柱柱头铺作之上，内端交榫于后内柱。六椽栿分上下两层，下层高两材一栔，置于华栱之上，上层高两材两栔，外端之下部为耍头。六椽栿与后内柱交榫处，以角替承托。六椽栿之上为四椽栿，前端置于前面第二槫

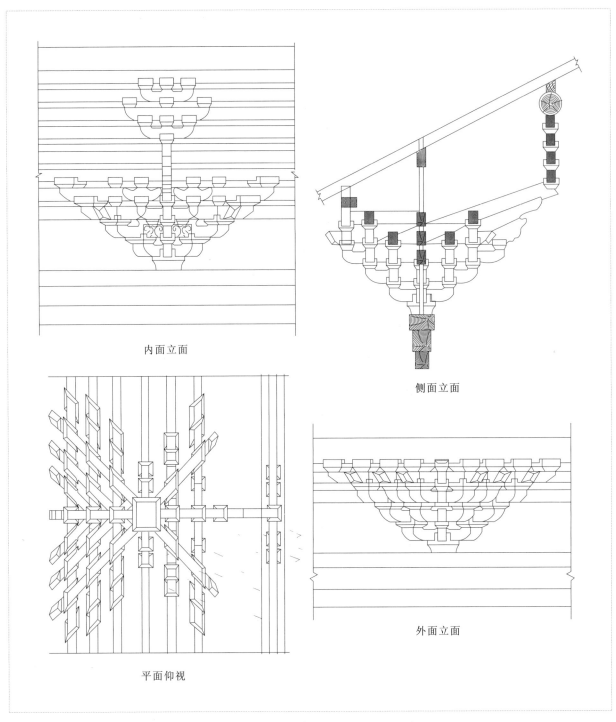

内面立面

侧面立面

平面仰视

外面立面

图7-4-3-16　善化寺三圣殿次间补间铺作

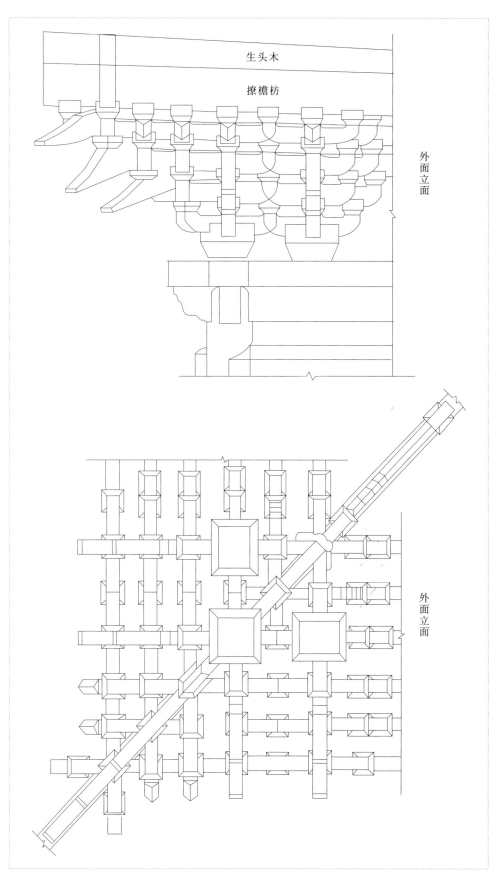

生头木

撩檐枋

外面立面

外面立面

图7-4-3-17　善化寺三圣殿转角辅作

缝下之侏儒柱上，后端则置于后内柱上。后内柱与侏儒柱上皆施斗栱以承四椽栿。四椽栿亦分上下二层，梁栿两肩作三卷瓣。

四椽栿上，在第一槫缝置侏儒柱底，与次间之顺扒梁相交。顺扒梁上有普柏枋，枋上置斗，斗内施梢头栱，上承平梁，平梁亦分上下两层，下层高一材一梁，上层高不及两梁，但上层较宽，如额上之普柏枋。

脊槫缝下之侏儒柱，与合楷相交，置于平梁之上。合楷之厚较侏儒柱稍薄，故于侏儒柱之下端作凹口，插于合楷上。就形制与结构意义言，此合楷极似清式之角背，而与大雄宝殿海会殿及《营造法式》之驼峰不同。侏儒柱上安斗，斗上安襻间，两面出耍头并安叉手，襻间之上为足材襻间，紧贴于脊槫之下。

后檐柱与内平柱之间，施乳栿长两椽。乳栿亦分上下二层，各高两材。正中施矮柱及斗栱，以承搭其上之槫。

次间内柱与前檐柱之间，安大梁如当心间，梁之长度仅五椽。五椽栿上无四椽栿，在前第二槫缝上用矮柱，以承内额，额上施普柏枋，枋上安斗栱，以承山面第二缝槫。后端交榫于内柱，以角替承托。

次间后乳栿长三椽，在后第二槫缝上安矮柱，以承后内额。第三槫缝下，亦施矮柱与驼峰相交以承斗栱，及其上之劄牵。

次间前后第二槫缝之下，施顺扒梁两个，内端置于六椽栿上，外端置于山面第二槫上。顺扒梁上施普柏枋，枋上坐斗，约在梁中而略偏于山面斗；内施楷头栱以承太平梁，及太平梁上之侏儒柱，驼峰叉手等部分。脊槫及两垂脊内之隐角梁，即相交于太平梁侏儒柱之上。在太平梁与山面第二槫之间，又施大斗，斗上施素枋两重，以承山面第一槫，斗内有角华栱和耍头，与素枋斜角相交，为支承隐角梁之辅材。

两山檐柱与次内柱上大梁之间，施乳栿，外端在两山柱头铺作之上，内端在大梁之下，外端伸出为耍头，其上复施一材。在内柱后端与侏儒柱相交，置于乳栿之上。两层乳栿之上，施一枋，高一材，自撩檐枋达第三槫缝以内，在槫缝之下，承矮小之驼峰于此枋之上，以承斗栱及槫枋。

各槫之下，皆施素枋数层为襻间。其各槫缝之分配如下：

①脊槫缝：侏儒柱下斗内，施襻间一材，两面出耍头，襻间上隐出栱形，上施散斗。脊槫下之无斗襻间，高一材一栔，各架侏儒柱之间，

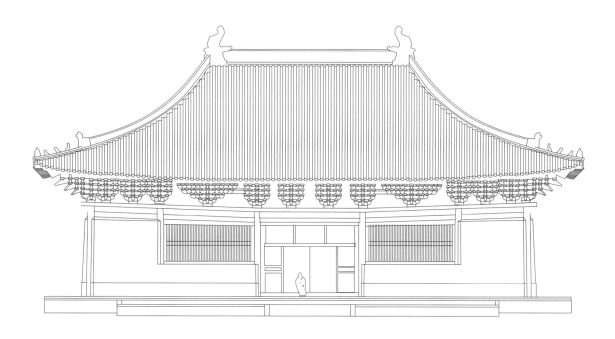

图7-4-3-18 善化寺三圣殿正立面

图7-4-3-19 善化寺三圣殿侧立面

图7-4-3-20 善化寺三圣殿当心间横断面

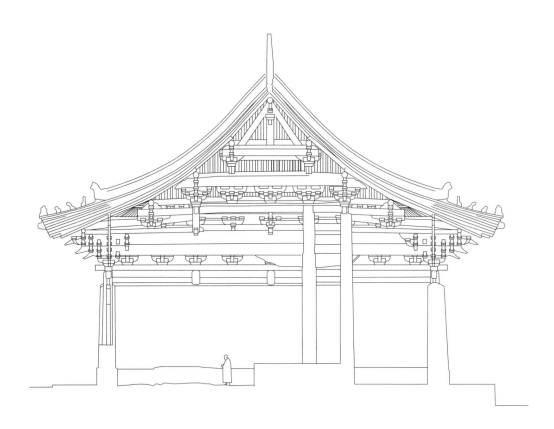

图7-4-3-21 善化寺三圣殿次间横断面

亦施联络构材，即《营造法式》所称顺脊串。

②第一槫缝：槫置于梁头上，其下紧贴半材襻间，施襻间两层，上层与梁头交，下层与榬头栱交于斗内。

③第二槫缝：第二槫缝即内额缝。槫置于四椽栿之两端，槫下亦为半材实柏襻间，并襻间两材，下层襻间及榬头栱之下，更承以相交之栱，置于斗内。山面第二槫缝，即于内额斗栱之上，施与四椽栿大小相同之栿，其上施缴背以承椽。

④第三槫缝：与上一缝略同，但用襻间三间半，而不用最下层栱。最上半材贴于槫下。上层襻间与劄牵相交，次层与榬头栱相交，下层与栱相交。

4. 殿顶：殿亦四阿顶，如大雄宝殿，但有极微之推山。前后撩檐枋间之距离为 22.1 米，举高 7.26 米。置于其每缝折下之数，则远过《营造法式》所定，致使屋坡之角度，颇显陡峻。各架槫缝之水平距离，异于他殿之均等排列，即下两架长而上两架短，而椽之实长，则长短相间，故自下起，第一、第三两架较短，第二、第四两架较长。

此殿檐柱既有显著之生起，自平柱始于槫上施生头木，成为两端翘起圆和之曲线。盖顶用筒瓦，正脊垂脊皆用砖垒，上覆筒瓦。

5. 装修：前后当心间皆辟门，在由额之下置额，两侧于平柱之旁，设样柱，下为地栿。腰串以上为走马板。腰串之下地栿之上为立颊。立颊与样柱间，复用腰串，其间空档安泥道栱。正面次间在槛墙之上，安置棂窗，每窗四十九棂。

三圣殿在大定十六年（1176 年）碑中称为前殿，为金天会六年（1128 年）至皇统三年（1143 年）间落成诸殿之一，较薄伽教藏殿晚百年。

（四）山门

山门为善化寺之正门，在三圣殿之前，门东西五楹，南北两楹，单檐四阿顶，正中为出入通道。

1. 平面：门东西五间，南北四架，平面为狭长之长方形，当心间南北开门，为寺之出入道。南面次间设窗。

前后檐各六柱，纵中线上立山柱中柱六根，共为十八柱。

2. 斗栱：外檐斗栱为五铺作单抄单昂重栱造，计有柱头铺作、转角铺作、补间铺作三种，而柱头铺作因功用之不同，又有三种变化。内檐斗栱施于纵中线上，有柱头铺作、补间铺作两种。内外檐斗栱之配列，当心间与左右次间皆用补间铺作二朵（图7-4-3-23）。

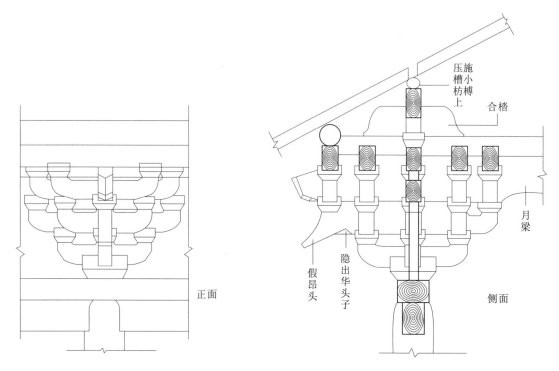

图7-4-3-22　善化寺山门柱头铺作

（1）外檐柱头铺作栌斗口里外出华栱一跳，跳头各施瓜子栱、慢栱及素枋一层。第二跳为平置之华栱，外端作假昂嘴及华头子，跳头施令栱，承其上通常之替木与撩风槫，内端栱头施令栱素枋各一层。在柱左右中线上设泥道栱、慢栱与其上两层之柱头枋及压槽枋一层。但次间柱头铺作后尾除承托与正面成正角之乳栿外，出斜栱两跳，以承托45°之抹角梁，直搭在山面山柱柱头铺作上。山柱柱头铺作后尾、华栱后尾及其上两层之中柱柱头枋。在两斜角上均出斜栱，以承受前后次柱上之抹角梁。

（2）外檐转角铺作共有三栌斗，角栌斗及附角斗在正面及侧面各出华栱一跳，昂一跳，华栱跳头施重栱，昂跳头施令栱。角栌斗斜角线上则出斜栱斜昂及由昂。正面侧面各层为鸳鸯交首栱。后尾以斜栱为主，计三层，第四五层为角昂及由昂挑起之后尾，承托于角梁之下。附角斗内唯华栱后尾出一跳，计心，第二跳即交于第二跳角栱之上。第二跳角栱之上施平栌斗，以承第三跳角栱及与之相交之令栱。令栱上之素枋，与角昂尾相交。

（3）补间铺作栌斗口内出华栱及下昂各一跳。第一跳施重栱，第二跳施令栱，与耍头相交。

（4）内檐柱头铺作承托中柱与前后檐柱上之乳栿。承托中柱与前后檐柱上之乳栿。栌斗口内前后出华栱两跳，跳头上各栱之分配，与外檐柱头铺作后尾同。

（5）内檐补间铺作前后两面均与外檐补间辅作之后尾完全相同。山门之柱为前后檐及纵中线上三列。内外檐斗栱相同，内外柱高度相等。平柱之高为 5.86 米，角柱高 6 米，生起 14 厘米，与《营造法式》中"五间生高四寸"之规定，较为接近。平柱下径约 47 厘米。

3. 梁架：沿檐柱一周皆施阑额。阑额高 33 厘米，厚 22 厘米。角柱出头如《营造法式》卷三十之楷头绰幕。北面当心间平柱出丁头栱以承阑额，即清式角替之前身。阑额上置普柏枋，大小同阑额，其上安斗栱。

山门梁栿皆为月梁，为北方所罕见。山门中柱与檐柱同高，上施斗栱，以承乳栿。乳栿之上施缴背。乳栿正中置驼峰，左右驼峰之间施襻间一材，襻间之上为普柏枋。中柱中线位置在梁上立蜀柱，柱下安合楷。蜀柱左右以襻间相联络。此蜀柱及驼峰上之斗，皆出华栱与泥道栱相交，泥道栱上承襻间，华栱上承剳牵，前后一致，而前后剳牵，乃为一整木，斫作月梁两段之形。梁头与襻间两材相交，其上置平槫。前后剳牵相接处，亦立侏儒柱，柱下之合合楷，形如两瓣驼峰。柱头以襻间左右联络，柱上置斗，斗内施襻间，两面出耍头，如《营造法式》"丁华抹颏栱"之制。其上施足材襻间及脊槫，左右施叉手。

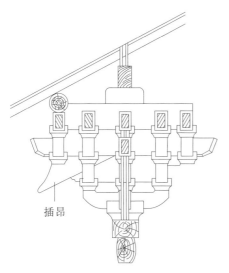

插昂

图7-4-3-23 善化寺山门补间铺作侧面

4. 殿顶：山门为四阿顶，屋顶布筒瓦。正脊垂脊皆用砖垒砌，上覆筒瓦一陇，脊下亦横施筒瓦二垄，以代线道及当沟。正吻下半，与三圣殿之残吻略同，上半则为较小之龙，盘踞其上，龙首向内。

5. 装修：当心间南北面檐柱间皆设门，上为走马板，唯南面立颊直达腰串之下，而北面则达阑额下，故门框部分之构造，前后略有不同。立颊外侧之抱鼓石雕镌颇有古趣。前面次间在槛墙之上，安直棂窗，直棂中断施二横棂。山门后面无窗。

山门在大定十六年（1176年）碑中称为天会皇统年间落成。

东西配殿位于三圣殿前，面阔各三间，覆悬山顶。其平面面阔进深及梁架结构，当为同时所建。

（五）结构变迁

前述华严、善化二寺诸建筑，以辽兴宗重熙七年（1038年）所建之华严寺薄伽教藏殿为最早，金太宗天会六年（1128年）至熙宗皇统三年（1143年）间落成之善化寺三圣殿山门为最晚。从建筑之结构及结构上所产生之样式，可窥辽金二代建筑变迁之痕迹及其与各时代之相互关系。兹归纳前文所述平面配置、材梁斗栱比例，大木架构、屋顶坡度等项之特征，作辽金结构变迁之初步分析。

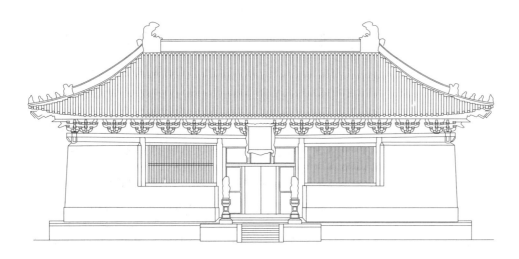

图7-4-3-24 善化寺山门正立面图

1. 台基：大同辽金佛寺之主要建筑物，若华严寺大雄宝殿薄伽教藏殿及善化寺大雄宝殿，皆建于高台上。其前复有月台，台之正面设石级，与义县奉国寺大雄宝殿大体符合，当为辽金通行方法之一。二

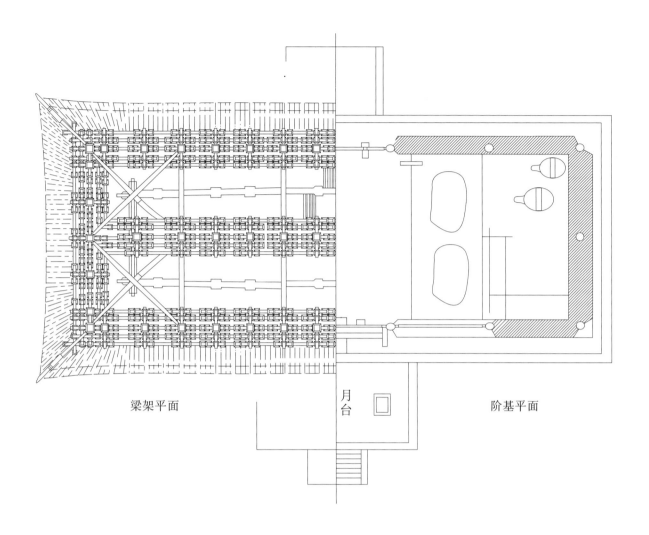

梁架平面　　　　　　　　　月台　　　　　　　　　阶基平面

图7-4-3-25　山西大同善化寺山门梁架平面与阶基平面

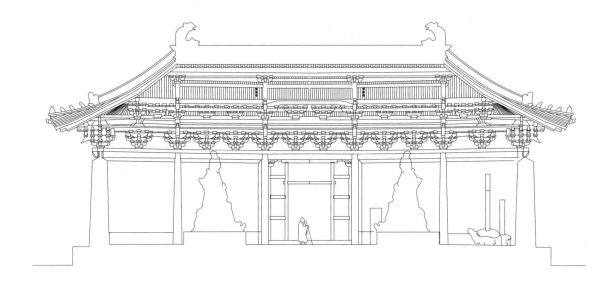

图7-4-3-26　山西大同善化寺山门纵断面

图7-4-3-27　山西大同善化寺山门横断面

寺之次要建筑,若华严寺海会殿与善化寺三圣殿山门前台及月台,均甚低矮,依《营造法式》只能称为"阶基"而非"台"。当时"台"与"阶基"之应用,依前述诸例,似以建筑物为主要或次要而定。

图7-4-3-28 山西大同善化寺山门东立面

2. 殿之平面:诸殿平面,除善化寺普贤阁为方形外,其余皆为长方形。面阔与进深之比,系变化于5:3.6至5:1.89之间,不一致。但二寺内,邻接建筑所示之比例,极相接近。各间之面阔,以当心间为最大,左右次、梢、尽诸间,依次减小似为常例。在铺间斗栱设置上,唯有大同辽建筑之补间铺作,每间皆仅一朵,比宋式更为疏朗。其后金初善化寺三圣殿之当心间,与山门之当心间、次间,各用补间铺作二朵。面阔以善化寺三圣殿当心间7.68米为最阔,华严寺薄伽教藏殿梢间4.56米为最狭。槫架之水平距离,以2米至2.5米居多数。

平面配置中,建筑之内柱配列,各依实用上的需要取不同方式,极合建筑原则。

殿内中央,其内槽因安置佛座而外槽为瞻拜顶礼之所,皆须取较大空间,故力求减少其中央部之柱数,以便更合于实用。华严寺海会殿与善化寺山门内柱，不与两山檐柱一致。

综上所述，宋辽金三代材之比例，和宋《营造法式》相近，而梁之比例，则辽金较宋式稍大，是辽宋间结构之不同之处。辽代遗构中，华严寺薄伽教藏殿建筑之年代，皆较《营造法式》成书之时更早。所用建筑方法，当系承唐式建筑之传统影响。用材之比例，遵守唐代遗规。

3. 斗栱：辽金栱之高厚（即材之广厚）与宋式大体一致。唯其栌斗之长高比例，与各栱长度出跳分数等，和《营造法式》不同。

（1）辽金栌斗之长多数大于《营造法式》之规定。故前举十例之平均数 34 分大于《营造法式》之 32 分。唯进深参差不一，如善化寺三圣殿者，进深较面阔稍小，非正方形。栌斗之高平均 20.5 分，则与《营造法式》相差甚微，大体比例相等。

（2）栌斗之比例，宋辽金时代虽无显著之差别，然其局部比例，则辽金栌斗之"歘"较其本身之"耳"稍高，栌斗之"平"亦半数超过材高十五分之四，均与《营造法式》相异。

（3）散斗之比例亦与栌斗相同，即其通长、通高、底长等，与《营造法式》接近，而其"歘"，均较本身之"耳"稍高，"平"亦较《营造法式》规定之二分稍大。此"歘"与"平"之总和，即梁之高度。

（4）《营造法式》斗栱出跳之长，以 30 分为标准。华严寺薄伽教藏殿及善化寺大雄宝殿，几达材广十五分之十分。即其第二跳之长，视第一跳约缩短三分之一，为辽式斗栱最特殊之一。但金代建筑所减之数，已不如辽代之明显，且有五铺作第二跳不减。

（5）耍头之长，除善化寺三圣殿山门外，均较《营造法式》大。

（6）泥道栱、瓜子栱、令栱三种之长度，在《营造法式》有两种方式。

① 泥道栱与瓜子栱相等，而令栱稍长。

② 宋式斗口跳及铺作全用单栱造，泥道栱之长大体与《营造法式》接近。金初建筑，如华严寺大雄宝殿，三栱之长度相等，或如善化寺三圣殿，泥道栱与令栱相等。

（7）《营造法式》慢栱，无正心慢栱与内外拽慢栱之别，栱长 92 分，与清式万栱同。除华严寺海会殿之外檐柱头铺作，因栱下用替木之故，致正心慢栱长度特短外，其余皆较《营造法式》长。其最长者如华严寺薄伽教藏殿，比《营造法式》增加三分之一，按辽代补间铺作皆仅一朵，没有当心间用二朵之例。

前述辽金栌斗散斗之"歚""平"高度，与昂栱之出跳及瓜子栱、令栱、慢栱三种之长度，俱与《营造法式》不能符合，这是自然的。

（8）华严寺薄伽教藏殿等，皆建于《营造法式》成书以前，为唐代建筑法之遗留，为燕云一带特有之建造方式。斜栱一类，分布范围亦倾重于当时燕云诸州及其邻接区域。故辽代斗栱之比例，尚保留一部分唐代规则或地方规则。

辽金建筑斗栱有30余种，多变化形式，特别是斜栱形式。斜栱在辽代遗构中仅有转角铺作及补间铺作两类，至金初善化寺山门，用于柱头铺作。斜栱之排列在平面上有45°与60°两种。其内外取对称方式者，利用杠杆作用支撑檐部重量，如转角铺作之抹角栱，与补间铺作之45°或60°斜栱，较普通斗栱更为安全。但斜栱之后尾或前端未延长于内侧或外侧，并不是健全之结构，如善化寺大雄宝殿之次间补间铺作，与善化寺山门之山面柱头铺作。金初所建三圣殿之次间补间铺作，外侧每跳交互斗上，皆出45°之斜栱，而延于内侧者，只栌斗上斜栱二缝。此烦琐笨重之斗栱，在结构上极不合理，故斜栱逐渐衰微。

下昂在辽代遗物中，其后尾均压于草栿下，如辽末应县佛宫寺塔，此外尚未见补间铺作用下昂结构。金初善化寺三圣殿始于昂后尾挑斡上施斗，托载第三缝槫下之襻间，与《营造法式》"若屋内彻上明造，即用挑斡"同。

《营造法式》插昂之制在辽代遗构中没有发现，仅见金初善化寺三圣殿之柱头铺作，及同寺山门之补间铺作。足见下昂后尾之结构法，受宋式之影响。

4. 梁架：大同辽金建筑的阑额，除金初善化寺三圣殿于阑额之下加由额外，其余皆仅阑额一层。额之高厚比例，以华严寺薄伽教藏殿所用五比二为最高，余皆升降于二比一至八比五之间，大体与《营造法式》接近。阑额之端，伸出角柱外部分，辽代均垂直截去，自成一系统。其法至金初未变，如华严寺大雄宝殿，尚沿用之。但善化寺山门已用斜刹之法，及同寺三圣殿用类似宋式之"楂头绰幕"，均为辽代诸例所未见，足证金初建筑已受宋式之影响。

阑额之下两端皆无角替，唯有内部梁架下有之。最早者为辽建善化寺大雄宝殿内顺栿串之端，已具角替之意义。其后金初所建同寺三圣殿六椽栿下，则有正式角替，形状与正定阳和楼内部所用基本相同。

普柏枋之宽与厚，在大同辽构与金初华严寺大雄宝殿，皆为二比一左右。唯金初善化寺三圣殿山门二处，为三与二之比，与宋式比较接近。普柏枋之宽，约为栌斗长的三分之二。

善化寺大雄宝殿普柏枋之断面，上皮微凸，仅于安装栌斗处削平。此法可使栌斗无左右倾斜之忧，甚得结构要领。

梁栿的形状，在辽代遗构中皆为直梁，唯金初善化寺山门用假月梁，疑为随北宋的灭亡与金版图之扩大传入北方。梁的断面大多数狭而高，但也有近于方形之例，如善化寺普贤阁之四椽栿，高与厚为五与四之比。梁之两侧有卷刹，俱同《营造法式》。

辽代梁架之层次及其细部手法，如缴背、驼峰、侏儒柱、丁华抹颏栱、叉手等均如《营造法式》所载，足可证实辽宋建筑同源于唐式。惟金初善化寺三圣殿山门，易驼峰为合楷，手法渐变。可能清式瓜柱下之角背，渊源于此。此外辽金二代之襻间结构，亦与宋式不同。辽金为各间通长，似较宋式更为稳固。明清之金枋脊枋，亦系各间通长，是受辽金之影响，而檩下枋上之空间，施垫版亦似由辽金襻间之散斗替木等改进的。

5.屋顶：辽建筑之屋顶坡度比较平缓，如华严寺薄伽教藏殿为24°，海会殿为25°，善化寺大雄宝殿与普贤阁为27°，广济寺在28°以内，可谓为辽建筑特征之一。金初善化寺三圣殿山门，则增至33°左右，与辽式之差别最为显著。屋顶之折缝，大同辽金遗物，多数不如《营造法式》之秩序井然。若华严寺海会殿第二缝所折极微，善化寺大雄宝殿仅折第一、第二两缝，自第二缝以下至檐端成一直线，又如同寺三圣殿最上一架，竟超出45°以上。

辽代屋顶用四阿式，如广济寺三大殿及善化寺大雄宝殿，俱无推山。金初善化寺三圣殿，则于山面最上一架，向外推出少许，与辽式相异。

宋式建筑出檐之结构，是于令栱上施狭而高之撩檐枋，以承檐椽与飞檐椽，或不用撩檐枋，改为撩风槫。因槫径较大，故于槫下施替木一层。辽代遗构中撩风槫占大多数。至于替木之变迁，在辽代只华严寺薄伽教藏殿之壁藏，与善化寺普贤阁二处之上檐，因补间铺作距离较近，故于令栱上，施通长之替木，若清式之挑檐枋。金后，华严寺大雄宝殿与善化寺山门，虽补间铺作甚疏朗，也采用挑檐枋。

大同辽金之鸱尾，现存华严寺薄伽教藏殿、大雄宝殿三处。前者制于辽中叶，下部有吻，而上部为鱼尾分叉形，尚有一部分为唐式。根据华严寺大雄宝殿之重建纪录，至迟亦为金初作品。墙为大同辽金遗构，因气候之故，俱无外廊，而于檐柱之间，筑以厚墙。其下部为砖砌裙肩，上以横直木骨与土砖合砌。

综上所述，辽与北宋建筑在时间上虽为同期，然其结构手法有相同和不同之处，但都源于唐式。此因燕云一带，自五代落入契丹以来，与中原文化相对隔绝，除一部分固有地方色彩外，必保留若干唐式手法。至于金初建筑，如斗栱比例似极繁杂，但井然有序。

四、应县佛宫寺释迦塔（应县木塔）

（一）应县佛宫寺总体布局与历史沿革

佛宫寺是一处以塔为核心的寺院。该寺创建于后晋天福年间，辽清宁二年（1056 年）重修，金明昌六年（1195 年）修毕。从政治大环境看，辽在此地统治较为稳固。辽兴宗皇后萧氏系应州人，其父萧孝穆在兴宗朝颇有权势，兴宗本人又是崇佛的皇帝，因此推测萧孝穆作为辽朝的皇亲国戚，对于募建这座寺院起了重要作用。故能于清宁二年建成如此规模宏大的寺院和佛塔。

从文献资料和建筑遗迹可知，当时寺内有以下建筑：

1. "塔后有大雄殿九间"。据田蕙《重修佛宫寺释迦塔记》，对照 1933 年营造学社调查记录，可知原寺中轴线上塔后为砖砌台墓，高 3.3 米，面宽 60.41 米，深 41.61 米。这一高台基即为九间之大雄殿所在地。

2. 塔前原有钟楼。据明《应州新修钟楼记》和《跋钟楼记》记载，寺于明昌二年（1191 年）铸巨钟。原有钟楼建筑大小依钟的大小推测；面宽、进深皆应在 10 米以上。

3. 塔前有山门。民国二十二年（1933 年）仍留有基址。面宽五间，通面宽 19.81 米，进深二间，通进深 6.37 米，其开间进深尺度与木塔副阶尺度相似，故应为辽代建筑规模。

塔前只有山门、钟楼，塔后只有大雄殿，即"其袤广不数亩，环列门庑不数十楹"。

图7-4-4-1　应县佛宫寺释迦塔

（二）木塔选址应州的原因

重熙十一年（1042年），趁宋与西夏连年战争、师劳民疲之际，契丹遣使向宋索要关南十县地。同时，集重兵于幽、涿，进行战争恫吓。宋廷在增币、联姻、战争这三种方式中，选择了前者，契丹靠武力威胁，迫宋年增纳银10万两，绢10万匹。

宋之增币，迫于形势，也有牵制西夏的用意。事实亦如此。重熙十三年（1044年）九月，兴宗亲征西夏，先胜后败，得失相当。十一月，兴宗于回军之际，改云州为西京。在应州、丰州（今呼和浩特东）建塔以加强守望，就是一个必要的环节。

著名的北宋监察御史包拯，于庆历五年（重熙十四年，1045年）九月为契丹贺正旦使，对契丹加强西京防务，《续资治通鉴长编·卷一五七》中有过议论：

> 臣昨奉命出境，敌中情伪颇甚谙悉。自创云州作西京以来，不辍添置营寨，招集军马，兵甲粮食，积聚不少。但以西讨为名，其意殊不可测。缘云州至代甚近，从代州全应州城壁相望只数十更。地绝平坦，此南与北古今所共出入之路也。自失山后五镇，此路尤难控扼，万一侵轶，则河东深为可忧。不可信其虚声，驰其实备……今后应沿边要冲之处，专委执政大臣，精选素习边事之人，以为守将，其代州尤不可轻授。

木塔之军事用途是有据可查的。在山西朔州发现的乾统七年（1107年）的《杭芳园栖灵寺碑》中，记有"金城戍楼"，即应州木塔。澶渊盟誓后，中国出现第二次南北朝局面。但两家在军事上的戒备并未放松，沿边重镇加强防御设施。如在河北方面，宋于镇州（今正定）建造高达83米的开元寺释迦塔，辽于涿州建智度寺、云居寺塔，于良乡燎石岗建昊天寺塔等皆可用于守望。

宋辽在山西方面，大体是以恒山横断山脉之分水岭临界，而以勾注西陉为"南北古今所共出入之路"。宋辽据勾注西陉南北险要各建雁门关。应州治金城县，南屏恒山，扼勾注西陉迤东之"十八要隘"，而又"地绝平坦"。于此地建高塔，加强守望，诚军事所需。

"金城戍楼"营建的伟大壮观，与萧孝穆兄弟之亡故有关。

在两年多的时间内，萧孝穆兄弟五人中三人相继过世，尤其在崇尚佛释的气氛中，兴建寺塔，以为逝者祈福。

恰于此时，辽迫宋增币成功，连同澶渊盟誓所得，年达银 30 万两，绢 20 万匹；与西夏战事频频，加强西京方面势在必行；附近黄花山有茂密森林；应州需建塔守望，这些都激励着契丹上层营建一个堪与宋开宝寺塔媲美的大木塔。

萧皇后派彰国军即应州节度使萧运为正旦使，实为带领主要技术匠师，勘查借鉴[1] 开宝寺塔。

重熙十三年，辽已经开始准备营建寺塔的木料："臣顷闻河朔人说，契丹自山后斩伐林木，开凿道路，直抵西山汉界。"（《续资治通鉴长编·卷一五〇》）

（三）释迦塔的建筑形制

1. 平面

释迦塔平面为正八边形，第一层是副阶，每面分成三间，周围廊形式。塔身砌筑以厚墙，仅留南北二门。内柱一圈，也多包在厚墙之中。中心部位放置佛坛，内外墙之间留出过道，在西南一侧设登塔扶梯。二至五层平面皆为内外两圈塔柱，外柱共有 24 根，每面分成三间。内柱八根，柱间以勾栏围绕，中部设佛坛。各层平面

---

[1] 辽西京可能拥有建造大木塔的匠师。对此，陈明达先生在《应县木塔》一书中说："应县在辽属西京（即今大同），相距仅 200 里（实 140 里）。辽代的西京即北魏的平城，也就是创建永宁寺七级浮图的地方。永宁寺浮图在记载中仅晚于汉末笮融建浮图祠，而后，洛阳九级浮图又是仿此七级所建。可知大同是建造木塔的起源地之一。自皇兴元年建七级浮图到清宁二年建释迦塔，历时 589 年，耳闻目睹，匠师世代相传，沿至辽代还有熟知前代建造木塔方法的人，并非全无可能。应用此种结构体系（殿堂结构体系）建造木塔，是有其传统渊源的。……辽代所建砖塔，遍于中国北部各地，而独在应县建一木塔，未尝不是在前代传统下的新创造。"

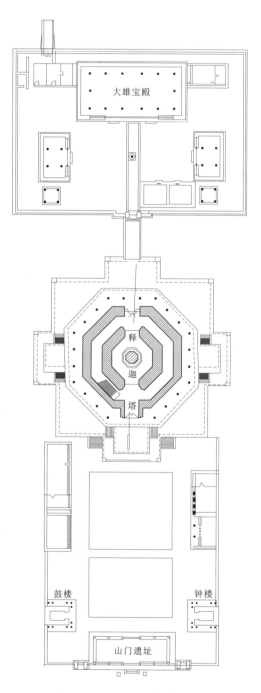

图7-4-4-2 应县佛宫寺平面

中利用内外柱间的空间布置楼梯，上下几层的楼梯位置不同，每层所在方位也不同。整座塔身共有九盘楼梯，除一层楼梯第二盘在西侧之外，其余各层皆布置在四个斜方位，沿顺时针方向登塔。

从第一层西南面开始，直到第五层楼梯，都是顺时针方向安设在外槽。第一层楼梯分两盘，其他各层都是一盘，包括平台层全塔共九盘。第一层楼梯的第二盘在正西面。其余八盘位置都在各层的斜面。八盘中四盘在塔身内的较长（塔身楼梯高 5.02 至 5.45 米），四盘在平坐内的较短（平坐楼梯高 2.74 至 3.41 米）。每上一盘，转过一面接着上一盘。但在从第三层平坐上到第三层后，要转过三面才接着上通至第四层平坐的楼梯。这样就使八盘楼梯在全塔中恰好是每一个斜面上各有一盘长梯和一盘短梯，应是设计匠师的安排。

表 7-1 释迦塔各层平面通面宽尺寸表

	通面宽（厘米）	折合辽尺	线性回归后尺寸（1辽尺 =29.46 厘米）
副阶柱头	1253	42.5	42.5
一层柱头	968	33	33
二层平坐柱头	931	31.6	31.5
二层柱头	927	31.46	31.5
三层平坐柱头	901	30.6	30
三层柱头	883	30	30
四层平坐柱头	847	28.75	28.5
四层柱头	842	28.58	28.5
五层平坐柱头	802	27	27
五层柱头	798	27	27

第二层平坐外檐柱及第三层平坐内槽柱倾斜最大达 8%。四层外檐及二层、五层平坐内槽无侧脚。各层平坐向内退缩，如按实测数折合宋尺寸为：二层、三层较下层柱头收进二尺，四层收进二尺三寸，五层收进二尺八寸，是递增的数字。

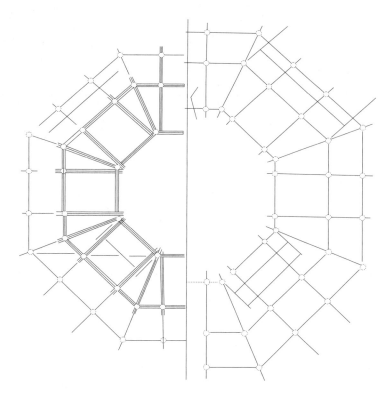

图7-4-4-3 释迦塔平面设计比较图

2. 立面形式

建筑物的立面是汉代以来重楼的发展形式，它为六层檐（包括副阶出檐）五层（不包括各层平台）八角楼阁的形式，以巧妙的檐柱侧脚和收分体现出优美的外轮廓线。塔的第一层设置回廊，廊檐（副阶檐）和一层上檐构成宋辽建筑常设的重檐。二层至五层设平台铺作和平台，各平台以上构成各层塔身。并设铺作层出挑深远的出檐遮盖塔身。五层则为八角攒尖顶所覆盖。

本塔不建造为方形，而建成八边形的原因，主要是抹去方形楼阁形式的四个方角，成为八个钝角，形成均匀的受力形式，使塔身更为稳定合理。

全塔阶基以上分五段，一至四段都是至普柏枋上皮为8.83米，只有第五段是至铺作出跳上替木下皮，亦即塔身一至四段同高，而减低了第五段的实际高度。本塔第一层副阶柱高实测4.26米，加普柏枋17厘米为4.43米，自一层普柏枋以上各段，檐柱普柏枋上皮至平坐普柏枋上皮，各段实测数如下表：

表 7-2　释迦塔二至五段实测数据

	下层檐柱普柏枋上皮至平坐普柏枋上皮高（米）	平坐柱高（米）	平坐普柏枋上皮至檐柱普柏枋上皮高（米）	檐柱高（米）	合计（米）
第二段	4.25	1.63	4.58	3.03	8.83
第三段	4.27	1.65	4.55	3.01	8.82
第四段	4.29	1.62	4.55	3.00	8.84
第五段	3.61	1.35	4.12	2.90	7.73

塔的外轮廓线是一条向内递收的折线，这个轮廓线是以从下至上逐层向内收小和减低为基础而取得的。而在立面图上，各层正面与斜面的比例是 10：7。

本塔的出檐：副阶自地面至脊总高 8.83 米，角柱高 4.42 米，略小于明间面阔 4.47 米。斗栱屋面占总高的 1／2。二至四层各层平坐檐柱高度，大于斗栱屋面高度，二至四层各层斗栱屋面高 4.25～4.29 米。补间铺作一律出两跳。内槽平棊枋高于外槽平棊枋一足材，安装在乳栿之上铺作一律出四跳。塔内各层全部使用平棊，内槽平棊位置高于外槽。

乳栿与铺作的结合方法，使乳栿之下必须有一跳华栱，乳栿高约两材，其上才是平棊枋，也就是平棊最低必须在柱头铺作斗口以上凹材三絜的位置。内槽平棊比外槽高一足材，这就确定内槽转角铺作外转七铺作出四跳。内槽铺作向塔心出跳的一面称作外转，向外槽出跳的一面称作里转。外檐及内槽铺作的里转，正在外槽两侧相对，如遇外檐出跳数多，乳栿下须用华栱两跳的情况，此时如内槽铺作里转，亦于乳栿下用华栱两跳，则外转就必须出五跳，才能使内槽平棊高于外槽平棊。

其次，是藻井的高度。藻井只保存在一、五两层。一层藻井直径 9.48 米，宽 3.14 米，高宽比为 3：1，恰好与上乳栿高层楼板保持一定的距离。五层藻井高宽比与一层大体相同。

从整体看，外檐檐柱缝通高约为本层直径的 1／4。平闇高度低于此数，藻井高度高于此数。一层外檐檐柱缝通高，较以上各层多一倍，为一层直径的 2／4。内部空间设计除了适应平面、立面外，还需逐项解决各种问题，使全部结构构造臻于完善。

3.结构体系

全塔结构从下至上可分为四部分。最下是砖石垒砌的阶基，高 4.4
米。第二部分是塔身，自阶基上至塔顶砖刹座下，全部用木结构，高
51.14 米，是塔的主体。再上是砖砌的刹座，高 1.86 米。最上是铁制塔
刹，高 9.91 米。总高 67.31 米。

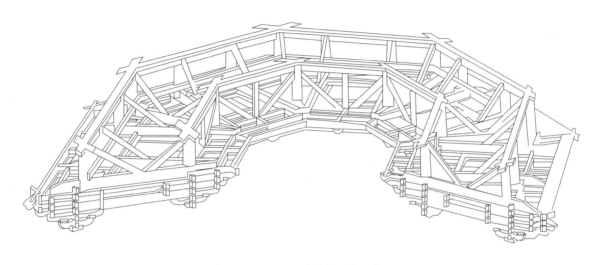

图7-4-4-4　释迦塔结构体系示意图

主体结构又可分为五层塔身、四层平坐和一层塔顶，共十层重叠
结构。

下九层结构，每一层都是同一结构形式，即用普柏枋、阑额、地栿，
将外檐柱和内槽柱结合成两个大小相套的八角形柱圈。外檐用三间通
长的普柏枋、阑额及隐藏在墙内的斜撑，加强柱圈的强度。全层构成
整体的斗栱结构层，落座于柱圈的普柏枋上。

斗栱结构的中央部分，成空筒状。在平坐层，安六椽栿，上铺地面板。
在塔身中部施藻井，塔顶部分，六椽栿，承屋面构架。

这种结构方式自成体系。在水平方向明确地划分层次，每一层是
一个整体构造，结构错综复杂，各方向间有相互制约的关系，而不易
变形。层与层的关系，只是各层整体结构的重叠，因此，不需用通连
的长柱。塔身层由于全靠立柱平行支撑，柱与柱之间没有斜承，是一
种几何可变体系，在塔身稳定上存在一定问题。

塔顶屋面的结构，是同一结构原则。它只是比四边形平面的建筑
物增加了四根递角栿、四根角梁，使各面椽枋在平面上组成八角形。

平梁之上不是承受蜀柱叉手，而是承受 10 厘米见方的铁刹柱。殿堂结构体系的屋顶构架，只是在斗栱结构层上叠垒梁、栿、椽，使之达到屋面举折高度。

塔刹的结构，主要是以刹柱为主干。刹柱全长 14.21 米，下端由放在平梁上的两条方木固定。中部长 1.86 米，方木固定砌筑于砖刹座中。上部伸出于塔顶上，长 9.91 米。自下而上套装铁铸仰莲、复钵、相轮、仰月及宝珠等。

4. 斗栱

（1）斗栱的用材形式

第一种是各层平坐内槽及外檐铺作里转形式——单材或足材枋，沿着内槽各面柱头缝，重叠铺设成八边形圈状结构体。没有栱枋之分，没有出跳，也不用栌斗、散斗。每个角上、每面与外檐柱相对位置及每面当中，各有枋与外檐相联结。

连接内外两圈的枋子，在柱头、转角位置各用两条，一条在上，作铺板枋；一条在下，距上一条一架或一材两架。两枋之间用短枋衬托。补间位置只用一条铺板枋。在枋子下面各用类似出跳的短枋衬托，同时也可以加强各重叠方木之间的联系。这样就使全层内外两圈结构组成一个整体，它负担着全部荷载。所用方木，有足材和单材。横向的尽面阔长度，纵向的尽外槽深度，不拘长短。用料单纯，做法简单。它是斗栱中最简单的做法，是未加工艺处理的原始形式。

第二种是塔身各层斗栱及平坐各层外檐斗栱的里转形式，都是重叠起来的枋子组成两个大小相套的八边形圈状体，并用枋子、栱、乳栿将内外两个圈状体，结合成一个整体结构层。在枋与枋之间用斗承托。一般是里转出两跳，第一跳偷心，第二跳上用栱枋一缝。外转出四跳，隔跳偷心，第二、四跳上各用栱枋一缝。平坐外转用计心。在外檐是悬挑出檐，在内外槽是悬挑平闇藻井，悬挑距离最大为 1.8 米。跳上横向栱枋主要是加强横向的结合。因为这些栱枋与乳栿或出跳榫卯结合，具有加强内外铺作联系的作用，同时又配合内部空间处理，成为安装平坐等的构件。枋子在这种斗栱上不再是直接重叠的做法，改用枋和枋之间用斗结合。有些枋子也不用通长的木料，改用短料，栱枋之间也用斗结合。一般栱枋用单材，铺作外檐出跳，因承受部分悬挑力量，故华栱、角华、下昂、角昂等均用足材或材上加架。由于上层平坐柱子叉立在草乳栿上，而上一层塔身柱子又叉立在平坐柱头铺作上，使塔身铺作结构直接承受上面平坐及上层塔身的重量。乳栿、草乳栿的作用，不同于平坐铺作上联系内外的枋子，用料较大。这类斗栱，在细部上与平坐内槽铺作的繁简极为明显，如每一朵斗栱有一定的组合方式，栱有一定的长度。栱、昂、斗、驼峰等，每一构件，都经过工艺加工，有一定的形状和卷刹。

总之，全塔斗栱的基本做法，是将每一层的全部斗栱、梁枋，组成一个结构整体，是一个八边形的结构体系。平坐内槽铺作，是较原始的结构形式，塔身铺作是加工完善的形式。

（2）斗栱的结构形式

第一，适应结构的做法，即柱头、转角、补间三种铺作。柱头铺作华栱里转承托于乳栿之下，乳栿两端又延伸为内外铺作外跳华栱，一层栱、二层通联内外铺作的枋或栿，使内外铺作联成整体。又因为要使乳栿出跳跳头，正承托在撩檐枋缝下，或使乳栿直接承托下昂底，乳栿之下根据不同情况，用一跳华栱或两跳华栱的做法。

一般建筑柱头铺作是纵向栱、栿与横向栱、枋，两个方向的构件交叠组成的，而木塔是里转铺作除纵横方向的构件外，又增加内外转角对角线方向的构件，系由三个方向相交叠的构件所组成。在木塔八角形平面的特殊情况下，转角铺作更加复杂。

由于转角铺作的角乳栿与柱头铺作乳栿同一做法，栿首出跳承于撩檐枋交点及角梁之下，使转角部分荷重直接落于角乳栿上。较之宋代由铺作外跳的做法，稳固可靠。

补间铺作是全部结构中的辅助部分。塔身补间铺作，不用通联内外的枋子，用跳上出横枋的做法联系内外铺作，也有支承悬挑枋子的作用。平坐补间铺作除加强内外铺作联系和加强柱头枋之间的联系外，还有支承地面板的作用。补间铺作位于每间中部，均加用驼峰，使荷载较均匀地传递于普柏枋阑额上。在相同位置的铺作，又有不同做法。如第五层内槽南北两面四个转角铺作，上承六椽栿。六椽栿位置与外檐乳栿相对，高度在第三跳上。因此，这四朵转角铺作只出三跳，而不是出四跳。又如第一、二层外檐转角铺作，同是七铺作。由于第一层面阔大，所以由柱头枋过角斜出华栱四跳，第二跳跳头上又只出华栱两跳，均承于挑檐枋上。而第二层面阔较小，柱头枋过角斜出华栱两跳，跳上正出下昂两跳承撩檐枋。

第二，适应立面变化效果而采取的不同做法，有四种不同情况。用不同的出跳形式，即用华栱出跳、用下昂出跳、用替木出跳等做法，使铺作每增加一跳华栱，即增高一足材，或每增加两跳下昂，增高一足材或增加一跳替木，增高一絜等。斗栱不仅是结构的主要部分，而且能够相互制约达到结构不变形的目的。

（3）斗栱与面阔的关系

斗栱在立面上需要分布均匀。例如副阶明次间面阔相差不多，均用补间铺作一朵。其他各层次间狭窄，不用补间铺作。而各层实际面阔大小不一，采用了不同的做法。

为了丰富塔身形象，力求斗栱的形式变化。除了调整横栱的长度外，还改变斗栱的组合方式。面阔小，斗栱较紧密时，即将每朵斗栱所占宽度减窄。减窄的办法有三种。一是全朵斗栱用单栱造，使慢栱长减为令栱长。二是将补间铺作全朵提高一足材，如副阶次间、第一层外檐等。如柱头铺作用重栱，补间铺作成单栱。如柱头是单栱，补间即偷心或跳头只挑替木。即使柱头、补间跳上横栱，亦长短相错。第三种是增加出跳减去令栱，如第五层外檐柱头出一替木一华栱，华栱上用令栱替木，而补间出一替木两华栱，第一跳华栱头上用异形栱，第二跳跳头直挑替木。各面加宽补间铺作。加宽的方法是自栌斗心出60°或45°斜栱两缝，如副阶明间补间铺作的做法。

还有增减并用的方法。即第二层外檐明间补间铺作，因面阔小于第一层而将全铺作提高一足材。提高后又有过于疏松之感，故使用60°斜栱两缝，以填补此两跳的宽度。

（4）斗栱与内部空间的关系

内外槽不同高度，确定了内槽斗栱需出四抄而外槽只一抄或两抄。由此出现外槽空间低，内槽空间高大。

第三层内外槽补间铺作，四个斜面上的和四个正面的各不相同。其他斗栱上也有细小变化，如用异形栱或跳头偷心的区别，用要头不用要头的区别等。只在于使全塔斗栱多一些变化，增强艺术造型的丰

图7-4-4-5 应县木塔平面图

图7-4-4-6　应县木塔剖面

富感。

斗栱的具体做法虽然种类甚多，但是完全是按照形式和结构的需要做的。

（5）斗栱的具体样式

木塔上所用斗栱共计54种，其中柱头铺作10种，补间铺作29种，转角铺作15种。各个部位的斗栱组合方式根据出檐长短、所承构件状况的变化而有所不同。同时，材分尺寸也不完全相同，这可能属于施工中的误差。现将斗栱用材及组合情况列表如下：（木塔铺作用材尺寸单位为厘米）

表7-3　应县木塔斗栱用材及组合情况表

尺寸	① 27×18	② 26.5×16.5	③ 26.5×16	④ 26×17.5	⑤ 26×17
材分°	15：10	15：9.3	15：9	15：10	15：9.8
尺寸	⑥ 25.5×17	⑦ 25.5×16.5	⑧ 25.5×15.5	⑨ 25×17.5	⑩ 25×16.5
材分°	15：10	15：9.7	15：9.1	15：10.5	15：10
尺寸	⑪ 24.5×19	⑫ 24.5×17	⑬ 24×16		
材分°	15:11.6	15:10.4	15:10		

在上列数据中使用最多的是25.5厘米×17厘米，这个材的高、宽比恰为15：10，其余的12种有7种接近或直接采用15：10的比例，因此，可以认为木塔斗栱用材绝大多数是遵循了15：10的用材比例。就用材等级而言，是以辽尺为基准的。以辽尺一尺等于29.46厘米折算，绝大多数在一、二等材之间。

①外檐斗栱

外檐斗栱中的斜昂，是水平挑梁演变而来的，水平梁平出影响到倾斜的屋面。而使平梁倾斜，穿插入铺作层中，这种斜昂的设置不仅能降低铺作的层数，更能体现斗栱构造的合理性。

一般建筑只有外檐檐下斗栱可以带下昂，但由于木塔建筑平面的特殊性，各层皆有一圈屋檐，屋面进深很浅，使用下昂造斗栱的优势并不明显，补间铺作的昂尾不能"上彻下平槫"，因之木塔未大量使用下昂造斗栱。仅在一层檐下的柱头铺作、补间铺作、转角铺作和二层的柱头铺作与转角铺作使用了下昂造斗栱。

外檐斗栱除一、二层之外的其余各层栱铺作数呈减少趋势，即第

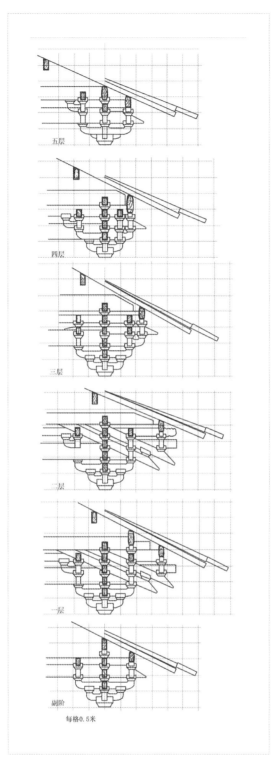

图7-4-4-7 应县木塔各层斗栱出跳及高度比较图

每格0.5米

三层用六铺作向上缩减，铺作层高度也逐层减少。皆为无昂斗栱，从六铺作至四铺作，随着木塔层数的增加，斗栱铺作数呈减少趋势，即第三层用六铺作，第四层用五铺作，第五层用四铺作。这样使木塔的出檐层层向上缩减，铺作层高度也逐层减少。

无昂造斗栱，在木塔上变化较多，具体表现在以下诸方面：

a. 柱头铺作与补间铺作组合规律不同：补间铺作在同一层之中用于柱头铺作不同高度的做法，如副阶斗栱；柱头铺作为五铺作出双抄，偷心造，批竹昂形要头。次间补间则于栌斗下增加蜀柱与驼峰，斗栱构件比柱头铺作抬高一足材。

b. 补间铺作中使用斜华栱。斜栱与立面之夹角分为60°与45°两种。第一种如外檐当心间补间铺作，其位置相当于柱头铺作第二跳的高度，自补间铺作的栌斗中挑出斜华栱两跳。第二跳斜华栱跳头上承托着两个连体令栱。第二种有多处，例如副阶补间斜华栱。它于正心第三跳位置挑出一跳，上承素方，比较简单。第三层斜面外檐补间铺作，斜华栱自第三跳正心向里外斜出一跳，跳头上承素方。四层正面的补间铺作斜华栱于第二跳正心的斗向里外斜出两跳，上承素方。第一种带斜栱的铺作，二斜栱间仍使用了正身华栱，外侧出三跳，里转出两跳。

c. 补间铺作大栌斗下皆用驼峰垫托，其作用在于扩大栌斗底面，以避免普柏枋和阑额受集中荷载而被压坏。

d. 补间铺作中，于华栱跳头常施异形栱。如副阶、三层外檐、五层外檐。

e. 要头有几种不规则式样，有的外檐柱头铺作要头作批竹昂形，补间铺作要头作异形栱式，也有

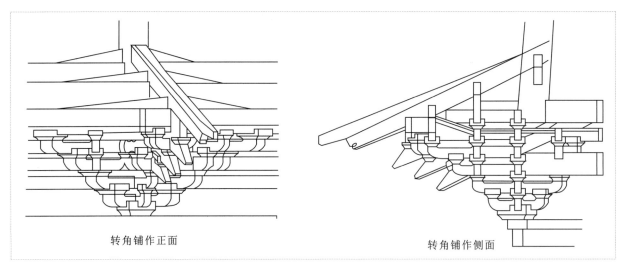

转角铺作正面　　　　　　　　　　　　　　　　转角铺作侧面

图7-4-4-8　应县木塔一层外檐转角铺作

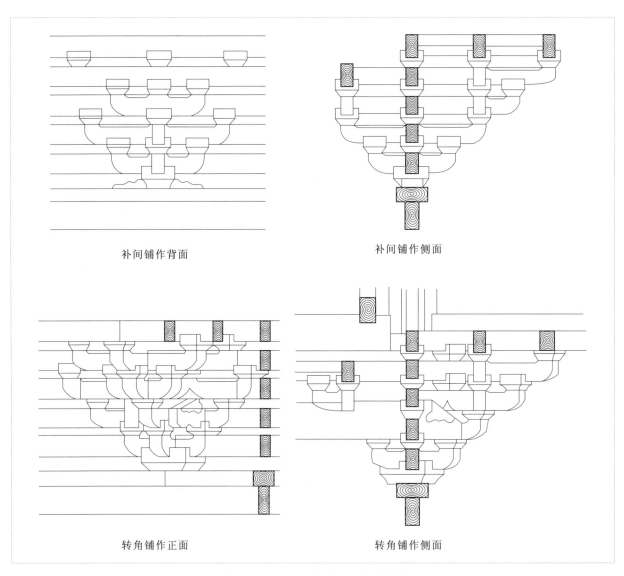

补间铺作背面　　　　　　　　　　　　　　　　补间铺作侧面

转角铺作正面　　　　　　　　　　　　　　　　转角铺作侧面

图7-4-4-9　应县木塔一层内槽铺作

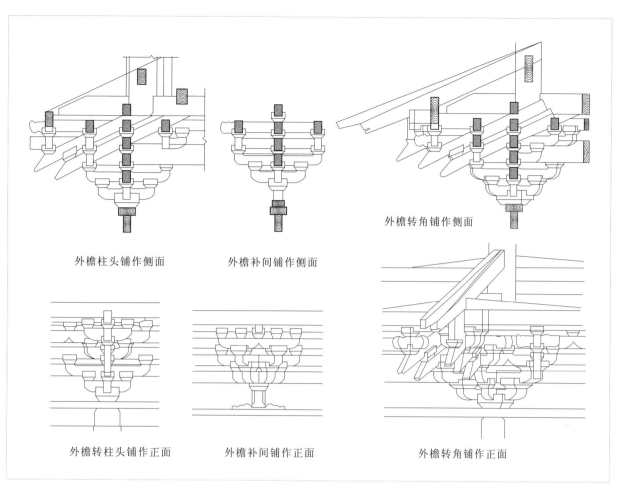

外檐柱头铺作侧面　　　外檐补间铺作侧面　　　　外檐转角铺作侧面

外檐转柱头铺作正面　　　外檐补间铺作正面　　　外檐转角铺作正面

图7-4-4-10　应县木塔二层外檐铺作

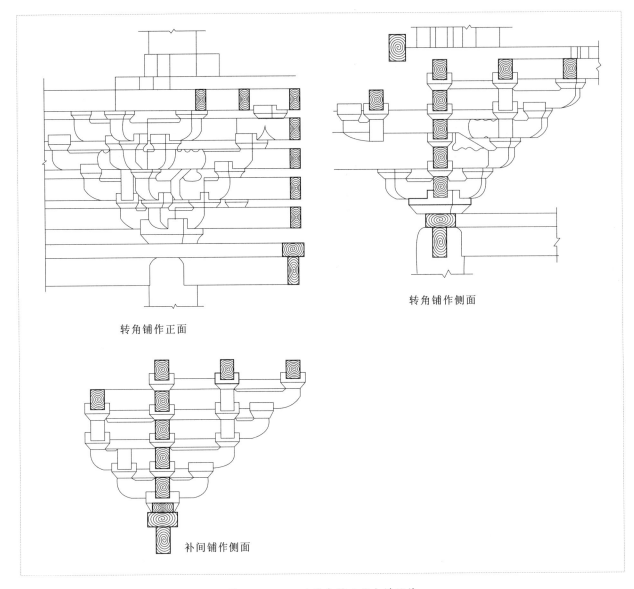

转角铺作正面

转角铺作侧面

补间铺作侧面

图7-4-4-11　应县木塔二层内槽铺作

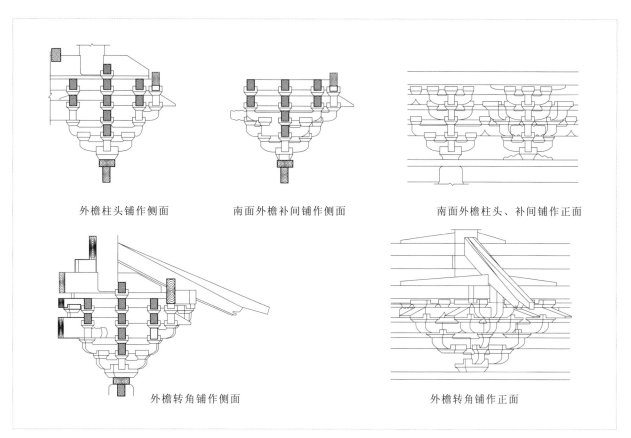

外檐柱头铺作侧面　　　　　南面外檐补间铺作侧面　　　　　南面外檐柱头、补间铺作正面

外檐转角铺作侧面　　　　　　　　　　　外檐转角铺作正面

图7-4-4-12　应县木塔三层外檐铺作

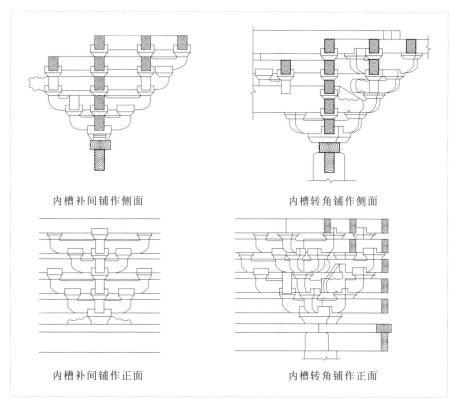

内槽补间铺作侧面　　　　　　　　　内槽转角铺作侧面

内槽补间铺作正面　　　　　　　　　内槽转角铺作正面

图7-4-4-13　应县木塔四层内槽铺作

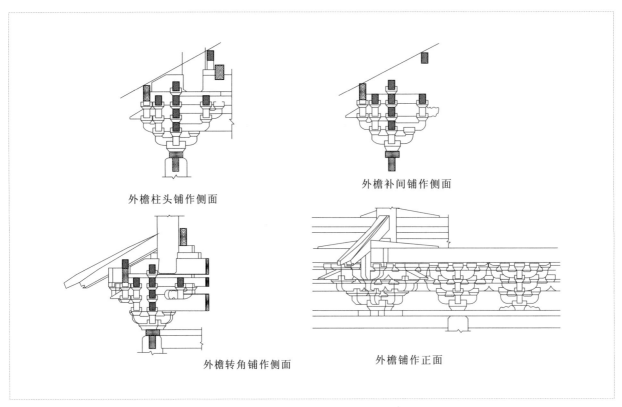

外檐柱头铺作侧面

外檐补间铺作侧面

外檐转角铺作侧面

外檐铺作正面

图7-4-4-14　应县木塔四层外檐铺作

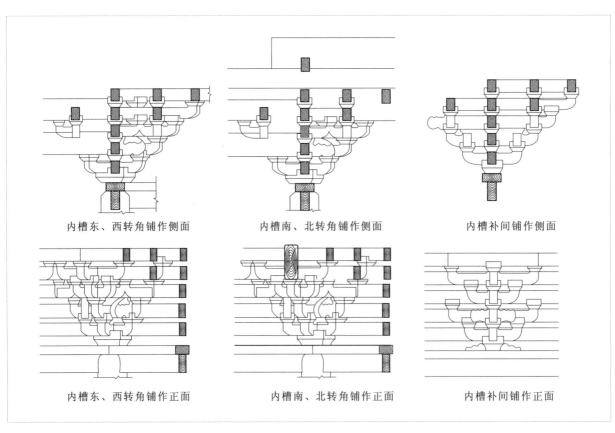

内槽东、西转角铺作侧面

内槽南、北转角铺作侧面

内槽补间铺作侧面

内槽东、西转角铺作正面

内槽南、北转角铺作正面

内槽补间铺作正面

图7-4-4-15　应县木塔五层内槽铺作

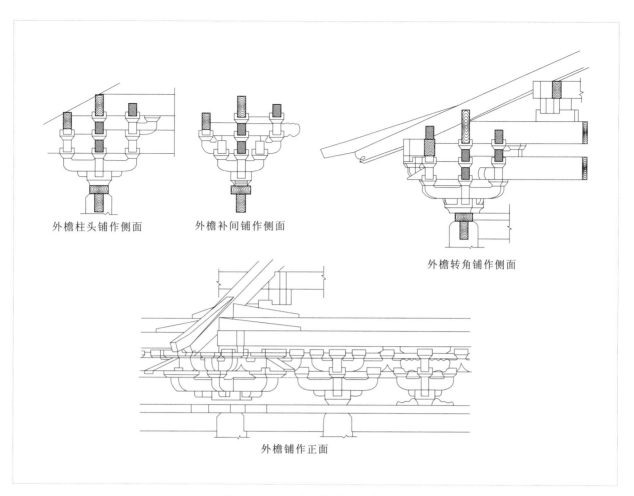

外檐柱头铺作侧面　　　　　　　外檐补间铺作侧面

外檐转角铺作侧面

外檐铺作正面

图7-4-4-16　应县木塔五层外檐铺作

的在同一朵铺作中外侧耍头作批竹昂形，里侧耍头作异形栱。

　　f. 转角铺作中在正心位置出列栱层数较多，只有第一跳作成"华栱与泥道栱出跳相列"，其余各跳华栱皆与柱头方出跳相列。其他位置的列栱多采用瓜子栱、令栱与华栱、小栱头分首相列。卷头造的列栱端部皆随八边形轮廓抹成斜面，不同于一般的华栱，如三、四、五层转角铺作。只有最外一跳的列栱栱头仍然是直面。下昂造的列栱栱头一律为直面，如一、二层的转角铺作，木塔转角铺作里跳或不作列栱，或只作一简单的出头。

　　g. 木塔上的斗栱除第四层外，第一跳皆作偷心造，其中第五层采用实柏栱偷心，做法较为特殊。

　　②平坐斗栱：二、三层平坐为标准的六铺作计心造，三层平坐的东、

西、南、北四个正面和四层的八个面的补间铺作，于第二、三跳增加了斜华栱两缝，使铺板枋支点加密。五层平坐斗栱做成五铺作。

③内槽斗栱：内槽斗栱主要分布在每个明层内柱柱头。暗层，即平坐层内柱间未施斗栱。内檐斗栱上下五层皆不设昂，向塔心室挑出四抄华栱，一、三抄偷心，向回廊挑出两抄华栱。由于内柱比外檐柱升高一足材，所以内槽斗栱也比外檐斗栱提高一足材。内槽斗栱转角铺作中的列栱比较简单，只有两缝，一缝位于柱头方，一缝位于塔心室第二跳华栱跳头，这里的列栱多为瓜子栱与异形栱出跳相列。

木塔各层高度逐渐减少，层层屋檐挑出逐渐减小，以使塔身更显高耸，斗栱也随之减跳。

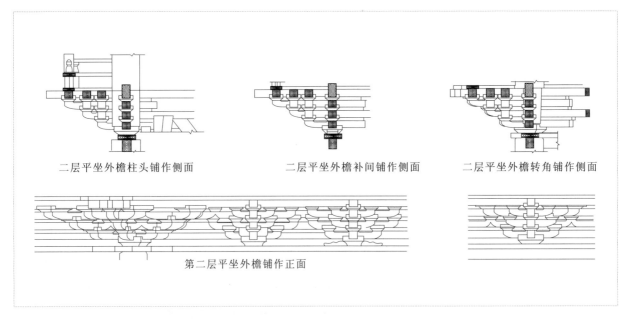

二层平坐外檐柱头铺作侧面　　二层平坐外檐补间铺作侧面　　二层平坐外檐转角铺作侧面

第二层平坐外檐铺作正面

图7-4-4-17　应县木塔二层平坐铺作

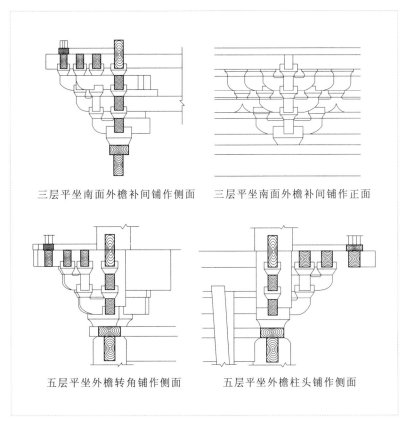

三层平坐南面外檐补间铺作侧面　　　三层平坐南面外檐补间铺作正面

五层平坐外檐转角铺作侧面　　　　五层平坐外檐柱头铺作侧面

图7-4-4-18　应县木塔三、四层平坐铺作

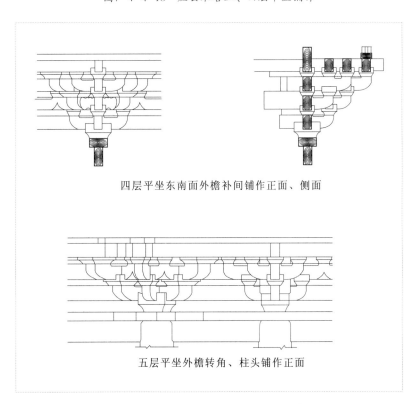

四层平坐东南面外檐补间铺作正面、侧面

五层平坐外檐转角、柱头铺作正面

图7-4-4-19　应县木塔五层平坐铺作

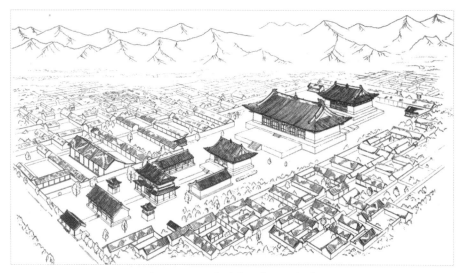

图7-4-5-1　朔州崇福寺总体鸟瞰图

五、朔州崇福寺弥陀殿

（一）崇福寺的历史沿革

崇福寺位于朔州市城内东大街北侧。崇福寺的创建，始自唐高宗麟德二年（665年），由鄂国公尉迟敬德奉敕建造。

辽代，寺区被官府占据，改佛寺为林衙太师府署，名曰林衙院或林衙署。"辽统和年间，其地有灵光屡见，居人不安，遂复为僧舍，士人以林衙院目之"，故名林衙寺。

金熙宗完颜亶崇信佛法，在皇统三年（1143年），命开国侯翟昭度在崇福寺大雄宝殿以北又建弥陀殿七楹，随之再建观音殿，崇福寺改为一座净土宗寺院，寺之规模亦较前更宏阔。金天德二年（1150年），海陵王完颜亮赐额"崇福禅寺"。

（二）弥陀殿

弥陀殿是崇福寺主殿，居寺院后部中轴线上，金皇统三年（1143年）建，距今已是870多年。殿内脊槫下有"维皇统三年癸亥……十四日己

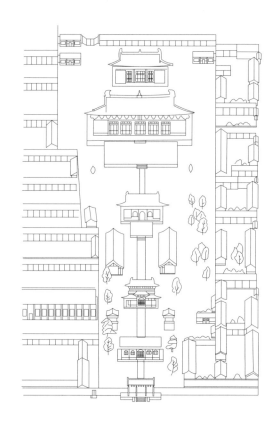

图7-4-5-2　崇福寺现状平面图

图7-4-5-3　崇福寺弥陀殿外景

酉乙时特建"的题记。殿身面阔七间，进深四间，单檐歇山式屋顶，前檐装隔扇门五道，后檐明间和两梢间各装版门一道。殿前月台宽敞，殿顶黄、绿、蓝三彩琉璃剪边。殿宇形制古雅，气势巍峨。

1. 平面

弥陀殿通面宽41.32米，进深四间八椽，总进深22.7米，面积为938平方米。殿前月台宽五间。殿身设檐柱和金柱各一周，略如宋《营造法式》中的"金箱斗底槽"。前槽金柱应为六根，实用四根，减去当心间二柱，留次间二柱不设在梁缝下而移置次间中线上，形成移柱的做法。殿身前檐五间和后檐三间分别装隔扇和版门。殿内后部设宽大的佛坛，两侧前伸，形成平面"凹"字形，与唐、辽佛坛规制相近。

2. 柱式

殿身内外柱子皆系直柱造。檐柱和殿内后槽、前槽金柱之下设雕花覆盆柱础四枚。础盘上覆盆高凸，雕缠枝牡丹纹，是很典型的金代作品。檐柱柱头皆有卷刹，柱身有收分。柱高与柱径之比，以平柱计为11.3：1。檐柱侧脚生起显著，前后檐侧脚19厘米，两山侧脚18厘米，前后檐七间生起 18 厘米，两山四间生起 12 厘米。柱头上施阑额和普柏枋相互联系，阑、普断面皆大于材。普柏枋垂直相接，榫卯设于当心，至槫角处阑额出头砍作楂头式。

图7-4-5-4　弥陀殿前槽金柱雕花柱础

3.斗栱

斗栱分柱头、补间和转角三种，但前檐柱头与后檐柱头、两山柱头不同，后檐补间与两山补间也不同。前檐柱头铺作，出昂，有斜栱；后檐明间和梢间补间铺作，有斜栱，无昂；后檐柱头铺作与两山柱头铺作相同，有昂，无斜栱；前檐补间铺作与后檐次间、尽间及两山补间相同，无昂，亦无斜栱。弥陀殿檐口铺作共形成五种不同的斗栱形式。

前檐柱头斗栱七铺作，双抄双下昂，单栱偷心造。自栌斗口内与一、二跳华栱左右出斜栱两跳，华栱头上置异形栱；第三、四跳为昂，两层昂的左右又施斜栱两跳，其上各置耍头，形成一攒构造复杂的斗栱结构。耍头为昂形，耍头之上又有衬枋头伸出槫外作蚂蚱形或麻叶形，连贯在一起。斗栱后尾正出华栱四跳。

后檐与两山柱头斗栱，七铺作，双抄双下昂。第一跳华栱上承异形栱；第二跳承瓜子栱和慢栱；第三跳为下昂、偷心；第四跳亦为下昂，与耍头相交承随槫枋和撩檐槫，耍头为下昂形。后檐明间及梢间辅间斗栱，七铺作，无昂，两侧出斜栱，斜栱形状和结构与前檐柱头铺作相同。

前檐、两山和后檐次间、尽间辅间斗栱，七铺作，出华栱四跳，无昂，耍头为蚂蚱形或麻叶形，无斜栱。第一跳华栱之上设异形栱；第二跳为瓜子栱和慢栱；第三跳偷心；第四跳亦不施令栱，华栱出跳直接挑承于随槫枋。

转角斗栱，除了正侧两面与45°角出华栱和昂，角昂上又施由昂一层，正侧两面皆有正出华栱与斜出华栱，与前檐柱头铺作略同。瓜子栱、瓜子慢栱和令栱皆为鸳鸯交首栱，上承罗汉枋与撩檐槫。

各攒斗栱施泥道栱一层，其上叠架柱头枋五层，枋侧隐刻慢栱和令栱，最上置压槽枋一道。

栱枋用材高26厘米，厚18厘米，栔高10.5厘米，与宋《营造法式》中二等材"殿身五间或七间则用之"的规定基本相同。

4. 梁架

弥陀殿的梁架分内槽与外槽两个部分，为"彻之露明造"。由于殿内前槽金柱减去两根，故前槽与后槽在梁架结构上完全不同。前槽五间仅设二平柱和二角柱，柱上叠置内额和大额枋两道。明间至次间大额枋长12.4米，两梢间大额枋长7.8米，两端插入金柱之内。额下置两层大雀替垫托。上下两额之间设驼峰承重。驼峰两侧各施托脚。额枋设置与五台佛光寺金建文殊殿前槽相似。两道额枋之上叠柱头枋三层，枋由散斗垫托。随散斗位置隐刻泥道栱、泥道慢栱和令栱。后槽梁架与两山之间在柱头斗栱上叠柱头枋三层，承四椽栿后端和中平槫。梢间中柱斗栱之上设顺爬梁一道，内端搭在次间四椽栿上。

在前槽、后槽柱头枋之上架四椽栿，栿上设驼峰、大斗承平梁，平梁上设置合楷、侏儒柱、大斗、叉手承脊枋和脊槫。各槫缝之下皆有襻间枋相互联系，各栿两端皆施托脚支撑。

外槽四面皆设乳栿和丁栿内外交构。两山丁栿及后槽乳栿皆为上下两道，相叠连接，后尾插入金柱之内，外端伸至檐外。栿上置驼峰、大斗、实柏栱（或楷头木）承接槫枋或上平槫。

转角处施大角梁和仔角梁，大角梁叠压于递角梁之上，递角梁后尾插入内槽角柱之中。在乳栿和丁栿内端设置小抹角梁一道，承托递

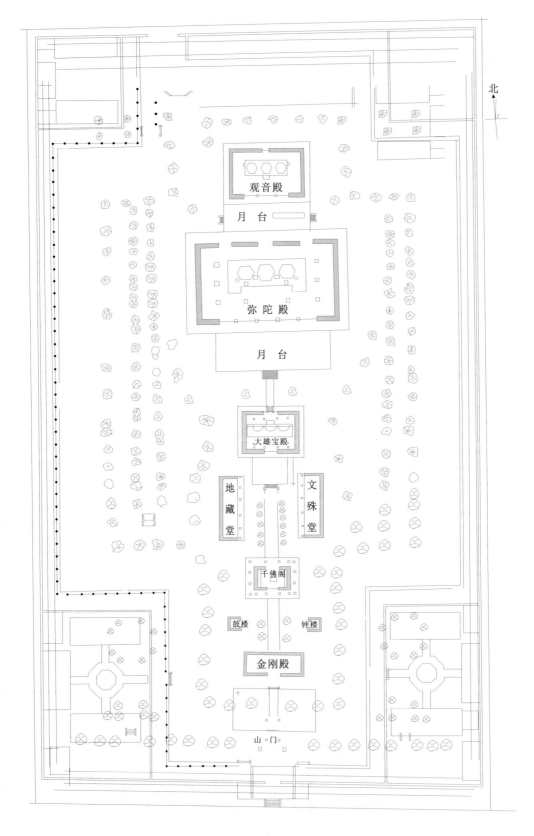

北

观音殿

月 台

弥 陀 殿

月 台

大雄宝殿

地藏堂

文殊堂

千佛阁

鼓楼   钟楼

金刚殿

山 门

图7-4-5-5 崇福寺总平面图

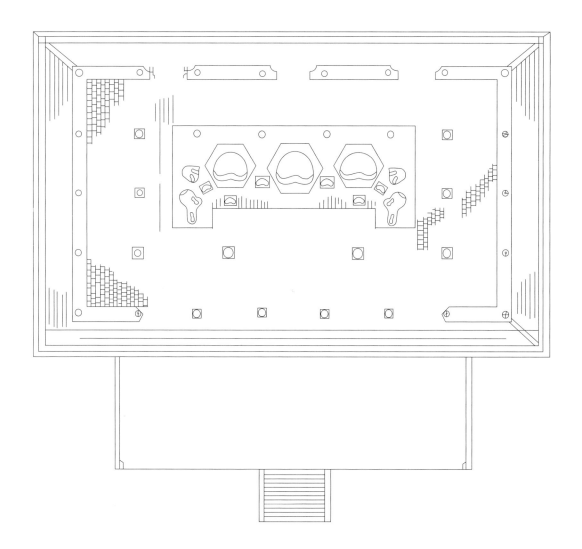

图7-4-5-6　弥陀殿平面图

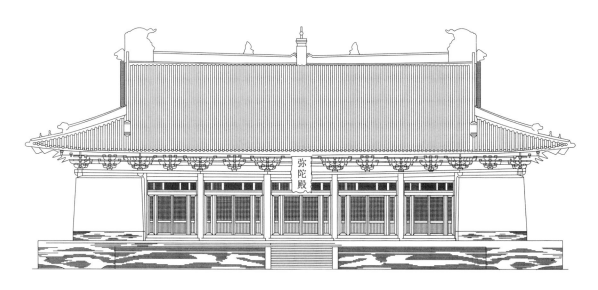

图7-4-5-7　弥陀殿正立面图

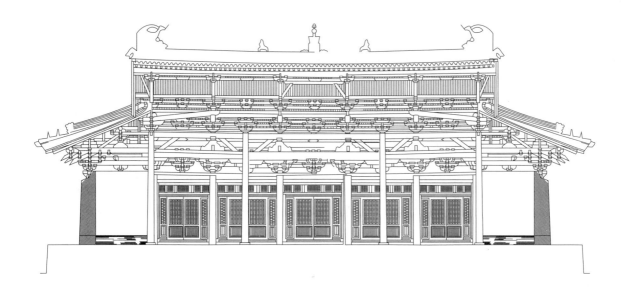

图7-4-5-8　弥陀殿纵断面图

图7-4-5-9　弥陀殿横断面图

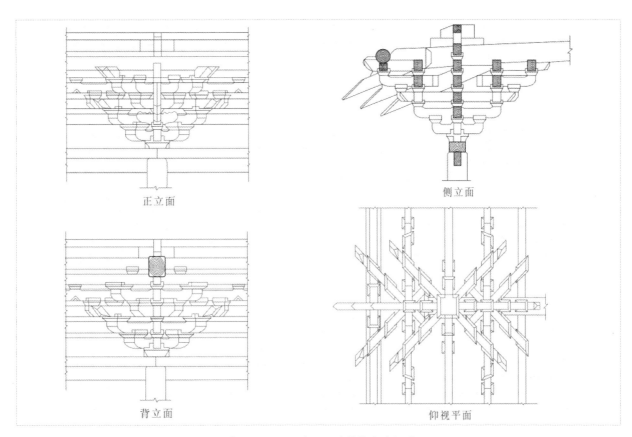

正立面　　　　　　　　　　　　　側立面

背立面　　　　　　　　　　　　　仰视平面

图7-4-5-10　弥陀殿前檐柱头斗栱图

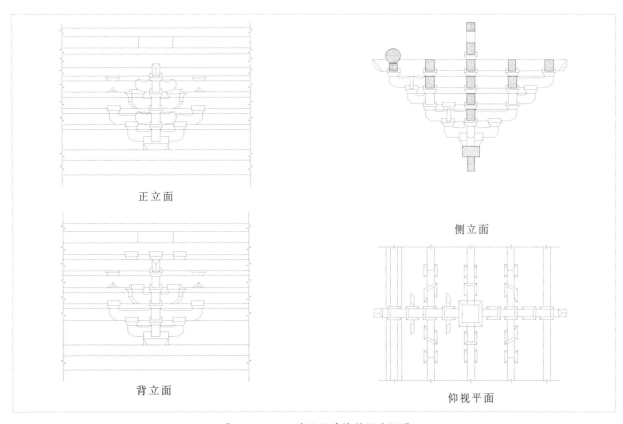

正立面

侧立面

背立面

仰视平面

图7-4-5-11　弥陀殿前檐补间斗栱图

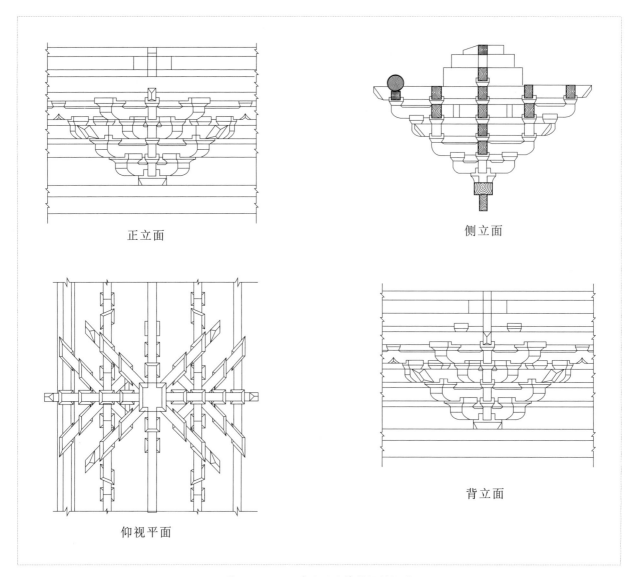

正立面　　　　　　　　　　　　　　　　　　側立面

仰视平面　　　　　　　　　　　　　　　　　背立面

图7-4-5-12　弥陀殿后檐补间斜栱图

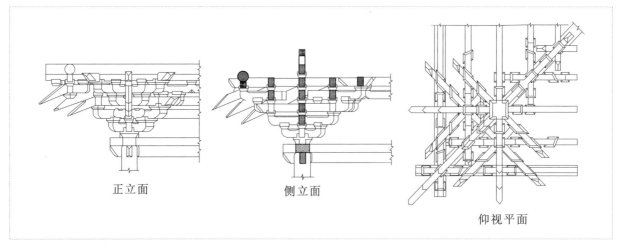

正立面　　　　　　　　側立面　　　　　　　仰视平面

图7-4-5-13　弥陀殿转角斗栱图

角梁后尾上的荷重。大角梁后尾正侧两向柱头枋三层在此搭交，其间散斗垫托，上负下平槫交点。仔角梁后尾设续角梁，下平槫与中平槫之间设由戗一道。

殿顶举折为 1 ∶ 3.8。其中第一架四举，第二架四七举，第三架五八举，第四架七六举。

5. 殿顶

殿顶用圆椽，椽头加飞椽，椽径 16 厘米，飞高 10 厘米，椽飞之上铺设望砖一层。瓦顶布瓦覆盖，四面黄、绿、蓝三彩琉璃剪边，前坡当心设菱形方心三枚，正脊、垂脊、岔脊皆施瓦条叠砌，脊端设吻兽，脊中央置宝刹，岔脊上仙人身躯皆残缺，角梁端装套兽。

殿顶琉璃瓦当、滴水和筒板瓦件为金代原物。

6. 装修

弥陀殿前檐五间装隔扇门，后檐明间和两梢间设版门。每间隔扇门为两扇。每扇三抹，无腰华板之设。隔扇门下部裙板上不雕壶门，而贴以凸起的檩条；上部灵花剔透，灵花高度约占隔扇门总高的三分之二。

六、应县净土寺

净土寺位于县城东北隅，俗称北寺。据清代《应州志》记载，净土寺于"金天会二年（1124 年）僧善祥奉敕创建，金大定二十四年（1184 年）重修"，距今已有 800 多年的历史。

相传东晋末年慧远和尚在庐山东林寺创设莲社，造西方三圣像，故被称为初祖。金太宗完颜晟信仰弥陀之说，在应县建净土寺。

全寺建筑分布在两轴线上。西轴南端为山门，单檐悬山顶。向北有天王殿，单檐悬山顶；再北有钟鼓楼、东西配殿，北端为大雄宝殿；东轴南端是禅堂，之北有东西配房，正中为佛堂，后有藏经楼三间，两层两檐歇山式。可见此寺原来规模宏大，布局严谨，金、元时期尚极兴盛。现仅存大雄宝殿和西配殿。

大雄宝殿是全寺之主殿，为金代原物。深广各三间，平面略呈方形，单檐歇山顶，殿顶用筒瓦、板瓦覆盖，檐头镶以绿色琉璃，坡度平缓舒展。檐下斗栱四铺作，出琴面昂。角柱有明显的侧脚生起，屋檐呈现一条极为缓和的弧线。殿身周围檐柱，南向露明，柱头用卷刹，明间装格扇门，次间下砌槛墙，上置槛窗，其余三面柱子均包在墙内。历经金大定，明景泰、成化、崇祯多次修葺，尚存原貌。

殿内后槽用金柱两根，柱间砌扇面墙，其墙上正中绘毗卢佛，两侧是阿难、迦叶等，三壁满绘为佛、天王、金刚、天女散花等。

大殿的覆斗形天花，以梁枋划分为九格，分别作成九个藻井。当心间的斗八藻井最大，藻井下饰以天宫楼阁，作混金彩画，极为隆重。天宫楼阁下层四周设平坐，斗栱六铺作，上设栏杆，四面各开一门。四周天宫楼阁的檐下斗栱六铺作，单抄双下昂，角昂上置夯神，孔武有力，阁内壁版上绘佛像；上层藻井内绘龙画凤，中间背版雕刻两条龙。其余八个藻井则呈正八角形、正六角形、长六角形、菱形，分列在当心间前后及二侧次间。藻井梁、枋、平棊绘龙、凤，示吉祥如意。天花的东、西、北三面又围以天宫楼阁，遍饰五彩。整个天花藻井的构图繁复，布局严谨，雕刻细致，构件小巧玲珑，色泽华丽，是金代少见的珍品，反映了金代室内装饰绚丽多彩的时代特点。

天宫楼阁在古建筑中属于小木作，通常用于佛龛道帐和藏经的橱柜，也用于佛殿的天花，以加强宗教建筑内神仙幻境的效果。净土寺大殿室内天宫楼阁的斗栱、梁柱、平坐、屋顶、吻兽都模仿木构建筑形式，比较真实地反映了当时的建筑形制。

七、定襄洪福寺

1. 历史沿革及地理环境

定襄县，西汉为阳曲县。建安末年移阳曲于太原界，遂于阳曲故城置定襄县。定襄县位于忻定盆地东部，地处五台山余脉和系舟山（属太行山系）夹角处。洪福寺即建于此。该地背靠龙山、凤山，面临滹沱河，实属山水荟萃之地。

据县志和碑文所载，洪福寺从宋末以来未更名，创建时间不详。现存康熙四十七年碑碣载云：“此殿规模最巨，时代最古……宋宣和、金天会间……此院已称古院，则其创建之由邈乎远已。”金天会十年经幢载，该寺在宋、金时期与“五台山真容院”“五台山大华严寺”往来密切，“同烟火”关系，寺内大兴土木及宣讲佛经皆求教于五台山。

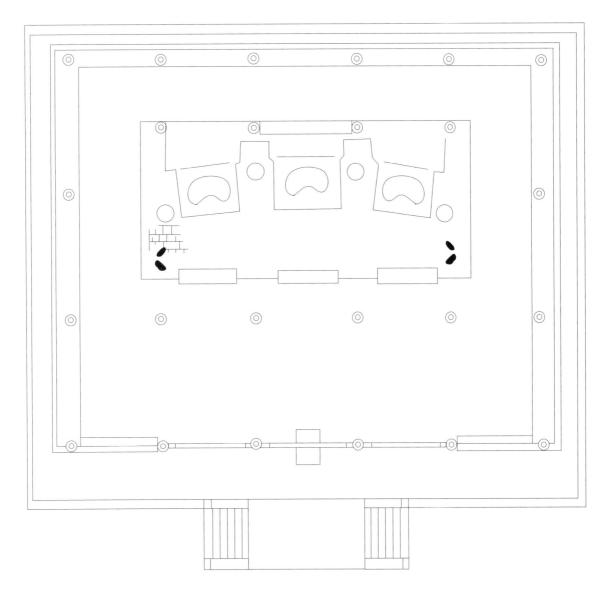

图7-4-7-1 洪福寺正殿平面图

2. 洪福寺现状

洪福寺，坐北向南，筑于高7米的土台之上。四周置高堡围墙，残高10米，顶宽1米，底宽5米，作"据高而临深"之状。

寺内现存建筑，除正殿外皆为清道光七年所建。东配殿五间，悬山顶，内塑地藏菩萨、十殿阎君，均完好无损。

正殿又称三圣殿，面阔五间，七檩六椽，悬山顶，琉璃脊兽。斗栱六铺作单抄双下昂，补间斗栱每间一朵，皆为斜栱。殿内配置内柱两排，每排四根。当心间跨度 4.2 米，次间 3.8 米，梢间 3.6 米，总面阔 11.6 米。檐出 2.2 米。

3. 门窗装饰

当心间、次间皆为六抹头隔扇，梢间为直棂窗，窗棂断面为方形，余皆围以砖墙。

4. 斗栱

斗栱与柱高之比为一比三。柱头斗栱六铺作单抄双下昂，外檐计心，里转偷心。第一跳华栱直承瓜子栱，瓜子栱上承罗汉枋两层。下昂昂身后尾压于草乳栿之下，昂嘴呈批竹式。二跳下昂后尾出三跳华栱。三跳栱皆压于草乳栿之下。泥道栱承柱头枋三层，第四层为压槽枋。补间斗栱每间一朵。大斗置于普柏枋上，跳出 45°斜栱两层。里面第二跳承平棊枋。阑额、普柏枋出头垂直切去。柱础石为方形，未加雕饰。次间微有生起。

5. 梁架结构

平面柱网布局规整。三椽栿前后对乳栿，三椽栿后端置于内柱柱头大斗之内，前端插入内柱，与下平槫后尾下的剳牵相交。三椽栿之上置平梁，平梁前端置于内柱柱头大斗之内，后尾置于蜀柱顶大斗之内。平梁之上设侏儒柱、合楷、叉手、脊槫。前槽乳栿后尾插入内柱，上承驼峰隐刻卷云纹，承下平槫。大殿后檐由于紧靠堡墙，斗栱呈把头绞项造。耍头后尾插入后内柱内。平槫之下为替木，由散斗承托。散斗置于襻间枋之上，襻间枋交于大斗斗口内，脊椽之下设襻间枋。

6. 屋顶

屋顶由灰色筒、板瓦布顶，饰琉璃脊兽。

寺内现存金天会十年经幢载[1]："绍圣三年……就清平县[2]取惠广到本院寺"，经过"四次经论之后，合院僧众于口盈，自此始矣"。估计惠广住本院时当政和年间，便使该寺成为远近闻名的寺院。因此，胡谷[3]知县口口口专遣兵士来到本寺。大寺院戒行精严，军民皆敬，特施紫衣。这是该寺香火旺盛、经济丰盈的鼎盛阶段。所以"管勾[4]几十

---

[1] 《五台山洪福寺下院赐紫僧惠广预修经幢记》，金天会十年四月四日。

[2] 清平县，据《中国古今地名大辞典》："故城在今山东清平县西四十里。"

[3] 胡谷县，据《中国古今地名大辞典》："当在今山西代县境。"

[4] 管勾，据《辞源》："宋以管勾为官称。金、元之世，各职司多置管勾。"

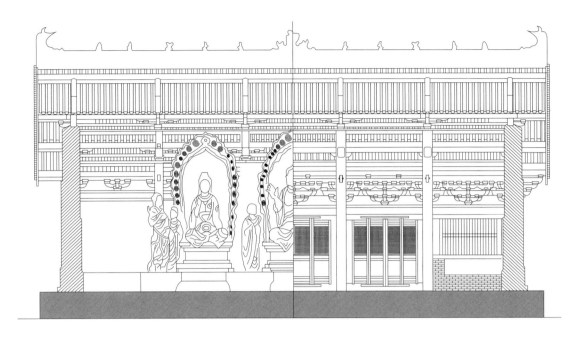

图7-4-7-2　洪福寺正殿纵剖前视及后视

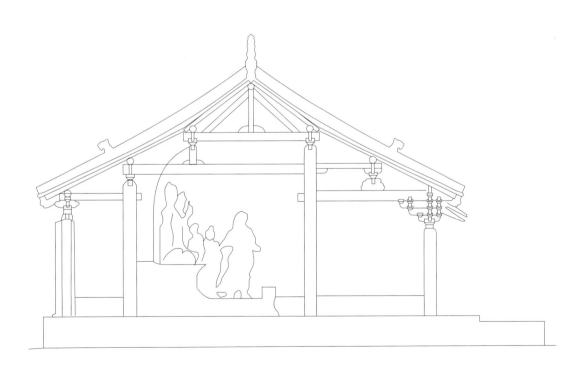

图7-4-7-3　正殿横剖面图

人，余年到此以后，其寺修葺廊宇佛像一新。后于宋宣和七年（1125年）十月间，因归故里，看到几月余间，因致兵火，不能前去"。这就清楚地表明"修葺廊宇佛像"当在政和末年至宣和七年之间。

金朝建立后，于"天会七年，奉宣赦经□□□地四十余亩，充惠乃名，依户送纳，税数无亏"。

根据上述记载，洪福寺正殿现存结构，当为北宋末年的遗物，以后虽经元、明、清多次修葺，但宋代原大木作迄今尚多保存。

八、太阴寺大雄宝殿

太阴寺位于山西省绛县城东卫庄镇张上村，该寺始建于唐永徽元年（650年），后晋天福三年（938年）、金大定十年（1170年）和元明清多次重修。该寺坐南朝北、二进院落。中轴线上从北往南依次建有山门、中殿、大雄宝殿。

大雄宝殿坐北朝南，面宽五间，进深三间六架椽，悬山式灰瓦顶，从平梁以上构件判断该殿应为金大定十年（1170年）重建。

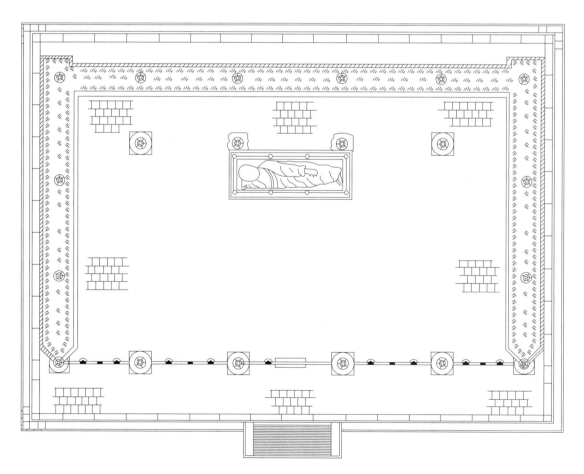

图7-4-8-1 太阴寺平面图

图7-4-8-2　前檐柱头与补间斗栱

图7-4-8-3　脊部交叉等构件

图7-4-8-4　东角柱斗栱残破情况

图7-4-8-5　交栿斗断耳及散斗位移情况

1. 平面：通面阔为 20.41 米，明间宽 4.6 米，次间宽 4.35 米。通进深为 12.25 米，山面明间深 4.16 米，前次间深 3.685 米，后次间深 4.405米；殿内前间深 9.44 米，后间深 2.81 米。台明前出 2.51 米，高 56 厘米，踏道为鹅卵石砌成。

2. 柱与墙：前檐柱生起仅 5 厘米，柱侧脚为 5 厘米；前檐柱头有卷刹，卷刹高 4 厘米，深 1.5 厘米。柱下径 45.5 厘米，上径为 31 厘米。明间柱高 4.09 米，次间柱高 4.13 米，角柱高 4.17 米。

殿两山与后山墙均为夯土墙，山墙下宽 151 ～ 176 厘米，上宽94 ～ 125.2 厘米；后墙下宽 132 厘米，上宽 81.5 厘米。三面墙在每根柱接近底部开单砖砌通风口。

3. 门：大殿因左右三面是夯土墙，为了弥补采光不足，所以前檐五间均置四扇四抹头隔扇门，上中下分别施障水板和腰华板。明间隔

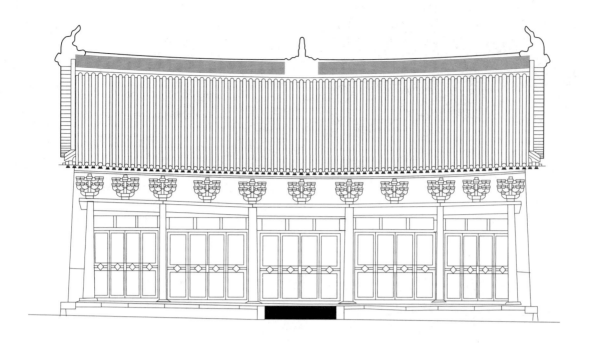

图7-4-8-6 正立面

扇每扇宽94厘米，次间隔扇每扇宽90厘米。门两旁置立颊，上施额，下施地栿，额上置立旌两根，装三块障日板。

4.斗栱：大殿檐头与梁架共施用六种斗栱。前檐明间因置匾额而未施补间斗栱，后檐各间均未置补间斗栱。斗栱材宽12厘米，单材高18厘米，足材高25.5厘米；跳距除内二跳为31厘米，其余内外跳均为36厘米；铺作通高115厘米；材宽约合宋《营造法式》所规定的三等材。前后檐斗栱中施宋金时代规范构件——撩檐枋。前檐斗栱栌斗下施阑额、普柏枋，后檐斗栱栌斗下仅施阑额，这种差异与铺作高度、梁架中心前移有关。阑额高37厘米，普柏枋高13厘米，宽31厘米。

①前檐柱头斗栱：均为六铺作单抄双下昂重栱造，里转双抄偷心造。外一跳华栱头置交互斗，其上依次为瓜子栱、瓜子慢栱、散斗、罗汉枋。外二跳、三跳均为假下昂，昂面为琴面式，昂下隐刻假华头子，二跳昂头施置构件与一跳同。三跳昂头依次置交互斗、令栱、散斗、齐心斗、挑檐枋。挑檐枋最高39厘米，宽20厘米；挑檐枋内侧刻槽插置散斗的里耳。耍头与令栱相交而出呈蚂蚱头形。里转一跳二跳置交互斗，二跳头交互斗上置长头，全长148厘米，上承六椽栿。斗栱槽心部分置泥道栱与泥道慢栱，其上置一道素枋，枋上在椽与栱眼壁部分垒土

图7-4-8-7 纵断面图

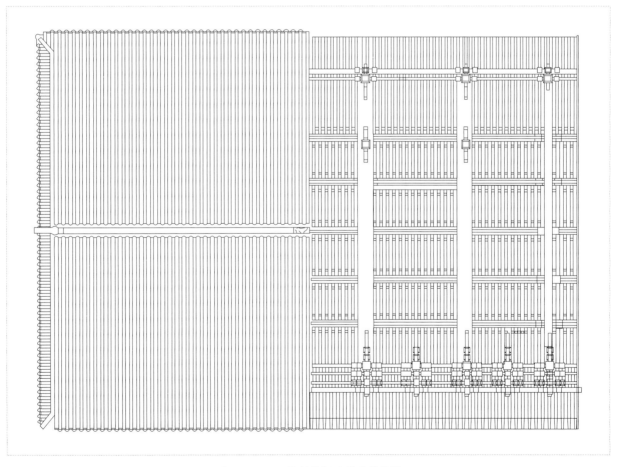

图7-4-8-8 构架仰视及屋面俯视图

坯抹泥封护。

②前檐补间斗栱：六铺作单抄双下昂，里转双抄偷心造。外跳形制与结构除三跳构件为真昂外，其余构件均与柱头斗栱相同。里转一跳华栱上仅置交互斗，二跳华栱上依次置交互斗、耍头、交互斗、桦楔、上昂、交互斗、挑杆，挑杆上置小斗与两层替木，再上承下平槫。这种斗栱特殊之处是使用了上昂，它是继苏州玄妙观三清殿、浙江金华天宁寺大殿两种上昂后的又一新形式。

③后檐柱头斗栱：四铺作单抄单栱造。外檐一跳华栱上置交互斗、令栱、散斗、齐心斗、替木、撩檐枋，耍头与令栱相交而出为蚂蚱头形。里转从栌斗出头承六椽栿。柱槽仅施泥道栱，其上置散斗、一道素枋。此种斗栱介于斗口跳与四铺作斗栱之间，比斗口跳斗栱多了外檐令栱，里转少一跳华栱。

④后金柱斗栱：柱头施栌斗，里出头，承六椽栿。

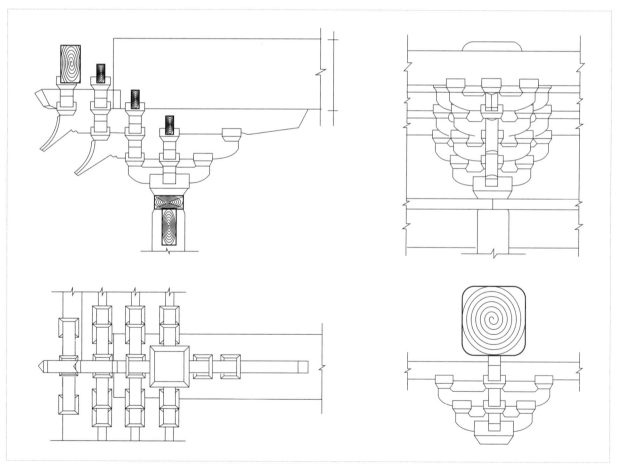

图7-4-8-9　前檐柱头斗栱图

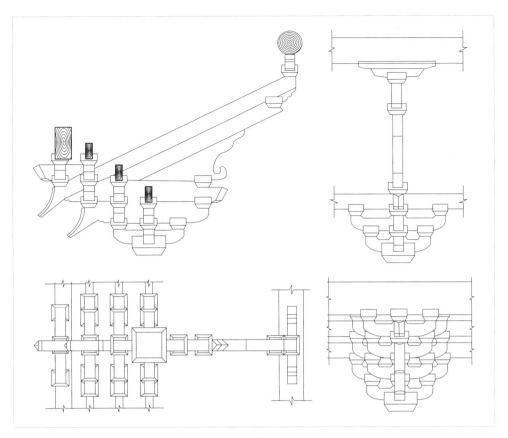

图7-4-8-10 前檐补间斗栱图

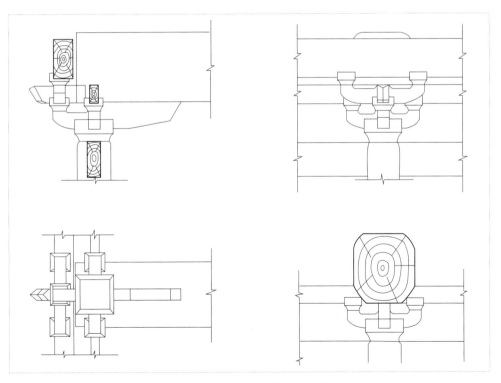

图7-4-8-11 后檐柱头斗栱图

⑤交栿斗栱：平梁与四椽栿头施之，大斗坐于驼峰上，斗口纵向承梁栿头，横向置捧节令栱，其上再置散斗、替木承平槫。

⑥丁华抹颏斗栱：大斗上置捧节令栱、散斗、双层替木，上承脊槫；丁华抹颏栱与叉手相交。大斗下置蜀柱、合楂，蜀柱每间施顺脊串。

5. 梁架：分为中柱缝梁架与山柱缝梁架，殿身中各间柱缝梁架结构均相同，即前后檐柱间施通材六椽栿，其上再置四椽栿、平梁，并用交栿斗栱承联，施托脚加以纵向稳固。六椽栿下虽使用了后金柱，但没有产生结构联系。六椽栿与四椽栿用材粗硕，六椽栿长1314厘米，宽65.5厘米，高71厘米。四椽栿长890厘米，宽45厘米，高52厘米，具有元代建筑构件的风韵。平梁用材较小，长480厘米，宽23.5厘米，高35.5厘米，有的平梁头还有月梁手法的痕迹。平梁上置蜀柱与斗栱已前述。平槫直径30.5厘米，脊槫直径为31.5厘米。山柱缝梁架结构为前后乳栿，中接平梁，乳栿前头搭置铺作上、后尾卯榫插在山柱上，乳栿上置劄牵，劄牵头置交栿斗、令栱、散斗、矮柱、合楂、托脚。劄牵尾卯榫也插在山柱上。山柱头置斗栱等构件承荷平梁，平梁上置蜀柱、斗栱已前述。劄牵与平梁下与夯土墙有空隙处均用土坯垒砌。

九、繁峙宝藏寺圆觉殿

宝藏寺在五台山北麓的东山底乡中庄寨村，属繁峙县境内。该寺东南与岩山寺毗邻，寺址面向五台山，背倚滹沱水，坐北向南。宝藏寺规模不大，布局紧凑。据碑文记载，寺内原有山门，中设圆觉殿，再进为大佛殿，后为千佛殿，左右有伽蓝殿、祖师殿、钟鼓二楼以及方丈室、僧舍、两庑，规模布局完整。历经风雨的侵蚀和人为的破坏，寺内建筑多已毁坏，现仅留圆觉殿一座。圆觉殿尚存金代遗构。

圆觉殿于金大定二十二年（1182年）重建。

圆觉殿，全名十二圆觉殿，因殿内奉十二圆觉菩萨而得名。殿身宽三间，深两间，平面长方形，单檐歇山式屋顶，台基高达1.5米。殿前月台较大，面宽11.2米（与殿身面宽尺度相等），进深5米，平面比例接近于2：1。月台较台明低约两阶，高为35厘米。

1. 平面：殿身面宽三间，通面宽11.2米，其中当心间为3.74米，次间为3.73米，开间尺度均等。进深两间四椽，设中柱，分前间与后

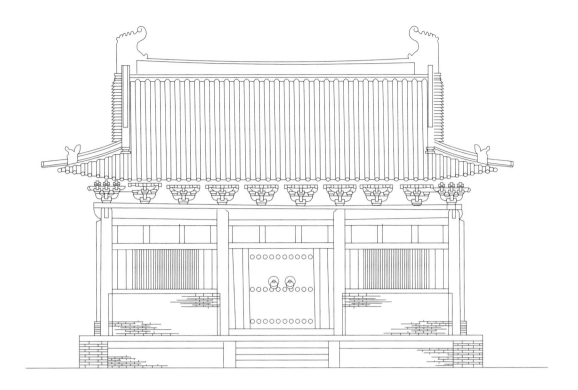

图7-4-9-1　圆觉殿正立面

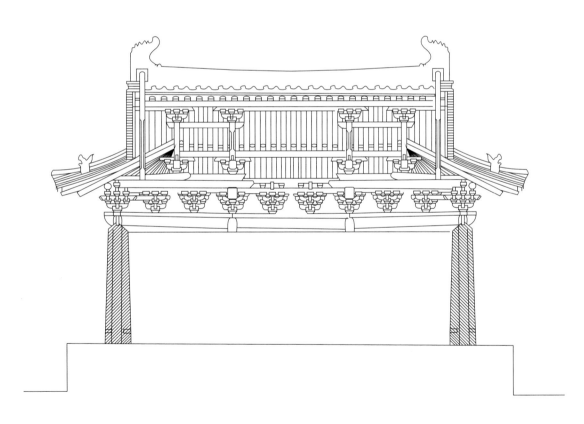

图7-4-9-2　圆觉殿纵断面

间，很像山门之制。总进深 7.46 米，前后间各 3.73 米。殿内无金柱，仅檐柱十根支撑梁架和殿顶荷重，即《营造法式》中所谓的"四架椽屋，通檐用二柱"。前檐为门窗，其余三面皆设墙壁。殿内外地面皆用方砖铺墁，纵缝垂直，横缝相间，外沿压檐石一周。

2. 柱式：大殿檐柱十根，直柱造，柱头卷刹明显，柱底施覆莲柱础。前檐柱高 3.95 米，柱径 40 厘米，径高之比为 1：10。后檐及山面柱高 3.95 米，柱径 33 厘米，径高之比为 1：12。柱础，平面八角形，直径 84 厘米，折成方形，周雕覆莲，每莲三瓣，与五台山佛光寺文殊殿柱础相似。础石全高 27 厘米，础盘厚 15 厘米，覆盆凸起 10 厘米。《营造法式》规定："造柱础之制，其方倍柱之径……若造覆盆，每方一尺，覆盆高一寸，每覆盆高一寸，盆唇厚一分。如仰覆莲花，其高加覆盆一倍。"由此可见，该殿柱础覆盆之高是有所依据的。两山及后檐墙内隐蔽部分，则用料石作础，素平无饰。角柱较平柱增高 4 厘米，较两山中柱增高 3 厘米，生起约合柱高的 1%。前后檐柱侧脚增高 5 厘米，合柱高的 1.25%。山面柱侧脚增高 4 厘米，合柱高的 1%。这两个比例略大于《营造法式》中规定的正面侧脚 1%、两山侧脚 0.8% 的制度。

四周檐柱上施阑额和普柏枋，断面呈"J"形。阑额断面为 31 厘米 × 14 厘米，普柏枋断面为 14 厘米 × 26 厘米，阑额高 26 分、厚 12 分，普柏枋高 12 分、宽 21 分，较《营造法式》的规定稍小，较山西现存实物的材分稍大。

3. 斗栱：圆觉殿斗栱，分柱头、补间和转角三种。补间铺作每间两攒，四周皆同。斗栱出华栱一跳，跳头上施令栱和耍头相交，令栱上承随槫枋。顺开间施泥道栱和慢栱，上置柱头枋和压槽枋各一道，垂直叠架，设小斗垫托。后尾部分出华栱一跳，托在四椽栿底皮上，横向施令栱承井口枋。转角铺作，正侧两面与柱头铺作同，45° 角加设华斜栱和耍头。整个铺作形制，略似楼阁建筑上平坐斗栱的做法。

栱枋用材，广（高）18 厘米，厚 12 厘米，断面 3：2，合《营造法式》中六等材。栔高 7.5 厘米，折材分 6.2 分，与《营造法式》规定六分基本相符。

殿内无柱，亦无平棊藻井，为彻上露明造。四椽栿伸出前后檐外，外端与斗栱搭交成耍头。栿上施合楷、蜀柱，大斗承平梁，令栱和替

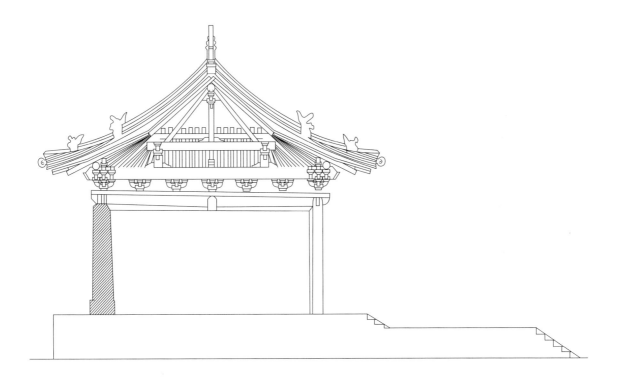

图7-4-9-3　圆觉殿当心间横断面图

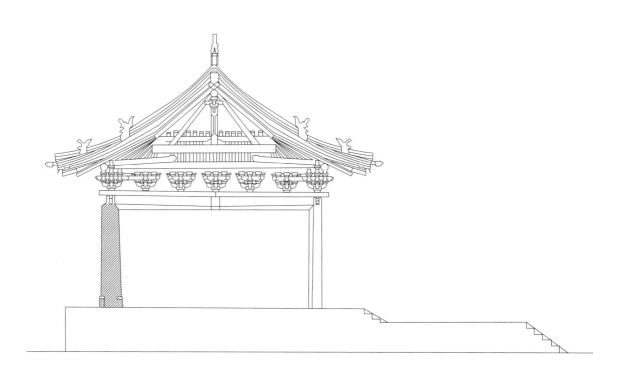

图7-4-9-4　圆觉殿次间横断面图

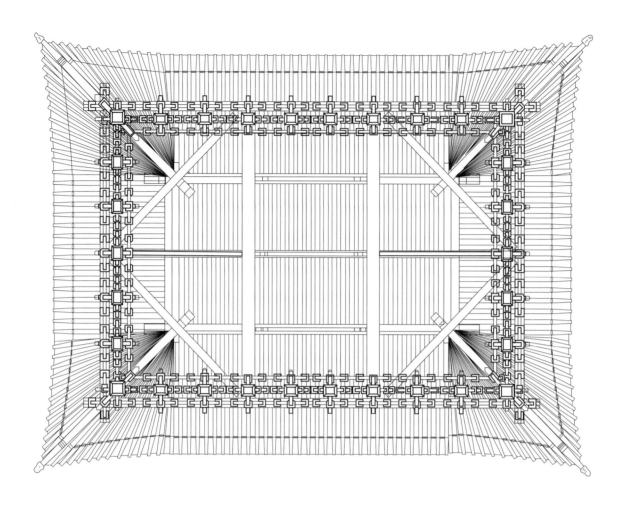

图7-4-9-5　圆觉殿梁架仰视平面

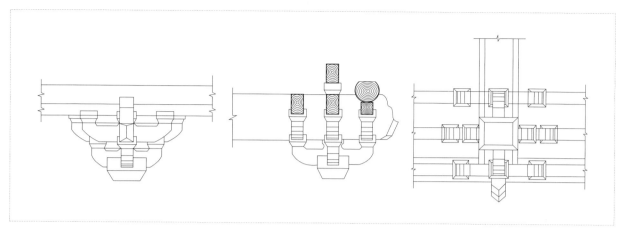

图7-4-9-6　圆觉殿柱头斗栱

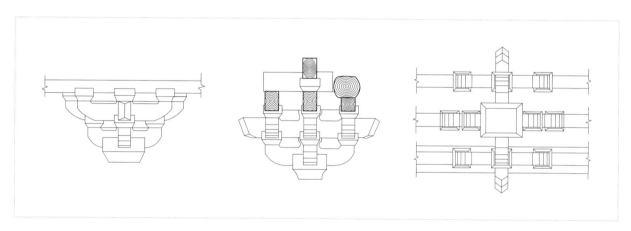

图7-4-9-7　圆觉殿补间斗栱

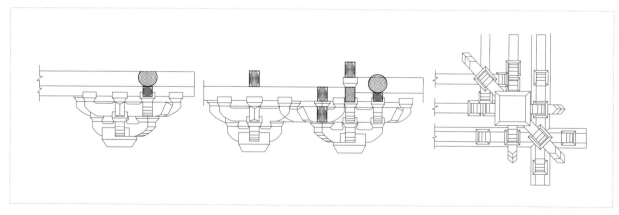

图7-4-9-8　圆觉殿转角斗栱

木与平梁两端十字相交，承托着平槫接点。平梁上施合楷、侏儒柱和大叉手，柱上有大斗、丁华抹颏栱、襻间令栱和替木承其脊槫，形制规整，构造简洁，毫无繁杂之感。两山中柱上施丁栿一道，外向伸至撩檐槫内皮作衬枋头，内端搭置在四椽栿上起纵向连贯作用。转角处施大抹角梁，斜向跨于次间之上。大角梁之上设仔角梁和续角梁挑出翼角。

各栿断面：四椽栿 53 厘米 × 29 厘米，平梁、太平梁 38 厘米 × 20 厘米，丁栿 25 厘米 × 15 厘米，抹角梁 30 厘米 × 20 厘米。

两山出际为 1.86 米。

该殿檐出，自柱中至撩檐槫中出一跳，水平距离 36 厘米，撩檐槫中至椽头平出 90 厘米，椽头至飞头平出 50 厘米，合计自柱中心以外檐出总长 1.76 米。椽头于撩檐槫以外部分微砍卷刹，致头径成为 12 厘米，飞子断面近方形。

殿顶举折：前后撩檐槫中线之间跨距 8.18 米，撩檐槫上皮至脊槫上总举高 2.48 米，合 1 : 3.5，与中国现存许多宋、金实例基本相符。其中第一架撩檐槫至平槫跨距 1.86 米，举高 0.84 米，合 4.5 举；第二架平槫至脊槫跨距 1.87 米，举高 1.66 米，合 8.9 举。

殿之前檐门窗已毁，从残存的卯洞位置及规格可以看出：版门两扇，有立颊、槫柱和余塞板，上下施额、槛和地栿。两次间有直棂窗，亦加余塞板，额、槛均插入柱内。

十、繁峙岩山寺

岩山寺，位于山西省繁峙县砂河镇东南 12 千米处的天岩村。寺址规模不大，寺内无巨构殿阁。

岩山寺坐北向南，背依五台山北侧。寺区南北长 80 米，东西宽 100 米，总面积为 8 千平方米。寺内前有山门（天王殿），中有文殊殿（后称南殿），后有水陆正殿（本名弥陀殿），左右为伽蓝和地藏二殿，两侧还有钟鼓二楼。现惟文殊殿、东西配殿和钟楼尚存。文殊殿内以壁画的艺术成就令人瞩目。

（一）历史沿革

岩山寺始建年代不详，据寺内现存碑刻记述，该寺建于金代海陵王正隆三年（1158 年）。现存寺内金正隆三年《繁峙灵岩院水陆记碑》中载："……鸿教然后布行天下，太宗为经战阵之所立寺，荐救阵亡之士，何况此邦乃平昔用武争战之地，暴骨郊原，沉魂滞魄，久幽泉壤，无所凭依，男观女观，嗟泪垂弹，岂不伤哉！极感厚人，矜悯一方，相纠命工图像，凡绘水陆一会，故以斯缘；留意资拔，极乐弥陀一念，……上助善题之因，下拔沉沦之苦，……兹乃如来设教之根本也。"

上述碑文反映了该寺的史实。宋、辽时期，这里是古战场，战事争夺，厮杀不宁，阵亡将士，暴骨郊原。金太宗完颜晟为了"超度"阵亡之士，立寺祀典。金正隆三年（1158 年）在该寺设水陆道场，并在弥陀殿内命工图像，绘制水陆法会一堂，借用佛法教义和因果报应之说，度化世人。金正隆年间岩山寺修建规模相当可观。木作、泥作、瓦作、命工图像、烧造琉璃、绘制壁画等，项目繁多，范围甚广。

（二）文殊殿

文殊殿殿身面阔五间，进深三间，单檐歇山式屋顶。殿之明间前后开门，两次间为窗。入殿堂，绕佛坛，前后可以穿通，故俗称穿心殿。殿宇规模不大，举折平缓。

1. 台基：文殊殿台基不高，仅 45 厘米。殿前无月台，台明之外于前后当心间设阶级三步。台基宽 19.08 米，深 15.96 米，顺砖垒砌，周铺散水。台明收分 2.5 厘米，约合 6.5%，室外散水 3 厘米，约合 3%。台明外沿铺压檐石一道，四角各安角石一块。角石方形，规格 60 厘米 × 60 厘米 × 18 厘米，素平无饰。殿内外地面皆用方砖铺墁，砖的规格砍磨后为 33 厘米 × 33 厘米 × 6 厘米。严山寺文殊殿地面及佛坛上方砖地墁法，尚存唐代遗风。

2. 平面：殿身面阔五间，通面宽 14.98 米，其中当心间 3.74 米，次间 3.76 米，梢间 1.86 米。次间大于明间属稀有之例。更为特殊的是，大殿进深三间，总进深 11.86 米，其中当心间 4.36 米，次间 3.75 米。次间山柱位置与前后檐梢间柱不成方形，致使转角处梁架结构不得不发生相应的变化。殿内金柱 4 根，前后槽各二，但位置互不相应。前槽两柱设于前檐和两山次间中线上，不与檐柱和山柱相对应。后槽两柱偏外，亦不与前槽柱对位，而是在山面次间中线上，与后檐次间外柱对应。

3.柱子：文殊殿内外柱子20根，其中檐柱16根，内柱4根。柱础素平无饰。柱身直柱造，柱头卷刹。前后檐平柱高3.73米，与明间宽度3.74米基本相等。山柱高3.77米，金柱高4.73米。该殿材高18厘米，栔高7厘米。角柱较平柱增高13厘米，与宋"五间殿生高四寸"基本吻合，生起显著。四周檐柱皆向内倾，造成"侧脚"。前后檐柱侧脚5厘米，约合柱高的1.28%；两侧面山柱侧脚4.5厘米，约合柱高的1.18%。

4.阑普：檐下一周柱头上，施阑额和普柏枋，断面成"J"形。转角处阑额不出头，阑额高24厘米，与足材25厘米相近；厚13厘米，与材厚略同。普柏枋断面高13厘米，宽27厘米，略大于足材。与山西现存的许多宋金实物相近。

5.斗栱：殿身内外皆施斗栱，斗栱的部位，分柱头、补间和转角三种。补间斗栱的分布，除前后檐两梢间不设斗栱外，其余前后檐及两山柱头各置一朵。

①柱头铺作，四铺作，出假昂一跳，底面砍作假华头子，琴面昂，尖偏薄，昂上施令栱与单材耍头相交，令栱外面斜刹，制成外短内长的形式。再上承随槫枋和撩檐槫，衬枋外向砍成麻叶形耍头，后尾制成乳栿或丁栿，斜搭在大额枋或四椽栿之上。斗栱后尾出单抄（华栱一跳），承令栱和耍头。令栱外向两端设刹面，上置罗汉枋一道，耍头形制与外檐同。柱顶自栌斗口设泥道栱和慢栱，上架柱头枋和压槽枋各一道。

柱头斗栱后尾，因结构位置不同，斜度不一致，断面亦不同。前檐当心间柱头铺作，后尾上斜15度，断面28.5厘米×15厘米；后檐当心间柱头铺作，后尾上斜20度，断面33厘米×15厘米；前檐次间柱头铺作，后尾上斜21度，断面一材，18厘米×12厘米；后檐次间柱头铺作，后尾为平置的乳栿，内端插入金柱之内，断面25.5厘米×15厘米；山面柱头铺作，后尾杠杆上斜45度，断面一材，18厘米×12厘米。后尾杠杆如此繁复变换，说明大殿修建时没有成熟的构思。

②补间铺作，与柱头铺作基本相同。所异者为补间衬枋头后尾不设杠杆，砍制成蚂蚱形耍头。唯两山后间补间铺作后尾为丁栿，断面

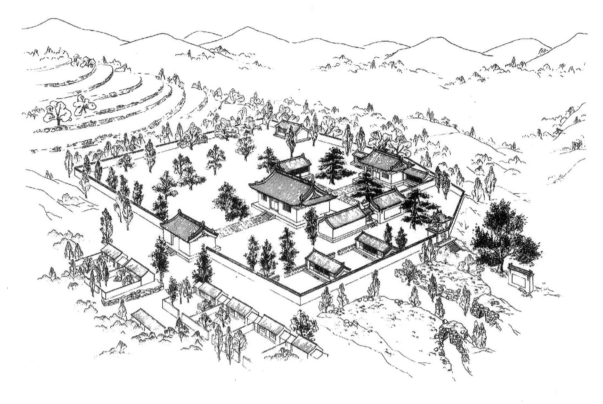

图7-4-10-1　岩山寺总体鸟瞰

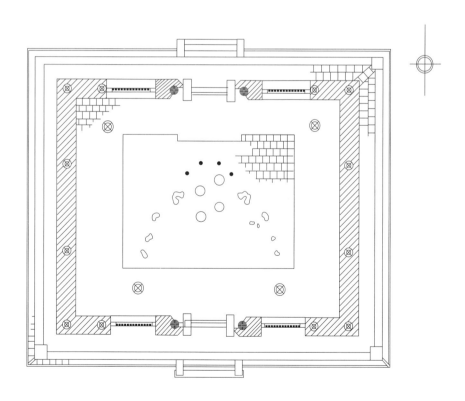

图7-4-10-2　文殊殿平面图

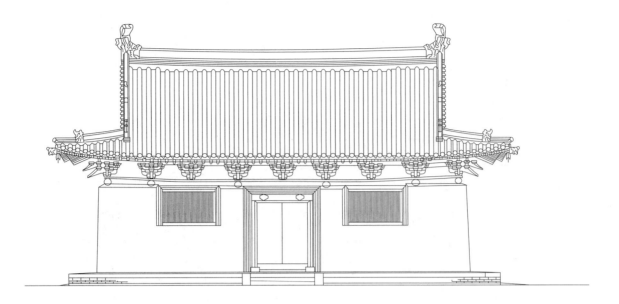

图7-4-10-3　文殊殿正立面

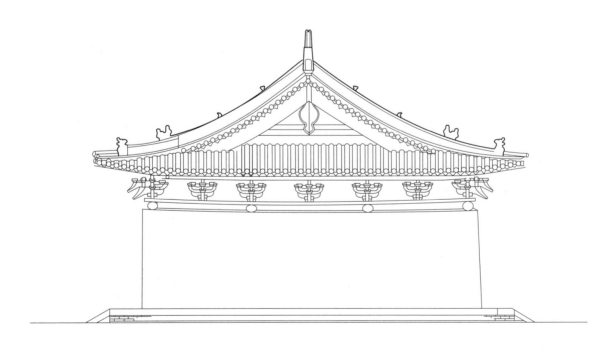

图7-4-10-4　文殊殿侧立面

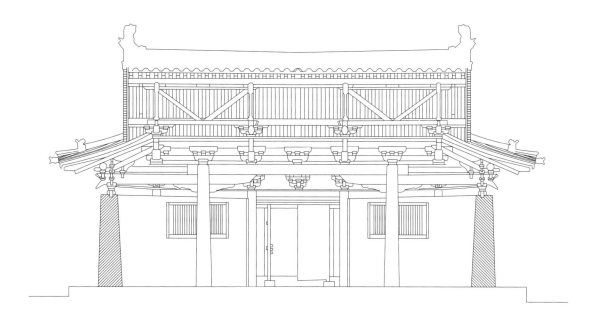

图7-4-10-5　文殊殿前视纵断面

图7-4-10-6　文殊殿当心间横断面

高及两材内端插入后槽金柱之内。

③转角铺作，除正侧两面与柱头铺作相同外，45度角增设斜昂一缝，两侧令栱于角昂上相交，耍头制成由昂。后尾正侧两面出单抄上承罗汉枋，角华栱一跳承罗汉枋交点，上置蚂蚱形耍头。

斗栱出跳，内外皆37厘米，耍头长31厘米，昂嘴长29.5厘米，下斜14厘米，衬枋头外端麻叶头长39厘米。蚂蚱头与麻叶头上下重叠，形如两层耍头之制。斗栱总高81.9厘米。各栱长度：外檐令栱长98厘米，后尾令栱长89厘米，泥道栱长78厘米，慢栱长115厘米。以材分（1.2厘米）计算，比例接近宋制，而实际尺寸较宋代建筑大为缩小。

栱枋用材，高18厘米，宽12厘米，比例3：2，栔高7厘米。

6.梁架：殿内前后槽内柱两列。每列应有柱子四根，减去两根。由于内柱的减少和移位，梁架结构发生了相应的变化。

前后槽内柱之上，架大内额各一道，两端均插入金柱之内。额枋长短不一，前槽内柱设置于两次间中线上。大内额长跨两间，额端施绰幕枋和丁栿叠置，外端制成外檐斗栱的耍头和下昂，内端穿过金柱作槽头式压在大内额之下，绰幕枋与柱口交接处，施大雀替承托。后槽内柱与次间外缝檐柱相对，大内额长跨三间，两端不设丁栿，也不与山面斗栱相联。额下槽头外端与额枋外端垂直截取，并加施雀替承重。槽头外向与山面外檐柱头斗栱后尾对齐，又是同方位平行构件，用一材贯通内外更为牢固。

大额枋之上，柱头和补间处皆设襻间铺作，前槽补间铺作三钻，后槽补间铺作五钻，构造形制相同。柱头襻间铺作与四椽栿十字搭交，补间襻间铺作承下平槫。襻间铺作的构造为一斗三升，由大斗、襻间栱（为枋材隐刻）、小斗、替木组成。上平槫之下襻间斗栱大斗底皮，设柱额和普柏枋纵向联系。平梁上中心处，两次间与合楷相交者设襻间枋纵向拉扯。枋上由中心向外支撑着两根斜材，犹如倒置的叉手，用以稳定平梁上的侏儒柱。平槫接点处用替木承托，撩檐槫和脊槫之下，皆以随槫枋扶之。脊部随槫枋隔架相闪，明间枋材紧贴于槫下，而两次间枋材皆置于明间枋材之下，枋子两端间缝制成卷刹，叠压交替承托，构架牢固。

明间两缝梁架，在前后额枋之上架四椽栿，两端与襻间斗栱相交承下平槫，栿上设驼峰、大斗、襻间栱承平梁和上平槫，平梁上设合楷、侏儒柱、叉手承其脊枋和脊槫。为防止槫枋滚动，上下平槫外侧，与栿之上皮垫设斜向木墩一方。四椽栿两端前后槽梁架，无平直的乳栿，仅在斗栱后尾施粗壮的杠杆，斜向压在额枋与四椽栿搭交缝间。

次间横断面，四椽栿前端超出金柱之外，架于丁栿之上，后端与额枋上襻间斗栱相交，栿上施缴背代承椽枋，山面檐椽后尾搭于此。承椽枋上设垫墩承大斗、襻间栱和平梁，平梁之上结构同前，唯合楷形式与明间不同，两端不设卷瓣，垂直截割。前后槽梁架也不如明间规整，前槽无乳栿，外檐斗栱后尾设杠杆斜搭在丁栿上皮四椽栿外端之下。后槽乳栿平置，内端插入金柱之内。

殿内转角处用抹角梁承大角梁，上置仔角梁和续角梁。抹角梁很短，设于转角斗栱后尾处，长 1.85 米，断面 25 厘米 × 14 厘米。梁背置驼峰与异形栱十字搭交，承托在大角梁腰间，简洁合理。

两山出际，设太平梁，承其出际槫枋，外向设以博风、悬鱼遮护。出际总长 112 厘米，结构简练。

梁架构件断面，有方形，长方形、圆形、半圆形、椭圆形等，其中不少构件是原始材料剥皮后稍加斧砍而使用的。前槽大内额断面尺寸为 45 厘米 × 33 厘米，后槽大内额 65 厘米 × 54 厘米，绰幕枋 32 厘米 × 19 厘米，明间四椽栿 42 厘米 × 30 厘米，东次间四椽栿 44 厘米 × 37 厘米，西次间四椽栿 46 厘米 × 38 厘米，缴背（承槫枋）21 厘米 × 14 厘米，平梁 30 厘米 × 23 厘米，大角梁 26 厘米 × 22 厘米，仔角梁 20 厘米 × 15 厘米，襻间枋 21 厘米 × 15 厘米，叉手 24 厘米 × 8.5 厘米。虽系彻上露明造，却是宋、金草栿做法。

各架槫材皆为圆形轴心材，直径 23.5 至 27 厘米不等，平均直径 25 厘米。对接处直榫咬合，圆形椽子，直径 12 厘米，与材之厚度相等，檐椽、脑椽、花架椽直径也与之相同。四周檐椽外加飞椽，使檐头略呈飞起之势，转角处翘起 20 厘米，翼出 18 厘米，外向装置套兽一枚。檐出总长 2 米，略大于柱高之半。飞椽平出 58 厘米。

7. 屋顶：殿顶举折平缓，前后撩檐槫之间距离为 12.56 米，总举高 3.24 米，举高与跨距之比，合 1∶3.88。其中第一架 2.53 举，坡度甚微；第二架 4.71 举；第三架 2.53 举。与宋制规定"三分中举一分，或四分中举一分"完全吻合。

8. 装修：文殊殿装修，仅包括前后檐明间版门和次间直棂窗。前檐版门略大，总高 3.52 米，宽 3.35 米，且经元代修改，加上了横批和鱼塞板。后檐版门是金代旧物，门高 3.48 米，宽 3.04 米，上设门额，侧有立颊，下置门槛和地栿。立颊断面 32 厘米 × 15 厘米，门额断面 41 厘米 × 15 厘米，门槛断面 32 厘米 × 14 厘米。框内版门两扇，高 2.8 米，每扇宽 1.21 米，六块木板合成，板宽均等。肘板厚 9.5 厘米，副肘板 8.8 厘米，身口板 8 厘米，与宋制做法相同。

直棂窗分置于前后檐次间上部，窗高 1.61 米，宽 2.56 米，高宽之比约为 2 ∶ 3。窗户四周，设有立颊、窗额、窗槛，立颊之外亦有抱框。额颊断面 18 厘米 × 10 厘米，抱框断面 10 厘米 × 7.5 厘米。窗内棂条，前窗 17 根，后窗 15 根，棂条宽 6 厘米、厚 4.7 厘米，一棂一档，即棂条与空度相等。腰间不用子桯，台条直接安装在额槛之上。窗户的位置极引人注目，窗户不大，窗台较高，超过人们的视线。前后檐墙高 3.52 米，窗在阑额之下，高 1.61 米。窗下坎墙高 1.91 米，已越墙高之半。此制曾见于大同善化寺金建天王殿和三圣殿。岩山寺文殊殿檐墙上的窗户位置，乃金代高窗台实例之一。

9. 檐墙：墙身砖坯垒砌，外抹麦秸泥和壁灰各一道，内抹棉花（或纸筋）沙泥，壁面绘制壁画。墙高 3.52 米，内墙收分 7 至 10 厘米，外墙收分 19 厘米。在通常情况下，殿堂墙壁下部 70 至 90 厘米处，多以砖砌坎墙或下肩，一则防潮，二则稳固墙身。山西宋、金建筑于坎墙上还设有木骨一道。此殿特殊，无坎墙之设，外墙灰皮抹至地面，并刷朱红色，内墙全抹棉花（或纸筋）沙泥，然后敷彩作画。

殿内砖砌佛坛宽大，长 8.96 米、宽 6.35 米，坛上面积约占殿内面积的二分之一。坛高 0.55 米，四周砌作束腰式。束腰处残存部分砖雕，砖的上下刻仰覆莲瓣，中置门柱壸门，壸门内剔地突起雕牡丹、宝相、佛手、石榴，菊花、卷草及火焰宝珠等图案，是很典型的金代砖雕。坛上彩塑 14 尊，现存 8 尊。文殊驾狮居中，文殊像已毁，狮兽尚存，但头部致残，狮高 2.01 米；左右胁侍菩萨各一，高约 2.5 米；右侧侍者塑像恭手仰望，高 1.7 米；左侧侍者拂手作牵狮状，高 1.6 米。前沿原有护法二金刚，左金刚毁，右金刚尚存，高 2.9 米。扇面墙当心，有

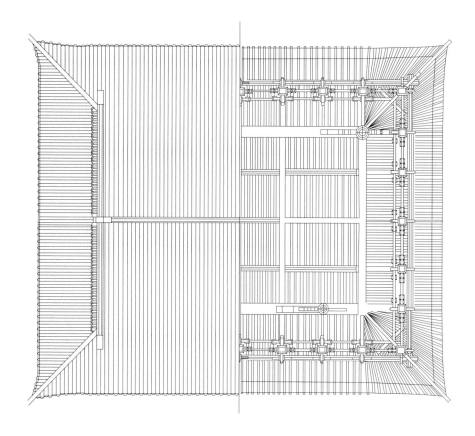

图7-4-10-7　文殊殿瓦顶、梁架仰视平面图

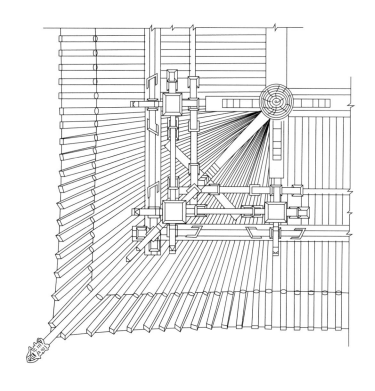

图7-4-10-8　文殊殿翼角仰视平面图

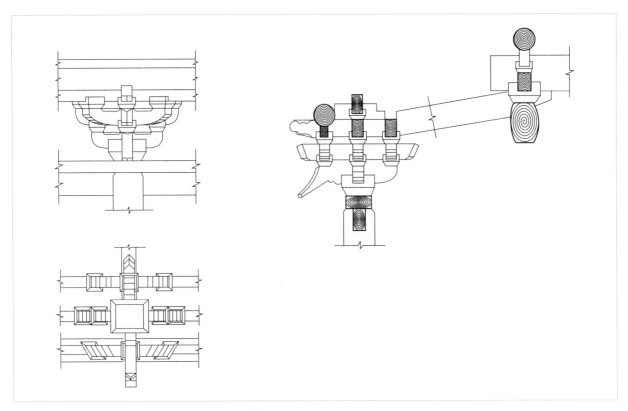

图7-4-10-9　文殊殿前檐当心间柱头斗栱

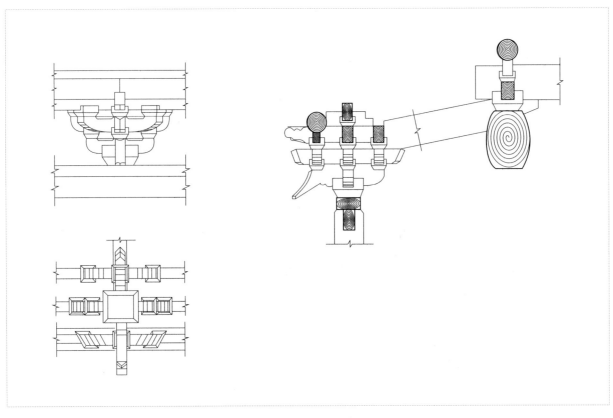

图7-4-10-10　文殊殿后檐当心间柱头斗栱

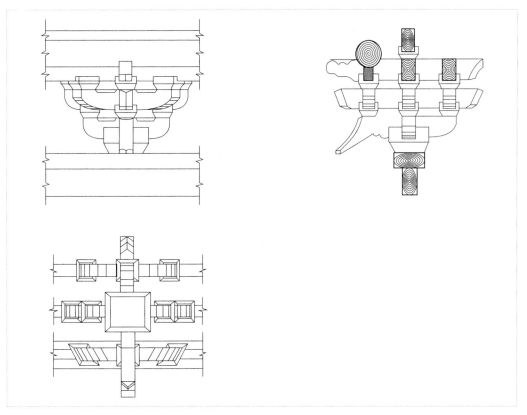

图7-4-10-11　文殊殿前后檐当心间补间斗栱

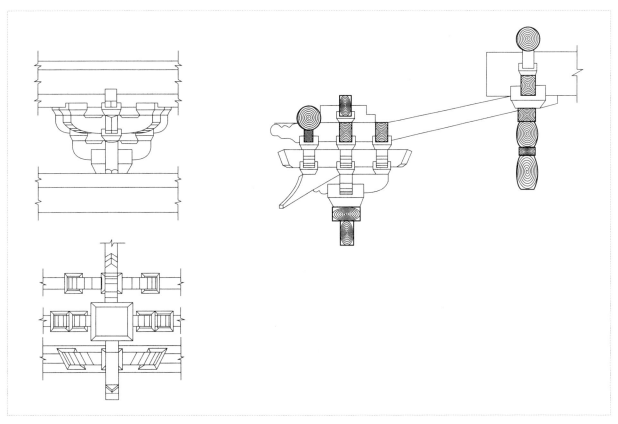

图7-4-10-12　文殊殿前檐次间柱头斗栱

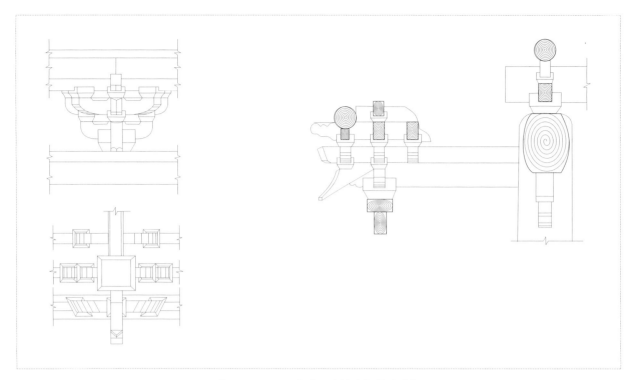

图7-4-10-13　文殊殿后檐次间柱头斗栱

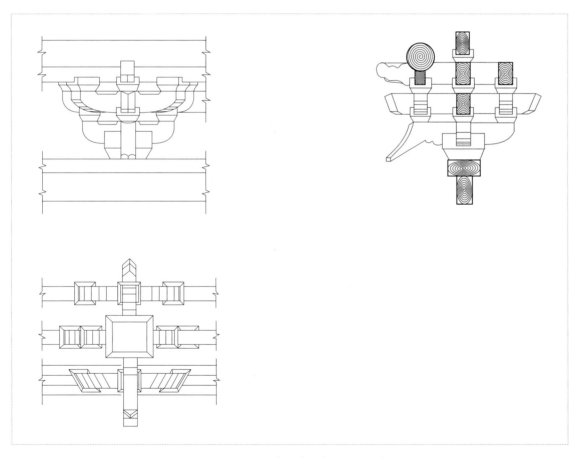

图7-4-10-14　文殊殿前后檐次间补间斗栱

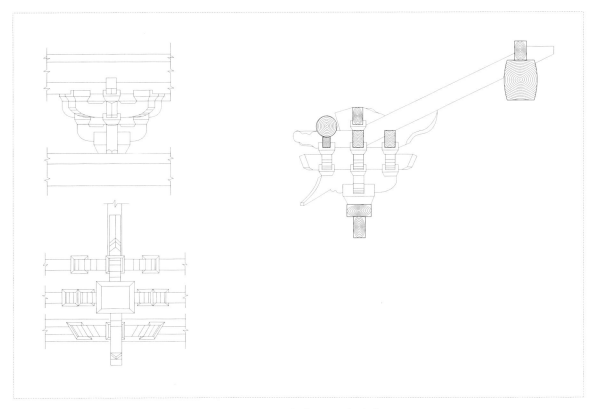

图7-4-10-15　文殊殿山面柱头斗栱

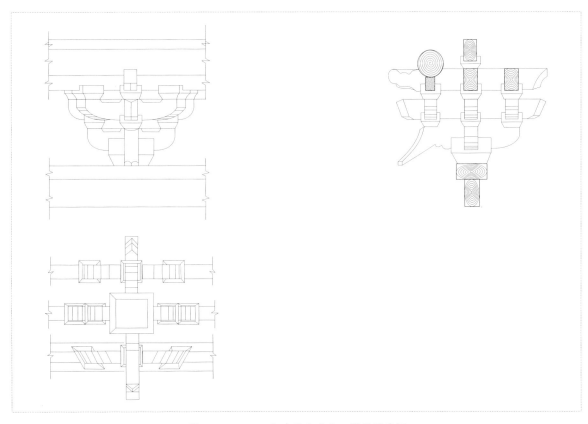

图7-4-10-16　文殊殿山面当心间补间斗栱

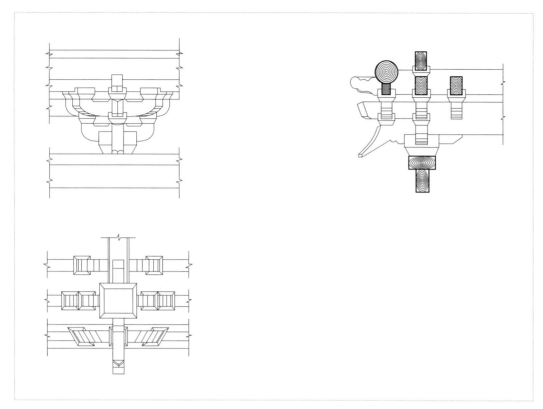

图7-4-10-17　文殊殿山面前间补间斗栱

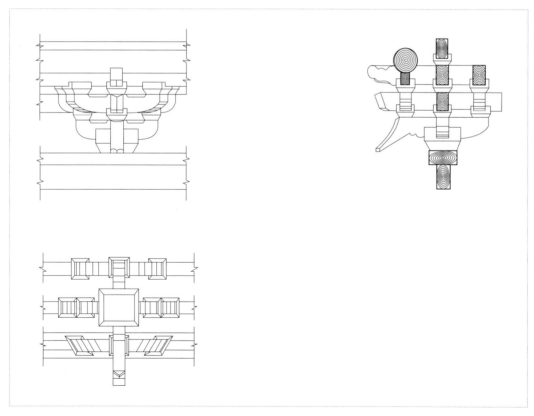

图7-4-10-18　文殊殿山面后间补间斗栱

方木框架。背面侧坐水月观音，通高 3.12 米，其中台座高 1.5 米，坐像高 1.62 米。其右侧金刚 1.73 米。各像比例适度，身材修长，面目清秀圆润，服饰简洁合体，发丝、帔帛、云肩、罗裙、面部神色、躯体肌肉等，呈现出高超的艺术功底。

十一、寿阳普光寺大殿

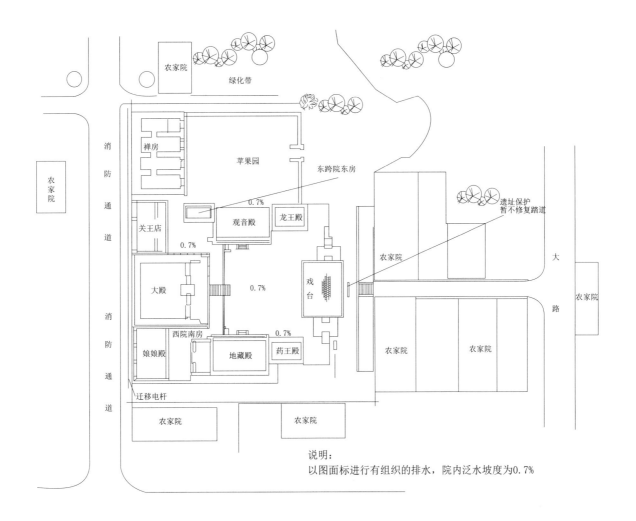

图7-4-11-1　普光寺设计总平面图

普光寺在寿阳县西南白道村。

大殿主体构架，如梁架结构、檐柱及斗栱形制、用材大小基本保留了宋代建筑的风格。普光寺至迟在宋代已创建，清代曾重修或增建。

大殿位于中轴线最北端，坐北朝南，创建年代不详。台基砖石包砌，高 1.32 米。

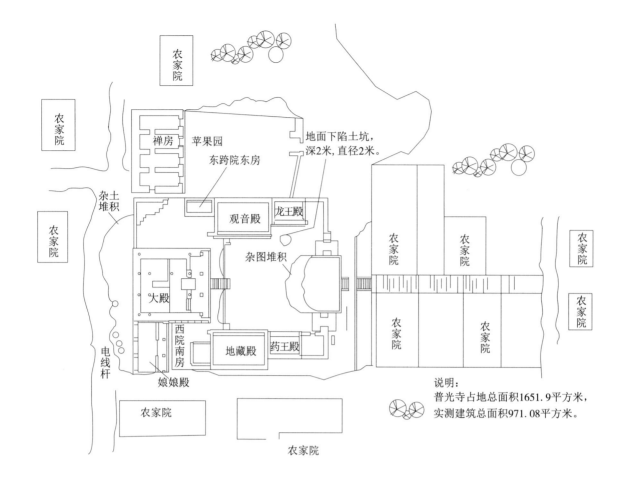

图7-4-11-2 普光寺实测总平面图

1. 大殿平面形制：殿身面阔三间（13.48米），进深六椽（14.18米），平面近方形，明间面阔3.83米，两次间面阔3.47米，明间略宽，两次间稍窄。

2. 大殿斗栱：大殿副阶及檐部共设斗栱三种，即副阶檐柱柱头斗栱、补间斗栱和前后殿身檐柱柱头斗栱。副阶檐柱柱头斗栱里外均四铺作，单下昂，里转单抄，壁内设泥道栱及素枋，素枋之上隐刻泥道慢栱，昂身底线平直，与山西太原晋祠圣母殿副阶檐柱柱头斗栱和上檐补间斗栱昂形相似，外檐要头麻叶形，由前剳牵伸至檐外成为要头。副阶补间斗栱为隐刻扶壁栱，于壁内素枋之上隐刻泥道栱和泥道慢栱。前、后殿身檐柱斗栱仅设柱头，不设补间，形制相同，均为斗口跳，前檐跳为四椽栿伸至檐外制成，后檐跳为后剳牵伸至檐外成为要头。

3. 柱额：大殿共用柱16根，其中副阶檐柱用材较大，柱径为

390～480毫米，其余殿身檐柱、山柱及内柱直径均为300毫米，柱头卷刹圆和，为宋代遗构。前檐殿身檐柱明间东柱无卷刹，可能为后代修葺时更换。大殿前后殿身檐柱以阑额连接，不施普柏枋，此形制承袭了唐、五代时期的建筑特征。栌斗直接坐于副阶柱上，普柏枋与栌斗底皮相平，此制在现存同期建筑中极为罕见。阑额与角柱相交不出头，显示了宋代建筑风格。

4. 梁架：大殿梁架为六架椽屋四椽栿对前后劄牵，通檐用四柱，梁枋构件制作规整，卷刹圆和，襻间栱枋用材统一，纵横结构严谨。平梁圆和规整，其上立蜀柱，由合楷过渡（可能为后人修葺时更换，依山西现存宋代建筑实例，多以驼峰过渡）。明间脊部襻间由替木、

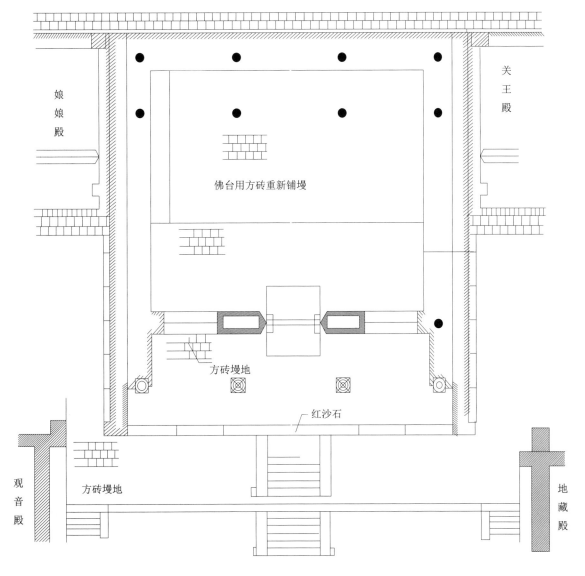

图7-4-11-3　普光寺大殿平面图

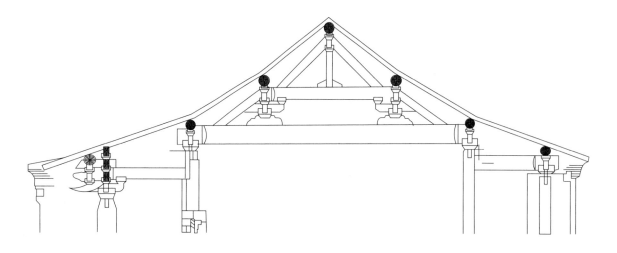

图7-4-11-4 梁架节点图

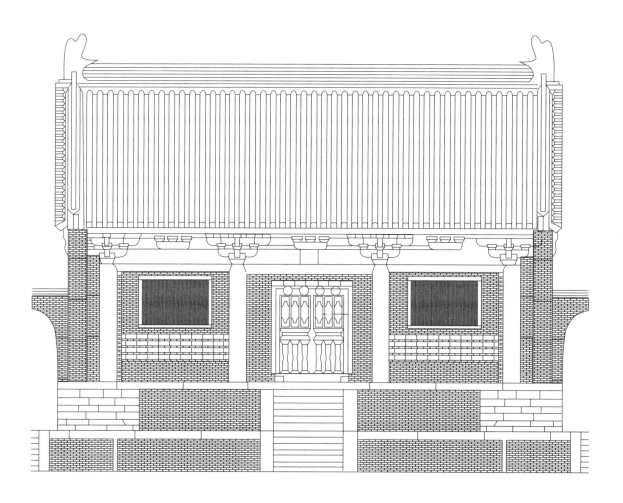

图7-4-11-5 普光寺大殿正立面图

单材令栱组成，每缝令栱两侧附一叉手捧戗，叉手下踏平梁之背，上与令栱相结，脊部襻间大多不设丁华抹颏栱。此结构在山西现存宋代遗构中具有一定数量，如太原晋祠圣母殿，榆社寿圣寺山门、晋城青莲寺释迦殿、高平崇明寺中佛殿等。

四椽栿尾部与后槽内柱上栌斗、令栱、替木相交，前端与前檐殿身檐柱栌斗相交做出斗口跳，后剳牵之尾插入后槽内柱，前端与后檐檐柱栌斗相交形成斗口跳，前剳牵后尾插入殿身檐柱，前端与副阶檐柱斗栱相交做出要头。四椽栿上两端设驼峰、栌斗、丁头栱承平梁，平梁两端设托脚戗撑，托脚下踏四椽栿之背。此构与山西平遥镇国寺五代遗构万佛殿、榆次永寿寺宋代天圣元年（1023年）建雨花宫内梁架结构相似。

5. 屋面瓦顶：大殿屋顶形制为单檐硬山顶，筒板布瓦屋面。勘察时发现大殿前后殿身角柱之上均设有斗栱，由此推断，原大殿顶部形制为悬山顶，后代修葺时改为硬山顶。

6. 装修：大殿前檐当心间设版门，两次间为直棂窗。版门上设六角形门簪4枚，当心版门棂条分隔装饰，格心内贴木质镂空雕刻图案。

综上所述，大殿平面布局和大木构架——斗栱、梁架、檐柱等构件，保留了五代、宋时期的建筑特征，大殿为宋代遗构。

十二、浑源荆庄大云寺大雄宝殿

大云寺位于山西省浑源县西南10千米的东坊城乡荆庄村。清乾隆《浑源州志》载："大云寺，《旧志》大云禅寺。二，一在州西南四十里龙山，为上院；一在城西荆家庄为下院，元魏时建。"由此可见，荆庄大云寺始建于北魏，甚为久远。

通过对现存遗物、遗迹的勘测分析，结合当地老者对大云寺的回忆，该寺原是一组基本完整的古建筑群。中轴线上主要有山门、过殿、大雄宝殿、后殿，两侧有钟楼、鼓楼、配殿、厢房。现仅存大雄宝殿一座。

大雄宝殿是寺内中轴线上唯一幸存的佛殿。面阔三间，深四椽，殿顶单檐歇山式，殿内梁架四椽栿通檐用二柱，檐下斗栱四辅作。

1. 台基、月台

大殿台基长方形，前檐设宽大月台，均以条砖砌筑。台明、月台台面条砖铺设，殿内地面方砖铺墁。

图7-4-12-1　大雄宝殿

由于现存院面高于台基，大部台明、月台埋于地下。台明前后下出檐不同，前出檐1.28米，后出檐1.67米，两山出檐1.37米。通面宽12.86米，通进深10.83米。月台面宽11.2米，进深4.75米，柱底开间总面宽10.12米，其中明间3.56米，次间3.28米，山面总进深7.88米，每间3.94米。总建筑面积191.7平方米。

2. 柱子

大殿用柱共10根，直柱造。其中前后檐柱各4根，两山各设中柱1根。角柱生起0.09米，向殿内双向侧脚各0.05米。平柱高3.38米，角柱高3.47米，底径0.33米，头径0.32米，柱头卷刹圆润规制。柱头施以阑额、普柏枋，阑普出头0.4米，柱础石质素平无饰。

3. 梁架

殿内四椽栿通达前后，两端承挑撩檐，梁背置高大隐刻驼峰两件。隐刻驼峰从纵向以襻间枋稳固，其上置交栿头以承平梁。平梁两端承平槫，立蜀柱以承脊槫。蜀柱柱头上纵向施叉，横向施顺脊串加以稳固。

山面梁架为山面补间铺作承丁栿，其末端搭置于四椽栿上皮，丁栿中部置梯形驼峰，驼峰上同样安放交栿斗承门头栿。由于前檐次间与山面次间开间尺寸不同，补间铺作间距亦有差异，故前檐补间铺作后尾不作延伸搭交，角梁后尾直接插入梯形驼峰中，构架简洁。

殿顶总举高为 2.7 米，与前后撩檐中距（8.48 米）的比为 1：3.14。其中第一架 4.8 举，第二架 8.3 举。由于第一架举高不大，故檐步平缓舒展。

由于第一举架平缓，加之角梁后尾插入平梁交栿斗下皮，形成了角梁几乎为平置的翼角构架，故翼角生起显著。

4. 斗栱

整个大殿斗栱共三种，即柱头、补间、转角铺作。其中转角铺作 4 朵，柱头铺作 6 朵，补间铺作 11 朵。斗栱共 21 朵。

斗栱四铺作单栱造（慢栱隐刻）外出单抄。里转五铺作，双抄，第一跳，跳头上设异形栱。耍头蚂蚱头形，后尾为撑头。撑头不出头，后尾蚂蚱式。横向施单材，纵向用足材。

柱头铺作里转为压跳，四椽栿头为耍头，不设异形栱。转角铺作泥道栱列抄头，正心枋列耍头。45° 角华栱，上承角耍头。明间、次间平枋与襻间枋之间，脊与顺脊串之间均置散斗，组成襻间斗栱。

栱枋用材高 0.18 米，厚 0.12 米，栔高 0.08 米，第一跳长 0.38 米，第二跳长 0.32 米。

5. 殿顶

殿顶施圆椽，檐头叠加飞椽，椽径 0.12 米，飞高 0.08 米，椽飞之上铺设木制望板，然后抹覆瓦。屋顶筒板布瓦覆盖，垂脊戗脊为青灰布雕花脊筒，叉脊为砖条脊，正脊和各种脊饰均缺失。现存正脊以条砖替代，非原制。

6. 墙体、地面、门窗、装修

大殿墙体为二层，里层为土坯墙，外层青砖砌护。外墙收分 0.07 米（2%），内墙基本垂直。内墙面以混合沙泥抹护（其材料有黄土、胶泥、细沙、棉花等），绘制壁画。

殿内地面以方砖铺墁（现存地面杂乱破碎），大殿因殿内四周满布壁画，不设窗，而仅在前后明间设门。

从大殿结构形式可以判断大云寺大殿的大致建筑年代。

1.用材：本殿用材高 0.18 米，宽 0.12 米，断面比为 3 ∶ 2，约合《营造法式》六等材。《营造法式》规定六等材，"亭榭或小厅堂皆用之"。本殿面宽三间，进深四椽，属"小厅堂"范围，符合《营造法式》规制。

2.柱子：明间平柱柱高 3.38 米，底径 0.33 米，头径 0.32 米，卷刹 0.02 米。按照《营造法式》"厅堂等四架椽间缝内用梁柱侧样"对照分析，柱径符合"两材一栔"，柱高符合"十尺"之规定。且柱头收刹甚微，卷刹弧线自然，圆和柔润。与晋祠圣母殿、佛光寺文殊殿等宋金建筑造柱规制基本相同。

3.阑普：本殿阑额宽 0.12 米，高 0.26 米，普柏枋厚 0.14 米，宽 0.28 米，其断面比例为 2 ∶ 1，基本符合《营造法式》规制，且出头不似宋金建筑略加修饰，而同辽代规制垂直截去，颇具辽代风格。

4.斗栱：斗栱总高为 1.42 米，柱高为 3.38 米，斗栱高度与柱高比例为 1 ∶ 2.4，大于宋金时期 1 ∶ 3 的规制，小于唐制 1 ∶ 2 的比例，介于唐宋之间。耍头为蚂蚱式，符合《营造法式》规制。

5.驼峰：本殿驼峰为隐刻驼峰，与大同善化寺山门所用驼峰形制十分相似，如同一物，辽代风韵独具。

6.椽架：本殿椽架水平距均为 1.93 米，近似《营造法式》之尺寸规制，总进深为 7.72 米，同样接近《营造法式》之总进深二十四尺之规则。

7.梁架：整个梁架的结构形式，与《营造法式》规定的四架椽屋通檐用二柱的结构方式相同。

8.殿顶举折：本殿前后撩檐中心距为 8.54 米，总举高为 2.7 米，总举架为 1 ∶ 3.16，符合《营造法式》1 ∶ 3 的举折之法。其中第一架举高为 1.1 米，大于《营造法式》10 ∶ 1 的折屋之法，为 10 ∶ 1.37，偏大。

可以认为，本殿的建筑时代应在辽至金之间。

十三、平遥慈相寺

慈相寺，古名圣俱寺，位于山西省平遥县城东 10 千米的沿村堡乡冀郭村东北隅。北临樱涧河，南枕麓台山。

寺内金明昌五年（1194 年）《汾州平遥县慈相寺修造碑》记载："始

有大士由西极来，曰无名师，宴坐于麓台山四十载。唐肃宗召诣京师，待若悼友。上元初，示化于宫城之寺，诏还故山。"还有寺内金泰和元年（1201年）《平遥县冀郭村慈相寺僧众塔记铭》载："自有唐肃宗以来，其设寺额，本名圣俱。而是时主持教者，既始祖无名大师也。"实地勘察发现有唐代绳纹砖。根据文献资料和现场实物考证得出，慈相寺的创建年代，至迟也在唐肃宗时期。

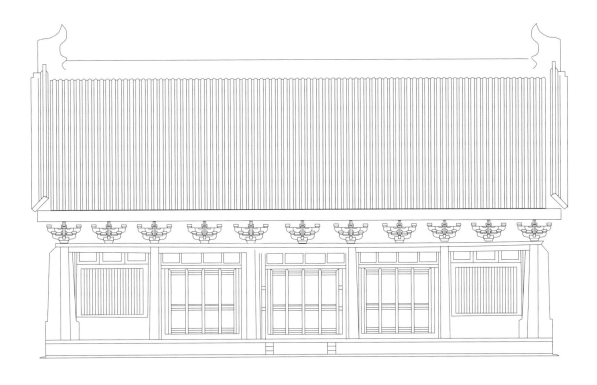

图7-4-13-1　慈相寺正殿正立面图

宋庆历年间，寺僧建造麓台宝塔，又名麓镜台，收藏无名祖师骨灰。宋皇祐三年（1051年），圣俱寺改名为慈相寺。宋庆历年间至皇祐三年是慈相寺第一个兴盛时期。但到了宋末，由于战争连绵不断，慈相寺也没有逃脱毁于兵火的命运，仅侥幸存正殿和山门。

金天会年间，寺院住持宝量重修寺院，在旧址上重立佛塔，还对其余稍加修建，但不久宝量逝世。由新任住持福澄和尚继续对慈相寺大加修葺，堂设毗庐，壁绘万佛，右置释迦六祖，左置地藏菩萨十王像。共修建房屋1200余间。其规模较前更为扩大，面貌焕然一新。这次修葺从金大定十九年（1179年）至明昌元年1190年，历时11年。《汾州平遥县慈相寺修造碑》载："于是僧有经行宴坐之安，人适游礼虔仰之愿。然后作大佛事三昼夜，饭缁素，万人庆其成也。"由此可见，金代慈相寺之盛，超过了宋代，是为慈相寺第二个兴盛时期。

1. 慈相寺总平面布局

慈相寺的总平面布局为中轴对称式，主要建筑在中轴线上。

现存整个寺院坐北朝南，为三进院。分别由山门、乐楼（只剩高台基）、关帝庙和关帝庙两山墙并列的钟、鼓二楼，以及正殿、东西两侧窑洞、无名大师灵塔组成。总占地面积约为 6000 平方米。

寺院最前端是山门，建在高约 80 厘米的台基之上。面阔三间，进深一间，硬山顶，为清代乾隆年间遗物。明间台基中部留有宽 2.09 米的通道，直通山门后乐楼高台基中部券洞。

乐楼紧贴山门后墙而建。台基中部有宽 1.75 米、高 1.9 米、长 14.06 米的券洞，和山门明间通道相接，是进入寺院的通道。

正殿为慈相寺的主要建筑之一，距关帝庙 22.77 米。面阔五间，进深三间，悬山顶。经详细勘察，在四椽栿下发现有"宝量仲英"等题记，和金明昌五年《汾州平遥县慈相寺修造碑》记载相吻合，同时结合建筑特征可以断定慈相寺正殿主要结构均为金代遗物。

正殿后 15 米处的中轴线上，在金天会年间，僧人宝量在宝塔旧址上重建一座八角、九层、楼阁式无名大师灵塔，也是慈相寺的主要建筑之一。

2. 正殿平面及柱式

正殿面阔五间，进深三间，前檐插廊，增设檐椽一架，形成七架椽构造，悬山式顶。平面呈长方形。通高 14.4 米，通面阔 21.28 米，通进深 15.8 米。建筑面积为 408 平方米。

表 7-4　慈相寺正殿各种柱子统一尺寸表

（单位：厘米）

柱子名称	直径	高	生起	卷刹	侧脚	
					横侧	纵侧
平柱	48	405		9	9	4
金柱	44	660			6	
次间柱	48	409	4	9	9	4
梢间柱	50	412	7	9	9	4

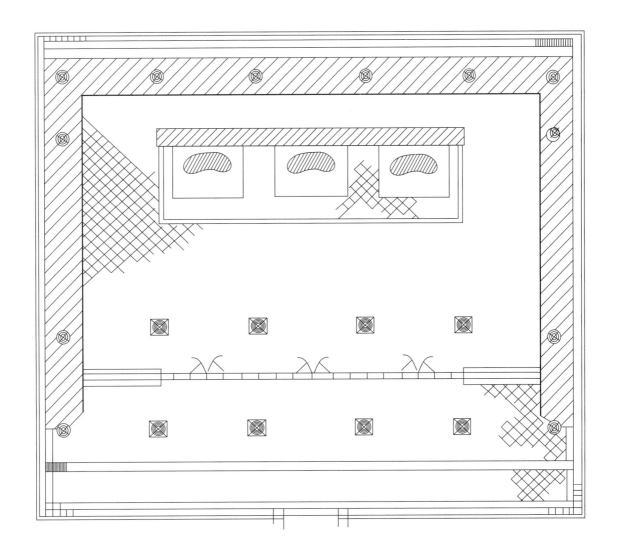

图7-4-13-2 慈相寺正殿平面图

　　正殿明间开间 4.6 米，次间 4.34 米，梢间 4 米。月台宽与台明同，为 23.96 米，长 2.08 米，高 40 厘米。

　　正殿现有立柱 29 根。正殿前槽金柱采用移柱法。

　　正殿的檐柱、山柱都为圆形直柱造，有侧脚。在四周不同位置上，侧向两个方向，即横侧和纵侧。檐柱柱头有卷刹。

　　阑额与普柏枋安放断面呈丁字形。阑额高 26 厘米，宽 13 厘米，出头 23 厘米，端头斜向里收 12 厘米。这种阑额出头向里收刹的规制，正是金代建筑特征之一。普柏枋高 13 厘米，宽 29 厘米。

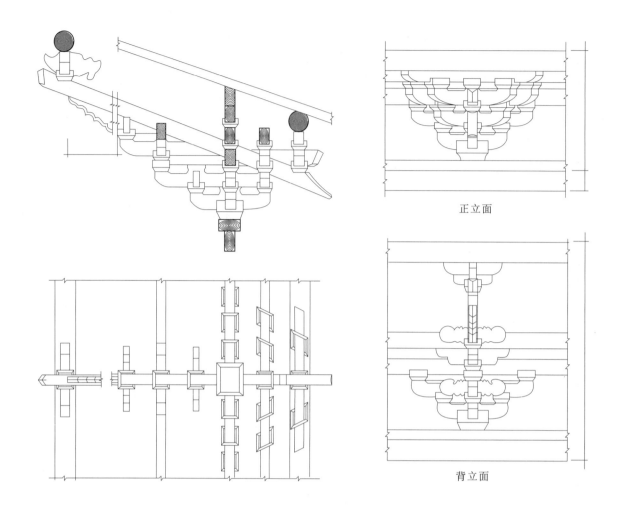

图7-4-13-3 慈相寺正殿补间铺作图

3. 斗栱

正殿的斗栱总计有三种。前檐柱头铺作为五铺作，单抄单下昂，重栱计心造，出昂，下垫华头子。瓜子慢栱承罗汉枋。昂上安装令栱。令栱、瓜子栱、瓜子慢栱为斜面栱，约近60°，散斗做成菱形。后尾出三跳，第一跳置异形栱，第二跳瓜子栱，上托罗汉枋，第三跳上平盘斗托在乳栿之下。

前檐补间铺作：补间斗栱每间一朵，栌斗坐在普柏枋上。檐外与柱头铺作相同。后尾亦出三跳，第一跳出异形栱，第二跳设连珠斗，上托罗汉枋；第三跳异形栱和华替相交，华替承托尾昂。昂后尾上置交互斗，栱头短替与翼形耍头相交，承下平槫。柱头铺作同补间铺作的华栱用足材，其余使用单材。

后檐斗栱：后檐斗栱结构简单，不出华栱，椽缝设泥道栱一道。

正殿足材高 28 厘米。单材高 20 厘米，材宽 13 厘米。其断面比例为 3：2。用宋《营造法式》规定标准来看，相当于五等材或六等材。

表 7–5　慈相寺正殿斗栱统一尺寸表

（单位：厘米）

名称	上宽	下宽	上深	下深	耳	平	欹	颛	总高
栌头	42	32	37	27	10	5	10	1	25
交互斗	23	17	23	17	5	3	5	0.5	13
散斗	23	17	21	15	5	3	5	0.5	13

表 7–6　慈相寺正殿各种栱（昂）统一尺寸表

（单位：厘米）

名称	长	上留	平出	高	宽	备注
泥道栱	94	8	7			
泥道慢栱	162	8	8			
瓜子栱	103	8	前 4			
后 13			栱头砍成斜面			
瓜子慢栱	176	8	前 6			
后 15			栱头砍成斜面			
令栱	120	8	前 16			
后 25			栱头砍成斜面			
异形栱	85			13	8	
昂				20	13	琴面昂鹊台 5 厘米
耍头				20	13	蚂蚱头鹊台 5 厘米
替木	189	6		15	9	替木头砍成斜面

4. 梁架结构

正殿为七架椽屋，四椽栿对前乳栿后劄牵用四柱，梁架为"彻上露明造"。前槽金柱用移柱造。

前乳栿伸出至廊檐，置于前檐柱头铺作的齐心斗上，前端和替木相交承檐槫，后尾伸入前槽金柱中。乳栿背上坐驼峰，上置大斗、峰接令栱、替木和劄牵，承托下平槫。劄牵后尾伸入前槽金柱之内。

中平槫结点使用移柱造，使山面和明间结构有所不同。山面在山柱上置大斗，大斗口前后出槫头上置四椽栿。襻间枋、替木与四椽栿相交，承中平槫。明间中平槫结点是驼峰坐在劄牵之上，再置大斗，大斗承四椽栿，出令栱，襻间枋，替木和四椽栿相交，承中平槫。而前槽金柱后移53厘米，上置大斗承四椽栿。

上平槫结点处，山面是四椽栿背上置驼峰、大斗，出平梁，令栱、替木和平梁相交承上平槫。明间在平梁之下又设一根附梁，四椽栿上置驼峰，大斗、附梁，大斗，大斗口出平梁与令栱、替木，上承上平椽。

平梁中心立侏儒柱，侏儒柱砍成方形抹棱，底部施用角背支撑。侏儒柱上置丁华抹颏栱，以替木承托脊槫。前后用叉手支撑。明、次、梢间各用襻间枋一材，为隔间施用。明间襻间枋出次间为半栱，次间襻间枋出头做蚂蚱头。

在整个大殿的纵向结构上，均用椽枋、襻间，使各缝梁架相互联系。柱头之间施阑额、普柏枋联结。

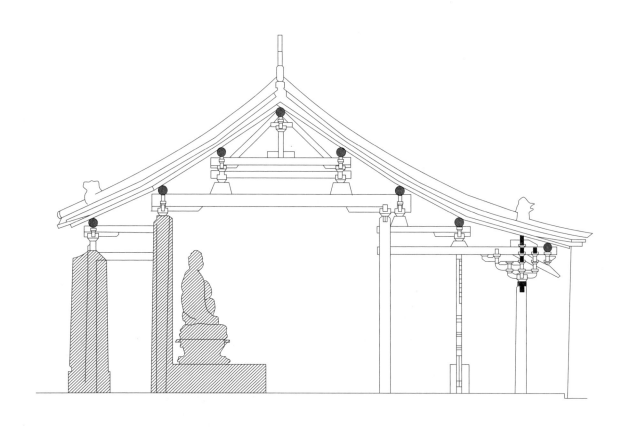

图7-4-13-4　慈相寺正殿侧立面

①梁架部件及梁架结构尺寸如下：

平梁 26 厘米 ×18 厘米，附梁 23 厘米 ×17 厘米；四椽栿 50 厘米 ×36 厘米；乳栿 34 厘米 ×26 厘米；前剳牵与后剳牵均为 23 厘米 ×20 厘米；后穿插枋 20 厘米 ×13 厘米。以上梁枋断面之比约为 3：2，具有金代建筑特征。

②驼峰：驼峰为梯形垫木。这种驼峰形制，为金代建筑典型特征。

③步架：脊步 225 厘米，上平槫步 225 厘米，前下槽步 223 厘米，前檐步 331 厘米，椽出 82 厘米，飞出 37 厘米。

④举折：正殿屋顶前坡四椽，坡度和缓。脊步举高 152 厘米，为 0.68 举；上槫步举高为 24 厘米，为 0.58 举；前下槽步 100 厘米，为 0.45 举；前檐步 100 厘米，为 0.33 举；屋顶后坡三椽，坡度较前坡稍陡。后檐步 108 厘米，为 0.41 举。正殿前坡和后坡总举折分别是 1：4.2 和 1：3.7，基本接近金代 1：3 或 1：4 规制。

正殿檐椽直径 12 厘米，椽头直径 10 厘米，飞子长 37 厘米，飞尾高 10 厘米，宽 6 厘米。飞头高 7 厘米，宽 6 厘米。博风板高 50 厘米，厚 3 厘米。望板厚 2 厘米。

5. 装修

正殿门窗格扇装修，安装在下平槫缝垂直线乳栿之下，而不在柱间。这种方法，始于金代，在晋中地区较多，如平遥清虚观大殿等。

梢间安窗，窗长 328 厘米，宽 240 厘米。共用 17 根方棂组成。其用材规格、制作形制属金代遗物。

十四、柳林香岩寺

（一）历史沿革

清嘉庆十六年（1811 年）版《永宁州志·寺庙篇》记载："……香岩寺在州西六十里，贞元年间唐德宗赐'香严'，改旧名'阁则寺'……"

乾隆版《汾州府志》、光绪版《永宁州志》记载："香岩寺在永宁州西六十里。唐贞元中敕赐额。金正隆、大定间重修，有碑。"

据此可知，香岩寺的创建时间最晚应在唐德宗贞元年间。

又现存寺内的大明天顺元年（1475）《香严院》碑中记载："……

图7-4-14-1 清光绪《永宁州志》载香严寺位置

图7-4-14-2 香严寺全景

择胜地建刹于此,自唐宋迄今世革兴□,历代有建,正殿巍巍,廊堂齐整,东有伽蓝殿,时深木朽,墙壁崩颓,无人修葺至今。"大明宣德九年(1434)《重修香严院碑记》载:"为因年深,时逢天雨淋漏,檩木朽坏,琉璃宝尾,少缺无存。墙壁□塌……拜请本院主持僧觉缘共意舍财帛……一载之间寺貌重修鲜完□玉后新画可美矣……本村石匠贺□□立。"

由此可知,香岩寺自唐代建成,宋元后世屡有修葺。

香岩寺为古永宁州佛教名刹,四面环山。寺庙位于吕梁山脉西麓、柳林县城东北隅的小山岗上。整个寺院处于较为封闭的山林之中,寺之东侧有青龙河穿过。

(二)香岩寺规模

香岩寺坐北朝南,南北长74.33米,东西宽54.29米,占地面积6160平方米。寺院平面遵循传统"礼制"思想格局,沿中轴线采用均衡对称布局,同时因地制宜,利用自然的山形地势,分设主轴线和偏轴线。主轴线设置三级平台,增加并突显佛寺主要建筑的空间感和建筑等级。在偏轴线上,按照前后序列布设殿宇,在最北端再次利用地形,将佛寺建筑与地方传统窑洞式建筑进行了有机的融合。在有限的场地中,巧妙地将建筑功能、空间组织和建筑等级制度融合统一。

香严寺现存古建筑十三座,由中轴线上的两进院落和西侧轴线三座建筑构成。中轴线由南到北依次为天王殿(即山门)、大雄宝殿、毗卢殿。天王殿东西两侧为钟、鼓楼。一进院落两侧为东配殿和建筑遗址;大雄宝殿东侧为伽蓝殿,西侧为地藏十王殿;二进院落东为观音殿,西为慈氏殿。西侧轴线由南到北依次为藏经殿、崇宁殿和下层为窑洞的二层建筑七佛殿。

香岩寺建筑类型多样,建筑跨越宋、金、元、明、清五个时代,可称为吕梁古建筑博物馆。寺内现存木构古建筑十三座,其中宋代建筑一座(东配殿),金代建筑两座(毗卢殿与大雄宝殿),元代建筑五座(天王殿、伽蓝殿、观音殿、地藏十三殿、慈氏殿),明代建筑三座(藏经殿、崇宁殿、七佛殿),清代建筑两座(钟楼、鼓楼)。

建筑类型有木构单层建筑、窑洞二层建筑、楼阁二层建筑等;建筑的屋顶有悬山顶、歇山顶、十字歇山顶等三种形式。

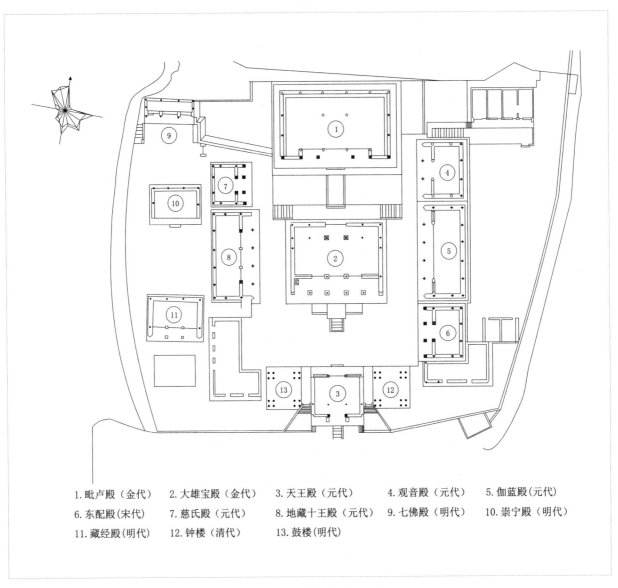

1.毗卢殿（金代）　　2.大雄宝殿（金代）　　3.天王殿（元代）　　4.观音殿（元代）　　5.伽蓝殿（元代）

6.东配殿(宋代)　　7.慈氏殿（元代）　　8.地藏十王殿（元代）　　9.七佛殿（明代）　　10.崇宁殿（明代）

11.藏经殿(明代)　　12.钟楼（清代）　　13.鼓楼(明代)

图7-4-14-3　香严寺总平面图

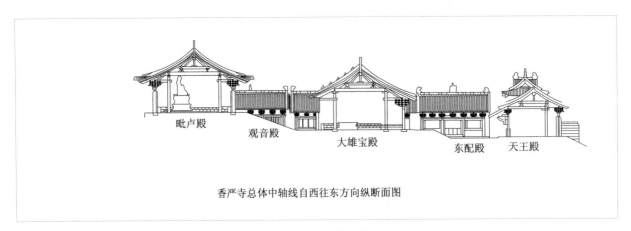

毗卢殿　　观音殿　　大雄宝殿　　东配殿　　天王殿

香严寺总体中轴线自西往东方向纵断面图

图7-4-14-4　香严寺纵断面图

香岩寺大雄宝殿内保存金代砖雕佛台 27 平方米，七佛殿内保存明代塑像 7 尊、明代泥塑佛台 8.27 平方米。同时寺内保存有历代重修碑刻 27 通，柳林特有的黑色建筑琉璃脊兽、拱眼壁画及梁架彩绘等。

（三）宋代建筑

寺内唯一一座宋代建筑——东配殿，体量不大，位于前院东侧，大雄宝殿东南。坐东朝西，创建准确年代无法考证，从现存建筑的整体比例、梁架构件的特征、铺作尺度比例、建筑平立剖的特征来看，这座建筑具有宋代特征。

东配殿面阔三间，进深四椽，前檐廊式，单檐悬山顶，建筑面积为 112.66 平方米。台基南北宽 10.98 米，东西深 10.26 米，高 25 厘米，其上并列设木质圆柱 14 根，通面阔 9.94 米，其中明间面宽 3.54 米，次间面宽 3.2 米；通进深 7.77 米，其中前廊进深 1.9 米，殿内进深 5.83 米。前檐柱径 33 厘米，柱头径 28 厘米，柱高 2.84 米，角柱生起 1.5 厘米，柱础覆盆式，前槽金柱径 39 厘米，高 4.36 米。

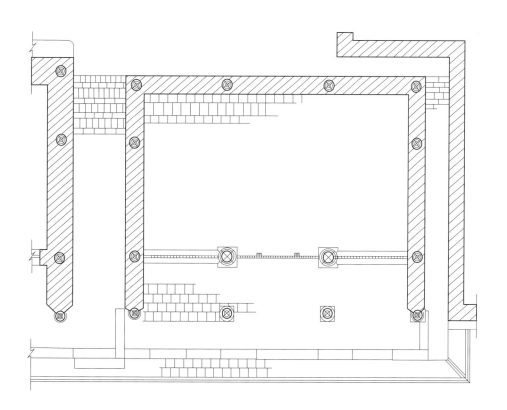

图 7-4-14-5　香严寺东配殿平面图

图7-4-14-6　东配殿正立面图

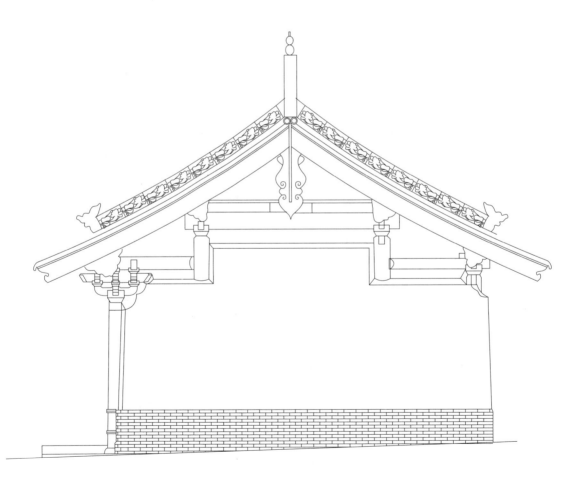

图7-4-14-7　东配殿侧立面图

构架总计四缝。明间梁架为三椽栿对前劄牵用三柱，两山梁架为平梁对前后劄牵通檐用四柱，平梁直接由墙内山柱头的襻间斗栱承载。明间三椽栿前端穿过金柱后与劄牵梁后尾做水平插接结构，梁栿底部由贯穿于金柱前后的丁头栱扶承，三椽栿后端经过后檐柱头铺作的栌斗向外制成长方形。栿背上的平槫结点由下而上依次是驼峰、栌斗、捧节令栱、散斗、替木重叠，平梁端部与捧节令栱十字相交于栌斗内承托平槫。平梁背部施合楷稳固蜀柱柱脚，柱头设大斗，斗内丁华抹颏栱与襻间枋相交，与叉手一同组成支撑脊槫的结点。

　　前檐柱头施阑额、普柏枋各一道，再上设四铺作计心造斗栱。栌斗内泥道栱与华栱十字相交，泥道慢栱与耍头十字相构，各层栱枋通过散斗隔承，柱轴线位置栱上设素枋两层（上承枋子承托正心槫），外檐华栱上置交互斗，斗内令栱与耍头十字相交承随槫枋。随槫枋与劄牵梁十字相交托檐槫，梁出头制成麻叶头，里转令栱施罗汉枋一道连构。后檐柱头仅施阑额无普柏枋，柱头铺作为把头绞项造。

　　两山及后檐砌墙封闭，墙体由下槛墙、抹灰墙身、墙肩构成。

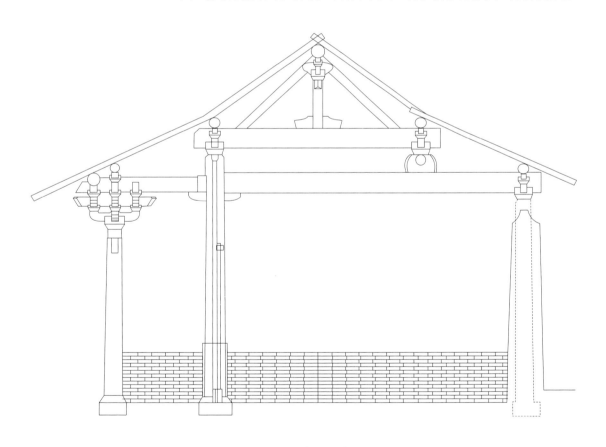

图7-4-14-8　东配殿横断面图

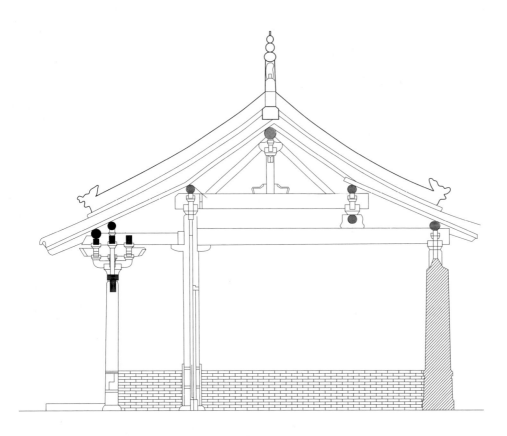

图7-4-14-9　东配殿明间剖面图

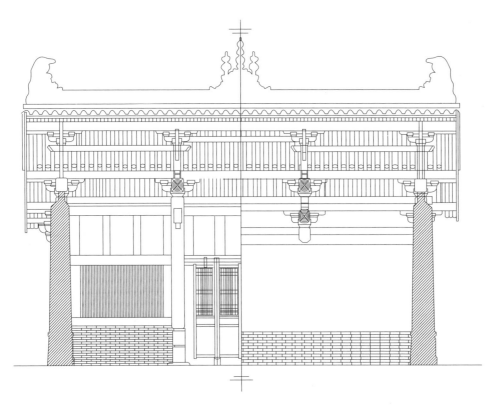

图7-4-14-10　东配殿纵剖面图

表7-7 东配殿主要部位比例分析

注：1份为1.27厘米

名称		实测尺寸（厘米）	拆合分值（份）	法式规定
总开间		994	782.7	
明间开间		354	278.7	
次间开间		320	252	
总进深		773	608.7	24尺，合748.8厘米
廊步尺度		190	149.6	6尺，合187.2厘米
殿内尺度		583	459.1	18尺，合561.6厘米
前檐柱径		33	26	两材，合38厘米
前檐柱高		284	223.6	规定11尺，合343.2厘米
铺作高		103	81.1	规定3.69尺，合115厘米，计90份
铺作出跳		39	30.7	30份
前后檐槫的总步架		803	632.3	26尺，合811.2厘米
总举高		232	182.7	7尺，合218.4厘米
前出檐		113	89	3.5尺，合109.2厘米
后出檐		95	74.8	3～3.5尺，合93.6～109.2厘米
两山出际		96	75.6	
下出檐		154	121.3	
普柏枋	宽	25	19.7	
	高	15.5	12.2	
阑额	高	25	19.7	25
	宽	12.5	9.84	16.7
劄牵梁	高	26	20.5	35
	宽	14	11	23
三椽栿	高	36	28.3	50
	宽	31	24.4	25
平梁	高	44	34.6	42
	宽	30	23.6	28
槫条		22	17.32	18
椽子		10	7.87	7

表 7-8　东配殿铺作构件材分值分析

注：1 份为 1.27 厘米

名称		实测尺寸（厘米）	拆合分值（份）	《营造法式》规定
单材	高	19	15	15
	宽	12.5	9.8	10
足材	高	27	21.26	21
	宽	12.5	9.8	10
出跳		39	30.7	30
要头出长		39	30.7	25
泥道栱		85	67	62
泥道慢栱		126	99	92
令栱		92	72	72
栌斗	上宽	42	33	37
	下宽	31	24.4	29
	上深	36	28.35	32
	下深	25	19.7	24
	耳	10	7.67	8
	平	4.5	3.54	4
	欹	10	7.87	8
散斗	上宽	20	15.75	16
	下宽	15	11.81	12
	上深	18	14.17	14
	下深	13	10.24	10
	耳	3.5	2.76	4
	平	3	2.36	2
	欹	4.5	3.54	4
交互斗	上宽	24	18.9	18
	下宽	18	14.17	14
	上深	22	17.32	16
	下深	16	12.6	12

表 7-9　东配殿主要部位比例分析

名称（部位）	名称（比例）	法式规定
总进深：总开间	1：1.29	
次间：明间	1：1.06	
明间：总开间	1：2.81	
次间：总开间	1：3.11	
柱径：柱高	1：8.58	1：10
柱高：明间	1：1.25	
铺作高：柱高	1：2.75	1：3
殿身高：檐高	1：1.05	11 尺与 10.69 尺（1：0.97）
铺作高：檐高	1：4.18	1：3.98
总出跳：檐高	1：11	
总步架：总举高	4：1.16	4：1

明间为四扇四抹隔扇，两次间为条棂槛窗。

东配殿铺作材宽 12.5 厘米，单材高 19 厘米，足材高 27 厘米，按宋代《营造法式》1 寸为 3.12 厘米，单材高 19 厘米的材广为 6.09 寸，略大于六等材；又按其规定"各以其材之广，分为十五份，以十份为其厚"，厚应为 12.67 厘米，与现材宽几乎相同。东配殿铺作材广高、厚宽的尺度比例完全符合《营造法式》六等材，因此可以看出铺作制度是按照厅堂之制执行的。

东配殿梁架举折较为平缓，其中前檐为五举，后檐为四二举，脊部六八举，总举高（2.32 米）与前后撩檐榑中距（8.03 米）之比为 1.16：4，与《营造法式》"若厅堂造，以前后檐榑心距远近，每四份中举起一份，又以所得丈尺每一尺加八分"的举屋之制相比较，其总举高比《营造法式》规定尺寸大 12 厘米。

因宋代建筑柱身有侧脚、柱头有明显的生起，屋面形成一条缓缓的曲线。整个建筑的构架基本遵循《营造法式》之规定，特别是进深、举架的设计与规定相差不大；相邻结构的比例也依照《营造法式》规定，形成的构架及立面有早期手法。东配殿建造的结构与比例等都诠释了宋《营造法式》。

东配殿建筑构造也有许多宋代建筑特点。柱头的卷刹、构造方式、叉手斜设的角度（约合42度），梁栿背上施用的垫墩、合楷及梁架节点襻间斗栱的用材、结构等都体现宋代做法。后檐柱头不施普柏枋，栌斗直接坐柱头的手法体现早期构造；斗栱不施用斜栱；脊部构架虽为单材造，但与次间蜀柱头的阑额，在立面上形成隔间上下相闪。明间襻间枋伸至次间半栱在外，次间阑额伸至明间出头制成蚂蚱头耍头。

东配殿的大木构架为小式厅堂造，这种构造是官式建筑中等级较低的建筑，其基本特点是不位于中轴线上，不采用副阶周匝的做法，内外柱不等高；明间梁架与两山不同。东配殿木构件搭接有几个特点：

1.后檐阑额由角柱向外出头，与柱头作卡腰榫结构，起到了联构檐柱作用。

2.十字交割的栱枋除了上下刻半扣搭榫外，构件榫接的侧面还向内刻出平面为银锭式的"隐口"榫。

3.劄牵梁与三椽栿为水平交接，上下贯穿直梢一根。

4.次间脊部的襻间枋与蜀柱柱头的榫卯呈半箍头榫式，在柱子中线位置由枋上凿设方卯，其内栽直梢，梢子上端插入栌斗底部。

5.三椽栿后端与后檐斗栱结构方式是：先将梁栿头部全部抵于柱头素枋内侧，并由栿底的两侧向上截出一个斗耳的高度，剩余的高度压在斗耳的上方，梁栿头部向外出头制成一个材宽的长方形梁头，梁头底部按栌斗的形制刻出相应的卯口骑搭于栌斗内，并与栱枋进行扣接。栿端上部约3/5的高度全部搭压在斗耳上方，为一种"不损材"的合理结构与制作手法。

6.各架槫条对接榫为螳螂勾头榫卯，阑额与柱头作银锭榫结构，柱头作馒头榫普柏枋结构，装修的抹头与边挺结构为双榫式软交割榫。

（四）金代建筑

香岩寺中轴线上现存两座金代建筑——大雄宝殿和毗卢殿，是寺内最主要的建筑。

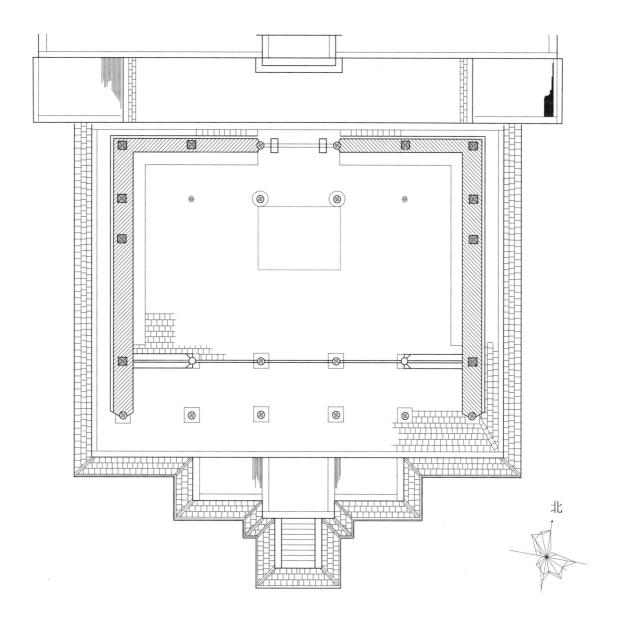

北

图7-4-14-11　香严寺大雄宝殿平面图

1. 大雄宝殿

大雄宝殿位于天王殿以北，为整座寺院的核心建筑，殿内原供奉释迦牟尼佛。殿身面阔五间，进深六椽，前檐廊，单檐悬山顶，建筑面积393.25平方米。

大殿通面阔22.34米，通进深18.61米，当心间面阔4.1米，次间3.76米，柱直径为38～48厘米。大殿建于高1.43米台基之上。前檐明间由台明向外凸出月台，月台宽4.1米，深3.2米，高1.2米。

柱网布列为金元时期特有的减柱移柱造。大雄宝殿台基之上并列设有圆形木柱四排，总计二十二根。前檐廊柱六根，柱径36厘米，柱高5.5米，两山柱砌于山墙内，柱间设装修；殿内后槽金柱四根，明间立柱两根、山柱两根，减去了次间金柱、明间金柱与山柱之间施断面高86厘米的大内额，次间四椽栿横跨其上；后檐柱六根，均砌于檐墙内，明间两根柱间设版门一道。

前檐施柱头铺作六朵、补间铺作五朵，五铺作单抄单下昂，重栱计心造。铺作材宽13厘米，单材高18.5厘米，足材高26厘米，总出跳80厘米。后檐柱头铺作六朵，把头绞项造。栌斗内泥道栱与劄牵梁十字相交，栱上置散斗承替木托撩檐槫；前后槽金柱头四铺作，泥道栱与楮头十字相交，泥道慢栱与四椽栿相构，楮头前端越过金柱中线，制成栱头设交互斗承随槫枋，随槫枋与四椽栿出头十字相构，共同承载下平槫。

殿身梁架总计六缝。明间构架为四椽栿对前后劄牵梁通檐用四柱，劄牵梁前端结构于柱头铺作上，后尾插入金柱内，四椽栿两端由金柱上的斗栱承托。次间构架基本同明间，不同之处是后檐劄牵梁采用自然弯曲木材随构架结构于全部铺作内，由次间的内额承载。四椽栿背施驼峰、襻间斗栱承平梁，平梁上立蜀柱，柱脚安合楮，柱头通过襻间枋及丁抹华颏栱等支撑脊槫，每缝槫条上下之间均施托脚戗撑。

两山及后檐墙用条砖砌筑檐墙封护，两山墙头砌于平梁、劄牵梁底皮，后檐墙头砌于小额枋底部，内壁为抹灰墙面，土坯背里。殿内依东西山墙、后檐墙下脚用方砖砌成佛台（金代原物）。其立面用条砖制成线道，将总高分成四部分，由下而上为立砖砌圭角、两层陡板、上枋。上下层陡板在立面上呈"丁"字形分布，陡板内采用剔地起凸

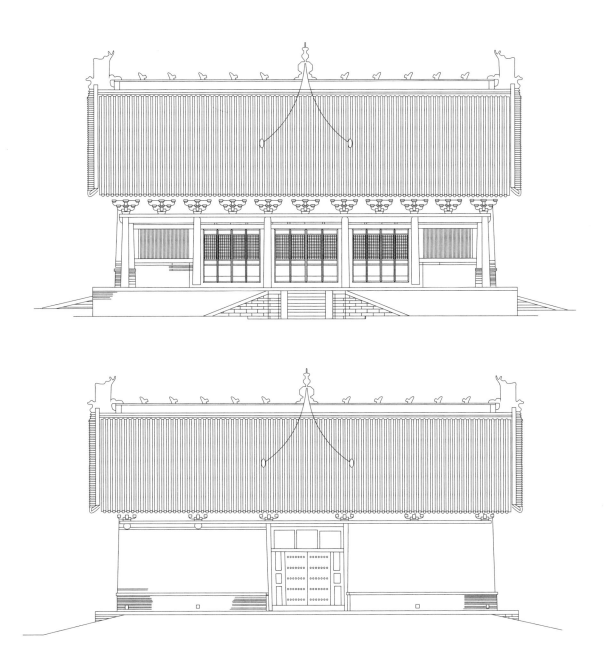

图7-4-14-12 大雄宝殿正立面图(上)、背立面图（下）

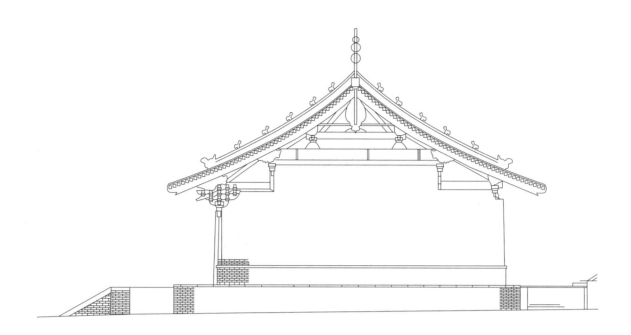

图7-4-14-13 大雄宝殿侧立面

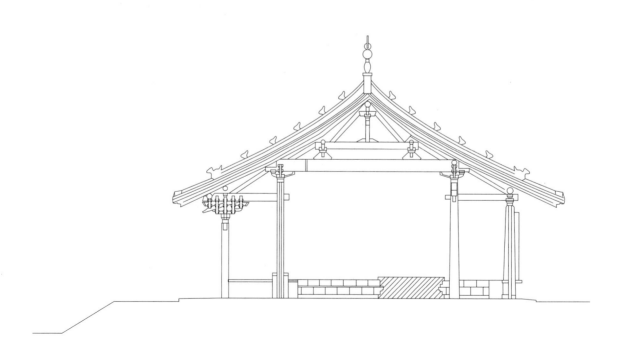

图7-4-14-14 大雄宝殿明间剖面图

的手法高浮雕各种花卉、祥瑞禽兽图案。

2. 毗卢殿

毗卢殿是香岩寺建筑等级最高的殿宇，主要供奉毗卢舍那佛，金代建筑，位于大雄宝殿以北。面阔五间，进深六椽，前檐明、次间出廊，廊步进深一椽，两梢间砌檐墙，单檐歇山顶，建筑面积301.58平方米。

殿宇砌筑于砖砌高台之上，台高约3.5米，台壁用条砖砌筑，顶面施压沿石一周。登临其内首先由大雄宝殿后檐两侧的坡道通过，然后再由高台中部的条砖登至。平台之上，砌有建筑独立的台基，总宽26.5米，总深17.2米，高45厘米。台基上布列四排六列的柱网，建造时对殿内前槽金柱四根进行了移位、对后槽两次间金柱进行了削减。

台基之上共立柱四排。前檐柱六根，木质圆形，明间两檐柱向两次间移位1.2米，柱头小额枋联构，上施平板枋承周檐铺作；前槽金柱六根，明次间金柱四根向南移动一个步架，柱头直接承载下平槫荷载，梢间金柱置山墙内；后槽次间两根金柱减去后，由明间金柱柱头与两山金柱柱头的乳栿梁承托四椽栿尾部；后檐柱六根，全部砌于后檐墙内。

周檐铺作总计三十二朵。按形制分为前檐柱头铺作、前檐补间铺作、两山柱头铺作、两山补间铺作、后檐柱头铺作及转角铺作六种。

前檐柱头铺作，五铺作单抄单昂计心造，耍头蚂蚱形，里转重栱计心造。栌斗内华栱与泥道栱十字相交，其上以散斗隔承泥道慢栱、素枋两层；华栱端部设交互斗，斗内昂与瓜子栱十字相构，瓜子栱上以散斗托瓜子慢栱及罗汉枋一道；蚂蚱形耍头系前檐劄牵梁出头制成，与令栱承托撩檐槫下的随槫枋。

前檐补间铺作及柱头铺作基本一致，不同之处为使用真昂，其后尾制成斜向上的挑斡一道，挑斡与耍头之间嵌塞靴楔与里转的罗汉枋十字相交。

两山主体柱头铺作与补间铺作每面各五朵（不含转角铺作），前后槽的补间铺作后尾分别为丁栿直接穿构前金柱、乳栿结构于殿内明间金柱身内的形制，即两山常规的柱头铺作结构转移到补间铺作上，使补间铺作起结构功能，柱头铺作为结构造型。这种形成的结构，梁身直接承载转角大角梁尾部的荷载；柱头铺作后尾不施梁栿，里转为双抄计心造，蚂蚱形耍头，正中补间铺作同前檐铺作，后尾制成双层挑斡托承两山四椽栿下。

后檐柱头铺作基本同前檐铺作，相异之处为前檐双层梁栿穿构，后檐单根劄牵梁直接穿入金柱身内。

转角铺作，45°方向外转角华栱、角昂、由昂各一道。角华栱、角昂里转制成华栱两跳，由昂里转为蚂蚱形耍头，其上平置大角梁，梁尾由丁栿背上垫木支顶，梁顶置四铺作斗栱，承载十字相构的下平榑与两山四椽栿。

殿内梁架为四椽栿对前后劄牵梁，通檐用四柱，殿内前后槽的金柱为减柱移柱造，这种格局扩大了室内空间。周檐檐柱等高，前檐两次间金柱与山面铺作的丁栿联构；檐下铺作四面交圈，四角制成翼角，前后檐的大角梁后尾分别搭压在丁栿、乳栿梁，构成歇山屋架。

前檐明间、次间辟隔扇门，梢间为墙体封闭。两山及后檐砌筑墙体，下部为条砖槛墙，背里土坯，外壁红灰抹面，内壁白灰墙面，墙头至小额枋下斜抹。

殿内前后槽构造使用减柱移柱做法，将殿内空间进行了最大程度的扩大；而且将古制中两山柱头铺作后尾起结构承重功能的手法，大胆、科学地在毗卢殿上进行了转变，将常规的两山柱头铺作当作补间铺作，让补间铺作承载结构。这种做法打破了常规手法，表现出建造者的胆识和技艺。殿宇结构保存至今，证明了构造合理科学。

这两座建筑铺作的令栱采用斜栱，与山西其他保存下来的金代建筑相同，是铺作由宋代往金代演变的一个特有手法。同时殿内构架施用早期特有的驼峰、托脚以及四椽栿两端采用斗口跳的手法，这都是早期建筑的特点。与此同时，大雄宝殿、毗卢殿内保存的金代砖砌佛台，也可印证这两座建筑是金代建筑。

十五、平顺龙门寺

（一）大雄宝殿

1. 龙门寺概况和沿革

龙门寺位于山西省平顺县城东北约60千米的石城镇源头村北。地属太行山脉中段的天台山麓，这里山峦耸峙，峭壁悬崖，谷内巨石突起，形如龙首，故取名龙门山。

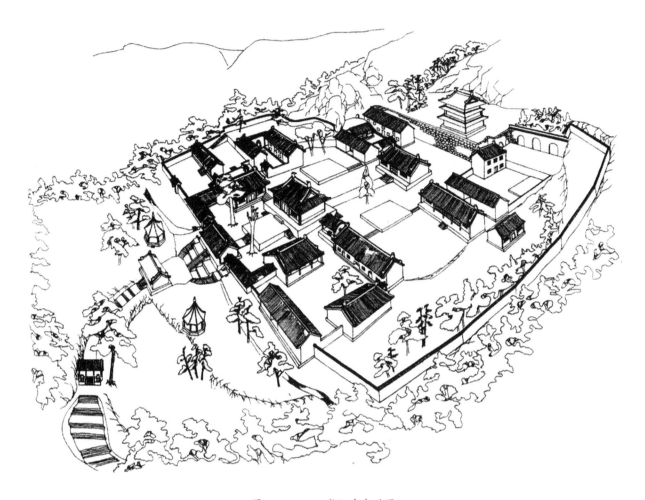

图7-4-15-1 龙门寺鸟瞰图

龙门山水源较为丰富，清泉河水长流不息，各类景观举目可睹。此地牧草肥苗，空气清新，景色宜人。

龙门寺现存集后唐、宋、金、元、明、清六个朝代建筑于一寺的古代建筑群，具有较高的历史价值和文物价值。

北齐简文帝时敕修的寺额"法华寺"，是龙门寺的初建名称。由此可证该寺建于北齐时代。后唐时寺内屋宇行廊 50 余间，到宋时规模已经很大，殿堂寮舍数楹百间，僧徒多至三百余。建隆三年（962 年）宋太祖赵匡胤敕赐寺额为"龙门山惠日院"。至元代时此寺方圆七里，山上山下尽无俗家地宅，皆本寺之地。元末该寺遭兵燹，多数建筑废圮，仅存天王殿（山门）、大雄宝殿（正殿）、东西配殿四座。

龙门寺坐东北朝西南，寺东南有进寺石级小路直到山门。寺院东西宽约 65 米，南北长约 78 米，总占地面积 5070 平方米，各类大小建

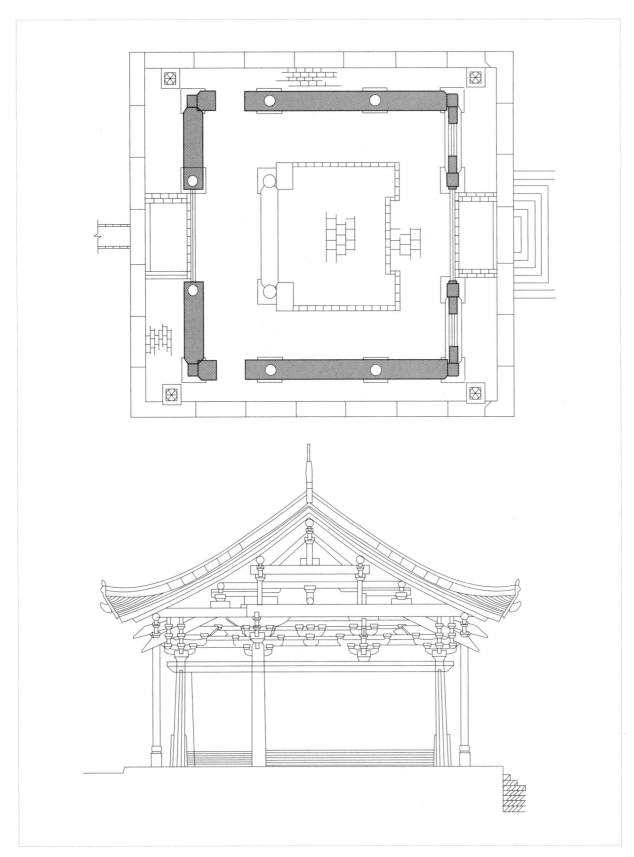

图7-4-15-2　大雄宝殿平面图和横剖面图

筑约 27 座，共计百十余间。

中轴线可分四进院落：（1）金刚殿（遗址），东西碑厅（遗址）。（2）天王殿（山门），东西廊庑（及十三间殿），东西配殿，正殿。（3）后殿（燃灯佛殿）、东西僧房。（4）千佛阁（遗址）。

寺内现存最早文物建筑为中轴线西侧的西配殿（观音堂），创建于后唐同光三年（925 年），单檐悬山式木构建筑，此形式在全国五代木构建筑中也仅此一例。其次是位于中轴线上的正殿（大雄宝殿），宋绍圣五年（1098 年）建，为单檐歇山式建筑，也是本寺仅存最高等级的建筑。再次为中轴线上的天王殿（山门），单檐悬山式建筑，外形秀美和谐，各部构件比例适度，尤其明间补间出 45° 斜栱，为金代建筑风格。最后为中轴线上的后殿（燃灯佛殿），单檐悬山式，梁架用自然材料稍加砍制，构造纯朴，有显著的元代风格；其余殿舍为明清所建，有朴实的地方风格。

2. 大雄宝殿

大雄宝殿位于该寺中央，建在高广的台基之上，总高约 12.3 米，总体平面呈正方形。在大殿前后檐的石柱上分别刻有"绍圣五年戊寅岁四月二十二日，石城村维那樊亮，保家眷平安，施柱一条……"和"金大定己丑四月改朔邑令李晏……"。据此可知，该殿应建于宋绍圣五年（1098 年）左右。该殿许多部位虽经过多次的修葺和改动，但主体结构改动甚小，基本保留了宋代的建筑特征。

大殿面阔三间，单檐歇山顶，带前廊，檐下斗栱为五铺作单抄单下昂。现大殿的门窗已被后世改动而非原貌。

大殿周围的坎墙是用九层规格为 33 厘米 × 17 厘米 × 5 厘米的干摆砍磨砖垒砌，坎墙里表的上缘平铺了一层 3 厘米 × 7 厘米的木骨板条，出檐窗台以上的砖墙厚 30 厘米，无收分。其他三面墙裙由外裹包砌 28 厘米厚的青砖、墙内土坯、室内表壁约 4 厘米厚的泥皮这三部分组成，墙体上部总厚 56 厘米，外表墙体总收分 7 厘米，里表总收分 4 厘米，各墙高至阑额底皮。

（1）平面

大雄宝殿面阔进深各三间。明间面阔 3.66 米，次间面阔 2.65 米，面阔与进深相等。大殿的台基全部由石条垒砌，台面东西阔 12.12 米，南北深 13.2 米，台表总面积为 160 平方米。前檐台明高于地表 1.52 米，正中设七级用石条叠置的如意式踏跺。踏跺底层的中部与 0.78 米宽的拼砖甬路衔接。后檐的台明因地势高起，较之地面的高差约 15 厘米。两山面台基的外侧分别设置了踏道，以便沟通院落和排水。院内地面用规格为 33 厘米 ×33 厘米 ×5 厘米的方砖铺满。

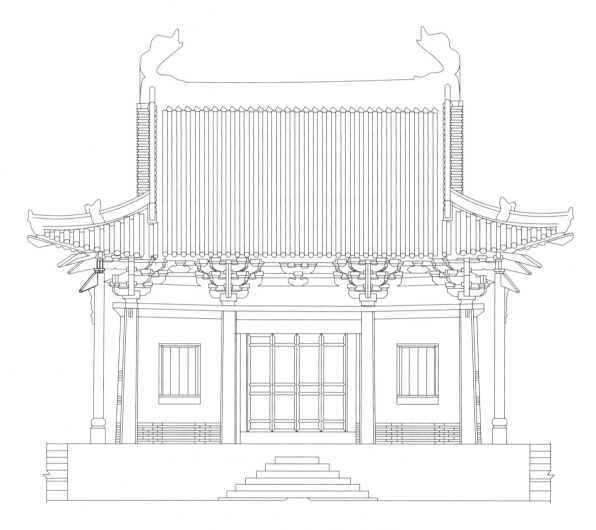

图7-4-15-3　龙门寺大雄宝殿立面图

（2）立柱

大雄宝殿整体构架主要由 14 根立柱撑托，柱质分石、木两种。前檐和四角置 6 根小八角石质方柱，其余为木质圆柱。各石柱底面尺寸为 45 厘米 ×38 厘米，檐下各木柱底径 38 厘米，金柱底径 44 厘米，各柱础皆为素面方形盘石，实测边长为 84 厘米，约接近各柱径的两倍。各当心间面阔 3.66 米，平柱高 3.36 米，各角柱因有生起，比平柱高 6

厘米。各木柱均有覆盆状卷刹。这些与宋《营造法式》中"造柱础之制，其方倍柱之径""柱高不越间广""三间生起二寸"等规定基本吻合。该殿檐下的普柏枋至角柱出头垂直截去，无雕饰。阑额只延至角柱内，角柱以外部分为假出头，状如蚂蚱头。普柏枋与阑额叠交成丁字形，体现了宋金建筑的一般特征。

①外檐柱头铺作。外檐柱头斗栱均为五铺作，栌斗外侧单抄单下昂，重栱计心造。昂为鱼脊形真昂，昂上叠置相同形状的耍头。斗栱后尾偷心出双抄，耍头后尾置于昂身之上，昂尾隐于梁腹之下。栌斗左右两侧出泥道栱，上施三层柱头枋，无压槽枋，槽内慢栱为隐刻，里外各跳长度均为 42 厘米。《营造法式》规定：斗栱出跳之长以三十分为标准，此殿材分是 1.4 厘米。1.4 厘米 ×30=42 厘米，恰与《营造法式》规定的出跳标准吻合。

②补间铺作。补间皆为隐刻栱。在明间底层的柱头枋上隐刻有荷叶墩，第二层柱头枋上隐刻三升，两层枋间置一小斗，组成一斗三升式的补间隐刻栱。次间只在二层柱头枋上隐刻了菱形驼墩，上置小斗承上层枋材。

③转角铺作。转角斗栱在 45° 角线上增加了由昂，其上设角梁，大角梁尾上置坐斗、替木，承托下平槫与承橼枋结点。泥道栱与华栱出跳相列，瓜子栱与切几头出跳相列，令栱出跳相列，身内鸳鸯交首。

④内檐柱头铺作。殿内金柱柱头直承栌斗，由斗口内向前后伸出尖栱，上承实柏替木。栌斗左右两侧的襻间枋隔间相错，各通过铺作做出半栱构成一体，内额穿联于二金柱之间，使东西两缝梁架联结为整体。

⑤在次间的脊橼下，施有捧节令栱，扒枋穿过

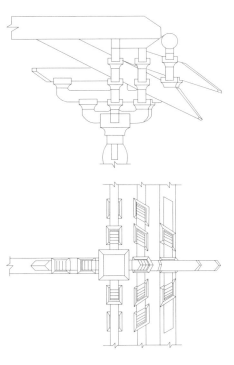

图7-4-15-4　外檐斗栱平、立面图

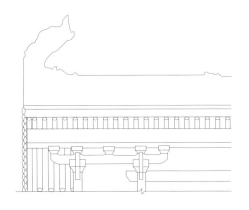

图7-4-15-5　次间脊槫下的栱枋结构

侏儒柱之上的斗口，身内隐刻鸳鸯交手。

以上外檐斗栱中的瓜子栱、瓜子慢栱、令栱皆为 60° 的斜面栱头，其上的散斗、替木的斜度相同。正心栱、里跳华栱和柱头枋上隐刻栱形，外跳华栱头为尖状，其上置与之相应的尖斗。除实柏栱外，各栱都有分瓣卷刹和高深为 2 厘米 ×1 厘米的栱眼。令栱分为四瓣，其他栱分为五瓣，与《营造法式》中"令栱五瓣，其余均四瓣"的规定略异。大殿除在翼角处支撑抹角梁的坐斗无歃外，其他各斗皆有歃、颤。此外，各斗底均留有脚台，栌斗脚台高 1 厘米，其他各斗脚台高 0.8 厘米。这种做法在山西其他地区的同期建筑中尚未发现，在《营造法式》中也未有介绍，是一种地方手法。

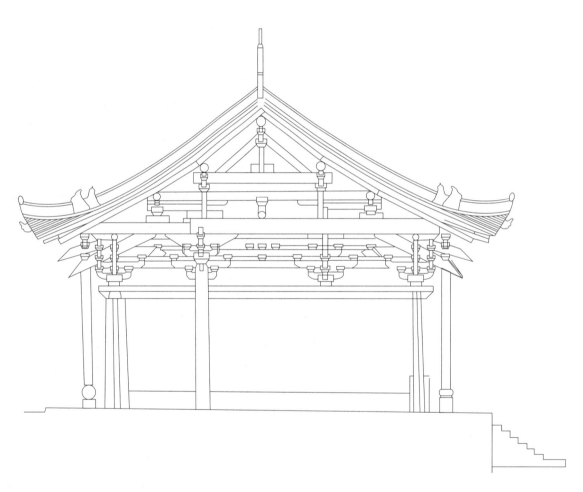

图7-4-15-6　大雄宝殿梁架结构图

（4）梁架

大殿梁架采用六架椽屋四椽栿对乳栿用三柱的草栿做法。在四椽栿上方的平梁两端下部，是八角方形侏儒柱，明间以北的侏儒柱下部两侧施合楷。紧贴北侧合楷之上，从柱身内伸出一根剳牵，穿过乳栿上部的栌斗，与替木相扣为结点，支撑后坡下平槫。明间以南的侏儒柱下部未施合楷，而是在南侧紧贴一根伸向外檐柱头铺作的扒梁。在上平槫下方的侏儒柱之上，置有栌斗，与其上襻间枋、捧节令栱、替木、平梁相扣为结点，承托上平槫。在明间中部的四椽栿与外檐承椽枋之上，东西顺长地搭置了一根直径为 25 厘米的自然弯材，弯材中部托斗，支顶山面的内檐承椽枋。在平梁中段之上，是施有合楷的侏儒柱，从纵断面看，明间的侏儒柱之间有顺脊串牵联，两侧的侏儒柱受捧节令栱拉固。从横断面看，平梁两侧设叉手，叉手的上端由柱上栌斗两侧的斗口穿至其上的捧节令栱，与替木结扣成支点承托脊槫。纵横交错的梁枋栱材紧扣各个结点，构成了牢固的屋架网络。此殿大木构件断面主要有以下几种规格：

表 7-10　大雄宝殿大木构件断面规格及尺寸表

构件名称	构件断面尺寸（厘米）高宽比例	
四椽栿	46×35	3 ∶ 2.3
乳栿	33×23	3 ∶ 2
平梁	31×21	3 ∶ 2
叉手	21.5×8.5	3 ∶ 1.2
侏儒柱	18×18	3 ∶ 3
内额、顺脊串、襻间枋	21×13	3 ∶ 1.8
角梁	31×20	3 ∶ 2
阑额	22.5×13.5	3 ∶ 1.8
普柏枋	32.3×15	3 ∶ 1.4
扒梁	28×18	3 ∶ 1.9

由上表可以清楚地看出，多数梁架构件的断面在 3 ∶ 2.3 ～ 3 ∶ 1.8 之间。该殿椽径大头 12~12.5 厘米，小头 9.3 厘米，中径为 10 厘米，布椽较密，乱搭头摆式，椽当甚小，两椽心间距仅 24 厘米。檐出各水平距离：从柱头枋心至撩檐槫中为 84 厘米，撩檐槫中至椽头为 80 厘米。翼角椽、飞子分别水平伸出 37 厘米。小三间殿翼角生出的大致标准为

5寸。此殿檐出与《营造法式》规定差异较大。

大殿前后檐椽的中心间距为10.52米，檐椽上皮至脊椽上皮垂直高3.16米，约等于3.3∶1，总举高适在《营造法式》规定的3∶1到4∶1之内。此殿各举高自檐头算起：第一架5举，第二架5.7举，第三架7.5举。各架折数：自脊椽以下第一缝折34厘米，合1／9.3：第二椽缝折17厘米，合1／18.6。两山出际各1.1米，与《营造法式》中"折屋之法，以举高丈尺，每尺折一寸，每架自上递减半为法"和六架椽出际3.5～4尺的规定基本符合。

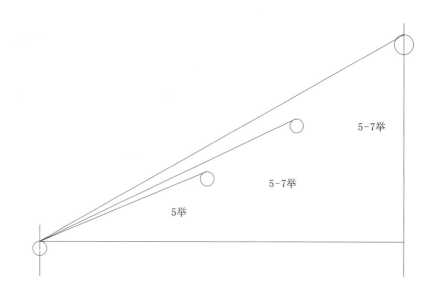

图7-4-15-7　架椽举折示意图

（5）屋顶

殿顶为九脊十兽单檐歇山式，筒板瓦覆盖。各脊分别由若干块脊筒组成，脊弧线明显，脊上置扣瓦，脊下施披水。正脊高55厘米，厚26厘米。脊面饰花卉流云，五爪行龙穿越其中，各龙首与脊中部的琉璃吞口聚汇。其他各脊的厚度均为21厘米，垂脊、戗脊高度为30厘米，岔脊高24厘米。垂脊前端置垂兽，后尾接兽面吞口，戗岔二脊之间施戗兽。岔脊前端与角部后背连接。各脊装饰的卷草花卉，其造型风格与正脊饰面可谓异曲同工。在正脊两端矗立着两尊口吞脊筒的龙形琉璃鸱吻，釉色以黄绿为主，龙爪为三指，各吻上唇向上翻卷，吻尾装置的绿琉璃小兽头，分别向各自的上方和前方翘首，有较强的金元时期的吻兽风格。其中东吻通高1.98米，较西吻雄健，吻口恰吞正脊上下，吻身饰火焰、龙鳞与流云，光泽暗淡，釉色不纯，个别部位釉色脱落，裸露出斑驳胎体，给人以苍古之感。西吻通高 1.8 米，绿釉偏多，光泽明亮，色调纯正，吻身饰火焰与龙鳞，鳞片较东吻密，吻口径较东吻小 20 厘米，未吞住正脊下端。东西二吻虽外形轮廓近似，但细部手法相异，东吻三品对接，西吻二品合成，东吻古朴，西吻鲜丽。显然二吻是不同烧造工艺的制品。其他大部分脊兽的质地与脊筒相同，其造型风格也类同，唯前坡的垂兽为形态相异的绿琉璃制品。

（二）龙门寺西配殿

龙门寺西配殿为五代后唐同光三年（925 年）的遗构，是我国已知现存最早的悬山建筑。其古朴的造型、精致的构造，使我们真切地感受到，唐末宋初，即使是在如此小型的民间建筑上依然洋溢着生动的气韵。

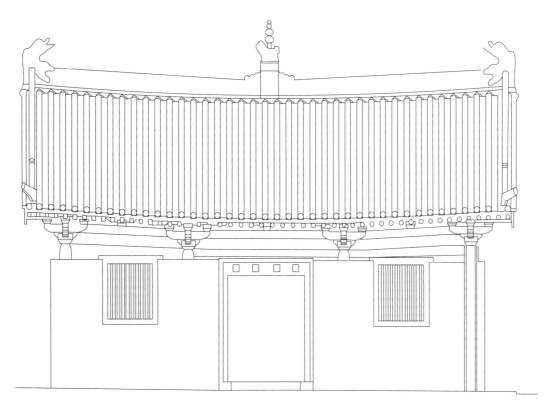

图7-4-15-8　西配殿正立面图

前院西配殿是三开间、四架椽、悬山顶，通面阔 9.87 米，通进深仅有 6.8 米。

房屋每缝梁架为四椽栿，其上平梁。梁的两侧面均作琴面，四椽

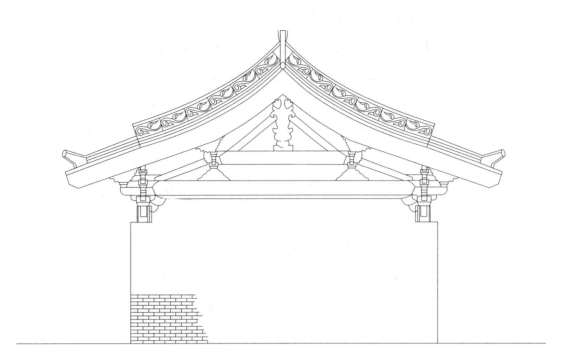

图7-4-15-9　西配殿南山立面图

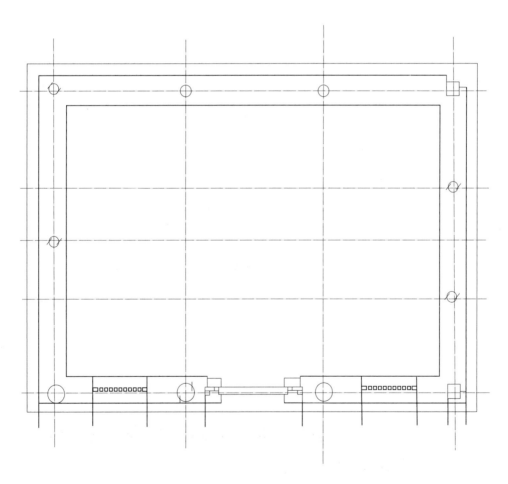

图7-4-15-10　西配殿平面图

栿梁头隐刻出栱头卷刹。四椽栿高41厘米，底面宽23.5厘米，横断面最宽处可达28厘米，高宽比也接近3：2。支承平梁的驼峰加工精细，四椽栿上的驼峰做成卷尖的形式，驼峰上再立蜀柱以承脊椽。悬山两端出际90厘米，符合《营造法式》中"四椽屋出三尺至三尺五寸"的规定。平梁、四椽栿的横向构架中，既使用了叉手，也使用了托脚。

柱子有明显的侧脚和生起。

屋面举高约为前后撩檐枋心距离的1/4，相当于《营造法式》中规定的厅堂举高。

斗栱形制为斗口跳的变体，把梁头出跳作为第二跳华栱，第一跳仅出一短栱。材高18厘米，宽12厘米，相当于《营造法式》七等材，材的断面符合高宽比为3：2的要求。

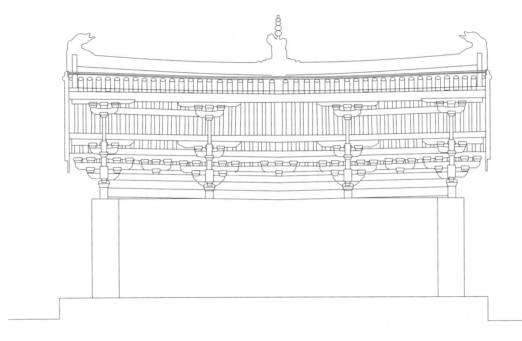

图7-4-15-11　西配殿纵剖面图

基于上述的一系列特征，其横向梁架的形制和斗口跳的做法以及低矮的阶基等与五台山南禅寺大殿非常相近。其无普柏枋，柱头铺作偷心造，都是早于宋代建筑的特征。四椽栿背作隐刻卷刹，而梁底无下颛的状况，可看成是向宋代普遍将明栿作成月梁手法的过渡。

通过这些特点来看，西配殿应为后唐同光年间所建。在宋代建筑为主殿的寺院中，能保留下这座年代更早的建筑，作为研究宋代建筑参照物，是很有价值的，故在此加以介绍。

十六、山西晋城青莲寺

一、青莲寺史考

青莲寺，初名硖石寺。坐落于晋城市区东南 17 千米的硖石山腰。这里山峦起伏、群峰兀立，立于硖石山巅。青莲寺建于此，与周围环境自然而和谐地融为一体，形成典型的风景化的建筑群。

（一）青莲寺创建年代

青莲寺，分上下两院，坐北向南，依山面水。下院，建于丹河北岸的硖石山隅；上院，建于下院北偏东 500 米的硖石山坳。考方志、碑文及寺内现存遗物，两院同为北齐天宝年间创建。

下院弥勒殿内现存唐宝历元年（825 年）《硖石寺大隋远法师遗迹》碑载："硖石岩岩，灵气膺候千载之□不□。详其志，自北齐周隋物接耳。远公之居，以成其道。"清《泽州府志·寺观》载："青莲寺，在城东南三十五里硖石山。北齐建，宋赐名福岩院。"《山右石刻丛编》所录，金大定三年（1163 年）《硖石山福严禅院（钟识）》载："始自北齐天保年中，昙始禅师创立道场，距大定之岁年将六百。"

现存于青莲寺上方院藏经阁下层的金泰和六年（1206 年）《大金泽州硖石山福岩禅院记》碑比较详细地记载了慧远出家、习研佛教经典及创寺的事迹。碑中记有："古青莲寺，寺额咸通八年所赐也。寺之东五里，'古藏阴寺'，即北齐昙始禅师之所建也。祖师慧远，器识弘伟，风神爽澈。昙始见而度之曰：'子有出家之相，善自爱之。'乃礼为师，即冠游学邺都，回翔十余年，博涉经论，无不该贯。乃携学侣，卜藏阴寺之西丹谷，筑室而居焉。弘演大乘教，朝夕不倦，远近归依。于是建'大阿兰若'，即青莲寺之权舆也。"考唐《续高僧传·慧远（净影）传》之记载与此大体相同。关于青莲寺上、下两院的创建年代，曾确认为，下院创建于北齐之初，上院创建于隋唐之时。考寺内金泰和六年之碑中载有："承光二年，周武帝集沙门于殿庭，宣废佛教意，众皆暗默，帝五问，师五对，抗声厉色，不为之屈，教之不废，师力居多。师退隐青莲，造《华严》《地持》等经疏。"又《一统志》载："青莲寺，在凤台县东南三十五里硖石山。北齐时建掷笔台，隋长教译经法僧慧远，居此注《涅槃经》，注成，登掷笔台上曰：'若疏义契理，笔当驻空。'既掷，果悬空不坠，时人以名台，宋名福岩寺。"其中"隋长教译经法僧慧远"，是指隋代文帝兴佛法时，于开皇七年（587 年）敕诏慧远为大德，入京住净影寺，专译注佛经之事。上述文献记载，证明了慧远赴邺都游学后，返回泽州即创建青莲寺上院，大约至北周建德六年（577 年），返回青莲寺亦住上院，并著《华严》《地持》经疏。上院观音阁廊下，现存金大定四年（1164 年）陵川县古贤谷禅林院讲论师闻悟撰书《硖石山福岩院重修佛殿记》碑，记述了远公掷笔台下筑室栖息。这些资料的记载，既证明了上院创建于北齐年间，也证明了慧远法师主持创建该寺。

慧远法师于北周建德六年，由邺都退隐于青莲寺，是因为北周武帝灭法的缘故。故在这种历史环境之中，慧远隐退青莲寺。宣政元年（578 年）武帝崩，宣帝嗣位，佛教开始复苏。至大象二年（580 年）静帝正式宣布恢复佛教，命全国重立佛像，再度僧侣。此时慧远也再度出山，住持嵩山少林寺。自此以后慧远再未住持青莲寺。

1994 年，复建上院法堂（后殿），施工中发掘出高 0.3 米、上宽 0.47 米、下宽 0.5 米、上厚 0.37 米、下厚 0.45 米的"龙华造像石"一块。其石体积虽小，但雕刻考究。正面中部雕为石碑一通，碑身刻有："大齐乾明元年岁在庚辰月癸未朔八月□寅，藏阴山寺比丘昙始共道十五人等，敬造龙华像一躯，今得成就。上为皇帝陛下师僧父母法界众生同入□婆若。"这一遗物的发现，证实了上院创建时代至迟不晚于北齐乾明元年（560 年），同时也证明了当时寺内供奉，是以弥勒为主的。

（二）寺院的发展

青莲寺，自北齐天保年间创建以来，一直伴随着中国佛教兴衰的波动曲折而攀升。佛教历经北周武帝的法难后，至隋代得以复苏。隋文帝继承北周的统治后，一改周武帝毁灭佛法的政策，兴佛建寺度僧侣，为唐代大兴佛法奠定了基础。唐代是我国封建社会发展的鼎盛期，呈现出辉煌灿烂的繁荣景象，将中国建筑领域推向一个新的发展高潮。此时的青莲寺发展很快，各地名僧接踵而至，佛教徒日渐增多。唐代宗时，有神墨禅师修行于此；贞元年间，有智通禅师驻寺习研经典，著《六波罗蜜疏》；元和年间，佛门弟子智岑在此弘扬天台教，为增修扩建青莲寺做出了一定的贡献，使青莲寺得以保存和发展。

唐大和元年（827年），禅师慧愔自并汾（今太原）出游名山大川，至泽州硖石山青莲寺，见远公遗迹如此荒落，叹曰："忍使圣贤依栖之地反为墟落。"于是以此为家，并在原寺基础上再修殿宇，开设法华道场，大和二年（828）兼置普贤道场。此时青莲寺所占山田20余顷，后达30余顷。至唐会昌年间，由于佛教与国家利益矛盾日益加深及武宗崇道，导致了会昌二年至五年的武宗灭佛之举。许多唐代佛寺及塑像毁于此次灭佛。出于地方民间之手的青莲寺，受此影响，也由北齐初所拥有的山田30余顷，降至20余顷。时隔二十余载，至唐咸通八年（867年），该寺御赐名额为"青莲寺"。百年后，北宋太平兴国三年（978年）青莲寺上院被敕名为"福岩禅院"。从此两院寺名分开，进入新的发展阶段。考寺内现存碑碣，唐咸通八年（867年）以前，下院称"硖石寺"，上院称"上方院"；宋太平兴国三年（978年）以前，福岩禅院称"青莲上方院"。

1.青莲寺下院

青莲寺下院现存建筑有弥勒殿（南殿）、释迦殿（北殿）、释迦殿东西耳殿各三间，弥勒殿与释迦殿之间东西侧遗有面阔五间的配殿平面遗址。宋景德四年（1007年）《泽州硖石山青莲寺新修弥勒殿记》载："当院楼台□坏，佛像倾摧。"说明宋代景德四年以前寺内遗有楼阁式建筑。考其寺院现状及有关史料，不难推测，唐、宋之时寺内建有山门。

《泽州硖石山青莲寺新修弥勒殿记》碑又载："当院小师法义，本地人也。礼先长老为师，依年具戒，常受严慈之训，恒坚□雪之功，遂发良缘，重谋盖造。化求乡邑，历寒暑以不辞，□什资缘，值艰难而不退，林木既备，砖瓦俄盈。特卜良晨，命呼郢匠盖造已毕。"这一记载，证实了宋景德四年重修青莲寺下院的情况。

这一次的大修，是五代后周世宗显德二年（955年）推行崇道抑佛政策后的首次修缮。后周世宗柴荣于显德二年下旨，凡未经国家颁发寺额的寺院，一律废除。原无敕名额的地方各留寺院一至二处，并以后不得再创兰若。当时全国所废诸州、县寺院30336所，而保留下来的仅 2690 所，并没收民间保存的铜制佛像，用于铸钱以充实国家经济。青莲寺以唐咸通八年敕寺额，未毁。

唐代上、下两院统为一寺，有统一的建筑布局及建筑风格。考青莲寺上院现存唐大和七年《城隍信士共结法华经记》碑，记载了大和二年（828 年）有六七位信徒共同募资造弥勒阁一座，证实了上院建楼阁式建筑的年代。下院所建楼阁的具体年代，虽无可稽考，但至迟唐代有之。目前我国现存唐以前的组群建筑的实物遗存已不存在，宋辽时期的整体布局也多被后代改动。故考证青莲寺唐代建筑规模及建筑风格、形制，需借助现存的间接性资料进行。敦煌石窟中所遗唐代建筑壁画及青莲寺下院弥勒殿内现存唐宝历元年《碈石寺大隋远法师遗迹》碑首线刻佛寺图，间接地反映了当时的佛教活动及建筑格局。图中所绘唐代组群建筑具有以楼阁式建筑为主体进行布局的时代特征。

青莲寺下院占地总面积 850 平方米。以南北向为轴线，其南端遗有弥勒殿，北端遗有释迦殿，两殿相距 16 米。寺院背依碈石山，面对丹水河，释迦殿距山体仅 7 米，因丹水历代泛滥致使现存弥勒殿距寺前土隅边缘不足 3 米。寺院东西两侧，除明建舍利塔及迁建慧峰墓塔外，余皆空地，是历代僧侣生活用地。从寺院的建筑位置与周围环境的关系分析，该寺自创建以来，历代修建、增建都是依现存寺院为基础进行的。故宋景德四年（1007 年）所建弥勒殿，当是在原弥勒阁的位置上重新建造的。据释迦殿内现存唐代塑像推测，宋代景德四年的修建，对释迦殿只做了些修补，并未大修。而唐宋之时该寺弥勒殿之前应建有山门，恐经丹水之灾未能保留下来。

宋代景德年间正是宋代经济和佛教由复苏走向发展的阶段。佛寺建筑随之启动，但因宋代的社会经济、社会生活风尚及思想文化意识都较唐代发生了大的变化，其佛寺建筑的布局、建筑风格及构造形制也随之演化。宋景德年间青莲寺的修缮，主要是将唐建弥勒阁改建为弥勒殿。

2. 青莲寺上院

由青莲寺下院曲折北上经过广济桥，即青莲寺上院。两院相距 500 米左右。寺自北齐天保年间创建以来，历隋唐、宋金至明清各代相继修建。至今寺内保存着北齐至清代各历史时期的造像石，木、石构筑物及塑像、碑碣等珍贵文物。其中宋至清代的木构建筑12座，北齐龙华造像石1块，唐至清代的碑碣百余通，唐、宋经幢6幢，宋代彩塑35尊，是一处集建筑、彩塑及石刻为一寺的艺术宝库。

北齐天保年间初创寺院之规模无遗迹可考。从寺内现存北齐乾明元年（560年）昙始（即初度慧远出家之禅师）敬造龙华像之石及碑碣记载，证实北齐天保年间昙始禅师在此创立道场，与慧远共同创建此寺。北周建德六年（577年）再次修建，隋末曾一度萧条，至唐代再度兴旺。宋代鉴峦进行了大规模的扩建，金、元、明、清时期的修建，都是在唐、宋的建筑基础上进行的。上院现存金大定四年闻悟所撰《硖石山福岩院重修佛殿记》碑中载："远公掷笔台下筑室栖息，其徒相继兴造，至宋崇宁间得大师鉴峦修新易陋，方见完备。"证明了青莲寺上院的建筑规模于宋崇宁年间基本定型。

隋朝建立后，文帝大兴佛法。开皇元年（581年）文帝召集天下高僧到洛邑（今河南洛阳）法门寺弘法，慧远为其中之一。开皇七年（587年）文帝又下诏请了6名全国知名高僧赴都城传法，其中山西就有两位，一位是永济栖严寺住持昙延，一位是泽州青莲寺住持慧远。据此推测隋朝之际是青莲寺发展兴旺时期。

唐代沿袭了隋代的佛教政策，并发展壮大。自高祖至文宗，中国佛教的发展达到了历史极盛期。这一时期青莲寺的发展亦继隋代之势而推向高潮。唐代宗之时有神墨禅师在此修行，贞元年间有智通法师在此著《六波罗蜜疏》，元和年间有智岑在此研习天台宗教。寺内现存唐宝历二年（826年）《弥勒菩萨上生变赞并序》碑记颂扬了沙门紫羽敬造佛像之功德。大和初慧愔至青莲寺，并于大和二年（828年）扩建青莲寺上院，兼置普贤道场。

唐大和七年（833年）释道振所撰《城隍信士共结法华记》碑，是寺内现存碑碣中最早的具体而又明确地记载青莲寺上院修建工程的记事碑。碑中记载："邑都有二十八人，各持念法华经一品。至一、二年后，伦散出邑，今时只有六七人，共结其志，供应硖石寺春冬二税差科，兼造上方阁一所，并画法华感应事相及素画弥勒像，大和二年，上方创造僧院，兼置普贤道场。"根据文中所述素画弥勒像，可以断定其"阁"即"弥勒阁"。此次创建弥勒阁之背景，正处于唐代佛教发展的低谷时期。

安史之乱以后，内战屡屡发生，徭役日重，很多人借寺院作为避难场所，使寺院不断扩大，佛寺与贵族相互勾结避免赋税，寺院以放高利贷牟利的现象史籍多有记载，使寺院经济与国家利益的矛盾日趋尖锐，故敬宗、文宗以来，政府渐有毁灭佛教的意图，到武宗终于爆发了会昌灭法。在这样的背景下，青莲寺竟能如此兴建殿阁。

释迦殿前东西两侧现存经幢各一座，东侧为后唐天祐十八年（921年）所建，西侧为唐开成四年（839年）创建。两幢均刻"佛顶尊胜陀罗尼经"。其中东侧之幢，经文之后记有："弟子太原军招信都厢虞侯郭存实，以天祐十七年庚辰岁暮春之季……巡游到寺，复睹名山，瞻眺境奇，发愿于罗汉楼前，建立佛顶尊胜陀罗尼经石幢一支……天祐十八年岁在辛巳四月丁巳朔十一日丁卯，太原郡大同军□□□县郭□□建。"可证实罗汉楼，即现称观音阁之建筑唐代有之，同时也证

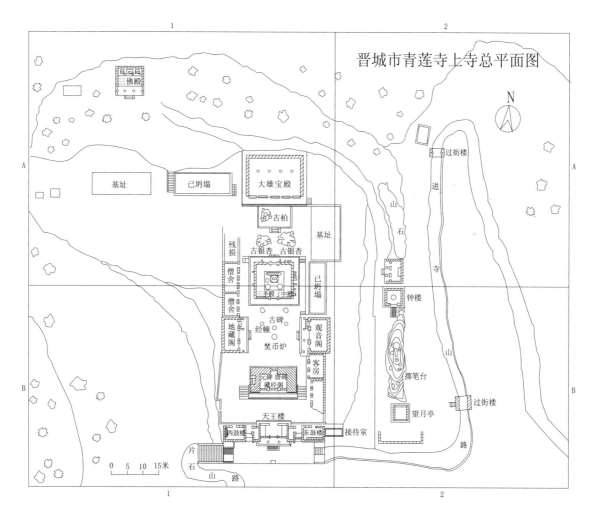

图7-4-16-1 晋城青莲寺上寺总平面图

明了后唐晋梁之战并未对青莲寺造成破坏。依中国古建筑总体布局对称性的特点可推断，此时与罗汉楼相对称亦应遗有一座楼阁式建筑，且其结构及造型、规模与罗汉楼完全相同。据唐代寺院以楼阁为主体的布局特点，结合方志、碑文资料及青莲寺上院现存建筑总体布局综合分析，可断定唐代该寺是以弥勒阁为中心，阁北建有大雄宝殿，前建山门，弥勒阁与大雄宝殿之间东西设阁楼，总平面呈"日"字形。

公元960年，宋太祖灭后周，建立了北宋王朝，统一了中原及南方地区，结束了五代十国的战乱局面。社会经济、文化、技术等各领域迅速恢复了发展，佛教也在同步发展。建筑方面，受其社会文化背景及观念的影响，进入一个新的发展阶段。其特点是，建筑规模较唐代小，无论是组群建筑，还是单体建筑，转向规模小而秀丽且富于变化的风格。建筑用材也在唐代的基础上趋于标准化。随着佛教的复苏和发展及建筑技术的进步，青莲寺的发展也进入一个新的时期。自宋太平兴国三年（978年）敕青莲寺上院"福岩禅院"名额之后，寺院修建频频。先后修建了释迦殿、藏经阁，重建观音殿、地藏殿，并凿山崖以扩寺院，创建法堂。

宋淳化三年（992年）由匠人张琼建造的舍利塔幢，至今遗有幢身存于寺内。熙宁以来法师洪秘住持本院，增建了释迦殿等建筑。现存释迦殿石质檐柱之上，刻有宋至明代题记10条，其中宋代8条、金代2条。题记内容为布施记和游记两种。布施（施石柱）记共7条，全是宋代所刻，为考证释迦殿的建造时代提供了依据。其中6条为宋元祐四年（1089年）所题。另外一条题记为："柱一条，永为供养。熙宁九年至崇宁元年二月初九日记。"考熙宁九年为宋神宗丙辰年（1076年），崇宁元年为宋徽宗壬午年（1102年）。制作一根高4米，截面为0.38米×0.38米的无任何雕刻的一般性束式青石柱，花费26年时间可能有误，故此年代之记，可能是指释迦殿的修建工期，即修建前期的筹划准备至全部工程告竣的时间段。

观音阁，自唐代建造历时数百年后，至宋代建中靖国元年（1101年）被改建为观音殿。考寺内现存明万历三十八年《重修前殿并观音殿施财功德开列于后》碑，可证实至明代原观音阁已改称为观音殿。清乾隆十年（1745年）《改建地藏阁碑记》载："西庑为地藏旧殿，风雨剥落久而渐坏，栋宇已圮……且为扩拓崇峻之举，念昔之殿独湫隘也，增之而为阁。"康熙四十七年（1708 年）《青莲寺重新西廊地藏殿引》碣记载："东廊整新不忍尘埋金碧，西廊如旧岂安□掩苍昨……"这些记载充分证明了明清以前观音、地藏二阁为其二殿。现存观音阁上层明间南北两檐柱之上，还遗刻有建中靖国元年之题记。其北柱题记为："招贤管崔家社崔应崔恕同施石柱一条，永充供养。大宋建中靖国元年岁次辛巳七月□日院主僧鉴峦记。"南柱题记为："乌政管郭壁社郭政妻傅氏乃陈七施石柱一条，永充供养。时大宋建中靖国元年辛巳岁七月庚申朔二十五日甲申记院主僧鉴峦。"此二柱为青石所制，考观音阁之构造，其下层为明清所制，上层柱额、斗栱及四椽均为宋代遗构。故可断定清代改建此阁，是将宋代建中靖国元年（1101 年）所建的观音殿修葺后直接用于观音阁之上层。同时证明了宋建中靖国重建东西庑，是将唐代建造的观音、地藏两阁改建为观音、地藏两殿，并保留至清代。

崇宁年间鉴峦禅师为本寺住持，于崇宁初主持了大规模的增扩建工程。在唐代规模的基础上，又开凿了寺东山崖，填垫寺西之沟壑，扩大寺址，增建法堂（后殿）三楹，并将唐建弥勒阁改建为藏经阁。现存上院金泰和乙丑（1205 年）泽州刺史杨庭秀所撰《大金泽州硖石山福岩禅院记》碑云："崇宁间，鉴峦禅师继主其教。以其寺基久远，岁坏月坠，虽补罅苴漏，不胜其弊。乃刻意规画，度越前辈，凿东崖堙西涧，培薄增卑以广寺址。由是供佛有殿，讲法有堂。构宝藏以贮圣经，敞云房以栖法侣。宾寮香积，法鼓斋鱼，焕然大备。"文中所述"法堂""宝藏"即后殿及藏经阁。另有金大定四年（1164 年）闻悟所撰《硖石山福岩院重修佛殿记》碑载："宋崇宁间，得大师鉴峦修新易陋，方见完备。"这些记载证明了鉴峦禅师住持青莲寺之时，对其寺院的修建规模非常之大，是继唐代慧愔禅师修建后的又一次修建高峰期。

第二次修建高潮出现于宋建中靖国及崇宁年间，宋徽宗赵佶的统治初期，此为北宋崇道的第二高潮期。徽宗继真宗托"天神下降"而兴道，不顾国家财力的匮乏，而大兴宫观，屡封神号，广求道经，下令佛教和道教合流，改寺院为道观，从而使佛教的发展受到一定的限制。

在这样的历史背景下，鉴峦禅师主持扩建寺址、大兴殿宇，说明了当时青莲寺在泽州的佛教护法势力很强。

北宋宣和初至北宋灭亡时期，青莲寺因受灾荒及战争的困扰日趋衰落，并于金天会五年（1127）遭金兵践踏。金天会四年二月，金宗翰兵进驻高平，继破威胜军（今沁县）、隆德府（今长治市），十月破泽州（今晋城）。天会五年（1127 年）九月，红巾军常于泽州、潞州（今长治市）一带袭击宗翰营寨。金兵急切地搜捕红巾军，便乱杀乱捕平民，洗劫财物，寺即于此时遭浩劫。勘察寺内现存的建筑遗构及彩塑、碑碣，可证此次兵乱对青莲寺上院并未造成毁灭性的破坏。

金代灭辽和北宋，统治了中国北部和中原地区，结束了连年战乱之势，政治、经济、文化得以复苏。佛教方面受辽、宋影响获得发展，成为中国佛教发展的又一高峰。

金太祖于天辅六年（1122 年）攻陷辽代西京（今山西大同）后，便于天会二年（1124 年）命僧善祥于山西应州（今应县）建净土寺。此时山西、河北等地区民间建寺风起云涌，山西地区至今保留下来的宋金建筑，遍布全省各地，其中晋东南地区尤甚。

金大定和泰和年间，青莲寺上院住持禅师福裕、惠珍及宝贤广为募化，重修殿宇，再振寺威。皇统元年（1141 年），福裕曾为本院副持福潮建造墓塔，并于大定三年（1163 年）铸造寺钟一尊，七年（1167 年）创建钟楼。据寺内现存金泰和六年（1206）杨庭秀撰书《大金泽州硖石山福岩禅院记》碑所记，大定初法会频频，其法堂已不敷使用，因僧尼、信士不断增加，院住持福裕、惠珍二法师积极策划准备将宋代所建的三间法堂（后殿）扩建为五间。至泰和元年（1201 年）本院住持沙门宝贤在世赖、寂定二师兄的竭力帮助下实现了先师的这一理想，工程自泰和元年（1201 年）开始实施，历时 6 年于泰和六年（1206 年）告竣。可惜现已塌毁，仅遗存后殿平面遗址及残墙断壁、前檐石柱 6 根。石柱之上均刻有"泰和元年十月十八日施（石柱）"之题记，是确认后殿扩建工程时间之佐证。

青莲寺不仅所处地理环境幽雅，上、下两院内现存碑碣百余通，真、草、隶、篆书体齐全。下院弥勒殿内所存《硖石寺大隋远法师遗迹》碑，不但详细记载了净景慧远从事佛教的经历，且于碑首线刻唐代寺院全境图，是研究唐代寺院平面布局及建筑风格的珍贵资料。释迦殿内现存唐代彩塑造型和谐、体态丰润、衣纹简练、璎珞简朴，是一批上佳的唐代彩塑艺术珍品。上院释迦殿为宋代原构，无论是大木构架，还是柱、额、斗栱之手法都反映了晋城地区的地方风格，是晋城地区宋代建筑之代表。殿内遗有宋代彩塑 5 尊，均体态端正，衣纹明朗，是宋代彩塑中上佳之作。

表 7-11　晋城青莲寺创建及增建修葺情况一览表

序号	修建殿宇	朝代	年代	主持僧人	修建主持人	主要工匠	主要布施人	说明
1	初创上、下寺院	北齐天保四年至乾明元年	553 — 560	昙始慧远				据寺内碑文及龙华造像石推断
2	修葺	唐宝历初	825 — 828				陈广娘李氏	据《硖石山大隋远法师遗迹》推断，但具体不详
3	再建上院	唐大和二年	828	慧愔			信士及当地官员	慧愔禅师设普贤道场，画法华经变
4	建弥勒阁	唐大和七年	833	慧愔			信士及当地官员	弥勒阁于宋崇宁间，改建为藏经阁，元代大修。现存遗构元代手法颇多
5	造经幢	唐开成四年	839	慧愔			王荣杜秀	现存释迦殿前，为"佛顶尊胜陀罗尼经"
6	修建不详	唐乾符四年	877				惠峰缘会	碑中只记修建，但无具体说明
7	造经幢	后唐天祐十八年	921	玄依	神丕		郭存实	现存释迦殿前，为"佛顶尊胜陀罗尼经"
8	建舍利塔幢	宋淳化三年	992			张琼		现仅存幢身
9	建下院弥勒殿并塑像	宋景德四年	1007	法净	法义	吉信	邑众人	将下院弥勒阁改建为弥勒殿
10	建释迦殿	宋熙宁九年至崇宁元年	1076 — 1102	洪秘鉴峦			鉴峦鉴昭	现存上院释迦殿即此时建造

序号	修建殿宇	朝代	年代	主持僧人	修建主持人	主要工匠	主要布施人	说明
11	改观音阁为观音殿	宋建中靖国元年	1101	鉴峦	鉴峦		鉴峦等	石柱之上有鉴峦布施石柱题记
12	补葺殿宇、重建藏经阁、增建法堂、增扩寺址	宋崇宁年间	1102－1106	鉴峦				现存藏经阁即此时建，增建法堂三楹
13	战乱毁寺内部分建筑	金天会四至五年	1126－1127	慧潮				不详
14	潮公和尚塔幢	金皇统元年	1141		福清宝遇	任通王荣李实李璋		《山右石刻丛编》记载
15	扩建法堂	金大定三年	1163	福裕	福裕		刘顺李佽常翼等	将原面阔三间之法堂扩建为五间，《大金泽州硖石山福严禅院记》《硖石山福严院重修佛殿记》载
16	铸法钟、修钟楼台基	金大定七年	1167	宝诚		砌匠：刘仲小南二	赵宣张实法荣等	建址于掷笔台南，现存实物为清构。《硖石山福严院敕建钟楼台基记》载
17	重修法堂	金明昌六年	1195	宝定	洪湛		青莲寺弥陀会众	维持性修缮，《青莲寺弥陀会重修法堂记》载
18	重修法堂、藏经阁	金泰和元年至六年	1201－1206	宝贤贞如	寂定			大修，更换柱、额。《大金泽州硖石山福严禅院记》及法堂前檐石柱石刻题记

（三）古青莲寺大佛殿

大佛殿位于古青莲寺最北端，背依山崖，坐北朝南，面阔三间，进深六椽，梁架为四椽栿后对乳栿用三柱，单檐悬山顶。通面阔940厘米，通进深960厘米，通进深略大于通面阔。大殿明间辟门，次间开窗，为直棂窗。檐柱有3.5厘米的侧脚及生起，柱间施阑额，柱头施普柏枋。

1.斗栱形制：柱头铺作五铺作双下昂计心造，里转五铺作出双抄，每跳华栱之上置异形栱。斗栱用材为15.5厘米×10.5厘米，接近宋《营造法式》七等材。

2.柱子：柱子侧脚3.5厘米，接近柱高的1%，系宋制。柱子生起有3.5厘米，与宋制相比虽偏小，但还是宋代做法。

3.门及前檐墙

门枕石上平面前端及内侧抹角与青莲寺中央殿门枕石做法完全一致，当是宋代形制。立颊上方施门簪四枚，形制古朴，立颊之外施抱框的形式与中央殿相同。

4.梁架

为六架椽屋，四椽栿后接乳栿用三柱。明间梁架结构是平梁两端之上施平槫，梁中间施蜀柱，通过坐斗、替木、丁华抹颏栱，承托脊槫。脊槫两侧施叉手。在平梁两端之下施蜀柱，驼峰，前后用单步梁以承托下平槫，下平槫之下设驼峰、大斗以做垫托。山面梁架同明间梁架相类似，结构区别是平梁两端之下施蜀柱，驼峰坐于四椽栿上，四椽栿下又设替木，坐斗，驼峰置于丁栿之上。丁栿搭在明间梁架四椽栿上。四椽栿两端置下平槫，下设替木，坐斗，驼峰坐于角梁后尾。大佛殿梁架总举高与撩檐槫中距比例为1：3.4，和宋《营造法式》规定的1：4～1：3之间相符合。

5.屋顶

大佛殿屋顶为筒板瓦覆盖，筒瓦规格为32厘米×15厘米×2厘米，板瓦为28厘米×22厘米×2厘米，屋顶瓦垄沟以勾头坐中。正脊高53厘米，生起6厘米，与檐柱生起协调。大吻高150厘米，宽95厘米。

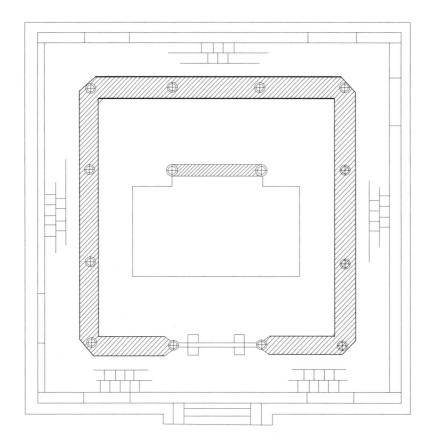

图7-4-16-2　古青莲寺大殿平面图

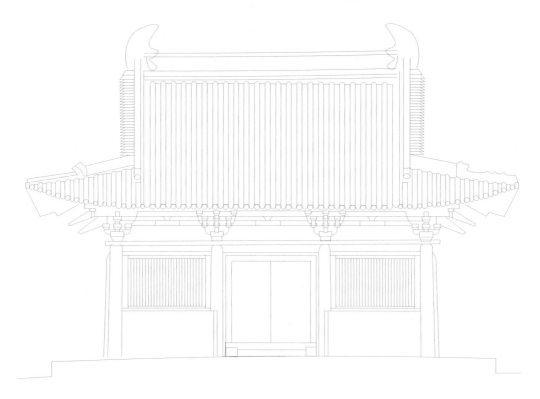

图7-4-16-3　古青莲寺正立面图

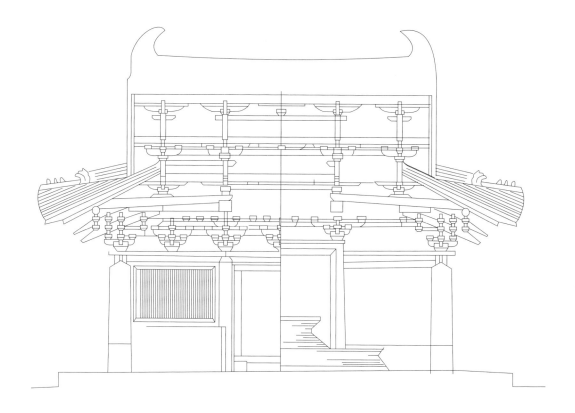

图7-4-16-4 古青莲寺大佛殿前视纵断及后视纵断图

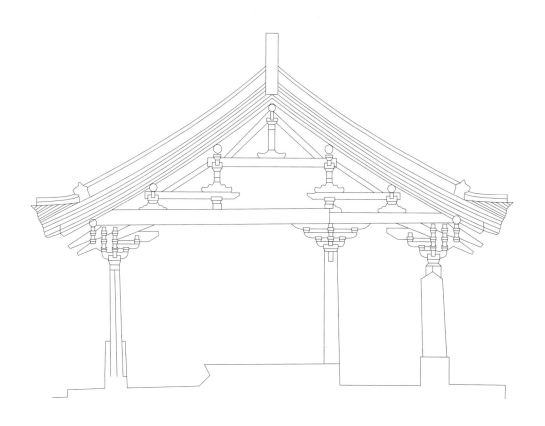

图7-4-16-5 古青莲寺大殿明间横断面图

十七、沁县普照寺大殿

普照寺位于山西省沁县城西的开村，距县城7.4千米。乾隆辛酉版《沁州志·寺观》条中记载："普照寺在州西开村，元魏太和十二年建，唐元和年修，金大定年重修，明永乐后增修，国朝顺治年重修，雍正四年僧自恒募修。"又据该寺曾出土北魏时的造像碑一面（现陈列于南涅水石刻馆），证实了北魏年建的历史。从文献中可看出普照寺自创建以来共有五次大的修缮。现存大殿从木结构的时代特征与建筑风格可确定为金代建筑。

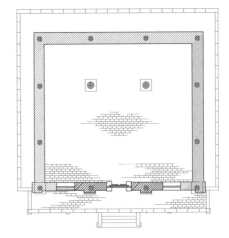

图7-4-16-6　普照寺平面图

（一）平面

普照寺大殿坐北朝南，单檐歇山顶。石砌台明，三步踏道。面阔三间，进深六架椽。通面阔11.58米，通进深10.68米，上明间宽4.06米、次间宽3.76米。柱网排列为身内单槽，每面均用四柱，殿中减去了前金柱，扩大了前室的使用空间。殿平面接近方形。

台明平面呈"凸"字形，前宽（柱中以外）1.75米、后宽（柱中以外）2.12米，侧台明宽（柱中以外）1.59米。台明高81厘米，后台明部分被土坡掩去。

（二）门窗、柱子、铺作

大殿曾被村委会和学校使用，在整个前墙外包砌了现代砖墙，明间门顶砌成栱形，窗为圆形，与寺庙极不协调。明间置版门，较简陋。次间窗户被堵塞。

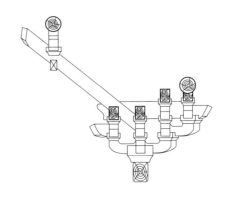

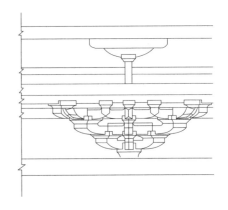

图7-4-17-1　普照寺明间补间斗栱一

柱高为3.96米，柱径39厘米，卷刹高6厘米，因柱子下沉，测不出角柱的生起。柱子正面侧脚为4厘米，山面侧脚为3.2厘米。金柱高4.21米，柱径49厘米×52厘米，平面呈八菱形，卷刹高9厘米。四周檐柱头仅用阑额相联，没有普柏枋。

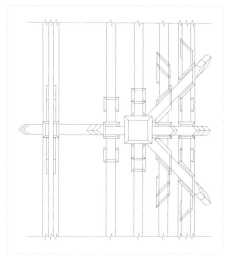

图7-4-17-2 普照寺明间补间斗栱二

柱头铺作可分为六种，四周檐部用五种，殿内金柱用一种。斗栱材高20厘米、契高7.5厘米，材宽14厘米。现将斗栱以及结构特殊之处分述如下。

1. 明间平柱斗栱：五铺作，单抄单下昂重栱造，里转四铺作，出单抄计心造。外檐二跳昂的形制为琴面假昂，里转昂尾做成头托在四椽栿下。外檐耍头单材伸出为昂形。

2. 明间补间斗栱：五铺作，双抄重栱造，里转四铺作计心造。外檐一跳、二跳出45°斜栱，并出斜耍头，栱头里侧相向棱被削抹，其上的交互斗也随之做成菱形。正面一、二跳华栱与耍头端部均做成三角形，其上交互斗随之做成圭状。斜栱里转不出头，因而在负荷檐部重量时起辅助作用。该斜栱的设置缩短了铺作间净跨距，从而起到了联结、稳固的作用。

补间铺作里檐相当简洁，只出单抄，上置令栱、散斗承素枋。为使里外檐构件在力学上得到平衡，里转从泥道慢栱上斜出一根挑杆伸向下平槫处，挑杆头置令栱、散斗、替木承下平槫。

3. 次间补间斗栱：五铺作，为双抄重栱造，里转四铺作，出单抄计心，从泥道慢栱上斜出挑杆，杆尾承下平槫，细部与明间同。由于角铺作占据了部分空间，次间补间铺作不出斜栱，其中距为188厘米，比较适中。

4. 转角斗栱：正侧两面为五铺作，单抄单下昂，45°斜角出单抄单下昂、由昂，由三个栌斗排列成"厂"形结构。这种结构效仿了重檐缠柱造的布局，但功用却大不相同，前者是为了承角梁、二层柱，后者是为了观瞻。同样做法也应用于介休祆神楼里转七铺作偷心造，一跳为三根华栱拼成，置抹角枋，从七铺作上的交互斗中穿过，两头搭在次间与山面正心枋上。后檐转角铺作为一栌斗式斗栱，45°角部大体与前

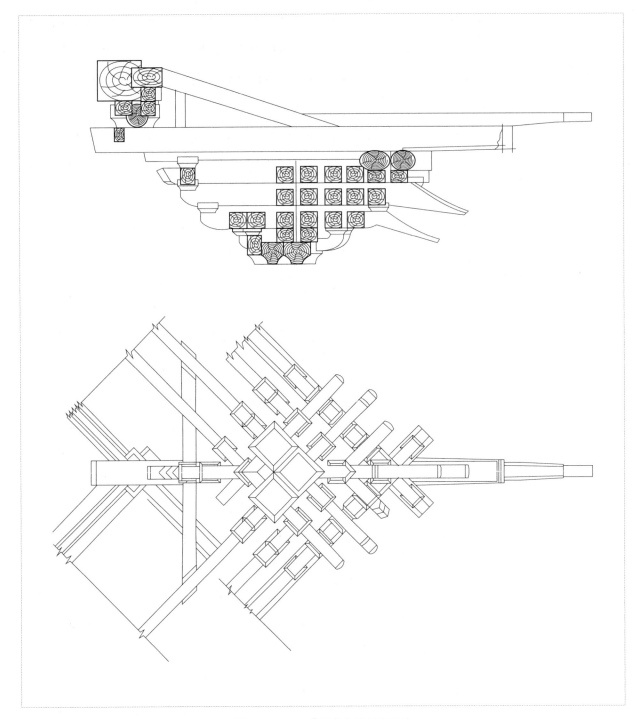

图7-4-17-3 普照寺角梁转角铺作

檐同。

前檐转角铺作里转为偷心造，正、侧附角栌斗里转为计心造。除一跳华栱是三根交在一起外，二跳华栱相互穿过二跳角华栱出头为对方的半个令栱。正面伸出的令栱头闲置，因山面内檐没有设置罗汉枋（素枋）。侧面伸出的令栱头承前檐里转的罗汉枋。正、侧两个耍头里转都没出后尾，檐部的重力通过檐槫、耍头、令栱依次传递到二跳华栱、一跳华栱、附角栌斗、阑额、柱子上。外檐以撩檐槫为力点，以附角栌斗为支点，给里转一跳、二跳华栱一个向上的力，再让斜三跳华栱来自角梁上的重力压住，达到承重的目的。檐檩搭在角栌斗的正昂与斜昂上，虽然也搭在附角栌斗的正昂上，但相距很近，分担的荷载最大才三分之一左右。

5. 两山柱头斗栱：为五铺作，单抄单下昂重栱造，里转四铺作偷心造，假昂后尾做成头，贴在扒梁和丁栿下皮。

6. 殿内后金柱柱头斗栱：前后四铺作，做成头承接四椽栿和乳栿。外侧为四铺作，也做成头承接丁栿。内侧为五铺作，出一抄，二抄（二跳）隐刻于枋上。

大殿前后檐均有补间斗栱，两山未置补间斗栱。檐部斗栱总高为111.5 厘米，是柱高的 28%，接近金代的比例特征，也进一步证明了该殿是金代重修后的遗构。

（三）梁架

1. 明间东西两缝梁架：前为四椽栿，架于檐柱与金柱头上，后为乳栿搭于后檐柱与金柱上，与四椽栿卯榫相接。其上又设四椽栿跨于两栿之间。栿前部用驼峰和襻间斗栱，栿后部用蜀柱和襻间斗栱。再上置平梁，平梁之上设侏儒柱、合、丁华抹颏栱及叉手承托脊槫。各架蜀柱和驼峰均用襻间枋联结。这种梁架结构不常见，也未被列于宋《营造法式》图例之中，其优点在于上四椽栿的位置恰当，它跨于两栿之间，像扒钉一样，使两栿难于分离，弥补了下四椽栿和乳栿交于金柱头而非一体的缺陷。前栿头承载下平槫并通过斗栱、驼峰把重力传递到下四椽栿靠近柱头部位。下四椽栿的优点在于后栿头整个置于金柱上，与乳栿卯榫相交。不像其他结构后栿头开榫插于后金柱中。

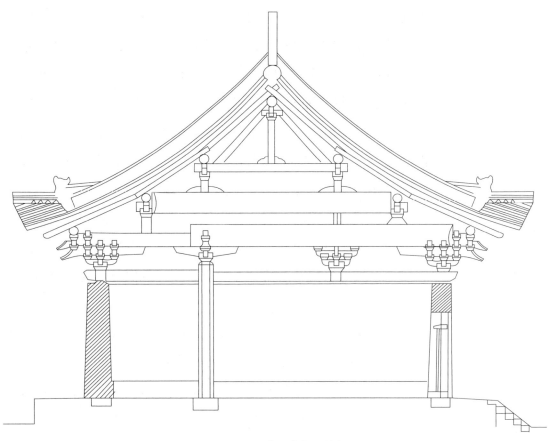

图7-4-17-4 普照寺大殿横断面

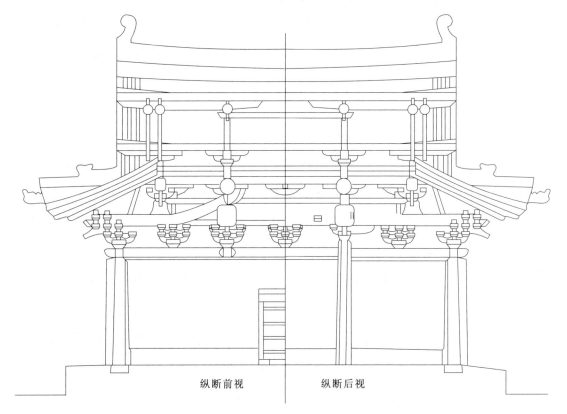

纵断前视　　　　　纵断后视

图7-4-17-5 普照寺大殿纵断面

2. 次间梁架：前间为扒梁，后间用丁栿，扒梁利用自然木材的弯曲，一端搭在山面檐柱柱头，另一端搭在下四椽栿的上皮。丁栿一端搭在山面檐柱柱头，一端交于金柱之上四椽栿外侧。扒梁、丁栿上置驼峰、斗栱承系头栿。系头栿两端搭在前后转角斗栱里转的大角梁上。该栿上设平梁，其他与明间相同。扒梁用材粗细适中，弯曲度恰到好处。梁尾伸出下四椽栿 30 多厘米，加大了荷载能力。若高低差太大，势必影响扒梁上曲部位的抗剪强度。扒梁在山檐部有较长的部位承接，使着力点位于二分之一处，通过它传递到山面檐柱上。

山面收山较少，仅几厘米，应是清代维修所致，造成出脊较长。山面为减轻荷载，多使用了一组丁华抹颏栱与叉手、蜀柱，并在脊槫和上下平槫头上均施有 1.7 米长的升头木。

3. 举架：前后撩檐槫相距 12.18 米，总举高为 3.855 米，举高与撩檐槫相距之比为 1 ： 3.17。柱高与举高之比为 396 ： 385.5。由此可以看出，普照寺大殿与宋《营造法式》《营造法式大木作研究》中同时代的特征基本相符。

（四）屋顶

屋顶为布瓦顶，坡度曲线柔和，正脊两头微微翘起，略有一些弧度，为屋顶增添了几分秀丽。所用勾头、滴水时代不一，图案有升龙、绳纹等式样。瓦垄间距较小，正面以勾头坐中，山面以滴水坐中。正脊与垂脊为陶脊筒子，并饰花卉图案。鸱吻与垂兽也为灰陶质地。两山排山勾滴部位改成硬山式的简便做法，仅用一行板瓦顺脊瓦出，不利排水。悬鱼长条形，周边雕饰草叶曲线，面内雕有圆形、方形图案。

十八、高平游仙寺毗卢殿和三佛殿

游仙寺，位于山西省高平市城南 10 千米宰李村西游仙山南麓，唐代创建，初名慈教院。重建于宋淳化年间，金、元、明、清各代屡有修建。游仙寺自唐代创建以来历尽沧桑，现存最早的建筑是毗卢殿，宋淳化年间重建，三佛殿檐下铺作为金代重建时遗物。

游仙寺坐北朝南，环山而建。轴线之上由南到北依次建有春秋楼（下为山门）、毗卢殿、三佛殿、七佛殿。春秋楼与毗卢殿之间东西各设

图7-4-18-1 游仙寺总平面、断面图

图7-4-18-2 游仙寺鸟瞰图

配殿两座，东配殿面阔五间，西配殿面阔三间；毗卢殿与三佛殿之间东西遗有配殿各三间；过三佛殿经台阶登于三进院，三进院于七佛殿之前东西各遗配殿两座，各面阔五间，北配殿规模大于南配殿。

寺内建筑布局规整、对称，封闭院落的院墙设于各配殿山墙前端，寺院因建于山坳，其院落依山势布局，形成了北高南低的走势，自然和谐。寺东西相距 29.6 米，南北相距 89.3 米，占地面积约 2643 平方米。

（一）毗卢殿

毗卢殿是寺内主殿，也是寺内保存时代最早、结构最完整的宋代建筑。殿面阔三间，进深六架椽，单檐九脊顶，平面阔、深均 10.44 米，建筑面积 108.99 平方米。

1. 台明及柱网布列：殿因地势而建，台明前后高度不同，前高 0.78 米，后高 0.23 米。整个台基施青石砌筑，压檐石收边。台基之上布柱 14 根，其中内柱 2 根，檐柱 12 根，内柱置于殿内北向。

2. 梁架结构：毗卢殿梁架结构为四椽栿后压乳栿用三柱，四椽栿为宽 51 厘米、高 62 厘米的自然弯材稍加工制成，乳栿压于四椽栿之下，交内柱铺作出头木扶承四椽栿。四椽栿之上设驼峰承栌斗，栌斗交承平梁头，平梁之上于中部设栌斗承蜀柱。该栌斗设有纵向栱，向明间出跳的栱承一斜撑，斜撑之上承交互斗，交互斗咬承襻间枋，襻间枋之上隐刻令栱，蜀柱之上设斗栱、丁华抹颏栱及叉手稳固脊部。

梁架纵向于明间平梁襻间斗栱至脊槫襻间隐刻栱枋之间，设斜撑与脊部襻间枋形成梯形托架。脊部襻间枋连身隐刻令栱，于次间山花蜀柱斗栱相交出足材替木承脊槫通替，脊部所设瓜栱于次间连身对隐半栱在外。上平槫设替木及襻间枋，襻间枋之上隐刻令栱，施散斗隔承替木。下平槫不设襻间枋，施栌斗、替木扶承下平槫，栌斗由驼峰承之。梁架纵横除平梁设蜀柱外，余皆驼峰。殿东西两次间前向所设丁栿是一个自然弯形圆材一锯二制成的。自然弯材做丁栿是晋东南金代惯用手法，现存金代木结构四坡顶的遗构中几乎全部使用自然弯曲式丁栿，但一个自然弯形圆材锯开做两个丁栿，仅见于此殿。

3. 铺作：殿檐下周设铺作 6 种 24 攒，另内柱两攒。补间铺作杪跳式，分两类三种，前檐及后檐、两山明间属于一类，为双抄头跳偷心，

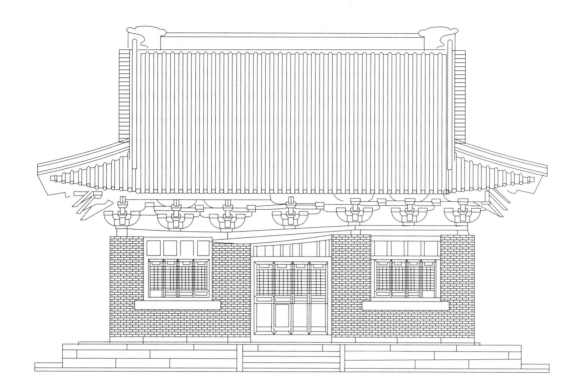

图7-4-18-3　毗卢殿现状正立面图

里转四抄隔跳偷心，其三跳由外转要头向内延伸制成，四跳由衬头枋延伸制成，前檐四跳抄交互斗施异形栱及要头十字交结，上立蜀柱隔斗及替木承下平榑。后檐、两山明间不施要头，故形成了两类三种铺作形制。后檐及两山次间补间铺作里外对称为双抄头跳偷心五铺作。铺作正心设泥道栱一道，其上设素枋隐刻栱。

柱头铺作抄昂式，施以真昂，共两类四种，外转均为五铺作单抄单下昂头跳偷心造，里转均双抄五铺作头跳偷心，栱枋用材19厘米×12厘米，为3：1.89。但因殿内梁架所致形成了里转结构之微差。前檐柱头铺作设有衬头枋，四椽栿压于衬头枋之上；后檐柱头铺作要头制成枋木向后延伸制成内柱铺作二跳华栱。乳栿压于铺作之上，且向后延伸交内柱铺作出头木承四椽栿。两山北向及后檐属同一类形制，不同之处是丁栿下平与四椽栿同一水平线，故高于乳栿一个足（28.5厘米）；两山南向及前檐属同一类形制，铺作之上承自然弯材丁栿，丁栿直接压于昂尾部，不设衬头枋，结构稳固科学。转角铺作为列栱造。檐部凡柱头之上铺作所用要头均制成昂之形状，补间铺作均为卷头华栱，结构朴实，形态端庄，是宋淳化年间创建时的原物。

毗卢殿前后檐于明间设门、次间设窗，现存门窗装修保存完好，为明代修缮时的遗物。

表7-12　檐部铺作尺寸统计表

（单位：毫米）

名称	上宽	下宽	上深	下深	耳	平	欹	总高	颛	备注
栌斗	420	320	420	320	95	60	95	250	30	
交互斗	260	190	230	160	65	30	65	160	20	
散斗	260	190	230	160	65	30	65	160	20	

名称		长	宽	高	上留	平出	栱眼（深×高）	备注
泥道栱		970	120	190	80	120	20×20	
斜令栱	外	1090	120	190	80	230	20×15	
	内	970	120	190	80	175		
一跳华栱			120	285	80	120	10×12.5	
二跳华栱			120	285	80	120	10×12.5	

图7-4-18-4　毗卢殿北立面现状

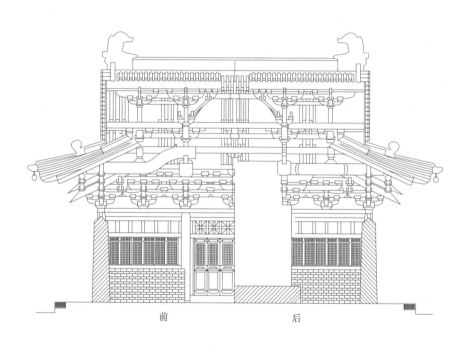

前　　　　　　　后

图7-4-18-5　毗卢殿现状纵断面图

（二）三佛殿

三佛殿位于毗卢殿之北，史料记载金代重建，现存平面布局为金代特征，斗栱为金代遗物。

图7-4-18-6 三佛殿南立面现状

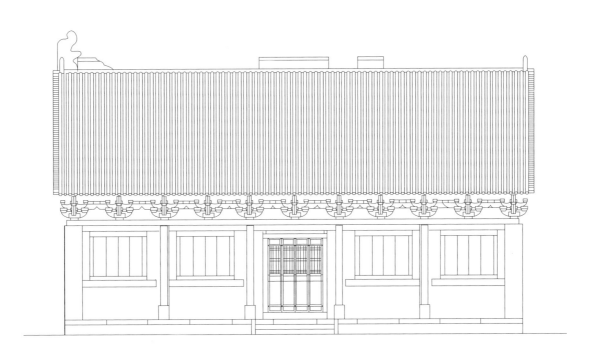

图7-4-18-7 现三佛殿正立面

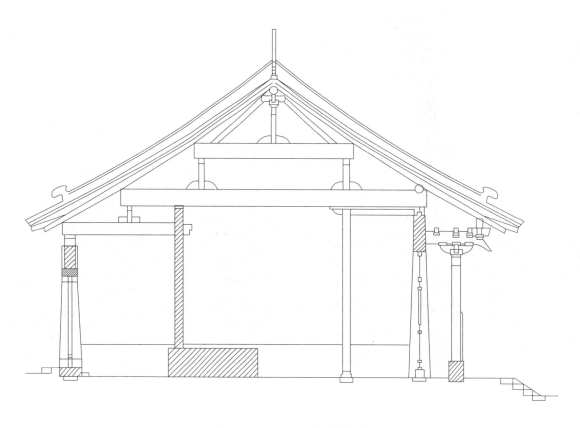

图7-4-18-8 现三佛殿横断面

面阔五间（17.6米），进深六椽（14.9米），建筑面积262.24平方米。单檐前廊式悬山屋顶，梁架结构为六架椽前单步梁后双步梁用通深四柱。梁栿之间施瓜柱顶立，瓜柱角背无存，脊瓜柱之上施丁华抹颏栱及叉手稳固脊部。

前檐柱头设单下昂五铺作，里转单翘不设纵向栱；平身科亦单下昂五铺作，二跳昂尾制成挑斡承金檩，斗栱所用正心慢栱为正心枋隐刻式。栱枋用材20厘米×14厘米，为3：2.1。从斗栱的用材和结构特征看，为金代早期遗构。

十九、陵川北吉祥寺前殿

北吉祥寺位于山西省陵川县城以西15千米处的礼仪镇西街村。据寺内现存碑碣记载，吉祥寺创建于唐大历五年（770年），原名什柱院，北宋太平兴国三年（978年）被重新赐额为"北吉祥院"，后代屡有修葺扩建，形成了坐北朝南、集多处不同历史时期建筑的建筑群。现有房屋共66间，总占地面积约3000平方米。

1. 前殿历史沿革

前殿是吉祥寺的主体建筑，其创建年代不应晚于创寺之初，即唐大历五年（770年），此后在元代元贞二年（1296年）、明洪武八年（1375年）、明崇祯四年（1631年）、清康熙三十三年（1694年）、清光绪三十四年（1908年）屡有修葺，近百年来未做过大修。

综合前殿用材制度、结构形制及有关文字实物记载，现存主体结构应属宋金时期。

2. 前殿建筑形制

（1）平面：台基通面阔16.3米，通进深13.52米，前檐高1.08米，后檐高0.75米，顺砖垒砌，间隔石蜀柱，周铺散水。台明之外于前檐明间设踏跺七步，后檐明间设踏跺五步。建筑占地面积220.7平方米。殿内外地面方砖淌白细墁。该殿面阔进深各三间，共用木柱14根，其中金柱两根，周檐柱12根，属山西地区宋金时期较常见的减柱造格局。各柱头卷刹和缓，风格统一，头径约为底径的0.8倍。角柱高3.98米，正面侧0.04米，侧面侧0.03米，与宋《营造法式》"随柱之长，每一尺侧一分；若侧面，每长一尺即侧脚八厘"的规定正相吻合。各金柱底设有青石质宝装莲瓣式覆盆柱础一枚，础盘边长1.04米见方，盘厚0.31米，其上覆盆高凸0.09米，盆唇高0.01米。与宋《营造法式》卷三中"造柱础之制，其方倍柱之径""若造覆盆，每方一尺覆盆高一寸，每覆盆高一寸，盆唇厚一分"的相关规定基本相符。

（2）梁架：前殿为彻上露明造。横向看属六架橼屋四椽栿对后乳栿，通檐用三柱，周檐柱头之上施阑额和普柏枋。在前后下平槫之间又施四椽栿一道，上置蜀柱承托平梁，平梁之上施侏儒柱、丁华抹颏栱及叉手共同承托脊部。各蜀柱、侏儒柱底部的两侧施合。各槫接缝处均撑以托脚。两道四椽栿之间置驼峰座斗隔承。纵向看上下平槫均用实拍襻间和替木承托，相邻两缝梁架之间的蜀柱上端穿顺身串，金柱间施联络枋，脊槫之下为半栱连身对隐的双材襻间。前槽两次间施爬梁，梁头搭卧在南山柱铺作之上，梁尾卡扣于上下四椽栿之间。后槽两次间各施丁栿一根，其前端与北山柱头斗栱结构形成耍头伸至外檐，其尾与金柱斗栱结合一体并与乳栿交构顶托四椽栿尾段；在爬梁与丁栿之上置有蜀柱、合，蜀柱之上托有座斗、系头栿、平梁等构件，在各系头栿外侧斜戗托脚。两山出际为1.23米。各转角处施有大角梁、仔角梁、隐角梁、递角梁、抹角梁等构件。

（3）斗栱：周檐阑普之上共置12垛五铺作柱头斗栱。外转单抄单下昂重栱计心造，柱头枋隐刻泥道慢栱，前、后檐要头为昂形，两山要头呈蚂蚱形，前檐里转出双抄托压跳承四椽伏，后檐里转昂尾做压跳承乳栿，要头后尾呈挑斡做法挑于下平槫与蜀柱的结点。两山前槽里转斗栱出双抄，头跳之上施异型栱与上层华栱十字相交，二跳头上托压跳及爬梁。后槽里转斗栱偷心出单抄，托压跳承丁栿。转角处泥道栱与华栱出跳相列，两侧瓜子栱与45°角斜出的头昂相交，两侧令栱与由昂相交。该殿不设补间铺作，而在一层柱头枋中央隐刻荷叶墩或菱形墩，上又影刻扶壁令栱，上置三枚散斗隔承。殿内金柱斗栱单抄托头，明间出重栱，泥道栱伸向次间呈头状，其上慢栱与丁栿为连体。

斗栱用材宽14厘米，材高21厘米，栔高8.4厘米。折合宋营造尺材宽4.4寸，材高6.6寸，栔高2.64寸。宋《营造法式》卷五中规定："凡构屋之制，皆以材为主。材分八等，度屋之大小，因而用之……第五等材广六寸六分，厚四寸四分，殿身小三间或厅堂大三间则用之。"该殿用材与《营造法式》规定相符。

（4）屋顶：前殿为单檐歇山琉璃剪边布瓦顶，屋顶总高13.13米，投影面积为361.7平方米，置有九脊十兽，即：一条正脊、四条垂脊、四条戗脊及各脊端的吻兽，皆为黄绿相间的琉璃制品。

二十、长子县慈林山法兴寺

（一）法兴寺现状

长子县法兴寺位于慈林山南坡，坐北朝南。庙区设在三个逐次升高的平台上，纵深长度为250米，宽约100米，占地面积25000平方米。法兴寺取中轴线布列主要建筑。主轴线上依次为放生池、山门、舍利塔、中殿、后殿。

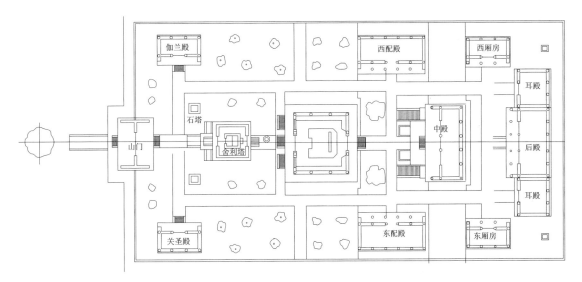

图7-4-20-1　长子县法兴寺平面图

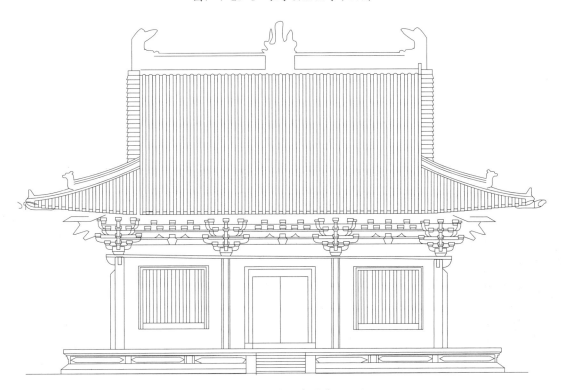

图7-4-20-2　法兴寺园觉殿立面

　　山门和舍利塔之间，东西对称建筑为伽蓝殿和关圣殿。舍利塔前左右各设小塔。园觉殿和中殿之间，东西对称布置西厢房和东厢房。后殿左右设耳房。

（二）法兴寺园觉殿

　　园觉殿为宋元丰三年（1080年）所建。单檐歇山顶，无廊步。大殿面阔三间，进深三间，呈正方形平面。殿身当心间设板门，次间设直棂窗，柱顶阑额和普柏枋，柱头设七铺作，第二跳华栱偷心，出双下昂。不设补间铺作。顺殿身当心枋隐刻斗栱。

二十一、陵川龙岩寺中央殿

龙岩寺位于距县城西北 10 千米的礼义镇梁泉村。龙岩寺现存建筑为二进院落，坐北朝南。中轴线上由南到北依次为山门（遗址）、歇山顶的中央殿、悬山顶的大殿。大殿左右为东西耳殿，一、二进院落均设东西厢房，中央殿左右，一进院最北端设东西二层厢房，均为硬山建筑。一进与二进院落地坪高差为 3.7 米。总占地面积 1833 平方米，建筑面积 920 平方米。大殿后檐墙坐落在岩石上，俗称"龙岩"。

图7-4-21-1　陵川龙岩寺中央殿

（一）历史沿革

该寺中央殿前廊东侧金大定三年（1163 年）《龙岩寺记》碑记载："尚书礼部牒敕可特赐龙岩寺□至准……镇国上将军行侍郎阿典……本郡军资库输钱三十万，兼经藏堂承买，得赐曰龙岩寺……以里为义泉，以龙得水而出入有时，檐下曰岩，斩上曰崖，以石岩在宏堂之内，而金容居石岩之中，中选斯名……"

该寺中央殿前廊西侧金大定二十五年（1185年）《新建龙岩寺法堂记》碑记载：

……兹古道场自大唐。总章二年（669年）始加兴缉，熔金作像，各万钧之重，一铸三成，分置之上中下社，金彩相辉，居人皆以为祈福之所。至宋崇宁甲申（崇宁三年，1104年），又于工社制般若经一藏，尔后屡经兵火焚毁，□寺居民者……本朝开国之后，天会乙酉（天会七年，1129年）有僧乘耀旅居其中，观此故基，厥有巨石……都维那赵辅周等一十人鸠财命工，华构前殿，广三间各六椽，宏壮靓深，丹青炳焕，绘三身佛，塑弥勒像，自辛亥（金天会九年，1131年）东作之时，毕于甲寅（金天会十二年，1134年）西成之日……于贞元申戌（金贞元二年，1154年）创建经藏堂三间共一十八椽，居此寺东余百步耳，延至大定壬午（金大定二年，1162年），诏天下无名额寺观，许输钱请额，时僧……国赐额曰龙岩，智远退辞主持，南吉祥寺惠通主持此寺……

近年出版的《陵川县志》记载："龙岩寺前身为龙泉寺，创建于唐总章二年（669年）（旧省志《古迹考》，创于宋）。金天会七年（1129年）始建过殿。金大定三年（1163年）奉敕改为龙岩寺。"

由上述碑文或文献知：龙岩寺创建于唐总章二年（669年），直至宋崇宁三年（1104年）均为"祈福之所"。寺院香火甚旺，后屡遭兵火。金天会七年（1129年）始建中央殿。金大定三年（1163年），"输钱三十万"买得赐名龙岩寺，从此由龙泉寺易名为龙岩寺。

金贞元二年（1154年），创建经藏堂三间。金大定二十五年（1185年）又重建法堂，此后由陵川南吉祥寺惠通主持此寺。

（二）龙岩寺中央殿

中央殿位于一进院落北端，坐北朝南，为面阔三间、进深六椽的歇山顶建筑。通面阔15.01米，通进深20.17米，总高11.95米。屋顶布灰筒板瓦、正脊、鸱吻、垂脊、垂兽。其总平面呈方形。

1. 平面

中央殿当心间面阔4.44米，西次间、东次间面阔均为3.24米；进深六椽，前后檐各进深三椽。前檐柱底直径为42厘米左右，柱头直径为38厘米；后檐柱头径均在38厘米左右，并包于后檐墙体内。殿内金柱直径分别为52厘米。中央殿所有露明柱，前后檐当心间柱、内金柱，其柱础石式样均为覆盆宝装莲瓣式，共14瓣。

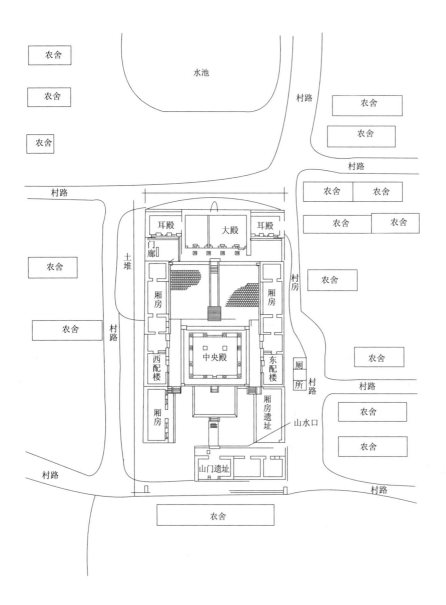

图7-4-21-2　陵川龙岩寺平面

2.斗栱

中央殿檐下设斗栱，按其位置可分为三种：柱头铺作、补间铺作和转角铺作。按其形制分四种，即五铺作重栱出单抄单下昂计心造、里转五铺作出双抄偷心造（前檐柱头铺作），五铺作重栱出单抄单下昂计心造、里转四铺作出单抄偷心造（后檐柱头铺作和山面柱头铺作），五铺作重栱出单抄单下昂计心造、里转六铺作出三抄偷心造（前后檐补间铺作），扶壁栱（山面补间斗栱）。

铺作的材宽为 12 厘米，单材高为 17 厘米，足材高为 24.5 厘米，栔高 7.5 厘米。斗栱保存较为完好，西次间补间斗栱损坏严重，下昂、令栱全部遗失，此外部分正心枋、散斗脱落，其他无较大损坏。前后檐当心间补间铺作为二朵，其余皆为一朵。

3. 梁架结构

此殿的梁架为四椽栿对后乳栿，通檐用三柱，单檐歇山布瓦顶。为减少梁架的跨度，在后檐上平槫处施乳栿，从而大大减少了殿内的跨度和用材。四椽栿为截面尺寸是 57 厘米 ×46 厘米的方材。乳栿为截面尺寸是 33 厘米 ×24 厘米的方材。脊槫由蜀柱、叉手承托。丁华抹颏栱的材宽大小与前后檐斗栱相同。屋架檐部举架平缓，总折高六五举，脊部举为八五举，檐部举为四六举。

在山柱与内金柱之间施丁栿，在山柱与四椽栿之间施爬梁。柱头卷刹、檐椽头卷刹特征明显。

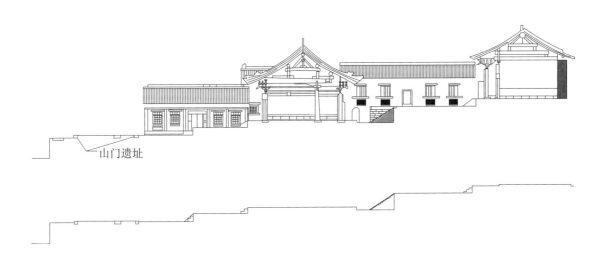

山门遗址

图 7-4-21-3　陵川龙岩寺剖面

4. 屋顶瓦面

现存屋顶为灰布筒瓦，正、垂脊、鸱吻、垂兽均为灰布瓦，脊刹上部分为黄绿琉璃。

二十二、永寿寺雨花宫

永寿寺在榆次区东南 3 千米的源涡镇，坐北朝南。

永寿寺在《榆次县志》（清同治二年刊本）里有这样的记载："永寿寺在源涡村，相传后汉建宁元年建（168 年），隋时有田氏子得道号空王佛，立其像，故又谓之空王寺。唐元和十二年（817 年）自村东徙建今所，即田氏故址。也有宋崇宁时，李道原舍利塔记石刻：寺中楸数株，其二尤古，后有高阁，为游者登临。"

在这条中，只"唐元和十二年……"以下是今寺的叙述。据此知道这座寺是公元 817 年移来，寺的后面还有阁，但是并没有提到雨花宫。

雨花宫大殿当心间的脊槫底下钉着一块长木牌，用工楷题写着："大宋大中祥符元年岁次戊申七月己未朔十八日丙子重建佛殿记。"所记的年月与结构形式的时代特征相符。

雨花宫脊槫下的题记建于宋大中祥符元年。据此可知，在那条大中祥符增建的记载中，雨花宫被省略掉了。

雨花宫为单檐九脊顶，正侧两面都是三间，前部有廊。檐下斗栱硕大，直棂窗的形制古朴，有宋代特有的风格。

侧立面同正面一样平淡无奇。博风板宽 85 厘米，比《营造法式》中的最宽规定"宽三材"多三寸。在墙脚，做出叠涩坐，是少见的例子。

（一）平面特点

雨花宫开间的总宽是 13.33 米，总深是 13.2 米，平面构成正方形。平面的布置分成廊和殿两部分，是不常见的例子。

（二）立柱

大殿柱共 14 根，其中前檐柱 4 根，内檐柱 4 根。大殿角柱的生起比心间柱高 9 厘米，接近宋尺三寸，比《营造法式》规定的"心间生起三寸"稍大。心间的檐柱高 409 厘米，与面阔的比是 8.4：10，与次间面阔的比是 9.65：10，都在"柱高不越间广"范围以内。

大殿内外用柱同高，这是早期木柱的特征之一。

（三）梁架

大殿内的全部梁架都是常见的做法，并没有新奇之处。

大殿前廊内的构架是这座建筑的精品。这部分构架主要是从内外槽的柱头上横向搭架乳栿，承担下平槫所托住的屋顶。槫和栿两个不同向构材搭交时，榫头的接触面不够安全，就在下面用替木和令栱来辅助，在四椽栿头上和襻间相扣搭的榫卯，无法连接，所以就在下面设一组十字形的"令栱"来承托，然后传至座斗。这一组槫、栿、斗栱需在高度上适合屋顶的规定，更在栌斗之下，用驼峰来补足高度差。驼峰座到乳栿背上，承托上面的结构，再由乳栿传递这些重量到柱上。

外檐的柱头铺作是出下昂式的斗栱。下昂的尾部在里面延伸上去，正压在四椽栿的出头底下，它与栿下的斗栱自然地联成一组。

廊的里面转角处在角梁底下的处理手法精练。在下平槫的交点底下用斗栱和驼峰承托着安置在递角栿背上。递角栿顺着 45°的斜角安搭在内外转角铺作的上面。栿的实际长度大于心间的乳栿，下面两头的斗栱各加了第二跳角华栱，乳栿的跨度便减到和正列的乳栿大体相等，同时使递角栿的位置升高，里端在内柱头铺作上和乳栿的尾部上下相错，使这处的榫卯更容易安排。

角梁扣搭在下平槫、柱头枋、撩檐槫的转角搭头背上，角梁下的由昂和角昂的尾部与角梁的叠压，是采用与柱头铺作的下昂相类似的手法，逐层叠加顶着上一构件的底下，利用柱心以外檐角的重量抵消一部分压着内角梁向下弯曲的重量。

前廊内部在结构上省略掉不必要的构件，这点也可说是雨花宫的最大特征。

殿内梁架，在"心间"的左右用两根四椽栿从前面内柱头上直跨过殿内架到后檐柱的柱头铺作上。在四椽檐栿背上架四椽栿，四椽栿背上架平梁，平梁上正中立侏儒柱；柱两旁斜置叉手扶持着脊槫。各栿之间用斗栱及驼峰垫托。次间的梁架是用丁栿的做法。丁栿从山面柱头铺作上横跨到四椽栿背。丁栿背上用驼峰、斗栱架起山面的下平槫，再用剳牵确定槫和四椽栿间的距离，下平槫的更上面，立"出际缝"的梁架做法和心间的梁架做法相同。这几缝梁架上横向地搭前后各缝上的槫，槫下使用替木令栱及襻间辅助槫的接榫，并加强它承重的能力，

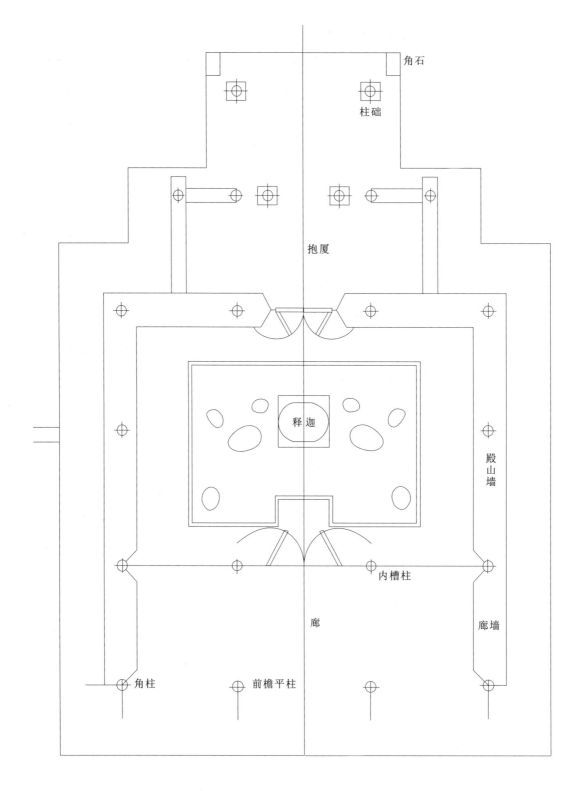

图7-4-22-1　山西榆次永寿寺雨花宫平面图

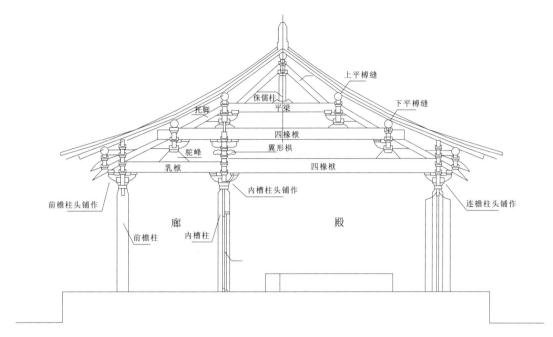

图7-4-22-2　山西榆次永寿寺雨花宫当心间断面

图中标注文字：
上平槫缝
休儒柱
平梁
下平槫缝
托脚
四椽栿
驼峰
翼形栱
乳栿
四椽栿
前檐柱头铺作
内槽柱头铺作
连檐柱头铺作
廊
殿
前檐柱
内槽柱

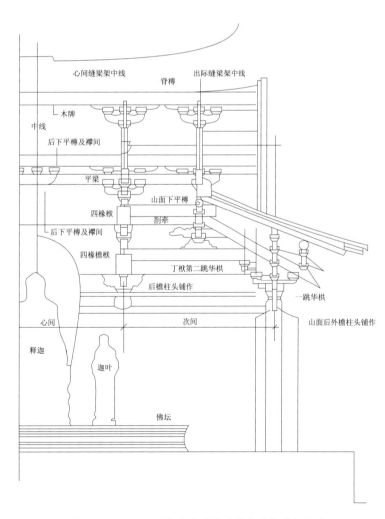

图7-4-22-3　山西榆次永寿寺雨花宫殿内梁架断面

图中标注文字：
心间缝梁架中线
脊槫
出际缝梁架中线
木牌
中线
后下平槫及襻间
平梁
山面下平槫
四椽栿
劄牵
后下平槫及襻间
四椽檐栿
丁栿第二跳华栱
后檐柱头铺作
一跳华栱
心间
次间
山面后外檐柱头铺作
释迦
迦叶
佛坛

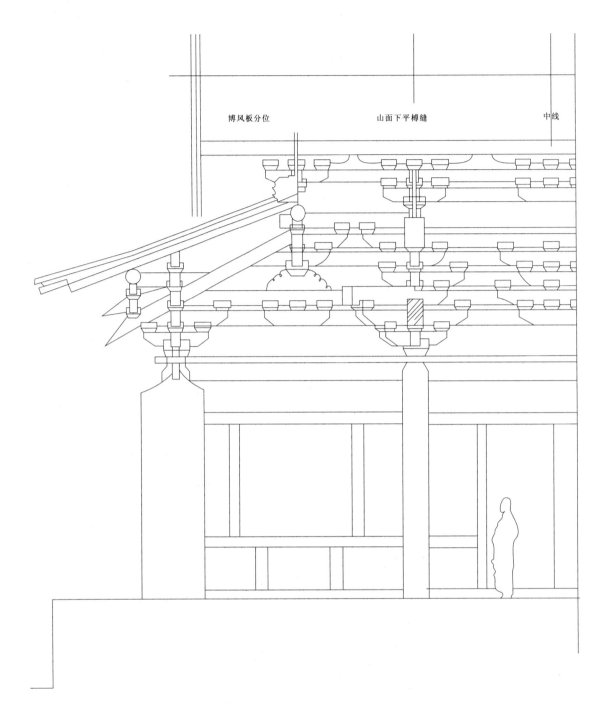

博风板分位　　　　　　　山面下平槫缝　　　　　　　中线

图7-4-22-4　山西榆次永寿寺雨花宫前廊梁架断面

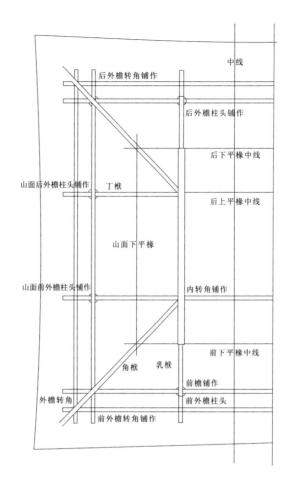

图7-4-22-5　永寿寺雨花宫仰视平面图

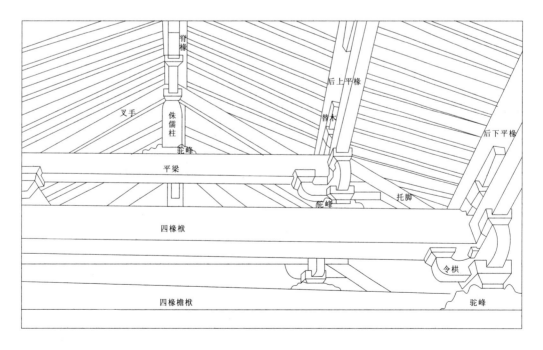

图7-4-22-6　永寿寺雨花宫内部梁架图

手法和梁下斗栱相似。

平梁下面用的四椽栿贯通廊和殿，不用三椽栿对劄牵分段接法，可能是因材制宜。因此在廊内出现的四椽栿出头，大过下面乳栿的尺寸。内柱头铺作上出现的异形栱，是个装饰性的构材。

殿内梁架断面上的柱、梁栿、椽数的布置排列，相当于《营造法式》中"六架椽屋，乳栿对四椽栿，用三柱"的做法。在进深三间上的屋顶，用六根椽联结成前后两个坡面，柱为前后三排，不是等距离的排列，一边是按廊内乳栿的长度，另一边是照殿内四椽檐栿的距离。

（虚线为依照《营造法式》规定之大小）

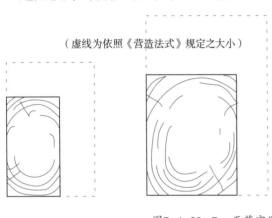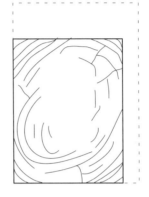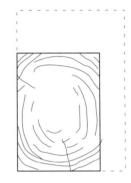

图7-4-22-7　雨花宫用材与《营造法式》所规定用材的对比

"前廊梁架断面"主要为廊内梁架结构。柱头以上较重要的部分是山面前柱头铺作、前上平槫和附属的举间、内柱头铺作。在心间的五层柱头枋只是联络材，虽然在正中线上的补间铺作手法和外檐补间铺作手法相同。

（四）斗栱铺作

雨花宫屋檐下的栱，做法简洁，用偷心造跳出撩檐槫，在栱头和斗上有圆熟柔和的曲线。在四角柱头上有转角铺作。在柱头和转角铺作之间的补间铺作只在柱头枋上刻隐出三层栱，再加栱上的小斗，没有任何挑出的栱和昂，更省掉底层的泥道栱和栌斗。这些隐出栱和小斗不但以组成斗栱的形式和柱头斗栱相应，并且使下面的几层柱头枋分担了最上一层枋所受的重量。

外檐斗栱的第一跳长52厘米，第二跳长26厘米。照材分，合第一跳是32分（10.67厘米），第二跳是26分（8.67厘米）。第一跳的长超出《营造法式》规定的"每跳心长不过30分"。第二跳只有下跳

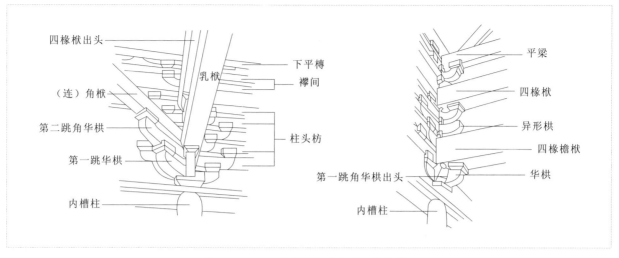

图7-4-22-8　内转角铺作内面、外面透视

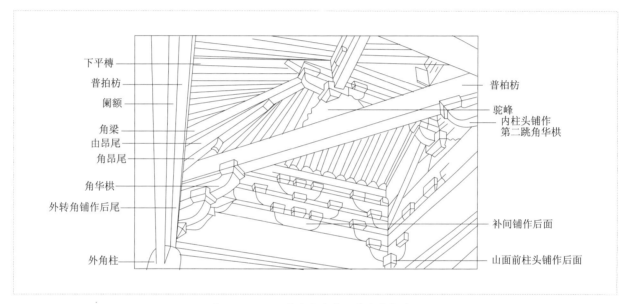

图7-4-22-9　榆次永寿寺雨花宫内部透视

的一半，短于《营造法式》中"若铺作多者里跳减长，若八铺作下两跳偷心时减第三跳，令上下跳上斗畔相对"。但雨花宫是用在外跳，而里只是五铺作。里面的第一跳和外第一跳同长。第二跳长 37 厘米，合材 22.5 分上下，比下跳短 9.5 分，比《营造法式》的规定小很多。

檐柱上斗栱的总高相当于柱高的 4/9，在同是用"五铺作"斗栱的遗例中，比例之大仅次于独乐寺的山门。

柱头上都用斗栱。前后转角铺作完全相同，心间的前后外檐柱头铺作做法一样。

《营造法式》中规定的栱、枋断面的大小，与雨花宫中实测的高和宽，很不一致。实测数据如下表所示：

表 7-13　雨花宫栱、枋断面高和宽实测

	高宽实测数（厘米）	两边长度比
1	25.5×16	3：1.88
2	25.4×16.8	3：1.98
3	24×16	3：2

栔的实测高度为 7 ~ 12 厘米。

下昂昂嘴后背上斜劈到尖，尖上没有留一点厚度，是纯粹的批竹昂式。昂尖的长度超过《营造法式》规定的"长 23 分"。昂身直接由斗口伸出，没有用华头子承托，是早于《营造法式》之前的特征之一。昂背上的令栱完全就昂的斜势安置，没有与中线上任何枋栱取平。

要头在此的功用是牵制令栱，防止它向外倾斜，令栱随昂的斜势下降，在此要头尾又必须与柱头枋扣结。

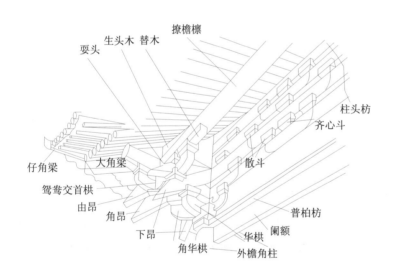

图7-4-22-10　外檐转角铺作

（五）屋顶举折

在《营造法式》中，"殿阁类的举高"是前后"撩檐枋"或槫中线间的距离的 1/3。

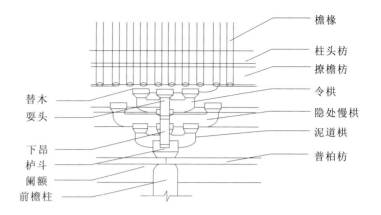

- 替木
- 耍头
- 下昂
- 栌斗
- 阑额
- 前檐柱

- 檐椽
- 柱头枋
- 撩檐枋
- 令栱
- 隐处慢栱
- 泥道栱
- 普柏枋

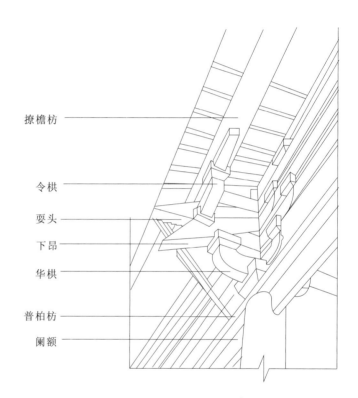

- 撩檐枋
- 令栱
- 耍头
- 下昂
- 华栱
- 普柏枋
- 阑额

图7-4-22-11　柱头铺作

雨花宫的进深和举高为是 300 ： 1474，略超过 1 ： 4，远低于《营造法式》的规定。"折"的测数，用《营造法式》规定的举高 1/4 来复核是相合的。

在《营造法式》中规定，每架的水平长最大限度是 250 厘米。雨花宫的各架实测数折合宋匠尺（中国度量衡史规定为 31.1 厘米）为 6.7 尺到 7.6 尺，接近《营造法式》的最大限度。

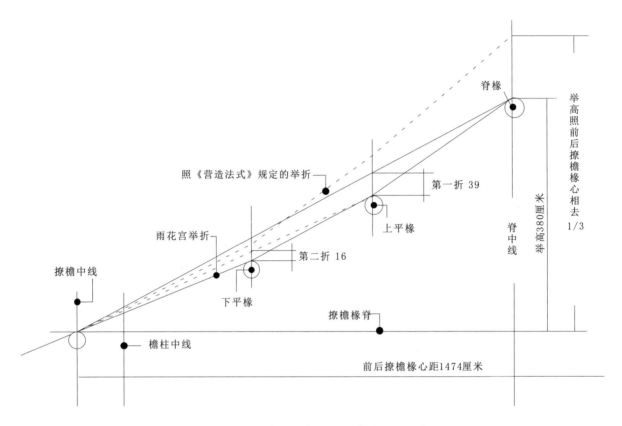

图7-4-22-12 雨花宫举折与《营造法式》中规定的举折的对比

（六）阑普

在《营造法式》中，规定了阑额大小："广加材一倍，厚减广三分之一；如不用补间铺作，即厚取广之半。"用小的阑额加普柏枋来代替一根大阑额，雨花宫是最早采用这种做法的。

（七）门窗

木质的"额""颊"柏内用单砖墙填堵，隔开内外廊和殿两部分。殿内当中是一座砖筑的佛坛，占去里面的大部分，平面构成凹形。坛上正中是释迦牟尼坐像，两旁夹立阿难和迦叶，此外还有几躯侍像。殿内没有用内柱和附着在内柱之间的墙。

廊内墙在柱头以下安门窗。心间安双扇版门，没有用门钉和任何装饰。左右两间安直棂窗。门窗的四周用"额""腰串""地栿""颊"及"心柱"。这种区划的形式是唐代旧制。

直棂窗的做法比《营造法式》中的规定简单，直棂是正方棂，不是用正方棂对角破开的破子棂。上下榫直接安在"额"与腰串的正中。这种做法显然是不糊纸或绢的窗。

二十三、其他佛寺

（一）太谷无边寺

无边寺位于太谷区西南隅，俗称白塔寺。此寺创建于西晋泰始八年（272年），北宋治平年间重修，元祐五年（1090年）续修，现存以宋代建筑为多。寺院坐北朝南，平面呈长方形，占地面积3500平方米。前后三进院落，规模完整，布局严谨。中轴线上，山门与戏台连为一体，上为戏台，下为山门。寺内正中是四明亭，亭四周开阔，面阔进深各三间，雕刻华丽，出檐深远。寺中最著名的是白塔。塔平面呈八角形，七层，50米高，每层均有出檐和平坐，檐座下面都有砖雕斗栱。各层栱券门洞都和檐外相通，并雕有假门窗。塔内第一层为一个小方室，有磴道可上。二层以上塔心中空，有木楼梯板，供人攀登。塔顶有尊胜石幢，气势壮观。白塔为北宋元祐五年续修无边寺时所建，标志着唐塔中空到宋塔实心的过渡。

（二）忻州惠济寺

惠济寺位于原平市东10千米处，创建于唐，重建于宋。惠济寺坐北朝南，由文殊殿、南殿、东西配殿、钟楼组成。除南殿于清康熙年间重建外，其余均为宋代建筑。现存主殿是文殊殿，为宋代重建，殿内尚留唐柱两根。此殿面阔五间，进深三间，前有廊子及砖铺月台。四面均有斗栱，补间铺作各一朵。斗栱外拽为五铺作双下昂，里拽为三抄六铺作。柱头斗栱后尾延伸，置于顺梁下。殿内两柱上悬挂对联一副：宝殿巍峨已接三清法界，天香缥缈如游九府神宫。

殿内彩塑有文殊菩萨一尊，身体健美；侍女二尊，姿态婀娜；天王二尊，威武刚健。

殿内壁角有一曹姑坐化像，外部为泥塑，内确有人骨。据传此寺重建时，曹姑以汲水为布施，每天清晨汲水一缸，以供建寺之用。竣工后曹氏坐化，因此泥塑其身以兹纪念。

二十四、宋、辽、金砖石塔

（一）塔的形成

北宋和辽、金时期，佛教以禅宗为最盛，在全国各地建筑禅宗寺院。寺院平面布局标准，一部分寺院修建了佛塔，其中八角形楼阁式塔比较独特。

宋代塔的平面以八角形十三层为最多，出现将楼梯、楼层、外壁结合于一体的构造形式。砖塔模仿木结构的形式，重视塔的整体造型，塔身内部空间以塔层相隔，并有阶梯攀登到顶层。

辽代寺院修建佛塔，式样大体相仿。一般都是密檐式的实心塔，形体高大，基座和第一层塔身都施用很细致的雕刻。自第二层以上均为密檐式，也有一部分辽塔为楼阁式。

金代在中原占领广大地区，熙宁以后宋、金之间基本上处于南北对峙的局面。山西南部受战争破坏最少，成为当时北方佛教文化的中心。

金自海陵王以后的在位者亦崇信佛教，砖石塔得以空前发展。金人在晋南建塔按宋代制度，在晋北建塔为辽密檐塔，金代接受了宋、辽两个时期的建筑式样。

图7-4-24-1　太原蒙山开化寺舍利塔

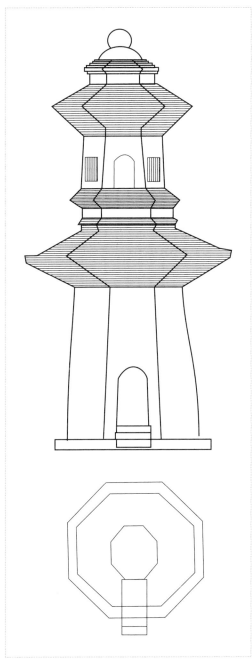

图7-4-24-2 交城玄中寺秋云塔

1. 楼阁式塔是宋代塔的特征

山西宋塔，继承唐代砖塔的遗制，在造型方面发展到一个新的高度。宋代禅宗寺院盛行，平面布局趋于固定式样。一寺一塔，或于一寺建造双塔。双塔是宋代最为盛行的，平定天宁寺双塔可谓代表。

唐代楼阁式塔平面为方形，到宋代楼阁式塔平面改为八角形，这从结构上和造型上，都是一个较大的改变和进步。由方形改为八角形，是因为它是高屋建筑，八角形平面比方形平面更稳定；从塔的意义来分析，追求这种形式，更接近窣屠婆的原型。在楼阁形式的影响下，八角形楼阁式塔在宋代大量建造。楼阁式塔一般为单层至十三层，其中七层至十三层为最多。单层的都是墓塔，两层的也有墓塔。

整个塔身由砖砌出外壁，塔内中空。一般从第二层以上直达最上层，各层间仅用木楼板相隔，不设塔心柱，各层用木梯以通上下。这种结构上下无防火，因此现存所见宋塔楼板已全部被烧毁。砖塔都成为"空筒"。山西宋代楼阁式砖塔以空筒塔为主；有一部分大塔做"壁内折上"式。

按宋塔做"空筒"结构，这是沿袭魏、唐遗风。后来，"壁内折上"式（即内壁叠涩对接成为栱形，每层下栱上平）结构逐渐增多，成为宋代砖塔结构的主流。

山西宋代楼阁式砖塔，因为受唐代楼阁式砖塔不施基座的影响，大部分也不设基座，自地面直砌塔身。唐代砖塔柱额表现十分明显，到宋代砖塔仅仅出现普柏枋，塔身不模仿柱额，这是山西宋代砖塔普遍的风格。山西砖塔檐部斗栱制度更为简单，一般多在全塔之下半部或者在第一、二层檐子施斗栱，最常用的为单抄华栱及双抄重栱，最多的做三抄，各跳华栱均无横栱，有横栱仅在砖面上隐刻出来。个别的塔，还做出简单的批竹昂。

宋塔各层平坐常用斗栱支承，这也是盛唐以来流行的制度，也有一些塔在第一层和第二层檐上做斗栱，给人们以造型精巧的感觉。以上各层檐的斗栱做了简化。

塔身腰檐都是一层一檐制度，不做重檐。除下部几层檐尽量模仿木构建筑形制外，以上各部分叠涩出檐。

宋塔塔身几乎都有平坐。主要原因是宋代楼阁式塔多，而且更接近于木构楼阁式样。因此，在楼阁式砖塔上大量使用平坐，以便登临，成为宋代砖塔的主要特点。

塔门，根据位置不同而做出真假券门，不像南方宋塔开古圭门之制。凡有门处装双扇版门，门钉、门簪、铺首都仿照宋代常用的形制。在第一、二层的另几面还刻假窗，窗式采用直棂窗。门窗总在一条直线上，成为一种普遍手法。但是这样处理的结果是，年代久远后塔身会开裂，因而塔之寿命不长，这不能不说是一个重大的缺陷。

山西宋代石塔数量较少，存留到今天的规模都是较小的。例如，沁水南大村舍利塔采取幢式，其座与顶部有细致的雕刻。

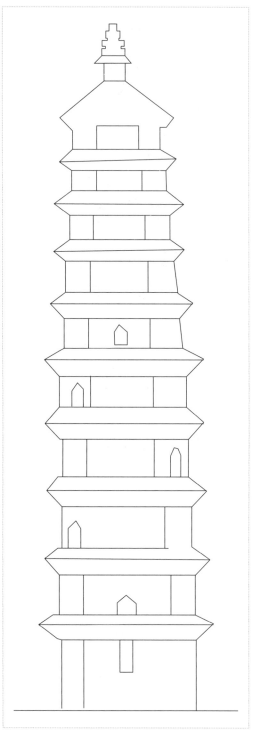

图7-4-24-3　阳城龙泉寺宋塔

（二）辽代密檐砖塔

辽代崇信佛教，因此在佛教寺院内，佛塔也很多。在山西应县有佛宫寺释迦木塔一座，砖

图7-4-24-4　曲沃感应寺塔 　　　　　　　　　　　　图7-4-24-5　曲沃感应寺塔局部

图7-4-24-6　太谷无边寺白塔 　　　　　　　　　　　图7-4-24-7　太谷无边寺白塔细部

塔以觉山寺塔为代表。从觉山寺塔的形制与结构来看，与辽宁、内蒙古、河北等地的辽代砖塔形制是相同的。辽塔平面一般为八角形，高十三层。基座形制有规律，一般是基座与须弥座相叠，或者重叠两个基座。在座腰部分，用腰柱分间，柱用力士及兽面承担，腰间施壸门以及佛像狮子、飞天，上枭、下枭部分有仰覆莲。基座上施斗栱和平坐，平坐的栏杆及栏板上都施繁复的雕刻。在栏杆上又施大型仰莲瓣，这几部分结合起来形成塔的座身。

塔身部分转角各有圆形倚柱，上承阑额与平板枋。塔门为对开式的球纹门扇；开直棂窗，犹如宋制。辽代砖塔在第一层塔檐施用的斗栱，比唐、宋砖塔上的斗栱复杂得多。柱头与补间铺作各施一朵，常常出现45°斜栱。自第二层以上将塔身高度缩短，重重塔檐相接而出现密檐式。

辽塔出现密檐式之原因，是因为塔之内部做实心体，而无大型塔室，如果塔身不能开真窗，做了假窗也无意义；如做浮雕，不能登临欣赏，墙面不易处理，所以做出多层出檐的形式。密檐塔第一层塔身与人们活动范围相近，故大量施浮雕作为装饰。塔基座及第一层塔身大量施用浮雕，以增强观赏效果。

塔刹施用铁刹是有规定的。塔刹由基座、山花蕉叶、覆钵、相轮、圆光（水烟）宝盖等组合而成。辽代砖塔做铁刹非常普遍，实例很多，这也是辽塔的主要标志之一。

辽代密檐塔受唐宋大量建造楼阁式塔的影响。辽塔与唐宋塔基本相同，不同之处是45°斜栱。辽代密檐塔的产生，除宗教原因外，还由于北方（长城以北）气候寒冷，做楼阁式塔意义不大，每年登塔时间很少，故吸取楼阁式塔的经验，创造性地建立实心密檐塔以适应地方环境特点。

（三）大同禅房寺砖塔

禅房寺位于山西大同市西南30千米。

志书记载，禅房寺始创于唐天宝年间，于辽修葺，并建有砖塔，至迟到清道光年间禅房寺"已圮废"，仅存砖塔。

砖塔平面为实心八角，密檐七层，残高11.7米，塔刹塌落。其下

图7-4-24-8 禅房寺辽代砖塔

图7-4-24-9 禅房寺砖塔西立面图

为条石垒砌的高大塔座，高355厘米。塔座以上均采用6厘米×16厘米×32厘米的条砖仿木结构垒砌而成。

1.塔座及一层塔身

塔座为须弥座式，采用宽30～40厘米、高20～30厘米的条石围砌而成，其底边边长为119厘米。中间为杂石堆砌，石间缝隙以沙泥填充。条石上部左右两边凿卯，中间用木质榫联结加固，大部分木榫均已糟朽。束腰之下为一层覆莲，每边十二瓣。束腰部位每面饰两种花卉，共计十六种，中设圆柱为界。八角雕有力士，均已残损；仰莲瓣上雕有坐佛，共计六十六尊（其中一尊破损）。每面仰莲上壶门之内雕有坐佛或立佛三尊，高26厘米，共计二十四尊。壶门之上有四层仰覆莲。

须弥座之上的塔身改用条砖仿木结构垒砌成斗栱与椽檐翼角，翼角无平出或生起。一层塔身边长为158厘米。由于多年风化，塔基四周全部裸露。

2.二至四层塔身

塔之二层东南西北正面均设置半开启的线刻格扇假门，四隅设直棂窗，边长为152厘米。塔之三四层各立面均设置火焰门，规格一致。其边长分别为144厘米和136厘米。

3.五至七层塔身

五至七层各面均为条砖垒砌的墙体，无门窗设置。各层破损严重，塔刹不存。其中五至七层塔身边长分别为127厘米、119厘米和113厘米。

4.斗栱与檐出

全塔斗栱按其所在位置可分为补间铺作与

图7-4-24-10 禅房寺砖塔底层

图7-4-24-11 禅房寺砖塔底层立面图

转角铺作，共计八种，均为仿木结构条砖砍磨制成。

除一层檐补间铺作为"一斗三升"状外，各层檐下铺作均为四铺作。由于六、七层檐的边长远小于下面各层边长，故其转角铺作无斜栱。如下表：

表 7-14　禅房寺砖塔斗栱尺寸表（厘米）

斗	上宽	下宽	上深	下深	耳	平	欹	栱	高	宽	长	平出	上留
栌头	30	11	12.5	10	0	8	4	华栱	16	6	10	6	7
散头	16	11	12.5	10	0	3	9	45° 斜栱	16	6	8	6	7

一、三、四、五、六、七层檐的椽出均为 14 厘米，总檐出为 22 厘米；二层檐的椽出为 15 厘米，飞出为 7 厘米，总檐出为 22 厘米。各层塔身无收分，上层塔体相对下层塔体向内回收 10 厘米。

5. 禅房寺辽代砖塔的建筑特色

辽代密檐砖塔的特征是雕饰华丽的须弥座，且第一层塔身甚高。各面都有砖雕的门窗及佛像、狮子、莲花、飞天等其他装饰。塔身密檐层层相接。各层檐下都有砖砌的斗栱。

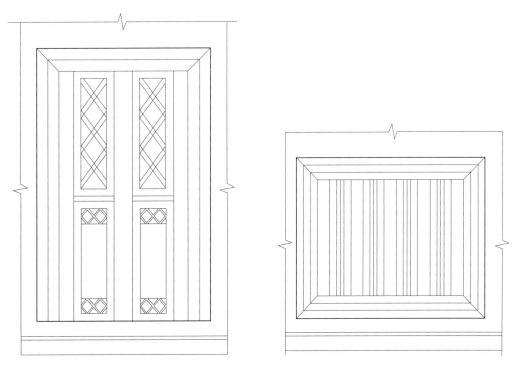

图7-4-24-12　禅房寺辽代砖塔门窗

禅房寺砖塔采用辽代密檐塔类建筑的主要形式，即平面八角，砖石砌体密檐结构。

这一时期的密檐塔，其檐部的形式为两种：一种为檐部由仿木砖砌的斗栱、椽、飞挑起，另一种为叠涩收分，层层挑出。禅房寺塔的檐部采用了仿木飞檐。

辽代密檐塔的另一特点是：塔座、第一层塔身很高，高度之和为全塔总高的 1/4 ~ 1/1.5。禅房寺的塔座与首层塔身高度之和为总高的1/3。

（四）灵丘觉山寺砖塔

觉山寺位于今山西省灵丘县城东南 14 千米处的笔架山西侧。觉山寺依山就势，坐北朝南，全寺现有建筑分三条轴线。中轴线上由南向北依次为山门、钟鼓楼、天王殿、韦陀殿、大雄宝殿；东侧轴线上依次为魁星楼、碑亭、金刚殿、梆楼、点楼、弥勒殿；西侧轴线上依次为文昌阁、辽代砖塔、罗汉殿、藏经楼、贵真殿。

1. 觉山寺的历史沿革

寺内辽重熙七年（1038 年）的《重修觉山寺碑记》中记载："……魏太和七年二月二十八日，孝文帝姿善歧巎……思答母恩，乃于灵邑之东南，溪行逶迤二十里，有山曰觉山，岩壑幽胜，辟寺一区，赐额觉山寺……至辽大安五年八月二十八日，适镇国大王行猎，经此见寺宇摧毁，还朝日奏请皇帝道宗旨敕下重修革故鼎新……"又清康熙二十三年（1684 年）《灵邱邑志》中《再修觉山寺记》记载："云中灵，古成州地也，邑治东南二十里许，山岳典时。溏水环绕，中有古刹曰觉山，考诸往帙，创自北魏孝文帝太和七年，帝都平城，广建寺塔。时巡行方外经灵抵觉山，

图7-4-24-13　觉山寺砖塔全貌

揽其形胜，遂创立梵宇，飞楼回出，危塔凭凌，四方……传及辽大安六年，镇国大王因射猎过此，遂请之。上发内帑敕立提点，重辉梵刹，大兴旧时巍峨，据一方之胜……"

据此可知，觉山寺创建于北魏太和七年（483年），辽大安五或六年（1089或1090年）重建。现存砖塔即为辽所建，距今九百余年。

2. 觉山寺砖塔现状

觉山寺砖塔为平面八角、密檐十三层实心塔。砖塔总高44.23米，塔基底边边长6.2米，全塔由塔基、塔身、塔刹三部分组成。

（1）塔基

塔基由须弥座、平坐、仰莲三部分组成。须弥座平面呈八角形，总高3.58米。下束腰每面壶门3个，兽面5个，八角为力士。壶门两侧各立一侍女或飞天，壶门之上为二龙戏珠的砖雕；壶门之间立一圆柱，其上雕成力士，上坐斗栱。

平坐位于须弥座之上，平面亦为八角形，高为1.27米。蜀柱按斗栱位置分为三间，其华板上刻有十字纹、几何纹。平坐之转角斗栱下除雕有力士外，两侧各立盘龙柱一个。

仰莲位于平坐之上，平面亦为八角形，总高1.43米。仰莲分三层，一、三层为四瓣，二层为三瓣。

（2）塔身

塔身共分两部分：一层塔身与十三层密檐。

一层塔身平面呈八角，角上设圆倚柱，其内部结构为塔心柱式。底边边长为3.8米，柱头处边长为3.73米。塔心柱平面亦为八角，每边边长为1.45米。东、南、西、北面辟门，东、

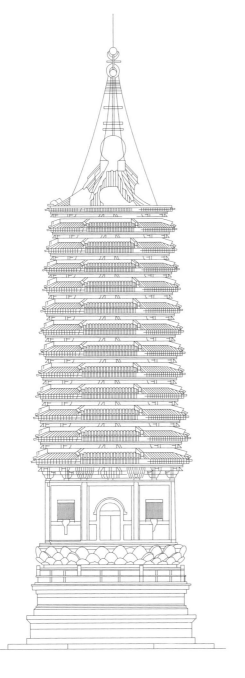

图7-4-24-14　觉山寺砖塔正面图

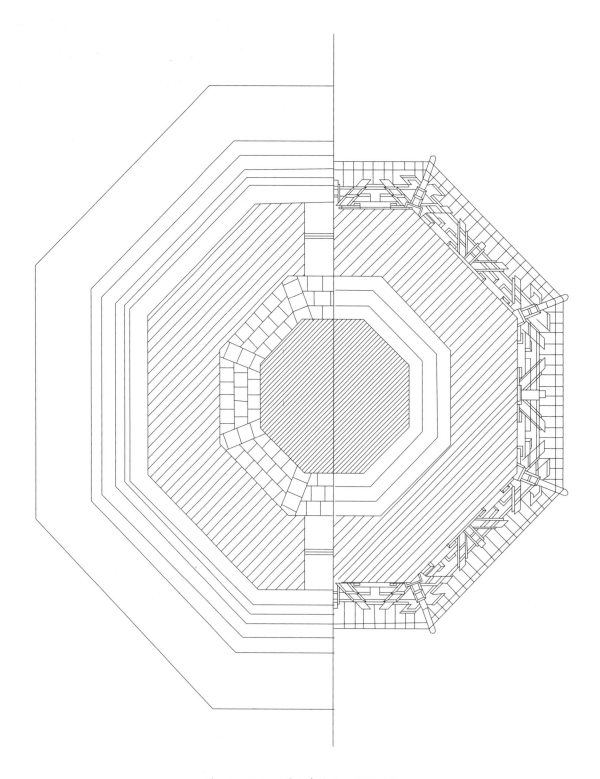

图7-4-24-15 觉山寺砖塔一层平面图

西两面为砖雕格扇假门；南、北两面为版门，但已非辽代原物，为后人修补的简易版门。其余四面均为砖雕假直棂窗。

十三层密檐。除一层檐为木制椽飞外，其余十二层均为木椽、砖飞。二层以上塔身身高均为28厘米。每层塔身边长以7厘米为常数，逐层递减。十三层的椽出、飞出亦为常数，分别为79厘米和22厘米，故整体轮廓线较为平直。十三层密檐大部分保存完整。

（3）塔刹

塔刹为覆钵塔式，现仅存圆形覆钵、相轮七层、圆光、宝盖、仰月、宝珠及刹杆。

（4）斗栱

斗栱按其位置可分为平坐斗栱、一层檐斗栱、二至十三层檐斗栱、塔心室内檐斗栱和塔心柱上斗栱，共计10种。

除二至十三层檐的补间与转角铺作为斗口跳式样，且出45°斜栱外，其余各层均为五铺作。全塔外檐斗栱：材宽与材高均为16厘米。塔心室内斗栱：材宽为11厘米；材高为8厘米。

辽代砖塔几乎完全承袭了嵩岳寺塔——小雁塔式的密檐塔型，多为平面八角、实心的密檐塔，一般不能登临，只能供人参拜。辽代砖塔一大特征是须弥座雕饰华丽，第一层塔身甚高，各面都有砖雕的门窗、佛像、狮子、莲花、飞天等。一层塔身以上的密檐层层相接，几乎看不到塔身。各层檐下都有砖砌的斗栱，密檐层数均为单数。北京天宁寺塔，山西灵丘觉山寺塔，辽宁朝阳凤凰山大塔，内蒙古林东上京南塔等都是这一时期的重要作品。

觉山寺辽代砖塔所采用的建筑结构是辽代

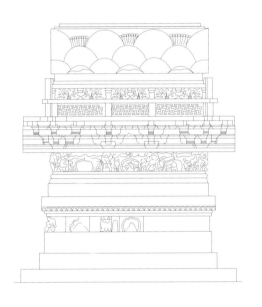

图7-4-24-16　觉山寺塔塔基南立面图

塔类建筑最广泛采用的形式：平面八角，砖石实心砌体，密檐结构（仅辽宁朝阳凤凰山云接寺塔一例为正方形平面）。

觉山寺塔的外轮廓线较为平直。这一造型的产生主要取决于其每层檐头的连接线，即由每层层高的变化与每层边长和檐出的变化来决定。觉山寺塔每层收分、檐出为一常数，每层高度亦为一常数，故其外轮廓线较为平直。这是辽代密檐塔的又一特征。

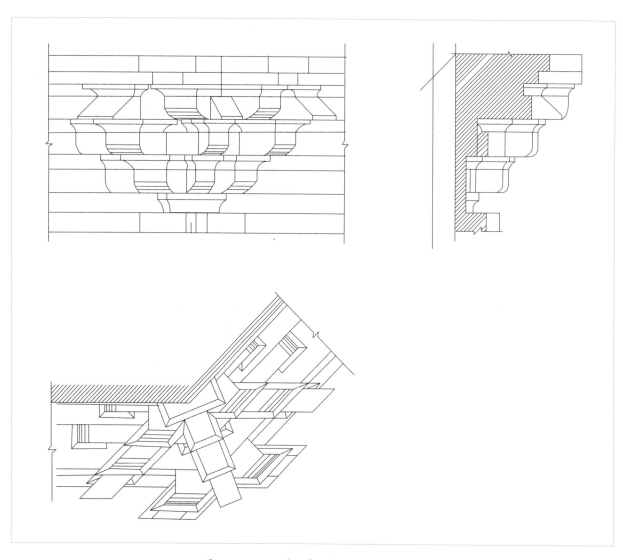

图7-4-24-17　觉山寺砖塔一层檐转角斗栱

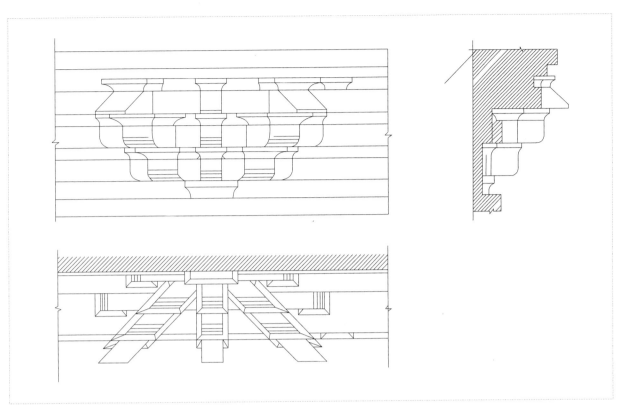

图7-4-24-18 觉山寺砖塔一层檐补间斗栱

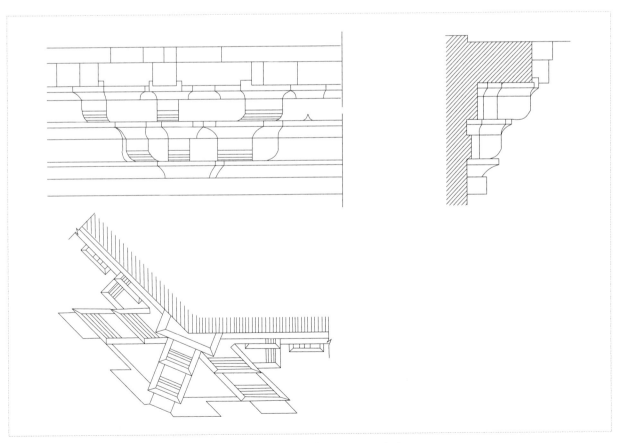

图7-4-24-19 觉山寺砖塔平坐转角斗栱

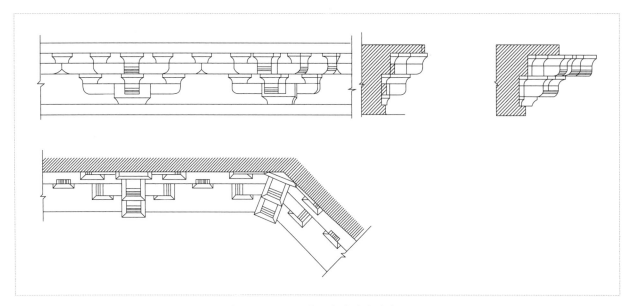

图7-4-24-20　觉山寺砖塔内檐斗栱

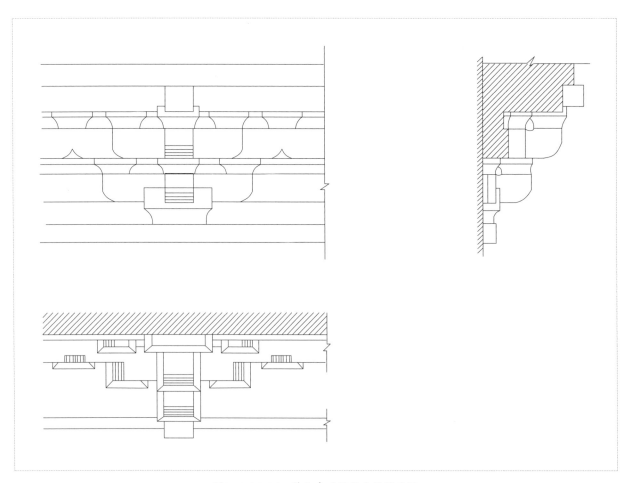

图7-4-24-21　觉山寺砖塔平坐补间斗栱

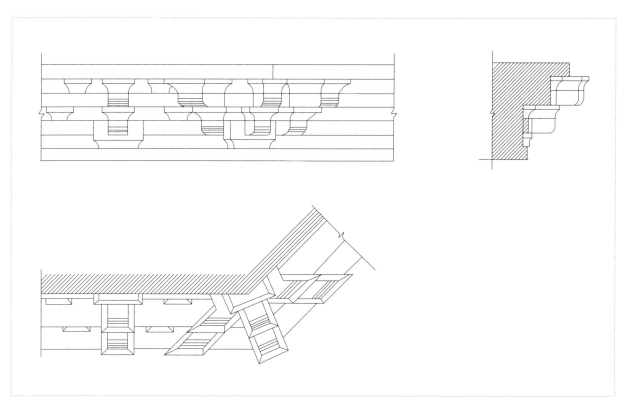

图7-4-24-22　觉山寺砖塔塔心柱斗栱

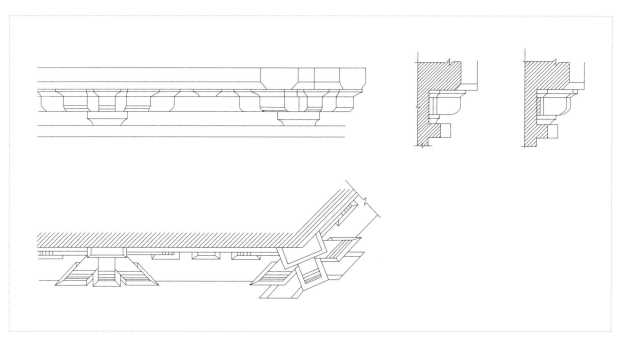

图7-4-24-23　觉山寺砖塔二至十三层檐斗栱

（五）金代砖石塔

金代在山西佛寺很多，但是塔的数量不多，现在除两处大型砖塔外，只保留下一些小型墓塔。

金人南来以后沿袭宋、辽制度。砖塔之形式制度，从上到下都模仿宋、辽砖塔式样。

山西南半部地区多八角形楼阁式塔。因此，金代造塔也模仿宋代的八角楼阁式塔之式样，从慈相寺砖塔可以看出是模仿太谷无边寺白塔式样。各层安装木楼板，每层都有一个塔室，塔身以及塔檐门窗甚至塔之轮廓线等都和宋塔接近。

斗栱之平坐施替木、鸳鸯交首栱，转角铺作出 45° 斜栱，栱眼壁之雕花手法与辽上京南塔相似。塔身上之腰串、立颊、券门、门簪、破子棂窗，也和宋辽塔式样相仿。特别是北门左扇浮雕之"妇人半掩门"为宋、金砖石建筑上门扇间最盛行的雕刻题材，在宋幢、宋塔上时常见到。檐部斗栱，塔心内上覆穹窿顶。

塔身砌立斗砖；斗栱用材较大，第一层塔檐以上为急陡直线，是金塔特征。

此外，在唐石塔的影响下，金代石塔数量也很多。幢式塔主要取形于经塔，经过新的创意将经幢上的伞盖去掉，增加八角形之檐顶，如妙行大师塔就是一个由经塔变化而来的塔。基座由方形和八角形相结合。塔身也做八角形，塔身瘦高，雕刻妙行大师生平。塔顶由半开莲、立莲、宝珠组成。金代这种形式之塔在北方各地比较普遍，它本身即是一种用石构件堆砌起来的塔。

（六）慈相寺无名大师灵塔

无名大师灵塔是慈相寺在金天会年间重建时的原物。高为 48.2 米。八角、九层楼阁式。建在高 130 厘米的八角台基上。台基周围垒有夯土墙，墙高 150 厘米，墙厚 75 厘米，台基边长 1350 厘米。

塔室成呈八角形，内径 330 厘米。四周墙上部为仿木结构斗栱。斗栱之上自下而上叠涩内收，顶端留八角叠涩天井通二层。在塔室西墙辟有券门。用十六步踏道，在厚壁内折上，环绕半周登二层。二层内径 513 厘米，高 316 厘米。二层以上各层内部结构改为厚壁空筒式，

图7-4-24-24 平遥冀郭村慈相寺砖塔

图7-4-24-25 平遥冀郭村慈相寺砖塔檐部

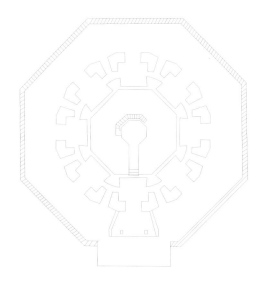

图7-4-24-26 无名大师灵塔平面图

安装木过梁、木楼板、木楼梯，因年久失修或人为破坏，楼板、楼梯大部损坏，已不能攀登。

塔身外形轮廓柔和挺拔，每层高度自下而上逐层递减。出檐与平坐均采用叠涩和反叠涩的制作方法，出檐为八层叠涩，平坐为六层叠涩。第一层塔檐与平坐都已全部毁坏。第二层塔身四面做成假窗。檐部设有普柏枋，上置转角斗栱一朵，补间斗栱三朵。单抄双下昂。昂做批竹式。瓜子栱为鸳鸯交首栱。第三、四、五层塔檐补间斗栱减为二朵。第六、七层又减为一朵。第八、九层为素面，无斗栱。各层塔身越高越短，斗栱越高越简。从第三层开始，每层塔身分别在东、西、南、北四个方向开砖券真窗洞或假窗洞。塔顶安置一周仰莲瓣，莲瓣中托覆钵，覆钵上置宝珠。

在塔内三层以上，露出底层墙皮上绘制的早期千佛壁画，虽已不清楚，但从特点看，应和塔同期。

从宋末到金天会年间，只有十几年的时间，在这短短的时期内，一个朝代不可能建立一套独特、完整的建筑制度。将无名大师灵塔的建筑形式、制度和宋代造塔形式、制度相比较，可以看出金、宋两代形制接近。特别是和距离无名大师灵塔建成时间较近的宋建无边寺白塔相比较，更能证实这一点。两处塔不论是在外形轮廓和建筑规制，还是在内部结构和细部手法上都比较接近。可以说明，无名大师灵塔是在金代模仿宋塔的实例。

（七）宋、辽、金时期的砖石塔与唐代砖塔不同

首先，宋代砖塔由平面方形楼阁式塔改成八角形楼阁式塔，内部结构由空筒改为塔梯、塔室和外壁结合在一起，增强了塔体的坚固性。宋代这一变化，使塔之造型复杂了，塔心内部扩大了，真正达到楼阁的要求。模仿木结构时更加细致，如斗栱种类增多了，出现批竹帛式耍头以及异形栱……虽然用砖雕制，但形象生动。

辽塔虽然模仿宋制，但由于不考虑登塔而做成实心塔，因此塔身缩得很小，成为密檐相接。大量建造高层密檐塔，是从辽代开始的。

金代在山西建塔虽然较多，但都是模仿唐、宋、辽三个时期的式样，如方形楼阁式塔、八角形楼阁式塔、八角形密檐塔等。

表7-15 金代砖石塔分析表

地址	塔名	形式	平面	层数	年代	塔砖尺寸（厘米）
陵川	三圣瑞现塔	密檐式	方形	十三层	大定七年	
平遥	慈相寺砖塔	楼阁式	八角形	十三层	明昌三年	33.5×5.5×16
交城	玄中寺墓塔(一)				泰和七年	
	玄中寺墓塔(二)				泰和年间	
	钊公法师塔(三)	仿楼阁式	六角形	二层	泰和六年	
寿阳	兴福寺李公墓塔	幢式塔	六角形	二层	大定癸卯	
阳曲	广化院妙行大师塔	幢式塔	八角形	三层	贞元二年	
五台	佛光寺杲公唯识戒师和尚预修之塔	仿楼阁式	六角形	单层	泰和五年	
浑源	圆觉寺塔	密檐式平坐施斗栱	八角形	九层	天会之后	42×16×7
原平	灵泉寺灵牙塔		八角形	五层	泰和五年	38×20×9
原平	崇福院石墓塔		八角形		泰和四年	
灵丘	觉山寺砖塔	仿楼阁式	方形	三层	金	

第八章

宋辽金建筑结构体系

第一节　宋代建筑的特点

一、城市的发展

随着宋代工农业生产的发展，商业贸易活动频繁。在宋代的城市，一些地方性的府、州发展成当地的经济中心，引起了城市建置结构的变化，冲破了里坊制的束缚。坊巷制代替了里坊制，坊墙被推倒，城市空间发生了巨大变化，街巷中布满了商业店铺，驿站、客馆以及各种商业服务建筑，如堆房、仓库占据着城市的水陆交通要道及周围的地段，在繁华的市井之中出现了市民游艺场所——瓦市。

二、建筑群与个体建筑的多样化

建筑群组合有了变化，既有单一轴线贯穿的建筑群，又有多条轴线并列的建筑群，还有以十字形轴线组成的建筑群。建筑平面既有十字、工字、凸字、凹字、曲尺、圆弧、圆形、一字等多种单体形式，又有在复杂的组合平面之上，以多个高低错落的屋顶互相穿插，覆于其上的群体形式，如黄鹤楼、滕王阁，其造型之绚丽多姿超过前朝。

三、建筑风格追求细部刻画

随着社会生产力的提高，对物质生活、社会文化生活有了新的要求，这种心理的变化，对于造型艺术具有相当大的影响。它直接地影响到建筑艺术风格，使之发生了重要的转变，一反唐代单纯追求豪迈气魄但缺少细部的遗憾，而着力于建筑细部的刻画、推敲，使建筑走向工巧、精致。

四、建筑布局多样化

建筑群体布局丰富，群组中建筑高低起伏，错落有致，丰富多彩。

重视环境协调。通过对前导空间的处理，将寺院建筑群组与周围环境融为一体。

五、建筑技术

（一）斗栱

斗栱是木构架建筑特有的结构构件，由方形的斗、升和矩形的栱、斜的昂组成。斗栱设置是封建社会森严等级制度的象征。

斗栱一般使用在高级的官式建筑中，大体可分为外檐斗栱和内檐斗栱两类。具体又分为柱头斗栱、柱间斗栱、转角斗栱及平坐斗栱等。斗栱从古至今由大而小，由简而繁，由雄壮而纤巧，由结构性转变为表现性。

斗栱发展到宋代已到极致，转角铺作已经完善，补间铺作和柱头铺作的尺度和形式已经统一。宋代建筑梁栿的标准做法是，将梁头削薄加工成斗栱的一部分，使梁头部分大大削弱，与组成斗栱的其他构件组合在一起，再由这组完整的斗栱承托槫和撩檐枋，以支撑挑出的屋檐。

（二）栿

梁按其在构架中的部位，可分为单步梁、双步梁（宋称乳栿）、三架梁（平梁）、五架梁（四椽栿）、七架梁（六椽栿）、顺梁、扒梁、角梁（阳马）等。宋梁栿的名称是按它所承的椽数来定的。梁架用材从现代力学的角度看是合理的。宋《营造法式》中规定木梁的高宽比为 3∶2，与现代用木梁最经济合理的比例一致，"叉手""托脚"构成三角形结构不变体系，加强了结构整体性。

（三）柱

柱整体分为外柱和内柱两种，按结构所处位置可分为檐柱、金柱、中柱、山柱、童柱等。宋代建筑中以圆柱为最多。《营造法式》中有梭柱做法，将柱身依高度等分为三，上段有收杀，中、下二段平直。

宋、辽建筑的檐柱由当心间向两端升高，檐口呈一缓和曲线，这在《营造法式》中称为"生起"。为了使建筑有较好的稳定性，宋代建筑规定外檐柱在前后檐内倾斜柱高的10/1000，在两山向内倾斜8/1000，而角柱则两个方向都有倾斜，这种做法称为"侧脚"。此类做法，对卯榫能起到较好的结合作用。

（四）阑额

额枋是柱上端联络与承重的构件。有时两根叠用，上面宋称阑额，下面宋称由额。二者间有额垫板，使用于内柱间的叫内额，位于柱脚处的称地栿。其断面比例，宋、辽阑额为3：2，出头有出锋或近似后代霸王拳的式样。明、清额枋断面近于1：1，出头大多用霸王拳。

宋称绰幕枋是位于阑额之上、承托斗栱的构件，宋、辽使用渐多。开始的断面形状和阑额一样。

（五）举折

举是屋架的高度，常以建筑的进深和屋面的材料而定。计算顺序由下而上，指木构架相邻两中心线的垂直距离（举高）除以对应步架长度所得的系数。清代建筑常用举架有五举、六五举、七五举、九举，表示举高与步架之比为0.5、0.65、0.75、0.9。宋代建筑在计算屋架举高时，是由上而下的。由于各檩升高的幅度不一致，所以求得的屋面断面坡度不是一根直线，而是由若干折线组成的，这就是"折"。宋代举折做法，以《营造法式》殿阁举折为例，根据前后撩檐枋心间长度取其1/3定屋架举高，再"以举高尺丈，每尺折一寸。每架自上递减半为法……"这个曲线由上而下推定，越往下越缓。

（六）屋顶做法

屋顶曲线包括建筑的檐口、屋脊和屋面的曲线，共同形成中国建筑屋顶优美的轮廓线。宋代建筑除了有檐口曲线明显、屋面曲线较平缓的特点外，由于其屋面在末跨的檩上置生头木，屋面依纵轴方向在两端翘起，与举架形成的横向曲线配合，形成独特的略成双曲面的屋面。

此外，其屋脊曲线因脊檩端置生头木，正脊起翘已脱离了原端脊起翘的功能。

在几千年的历史发展中，经过不断的演变，各个不同历史时期的建筑在平面布局、立面形式、构造方式、建筑风格等诸方面都形成了自己的风格特点。

第二节　《营造法式》

一、《营造法式》的性质

《营造法式》是宋徽宗崇宁二年（1103 年）由官方颁发的一部建筑法规。这部书出版的主要目的是管理建筑过程，制定法式制度，编制定额，限定用料数量。这部书籍与北宋的政治经济形势有着直接的关系。王安石变法成为编制《营造法式》的动机。

1. 北宋建筑行业的形势

将建筑业作为官方控制的手工业，专门从事皇家建筑工程活动由来已久，相应地便产生了一套管理机构。随着手工业的发展，这套管理机构日益庞大。例如，在汉代设将作少府，掌修宗庙、路寝、宫室、陵园等皇家所属土木工程。到了唐代，设将作监，其下再设四署，左校管理梓匠，右校管理土工，中校管理舟车，甄官管理石工、陶工。

其中东西八作司又领有以下八作：泥作、赤白作、桐油作、石作、瓦作、竹作、砖作、井作。

据《宋会要辑稿》载，与土木工程有关者共二十一作：大木作、锯匠作、小木作、皮作、大炉作、小炉作、麻作、石作、砖作、泥作、井作、赤白作、桶作、瓦作、竹作、猛火油作、钉铰作、火药作、金火作、青窑作、窑子作等。

在宋代，工匠地位有所提高。官府所需工匠不再靠征调徭役，而是通过招募、给酬的方式来完成，于是对雇工制定了"能倍工，即偿之，优给其值"的政策。劳作工匠可依技艺的巧拙，年历的深浅，取得不同的雇值，这样便刺激了劳动者的积极性。随着工匠世代相传之经验做法不断提高，技术更纯熟，因此沈括在《梦溪笔谈》中称"旧《木经》多不用……"这说明即使像著名工匠喻皓所掌握的《木经》，到了北宋末已觉得不适用了。在官手工业得到发展之后，需要有一套新的定额标准来满足工程管理的需要，这种社会需求正是《营造法式》产生的物质基础。

2. 需要建筑形制的梳理和施工工料的控制

北宋开国后大兴土木，有的建筑规模很大。在这样大规模的建设活动中，如果没有一套完善的管理制度，就无法确定雇佣工资，也会影响工程质量。至神宗时期，王安石变法，提出"凡一岁用度及郊祀大事，皆编著定式"，以完善管理制度。熙宁五年（1072 年）令将作监编制一套"营造法式"。过了将近二十年，于元祐六年（1091 年）才完成，但是这部"元祐法式只是料状，别无变造用材制度，其间工料太宽，关防无术"，"徒为空文，难以行用"。由于元祐法式未能解决严格管理的问题，所以在哲宗绍圣四年（1097 年）皇帝又下圣旨，命李诫重新编修。李诫于元符三年（1100 年）完成，并于崇宁二年（1103 年）出版，海行全国。

二、《营造法式》的主要内容

《营造法式》（以下简称《法式》）由"总释、总例""诸作制度""诸作功限""诸作料例"及"各作图样"等五个部分组成，共计三十四卷。在这三十四卷之前，还有一卷"看详"，阐明建筑行业的规矩，并且针对"方俗语滞""讹谬相传"所造成的建筑构件一物多名的情况，定出统一的称谓。同时还说明了《法式》编写的特点。现将其中四个部分的内容简要介绍。

1. 诸作制度

所谓"诸作制度"是指建筑行业各工种的制作要求，例如关于木工工种的有大木作、小木作、锯作等方面的制度，关于石工工种则有石作制度。

《法式》用了十三卷的篇幅编写出木、竹、瓦、石、泥、窑、砖、雕、彩绘等不同工种的制度，每种工种的制度包括建筑设计原则、细部尺寸、建筑构造做法、技术操作规程，以及建筑材料的特性等。

2. 诸作功限

《法式》自卷十六至卷二十五，以十卷的篇幅列出各工种的用功定额，即有以下几类：

总杂工：指任何工种均通用的类型，如搬运、掘土、装车等。

供诸作功：主要工种的辅助性工作。供作功在各工种中所占比例：砌砖、结瓦时需有供砖、瓦及灰浆者，供作功与本作功之比为2∶1；大木作钉椽，每一功，供作一功；小木作安卓每一件及三功以上者，每功供作五分功。

各工种用功：是指建筑构件制作、安装、雕饰、描画装染等所用之功。

造作功：使构件成形所需之功，如造覆盆柱础，首先是造素覆盆所需之功。造铺作，首先是将一组铺作中的每个斗和栱的分件加工成形所需之功。

雕镌功：对于需要雕饰的构件，在加工成形之后作进一步加工所需的用功量。

安卓功：石作中称"安砌功"，木作斗栱中称"安勘绞割展拽功"，就是将构件安装就位所需之功。例如将一只长7尺的殿阶螭首，经用40功造作镌凿后，以10功完成安装就位。这时安砌功为造作镌凿功的2.5/10。而铺作，"安勘绞割展拽每一朵，取所用斗栱等造作用十分中加四分"，即为铺作造作功的4/10。由于铺作榫卯复杂，安装铺作的用功量占有相当高的比例，在转角铺作中则占到8/10~10/10。小木作中造作功与安卓功的比例无一定之规，如造一樘乌头门，方22尺者造作功为97.6功，安卓功为10.78功，两者之比为1.1/10。造一樘四斜球纹格子门，造作功40功，安卓功2.5功，两者之比为0.63/10。造一胡梯，高一丈，拽脚长一丈，广三尺，作十二踏，用斗子蜀柱，单钩阑造，造作功17功，安卓功1.5功，两者之比为0.8/10。总的来看，小木作的造作功所占比例超过其他工种。

功限中所列用功量是以等值劳动为基础来计算的，为了求得不同功种、不同劳动条件的"等值"，《法式》详细制定了计功的标准。例如搬运功，"诸于三十里外搬运物一担，往复一功"，依此折算"往复共一里，六十担亦如之"。《法式》还一一定出各种材料的单方重量，同时还定出辅助功的用功量，如担土者需有辅助工掘土搓篮，掘土搓篮用功为330担一功。搬运用船时，距离在60步以外溯流拽船每60担一功，顺流驾放每150担一功，装卸用功在内。

《法式》功限制度除作为定额本身的价值之外，还成为各作制度的补充文献。在功限中，为了计功方便，对有些复杂的部件中所用分件及数量全部列出，如一朵转角铺作中的上百个分件，这对人们理解铺作的构成提供了重要的依据。如石作功限，补充了雕镌制度的使用范围。彩画作功限，提供了各种彩画制度使用于不同屋舍的状况。

3.诸作料例

《法式》卷二十六、二十七共载有石作、大木作、竹作、瓦作、泥作、砖作、窑作、彩画作等八个工种的用料定额，其中还记载了当时使用的材料规格，如木材中较大木方有大料模方、广厚方、长方、松方等，小木方有小松方、常使方、官样方、截头方、材子方、方八方、常使方八方、方八子方等，柱料有朴柱、松柱等，并给出各种木料的使用部位。这反映了当时官营手工业中对建筑材料的管理状况。另一方面，料例中还记载了材料的配比，例如彩画中所用色彩的配制，砌墙所用石灰与麻刀的配比等。

表 8-1　宋代常用木材规格（宋营造尺）

名称	长	广（径）	厚	使用部位
大料模方	80~60	3.5~2.5	2.5~2.0	充 12~8 椽栿
广厚方	60~50	3.0~2.0	2.1~1.8	充 8 椽栿、檐栿、绰幕大檐头
长方	40~30	2.0~1.5	1.5~1.2	充出跳 6~4 椽栿
松方	28~23	2.0~1.4	1.2~0.9	充 4~3 椽栿、大角梁、檐额、压槽枋、高 15 尺以上板门、佛道帐所用斗槽板、压厦板、裹栿板等
小松方	25~22	1.3~1.2	0.9~0.8	
常使方	27~16	1.2~0.8	0.7~0.4	
官样方	20~16	1.2~0.9	0.7~0.4	
截头方	20~18	1.3~1.1	0.9~0.75	
材子方	18~16	1.2~1.0	0.8~0.6	
方八方	15~13	1.1~0.9	0.6~0.4	
常使方八方	15~13	0.8~0.6	0.5~0.4	
方八子方	15~12	0.7~0.5	0.5~0.4	
朴柱	30	径 3.5~2.5		充 5 间 8 架椽以上殿柱
松柱	28~23	径 2.0~1.5		充 7 间 8 架椽以上副阶柱、5~3 间 8~6 架椽殿柱或 7~3 间 8~6 架椽厅堂柱

4.图样

《营造法式》卷二十九至卷三十四，以六卷的篇幅绘制图样218版，产生了中国建筑史上空前完整的一套建筑技术图，其图样类型包括以下若干方面：

测量仪器图共5版，包括望筒、水池景表、水平、水平真尺等测量仪器的轴测图。

石作图样共20版，包括石雕纹样、石构件形制图。

大木作图样共58版，包括构件形制、成组构件形制、建筑物总体或局部图样。

小木作图样共29版，包括常用木装修及特殊木装修的形制及其雕饰纹样图。

雕木作图样共6版，绘有建筑上常用的混作、剔地起突、剔地挖叶、剔地平卷叶、透突平卷叶华版、华盘等图样。

彩画作图样共90版，绘有不同形制的彩画纹样。

三、《营造法式》大木作制度

（一）"法式"大木作"材"的意义

《营造法式》之所以为法式，显而易见按规范才能完成建筑各部件的制作，是按设计图进行的。《营造法式》在大木作制度中首先规定了木结构的模数制的材、分制度，这是建造房屋基本的依据。材、分制度的第一段便阐述了这一思想，即"凡构屋之制，皆以材为祖，材有八等，度屋之大小因而用之"。《营造法式》中的"大木作"主要是指房屋结构部分的木作工程，采用了"分"这个比例形式。在八个等级的用材中，"分"数是相等的，而每分的尺寸是不等的，如一等才宽九寸，厚六寸，而六等材则宽六寸，厚四寸。由此看出，唐宋时期的建筑，从大体量的到小体量的建筑单体存在着形状相似的概念。规定这种材分制度是为了工匠容易记忆和操作方便。宋代是尚"礼"的朝代，建筑形式本身是"礼"的体现，建筑形式和规模要控制在"礼"的形制范围内。这种伦理的形式，需要建筑法规来执行，这应当说是制定《营造法式》的主要目的。《营造法式》中的材料工限只是完成建筑形式的手段。周代，斗栱这种部件已经出现，它已是建筑形制的表现手段。至汉代建筑出檐部位的斗栱表现形式已经十分普遍，斗栱对于提升建筑造型的表现力度远远超出斗栱的结构功能。斗栱这种组件发展到唐代达到了极致。宋代《营造法式》对唐代和宋初期建筑做出了归纳性的总结。《营造法式》的颁布，对后世建筑形制起到了规范性作用。在《营造法式》制定前，山西隋唐或宋初期的建筑，也影响到《营造法式》的制定，《营造法式》基本符合山西唐、五代和宋初期建筑的基本模式。《营造法式》颁布后，对山西的建筑的规范性起到积极的作用。山西宋辽金时代虽然是契丹和女真少数民族统治区，但积极地接受汉文化，在建筑形制上必然以《营造法式》为范本，从山西现存的宋辽金建筑形制上可以看到这一点。

（二）"材"的具体操作

"材"是指木构建筑中栱或枋的断面，它不是一个单方向的尺寸，而是具有两个方向尺寸的一个矩形断面，它的高宽比为15：10，这15或10中的一份在材、分制度中称为一分，有时还可以在15分上加上6分构成高21分、宽10分的一个断面，称之为足材，这6分也有一个专门的名称，叫作栔，栔的宽度为4分。

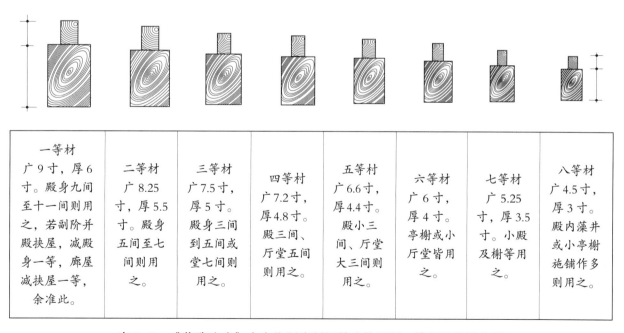

一等材 广9寸，厚6寸。殿身九间至十一间则用之，若副阶并殿挟屋，减殿身一等，廊屋减挟屋一等，余准此。	二等材 广8.25寸，厚5.5寸。殿身五间至七间则用之。	三等材 广7.5寸，厚5寸。殿身三间到五间或堂七间则用之。	四等材 广7.2寸，厚4.8寸。殿三间、厅堂五间则用之。	五等材 广6.6寸，厚4.4寸。殿小三间、厅堂大三间则用之。	六等材 广6寸，厚4寸。亭榭或小厅堂皆用之。	七等材 广5.25寸，厚3.5寸。小殿及榭等用之。	八等材 广4.5寸，厚3寸。殿内藻井或小亭榭施铺作多则用之。

表 8-2　《营造法式》大木作制度制订的建筑用材、等级及使用范围

《营造法式》规定了用一个矩形断面"材"为木构模数，是具有可操作性的。

　　在《营造法式》制度中人们发现，用材、分模数制来衡量的主要结构构件大梁，具有较为科学的断面形式。例如大木作制度中规定四椽草栿广三材，指的是长度在8米左右的一条梁，其断面高度为三材的高度，即相当于45分，断面的宽度也为三个材宽，即相当于30分，于是梁的断面高宽比就是材的断面高宽比，即为3∶2。这样的比例，体现了很重要的力学原理。关于这一点，曾被不止一位科学家所证实。

　　同时还可看到，《营造法式》所推崇的木构体系中，有些构件使用足材来衡量，证明制订这一模数体系的工匠们，企图使这种模数体系包含力学的概念。在大木作制度中使用足材为模数单位的构件主要是华栱、丁头栱。在当时的建筑中，铺作是结构受力的重要组成部分，华栱是铺作中主要的悬挑构件，一条华栱可以看成是一个短的悬臂梁，它比铺作中其他横向的栱受力要大得多，因此断面要加大，但工匠们并不是笼统地放大其断面的高度和宽度，而是仅仅增加断面高度，以提高悬臂梁抵抗弯矩的能力，这样处理体现了结构力学的基本原理。

　　使用斗栱体系的中国木构建筑，以"材"作为栱、枋等构件的截面搭成一朵朵斗栱。它所表现出来的构造规律是材、栔组合；高六分的栔，不仅是足材与单材之差，而且相当于除了栌斗以外，几种小斗的平和歁的高度。在一朵五铺作斗栱中，正心位置有泥道栱、慢栱、柱头枋等构件，同时还夹有两层小斗，共三材两栔。这种材、栔相间的组合，成为铺作各处节点构造的基本格局。在法式制度中，当谈到几材几栔时，如果不特别指明是梁高或柱径、槫径等构件的具体尺寸，笼统地称几材几栔，就意味着几层栱（或枋）与斗相间叠在一起的构造。在《营造法式》卷四"大木作制度"中，阐述某些木构的构造节点时，直接使用几材几栔的文字，例如在说明单栱计心造的构造节点时写道："凡铺作逐跳计心……即每跳上安两材一栔。"同时用小号字注释为"令栱素枋为两材，令栱上斗为一栔"。这里之所以用大小两种型号的字印出，表示一种是制度的正文，一种是注释。还可以理解为制度正文中用大字所写的"每跳上安两材一栔"很可能是当时工匠中广为流传的口诀或专用词汇。又如在说明重栱计心造时，《营造法式》制度的正文以大字标明"即每跳上安三材两栔"，同时也用小字注释为"瓜子栱、慢栱、素方为三材，瓜子栱上斗、慢栱上斗为两栔"。在施工交底时，只要讲明某一节点用几材几栔，也就等于给出了具体的节点构造大样图，对木工行业的工匠来说，在结构的某一位置上用几材几栔，必定是某种构造方式，已是同行之间众所周知的了。

在《营造法式》卷四中的"材分制度"中，当介绍了八等材的大小和使用范围之后，便有一段总结性的文字谈到："凡屋宇之高深，名物之短长，曲直举折之势，规矩绳墨之宜，皆以所用材之分，以为制度焉。"这段话告诉人们，建筑的形状，房屋的高矮，屋顶的曲直以及它的细部构件的大小，都要依据材分制度来确定。房屋结构构件的强度大小和构件构造的节点标准化与材分制的密切关系，在《营造法式》制度的字里行间，明确地表达了出来。材分制度对建筑物的尺度是有所考虑的。这主要表现在所感受的建筑大小，不仅是以绝对尺寸为衡量标准，而且可以根据建筑部位的主次采用不同的材分制度。因此规定同一幢房屋上有时应当使用不同等级的材，即"副阶材分减殿身一等"。如果一幢大殿殿身使用二等材，则副阶用三等材。副阶用材降一级，就意味着副阶是建筑的次要部位，细部构件都要减小。在当时官式建筑中普遍使用斗栱的情况下，斗栱所反映出来的建筑尺度感是有主次的。副阶本来是廊步的发展形势，廊檐是次一等的出檐形式。为此，《营造法式》制度不仅将副阶用材减小，而且将斗栱出跳数也减少。例如在《营造法式》卷三十一中所绘殿侧样中，三种带副阶殿侧样的副阶斗栱均比殿身减少一铺作或两铺作，当殿身用八铺作时，副阶用六铺作；当殿身用七铺作时，副阶用五铺作；当殿身用五铺作时，副阶用四铺作。这样副阶斗栱不仅在绝对尺寸上减少了材的尺寸，而且做法也比殿身简单，使人们在对比中形成对殿身的高大印象。

在八等材中，材分制度明文规定第八等材用于殿内藻井，这也是通过调整材分大小体现建筑尺度的又一例证，八等材只及一等材断面的1/4。使用八等材的藻井，作为大殿室内装饰的构图中心，显得格外精细工巧，与大殿殿身粗壮的结构形成强烈的对比，藻井衬托了殿身的雄伟。

材分制所能确定的建筑尺度问题局限在一定的范围之内，它主要是对斗栱和梁柱的尺寸加以控制。而有些构件，如建筑的窗台、栏杆的高低，门、窗的细部尺寸对建筑物的尺度也有很大影响，而这些构件不属于大木作制度，所以不是用材分制度去衡量。《营造法式》在其他篇章中对它们与建筑尺度的关系做了较为妥帖的处理。

　　材分制中八等材的尺寸并不是以等差级数递减的，而是明显地分成三组，一、二、三等为第一组，每等材之间高度相差 0.75 寸，宽度相差 0.5 寸。四、五、六等材为第二组，每等材之间高度相差 0.6 寸，宽度相差 0.4 寸。七、八等材为第三组，两者之间高度相差 0.75 寸，宽度相差 0.5 寸。这三组材可以理解为分别适用于不同等级和规模的官式建筑：第一组主要适用于殿阁一类的大型房屋，第二组主要适用于厅堂类型的中型房屋，第三类主要适用于小亭榭及殿内藻井。这就表示殿阁类型的建筑群组内的每幢建筑，主要使用第一组材，而厅堂类型的建筑群组中的每幢建筑，基本上在第二组材中选择其用材等第。附属建筑如亭榭之类则采用第三组材。对于上述两类建筑群中建筑物的用材等第这样的安排，再加上《营造法式》大木作制度中按照殿阁和厅堂两种不同类型的建筑，分别规定不同的细部构件尺寸，便能使建筑群中的个体建筑取得较为适当的尺度。然而第一组的第三等材和第二组的第四等材之间的差，比其他各等材之间的差都要小，高度只差 0.3 寸，宽度只差 0.2 寸，这种现象的出现可以看作是为了使殿阁和厅堂两类建筑群中的个体建筑用材等第互相渗透，在殿阁类型的建筑群中允许出现四等材的房屋，使这种房屋与建筑群中的其他房屋在尺度上不至于太不相称。同样在厅堂类型的建筑群中也允许出现使用三等材的房屋。

　　这种材分模数制的产生与当时的生产力、生产关系状况有着密切关系。由于当时的官属建筑都是利用官办手工业的施工队伍进行施工的，在施工过程中工匠们采取专业化分工，制作梁架的工匠承担着整个建筑群中所有这类构件的加工，制作斗栱的工匠又承担着所有建筑群中大小不同房屋中使用的斗栱的施工，当工匠们接受施工任务时，没有条件看到许多施工图纸，而是靠主持工程的都料匠进行口头交底，当然也就不可能讲得面面俱到，往往只交代一些有关建筑开间、进深的大尺寸，以及间数、斗栱数、斗栱的铺作数等。工匠们便根据他们世代相传的可以运用的一套规矩去加工每个构件。使用材分制既保证了他们所加工之构件具有标准化的节点，从而准确无误地拼装，又保证了构件的强度，并为建筑的尺度变化创造了条件。同时材分制还可减少工匠对不同大小的同类型构件尺寸的记忆，只要记住一套尺寸，利用八等材的材分标尺便可在不同等第的建筑上套用。材分模数制所蕴含的设计与施工的丰富经验是其他模数制所不能比拟的。

第三节　山西建筑的地域特征

中国建筑的构成是以柱身支撑梁架的梁柱框架体系，而柱的支撑为构成空间的前提。立柱和地平面垂直设立，是为了克服地球引力所产生的倾倒现象。阑额设置柱头并相贯在柱头与柱头之中，是稳定柱身的构件，柱头以上安设铺作层，梁架端贯穿其中并搭在柱顶以上，构成了铰支梁柱体系，但这个体系是几何可变体，因此，这种体系是不稳定的。只有在梁架缝内填充实墙体，充满梁柱空间，墙体成为不变形的实体，方可达到结构体系的稳定。在大型殿堂或厅堂的空间中，这道实体墙是在建筑的山面，这样也兼有围合空间的作用。木构建筑中，一般在后山面和左右两山面设立厚山墙，不开窗口，不仅满足使用要求，也是建筑结构稳定的需要。

木构建筑中由于树干本身的特殊性，柱是有长度和材径限定的，几个梁柱单元组合才能完成一栋建筑的框架体系，所以建筑的柱网设置是十分重要的。

宋《营造法式》中规定有多种柱网布列，其中以严谨的对称性为主，但也规定了很多不对称的柱网布列。殿堂建筑中的身内单槽式柱网布列及厅堂中规定的乳栿对四、六椽栿类的柱网平面布列，即为不对称之布列。这类平面柱网布列的建筑，不但增加了平面使用功能，同时也扩大了整体建筑的内部空间。这种不对称性的柱网布列，即木结构建筑中的减柱造和移柱造，大量表现在官方和民间建筑中，形式多样。大体可归纳为四种类型。

1. 减去前（后）内柱式

这种不对称的平面柱网布列，较早见于五代，如东南地区长治平顺县大云院大佛殿，即减去了前内柱，增加了殿内前向平面使用面积及室内空间使用功能，与之相对应的构架四椽栿后对乳栿用三柱。现存宋代遗构中减柱造实例很多，如太原晋祠圣母殿，为扩大廊部空间，前四根老檐柱不直接落地，以蜀柱立于梁栿之上，造成平面柱网布列显现减柱的形式。山西现存宋、金各时代木结构建筑中以三间为多，多减去前（后）内柱，扩大使用空间。盂县普光寺现存正殿为宋代遗构，该殿面阔三间，平面近方形，单檐九脊屋顶，平面柱网减去前内柱以扩大使用空间。太谷区贞圣寺正殿等金代遗构平面柱网均减去前后内柱的布列形式，同样也是为了不影响使用空间。

晋东南地区现存宋、金建筑居山西省之首，多三间规模，亦多为减柱式柱网布列。殿内多为三柱三梁和三柱二梁构制。以晋城青莲寺（宋）、高平开化寺（宋）、陵川西溪二仙庙（金）、吉祥寺（金）、沁县普照寺（金）等主体建筑为代表，这些遗构与吕梁地区周边数县造构基本相同。榆次永寿寺雨花宫（宋）、文水则天庙后殿（金）、汾阳太符观正殿（金）、虞城村五岳庙五岳殿（金）等建筑均减柱。晋西南地区的金代遗构以绛县太阴寺大雄宝殿为代表，该殿平面阔五间、深三间，前向内柱全部减去，使室内前厅扩大。

2. 前（后）内柱左右移动

移柱做法始于金代，主要是通过移动内柱来调整内柱间或减柱后内柱之间的尺度，尽可能扩大空间。前、后向内柱左右移动的布列方式，是与减柱做法相结合的，是减柱后对室内柱子合理的调整，可扩大室内前后部使用空间。如山西北部的朔州崇福寺弥陀殿（金）、五台佛光寺文殊殿（金）。崇福寺弥陀殿，建于金皇统三年（1143年），平面阔七间，深四间，殿前设月台，室内前向设内柱四根，且中间两根反方向外移至次间中部，后向因设佛坛，其内柱对称协调。五台佛光寺文殊殿，建于金天会十五年（1137年），平面阔七间，深四间。其柱网布列为：前向只设内柱两根，形成了前内柱横跨檐柱三间的大开间。后向设四根内柱，且次间内柱向梢间移至半间。这种减柱和移柱的尝试也带来了梁栿过长的问题。

3. 后内柱后移

这种做法不多见，一般用于三到五间之殿，以现存文水县南徐村则天圣母庙后殿和绛县寺大雄宝殿为代表。则天圣母庙后殿版门题铭有"皇统五年四月至"，为金皇统五年（1145年）遗构。殿平面阔三间，深三间，殿内采用减柱与移柱结合的布列方法，减前面两根内柱，并将后两根内柱后移一步来扩大殿内空间。

4. 内柱前后、左右同时移动

这种柱网布列，是将减柱和各种移柱方法集中体现在一座建筑之中，典型实例是山西繁峙县天岩村岩山寺文殊殿，殿建于金大定七年（1167年），平面阔五间（14.98米），深二间（11.89米）。虽五间之殿，但规模不大。殿内采取减柱与移柱相结合的做法。殿内前后向各设内柱两根，且各柱前后移置，前内柱前后左右同时移置。前后内柱向前移一步架，同时两柱向外移半间，后向内柱向后移一步架。这样虽然可以增加殿内中心面积和空间，但梁架布置不合理。

以上四种类型的平面柱网布列是山西境内颇具代表性的实例，这些布列特点虽无绝对的地区差别，但却有侧重，如晋东南地区现存宋、金木结构建筑多三间之殿，基本上是采取减柱造，几乎不采取移柱的做法。相应规模建筑遗构，在中部、北部地区有所不同，一般是将减柱、移柱合用。

山西古代木结构建筑从唐代发展到宋辽金时代，形成明显的时代和区域性差异。从梁架来说，平梁之上的构件及托脚的做法大体可分三个阶段，三种形制。唐代脊部施大叉手直接捧戗，梁之间施驼峰及斗栱隔架。五代开始脊部施蜀柱且立于驼峰之上，中部地区梁栿设驼峰及纵向出跳斗栱隔承。南部地区梁栿之间开始使用蜀柱。辽代普遍于脊部设丁华抹颏栱，梁栿之间所设斗栱为完整的"十"字形制。北宋脊部不设丁华抹颏栱，晚期出现复合式叉手的结构，且延续至金代。金代中部地区梁栿结构构件形成了两种风格，一是继承了本地区宋代的基本做法；一是与东南部区域风格接近，梁栿之间施蜀柱并施合㭼稳固。

第四节 建筑工具对建筑形式的影响

一、框锯的产生

考古发掘中，唐代及以后出土的棺椁板枋，与秦汉时代及以前相比，厚度明显减薄，宽厚比明显增大，彻底突破早期板枋 1：1 ~ 2：1 的宽厚比局限，显然是制材工具进步的结果。

框锯的发明在我国古代木工技术史上具有划时代的意义。它的出现，使解木变得简单易行，制材效率显著提高。

二、框锯对建筑形式的影响

框锯的出现对建筑艺术和技术有一定的影响。正是由于框锯及其他工具的使用，使建筑风格逐渐向宋代纤秀的方向发展。

框锯的使用，可以克服以往裂解和砍斫制材造成的浪费，提高了材料的利用率。宋《营造法式》明确规定，大材不得小用。《营造法式》卷十二"锯作制度"："就余材之制，凡用木植内，如有余材可以别用或作版者，其外面多有璺裂，需审视名件之长广量度，就璺解割。或可以带璺者，即留余材于心内，就其厚别用。或作版，勿令失料。如璺裂深或不可就者，解作膘版。"前文所引清代的文献中也有类似的记载。

《营造法式》卷二十六"诸作料例一"所列大木作，用方木有大料模方、广厚方、长方、松方、朴柱、松柱，其尺寸、用途见下表：

表 8-3　《营造法式》规定的标准材料及其用途

（单位：宋尺）

名称	大料模方	广厚方	长方	松方	朴柱	松柱
长/高/厚/(径)	80～60/ 3.5～2.5/ 2.5～2	60～50/ 3～2/ 2～1.8	40～30/ 2～1.5/ 1.5～2	28～23/ 2～1.4/ 1.2～0.9	30/～/ 3.5～2.5	28～23/～/2～1.5
用途	十二至八架椽栿	八架椽栿、绰幕、大檐头	出跳六架椽栿至四架椽栿	四架椽栿至三架椽栿、大角梁、檐额、压槽枋等	五间八架椽栿以上殿柱	七间八架椽栿以上殿副阶柱或五间、三间八架椽栿至六架椽殿身柱，或七间至三间八架椽至六架椽厅堂柱

上表所列的这些尺寸是既定的，都可以预制加工，所用的"就料解截"工具只能是框锯。对全条料，还可以解割成小松方、常使方、官样方、截头方、材子方、方八方、常使方八方、方八子方等，其长度、高度、厚度等都有详尽规定，以便使用。

三、建筑解材工具对梁栿断面的影响

梁枋的用材也是古代建筑中具有断代意义的标准之一。一般情况下它是由瘦向肥发展的。唐代梁的断面高宽比多为 2：1，宋代规定为 3：2，金元时期建筑中大内额、斜栿，其断面多接近圆形，清代则规定为 10：8 或 12：10。锯的制材作用在前后期木构件的断面上也有所反映。裂解与砍斫制材最可能生成的断面高宽比是 1：1 和 2：1。以往有人用材料力学的观点，计算得知宋代梁栿的断面最为科学。但是到后期向肥胖型断面的发展，多不合理。从制材这一角度去理解这一现象，却可豁然开朗。汉代的建筑，常常有断面为方形或近方的材。似乎用于同一建筑物上的斗栱、枋料等，并无统一的标准，相互之间未见有一定的计算关系。这应是早期制材工具使然。因为"裂解与砍斫"制材对材料的加工结果还较难以精确控制。唐代建筑梁栿的断面高宽比为 2：1，应是早期裂解与砍斫制材的遗留做法。唐代梁栿的断面关系，说明工匠对断面的高宽比有一定的认识。古代的建筑技术掌握在下层的劳动者手中，多是实践性的，并且是师徒相授，同时受制度等各种条件的制约。早期的建筑用材多有大料，根据木材裂解与砍斫的解材方法，容易产生这种断面。框锯是"小料充作大用"的技术前提。《营造法式》卷十二"锯作制度"："用材植之制：凡材植，须先将大方木可以入长大料者盘截解割，次将不可以充极长极广用者，量度

合用名件，亦先从名件，就长或就广解割。"不仅如此，大料也不允许无原则地截小。同卷"锯作制度"还说："抨绳墨之制：凡大材植，须令大面在下，然后垂绳取正抨墨。其材植广而薄者，先自侧面抨墨，务在就材充用，勿令将可以充长大用者裁割为细小名件。"

可见"就材充用"是历代用材的准则，而框锯使它得以充分的实施。金元时期类似内额这样的构件，在当时加工要求不甚高（或其他原因）的情况下，自然以近圆形材的加工更为省事、省力。因为从整体上看，这个时代的建筑做法都显得"草率"。明以后，我国建筑可用大材更为缺乏，"就材充用"甚至"小料充大"就显得尤为重要。《清会典·事例·工部物财》中说："若不准锯截，实难办理。所用架木，准其锯截一成。"说明清代对木料的解截，规定甚严。在这种情况下，既要保证建筑有足够的断面，又要物尽其用合乎规则，当然就采用最小的截料量和最大的截面积相结合，而近方之料则是最直接的办法。所以，清代梁的断面就是前代的经验与当时条件综合的结果。

框锯在制材加工上的优势还表现在套材的加工。如《营造法式》卷五"大木作制度二·檐"："凡飞子须两条通造，先除出两头于飞魁内出者，后量身内，令随檐长，结角解开。"同条下还说有大小连檐"并交斜解造"。这些都是以锯的使用为前提的，不仅节约木料，还利于相同构件的大量生产。再如槽升子、三材升均为单向开口，最适合连作，其加工次序有破板制枋、枋料划线、刮剔斗口槽、划线（截线和榫卯）、制卯、砍刨倒楞、断截倒楞、开槽等几项。可以看出，破板制枋是以后工作的关键。

框锯在操作上还可以保证准确合用的榫卯。叶茂台辽墓中的棺床小帐，所用的木材为柏木。一些构件彼此纹理连贯，可以判断是当时在现场用原材解割盘截而成板方材的。有一帐身板上可以看出年轮心至板边宽 26 厘米，故可推知原材直径至少为 60 厘米左右。小帐梁栿断面为尖琴面形，系构造要求。又从中破为两半，变成两梯形断面。同时四角栿都是两根构件并列，两件中间的锯口，锯路分明，锯面未刨光，显然是一根构件锯开为两件的。[1] 无疑，这种锯是框锯，它保证了木作制作中的精确用材。

[1] 曹汛.叶茂台辽墓中的棺床小帐［J］.文物，1975（12）：54.

第五节 《营造法式》中歇山建筑的解读

一、《营造法式》内容中的一些概念

歇山草架[1]：指使用歇山屋盖时，横架柱头缝外别立的梁架。这个歇山草架，也就是《营造法式》条文中，"或更于丁栿背方添系头栿"的梁架，在实例中有立柱的也有用驼峰斗栱的。

歇山建筑在更早的文献记载中还有其他的名称。"歇山"一词是元以后明清时期对此类建筑通用的官方叫法，在元代始见于文献。《元史》记载：元泰定元年（1324 年），"甲辰，作歇山鹿顶楼于上都"。还有《明史·舆服志》："（洪武）一十六年定制，官员营造房屋，不许歇山转角、重檐重栱及绘藻井，惟楼居重檐不禁。公侯，前厅七间，两厦九间，中堂，七间七架；门，三间五架，用金漆及兽面锡环。"

歇山顶在宋代的官方称谓有两种，"厦两头"与"九脊殿"同见于《营造法式》："凡厅堂若厦两头造，则两梢间用角梁转过两椽（注：亭榭之类转一椽，今亦用此制为殿阁者，俗谓之曹殿，又曰汉殿，亦曰九脊殿）。"唐《六典》及《营缮令》云："王公以下居第并厅厦两头者，此制也。"《营造法式》卷十三"瓦作制度·用兽头等"提到：

---

[1] "歇山草架"一词引用于肖旻《唐宋古建筑尺度规律研究》一书，但所指内容不同。原文"指使用歇山屋盖时，横架柱头缝外别立的梁架，用于支承两山坡面椽子的上缘……这个歇山草架，指的就是前引条文中'丁栿上随架立夹际柱子以柱樽稍'的这一梁架，在实例中比较常见，只是在丁栿上未必立柱，亦可用驼峰斗栱"。该文将夹际柱子及系头栿混为一缝梁架，实为不妥。该处指系头栿一缝梁架。

"四阿殿九间以上，或九脊殿十一间以下……套兽施于自交子角梁首。"由此我们可以看出，在宋代，虽然都是歇山顶，但是九脊殿和厦两头是两种做法。从字面上看，厦两头造用于厅堂，九脊殿用于殿阁，此外《营造法式》并没有交代其他。

（1）关于"汉殿""曹殿""九脊殿"的阐述

从更早的文献中我们可以看到"厦两头"这一称谓。如《新唐书·礼乐志》："庙之制：三品以上九架，厦两头。三庙者五间，中为三室，左右厦一间，前后虚之，无重栱藻井。"其中"厦两头"正是《营造法式》所载，说明唐宋之际对于歇山顶的称呼相同，都叫"厦两头"。《营造法式》所载"今亦用此制为殿阁者，俗谓之曹殿，又曰汉殿，亦曰九脊殿"中的"今"字，说明厦两头作殿阁是在宋代才有，民间称"九脊殿""汉殿"。又因为殿阁的形制等级应当高于厅堂，但是《新唐书·礼乐志》中规定的三品以上家庙用厦两头，而非殿阁。"九脊殿"在《营造法式》条文中也作为官方称谓出现（在瓦作中明确指出九脊殿用瓦规格，区别于厦两头），而历查唐代关于建筑制度的官方文献，未见"九脊殿"的称谓，证明厦两头作殿阁是在宋代开始的，是将原来厅堂厦两头做法运用到殿阁后才出现的。而指代这种建筑形式的名词"汉殿""九脊殿"也不会早于宋代，而"汉殿"和"曹殿""九脊殿"也都是指殿阁歇山，并非某些学者所认为的为北魏吸收南朝文化，采用了歇山建筑，由于崇尚汉文化而将其称为"汉殿"。"汉殿"一词究竟何来还需进一步考证。

要弄清"曹殿"一词的来历，必须将它和"吴殿"联系起来。《营造法式》卷五"大木作制度二·阳马"："凡造四阿殿阁……俗谓之吴殿，亦曰五脊殿。"从这一段可以看出"五脊殿"和"九脊殿"对应，"吴殿"和"曹殿"对应。"四阿顶"是汉代以后大朝正殿使用，"四阿"一词常见于早期文献，如"四阿重屋"，《周礼·考工记·匠人》郑玄注："四阿，若今四注屋。"贾公彦疏："此四阿，四霤者也。"从《营造法式》中可以看出，当时吴殿是"四阿殿"的俗称，"吴殿"和"曹殿"都是当时的俗称。

《营造法式》卷一四"彩画作制度·五彩遍装"说"云纹有二品：一曰吴云，二曰曹云（蕙草云、蛮云之类同）"，也是"吴""曹"对举。

画史中也有"曹衣出水、吴带当风"之类的说法。

"曹殿"和"吴殿"两种称呼必然和吴道子、曹仲达有关，在画作是两种不同的表现方法。虽然现在已无法考证吴道子和曹仲达是如何与四阿殿和厦两头造联系在一起的，但是我们可以看出用这两个人代表两种不同的艺术风格——人们将他们的风格典型化，从而用他们的姓来定义这两种风格。

（2）"厦两头"与"夏屋""两下"

对"厦两头"这个词的分析同样要以《营造法式》为基础，因为《营造法式》对这种建筑的描述在没有具体形象的对照下相较于其他文献要更加可信。《营造法式》中的厦两头就是前文所说的歇山顶，和其对照的有"不厦两头"，是指悬山顶。《营造法式》所述建筑类别，悬山并无反映其特色的专有名词，仅与"厦两头"对应。

有学者认为："'夏屋'即南北两下之屋，或谓'夏家之屋'，其形当指悬山而言。'厦两头'之'厦'字殆因'夏'字而来。"根据东魏孝静帝武定六年（548年），"将营齐献武王（高欢）庙，议定室数、形制……四室两间，两头各一颊室，夏头，徘徊鸱尾"（《魏书·礼志二》）。这是"夏头"最早的记载。从词义的构成分析来看，东魏的"夏头（厦头）"，唐宋的"厦两头"，均源上"厦"，厦即悬山顶，可作为悬山演变成歇山在字源上的佐证。

学者分析，首先从构词的逻辑来看，"厦两头"和"不厦两头"，应该是先有了"厦两头"这个词，而后才在这个词的基础上形成"不厦两头"。其次，"夏头"究竟是指什么，是否与厦两头有渊源，这要从"夏"字说起。

《诗·秦风·权舆》："加我乎夏屋渠渠，今也每食无余。"毛传："夏，大也。"郑玄注："屋，具也。"一说指大屋。参阅孔颖达疏引王肃曰："屋则立于先君，食则受之于今君，故居大屋而食无余。"这段中有"夏屋"二字，不同时期的人对其理解不同。郑玄认为，"夏屋"是大俎，大的食器；而孔颖达认为是大的房子。

《楚辞·人招》："夏屋广大，沙堂秀只。"王逸注："言乃为魂造作高殿峻屋，其中广大。"认为夏屋就是大屋。

《礼记》是战国至秦汉年间儒家学者解释说明经书《仪礼》的文

章选集，是一部儒家思想的资料汇编。《礼记》的作者不止一人，写作时间也有先有后，其中多数篇章可能是孔子的七十二名弟子及其学生的作品，还兼收先秦的其他典籍。《礼记·檀弓上》："昔者夫子言之曰：吾见封之若堂者矣，见若坊者矣，见若覆夏屋者矣。"

孔疏："见若覆夏屋者矣，殷人以来始覆四阿；夏家之屋唯两下而已，无四阿，如汉之门庑。"孔颖达是北周时期的人，他一定见过郑玄对《礼记》的注解，才会得出"如汉之门庑"的结论，所以关于他对夏屋的注解也只是站在主观的立场上说的，其实"夏屋"是什么样在汉代已不为人知了。但值得注意的是，孔颖达提出了"两下"这个词，之前的文献不见记载。按照孔颖达的注释是和四阿相对。四阿可以看作有四下，而夏屋"唯两下"，这就是"两下"的滥觞，也是将"夏"和"下"混淆的开始。

可以看出，"夏屋"在《诗经》《楚辞》中都指大房子。到了汉朝，人们心中的"夏屋"变成了下层人的房子，和门庑相联系。而将其联系到悬山建筑的已是北周时期的孔颖达，在这时"夏屋"则从一个远古模糊的概念联系到了具体的建筑类型上，同时出现了"两下"一词。由此可以看出，在歇山建筑的雏形出现时，出现了"两下"一词来指代悬山。由此可见，虽然"夏头"可能指的就是当时建筑的歇山顶部分，但是"夏屋"和"夏家之屋"并不是"两下"的悬山顶。

到了唐代，出现与《营造法式》中完全相同的名词——"厦两头"。《唐会要》卷三一"舆服上·杂录"载，文宗太和六年六月敕书："准《迎缮令》：王公以下施重栱藻井；三品以上堂舍不得过五间九架，仍厅厦两头，门屋不得过三间两架，仍通作乌头大门；勋官各依本品。六品、七品以下堂舍不得过三间五架，门屋不得过一间两架。非常参官不得造轴心舍及不得施悬鱼、对凤、瓦兽、通栿、乳梁装饰……又庶人所造堂舍不得过三间四架，门屋一间两架。仍不得辄施装饰。"

从北周到唐，中间的隋代出现完备的歇山建筑，其遗留的形象在隋代的石窟、壁画、棺椁都可以看到。说明那时的歇山建筑已经很常见了，所以到唐代才有了根据其庇护山面的形象出现"厦两头"这个名称。

此后"两下"一词见于宋朱熹《仪礼·释官》："人君之堂屋为

四注，大夫、士则南北两下而已。"宋李如圭《礼仪集注》卷十七："倚庐之制，既练，有别为下之屋。"李如圭《仪礼释宫增注》附录："夏屋……栋之前后皆为两下之字，横栋尽处，有板下垂，谓之博风之外。"

《宋史》卷一五四载："庶人屋舍，许五架，门一间，两厦而已。"此处"两厦"应该是"两下"的意思。

二、歇山建筑屋顶结构

宋金木建筑遗构以歇山、悬山结构为主，而以歇山比例最大，同时歇山做法显示出明显的地方特色。

1.歇山结构概述

歇山结构，最早是在两坡悬山顶四周加披檐形成，这种屋面形式的建筑大量见于汉代墓葬陶器。

殿堂造歇山在《营造法式》中称为"九脊殿"，形象地描述了歇山屋面的特点。九作为最大的数字，暗示了殿堂的重要性。厅堂歇山在《营造法式》中称为"厦两头造"，与"不厦两头造"即悬山相对。因此，厅堂歇山的结构构成可以看作是"不厦两头造＋披＝厦两头造"，即悬山加披。

歇山可看作是悬山和庑殿的组合，而在这个组合中产生了一个不同于庑殿或悬山的必需构件——"系头栿"，并成为歇山构造的重要构件。

这个构件的产生，一方面是"悬山加披"的过程为支持披檐椽，即山面加披时搁置檐椽的横向栿，其上部刻有椽碗，安置披檐椽尾端；另一方面是歇山面梁架不落在柱缝的情况下，支撑上部横向框架，正如其宋式名称"系头栿"，直接起到了梁栿的作用。因此，系头栿的产生就具有亦梁亦栿的双重身份。

歇山和庑殿结构的共同点在于转角，山面的披檐与前后两披的交接产生了转角铺作、角梁、递角栿、抹角栿等特殊构件。《营造法式》的专用名词"转角造"，指歇山、庑殿等结构前后两披最下两架（或一架椽）所构成的屋盖和檐，转过90°角，绕过出际部分，延至出际之下，构成九脊殿形式的构造。这种构造中最重要的部分，是角梁系列构件。

2. 平面形式及柱网布列

《营造法式》载有多种平面柱网布列，以殿阁造四种划分方式为代表，多为规模较大、等级较高的屋宇所用；比照下，晋东南地区现存歇山木构规模皆不大，平面多呈方形或近方矩形，以面阔三至五间、进深四至六椽居多。其中三间六椽的小殿占大多数。平面柱网布列按照内柱数目及位置可分为以下两种：

（1）殿内不置内柱，四椽栿或六椽栿通檐；

（2）殿内侧样前或后侧置一根内柱，六椽栿对（前／后）乳栿或六椽栿对（前／后）劄牵，通檐施三柱。

梁栿通檐做法在现存唐至金木构中仅见少数几例，即平顺天台庵大殿、高平崇明寺中殿及平顺淳化寺大殿等。后者占晋东南已知宋金歇山木构的近80%，为晋东南地区这一时期木构的普遍做法，以潞城原起寺大雄宝殿、陵川西溪二仙庙前殿为代表。

移柱造做法在晋东南地区现存实例中几乎未见，宋、金两代平面柱网关系未见明显的朝代更替，承袭性强。上述两种平面形式很大程度上决定了整体梁架的地域做法，并进而影响歇山面的架构方式。

3. 横架结构

现存宋、金歇山遗构其梁架结构与《营造法式》做法有接近处，却不拘泥于官式做法而呈现出鲜明的地域特色。与平面柱网的两种布置相对应，横架结构多采用以下三种：

（1）不置内柱，梁架结构为通栿通檐，通栿施两柱；

（2）省去前或后内柱，梁架结构为四椽栿对乳栿，通檐施三柱；

（3）省去前或后内柱，梁架结构为三椽栿对劄牵，通檐施三柱。

第一种做法仅见天台庵、南吉祥寺过殿。四椽栿对乳栿做法中，分为对前乳栿与对后乳栿两种情况，其中对前乳栿的歇山实例见于二仙庙、玉皇庙等道教、地方信仰庙观，并且大多作为寺院轴线的最后一座殿堂，不需要在后檐墙面辟门，故后部预留较大空间安置神像；而在前部，与殿前献亭或月台结合，或于前内柱位置施墙面，在前内柱与前檐柱间形成开敞或封闭的前廊空间，这应是出于神像的功能需求所做的变动。后乳栿，为佛教寺院所使用，两内柱间填充佛像所凭靠的背墙，后部留一步架供参拜者绕行礼或经后门通达后面院落，实例如大云院大佛殿、开化寺大雄宝殿等。劄牵做法与上述对乳栿做法相类似，但殿堂规模相对偏小，如北义城玉皇庙正殿等（长子汤王庙正殿为现存唐至金歇山木构中，唯一的非佛教寺院使用对后乳栿做法的特例）。

晋东南地区进深六椽用三柱的平面布局，虽根据《营造法式》命名统称为四椽栿对乳栿，但实际根据四椽栿与乳栿的位置关系分为两种：一种是四椽栿与乳栿对接，两栿底皮同高，与《营造法式》做法相同，不妨仍称为四椽栿对乳栿，或对接法；另一种为四椽栿压于乳栿上，不妨称为四椽栿对乳栿的压接做法，或简称为四椽栿压乳栿做法。两种做法在此统称为四椽栿对乳栿。

三椽栿对劄牵结构与此类似。

在晋东南宋金木构中，四椽栿压乳栿做法在宋中期以后成为主流，几乎所有的金代木构均使用这种压接做法。

除此之外，山西宋金木构与《营造法式》的重要区别在于，《营造法式》中的殿堂造，内外柱严格等高，梁栿架于柱头铺作层上且内柱及檐柱上所施铺作数相等；尤其晋东南地区的殿堂造做法，绝大部分内柱高于檐柱，内柱柱头铺作比檐柱柱头少一至二铺作。如北吉祥寺前殿，西李门二仙庙大殿等（少一铺作）；开化寺大雄宝殿、正觉寺后殿等（少两铺作）。

4.歇山面构架方式

上述的平面柱网布列及横向构架方式，整体梁架可分为不置内柱、梁栿通檐施两柱的对称式及置内柱、对乳栿或对劄牵通檐施三柱的非对称式，这在很大程度上决定了歇山面系头栿的构架方式。以晋东南地区为例，有如下四种构架方式。

（1）梢间六椽栿上直接架系头栿

如原起寺大雄宝殿、天台庵大殿。

梢间六椽栿上直接架系头栿，系头栿处于梢间四椽栿的位置；歇山面与梢间柱缝四椽栿重合，歇山面四椽栿直接承托下平槫，系头栿四椽栿上置蜀柱及叉手捧戗脊槫。面阔进深皆很小的方形平面，使用丁栿，但系头栿不与丁栿发生关系，丁栿不承重，仅起稳定作用。因系头栿退至梢间柱缝上，立面收山大，屋面和缓舒展。

（2）丁栿与递角栿架系头栿

实例如九天圣母庙大殿。

使用递角栿，丁栿与递角栿上架系头栿。

（3）双丁栿及角梁后尾架系头栿

如宋构北义城玉皇庙正殿、龙门寺大雄宝殿等。

双丁栿上直接架系头栿做法，见于进深三间的殿堂。丁栿位于上平槫下，与山面檐柱对应。系头栿两端延伸至角梁尾端处，由丁栿、角梁尾共同承担。其中丁栿起主要持力作用。依照平面布局和横向构架的关联，可分为两类：第一类，横架结构为对劄牵或对乳栿、通檐施三柱的非对称做法，为此前后两根丁栿常需要通过高度不等的垫块构件（蜀柱、驼峰等）为系头栿下皮找平。第二类，平面不置内柱，丁栿多与六椽栿直接结合，如平顺淳化寺大殿。晋东南地区这种双丁栿上直接架系头栿的做法最为普遍，可视为此地区的典型做法。

（4）单丁栿及角梁后尾架系头栿

如崇明寺中殿、崔府君庙山门。

单丁栿及角梁后尾架系头栿，鉴于进深两间山面置中柱的情况，丁栿位于脊槫槫缝下，每侧仅施一根，系头栿两端由角梁后尾承托。不同于双丁栿做法，单丁栿做法中角梁成为系头栿的主要支撑构件。此类做法，在山西十分普遍。

5. 歇山结构的丁栿做法

歇山结构的丁栿做法是山西寺庙广泛使用的程式化做法，并存在多种不同形式及结构差异。

（1）丁栿的形式与位置的关系

歇山面所施丁栿形式大致分三种：平直式、斜直式和弯曲式。具体如下：

横架结构为对劄牵或对乳栿做法，其平面置内柱一对，此时内柱缝上所施丁栿均为平直式，丁栿后尾与六椽栿交结或与其下内柱上所置的铺作交结。

斜直式与弯曲式丁栿的产生，直接原因在于支托丁栿后尾构件的上皮与支托其前端构件（一般为山面柱头铺作）的上皮不在一个水平面，丁栿、前后端头之间即产生了相当于六椽栿断面高度的高差。

斜直式与弯曲式丁栿所承担的结构功用一致，但其外观随时代发展而存在变化，即宋代更多采用直木料所加工的斜直式，而金代更多采用弯木或原木加工成的弯曲式。

（2）丁栿两端的固定方式及受力特征

丁栿的位置不同，两端的固定方式也必然不同。位于内柱缝上的丁栿，首端与铺作层结合，尾端搭于六椽栿上或与内柱柱头铺作层直接结合。丁栿尾端塔在六椽栿上，故而尾端仅受到竖向支撑，水平位置和转动都不受限制，其结构类似首端固接、尾端简支的梁结构。

（3）丁栿上支垫构件

前后丁栿形式的不同，导致了丁栿上承托系头栿构件高度的不同，宋代及以前驼峰或蜀柱与合楷并用。

第六节 宋代《营造法式》的执行情况

　　《营造法式》大体上反映了当时的建筑形式。山西的宋代建筑并没有严格按"法式"的细则建造，但却遵循"法式"的一般规定。宋代建筑有自己的个性，没有个性的建筑就会失去建筑的形式感，也是建筑造型中的大忌。

　　《营造法式》曾被朝廷颁发至全国各地官署，在社会上引起了一定的反响，有的官员未能得到官方颁发的书籍，便自己抄录备用。例如河南陈留县尉晁载之于崇宁五年（1106 年）编辑《续谈助》一书时，曾节录前十五卷的各作制度，并注明："右钞崇宁二年正月，通直郎、试将作少监李诫所编《营造法式》，其宫殿、佛道龛帐，非常所用，皆不敢取。"这里晁载之仅从作为一个县尉可能遇到的问题出发做了节录。通过这个例子说明，《营造法式》的发行仅作为官方建筑参考，并非通过法令执行。

第七节　斗栱铺作产生的必然性

一、铺作的意义

由于木构件的特性，中国传统建筑中的大型建筑屋顶要有屋盖覆盖才能保持它的寿命。屋盖的出檐深远是建筑耐久的关键，为了保证屋顶的出檐，需要有必要的结构措施来完成。建筑出檐是用斗栱这种构件来实现的。

二、斗栱的原始状况

斗栱的产生源于椽檩缝对接点的承托木的构造措施，它起到了联系构件的支撑作用，这是在建筑结构中必然产生的一种构造现象。它还不具备结构的悬挑受力功能，所以斗栱这种构件是横放在悬挑梁头的端部，顺放在檐椽之上承托檐椽。但它的设置处在建筑屋檐的明显部位，必然强调了它的表现形式，这从汉代建筑的明器或壁画中可以看出来。随着建筑形式观赏性的增强，建筑个体出现繁缛化现象。在文献里关于构架及斗栱的词句，多不胜数，如臧文仲之"山节藻梲"、鲁灵光殿"层栌礧佹以岌峨，曲枅要绍而环句……""山节""层栌""曲枅"这些部分就是木构中的斗栱部分。

《营造法式》中具体规定了斗栱铺作的图示，强调它是在结构合理情况下的观赏性展示构件，从而将它的构造形式演进到工艺化的表现形式。斗栱铺作在建筑檐口部位所处的观赏位置的重要性，必然纳入建筑制度要求的形式范畴。

三、斗栱铺作的解析

（一）铺作中的斗

斗在铺作中是栱与栱之间组合成为一个整体的固结构件，它坐在栱的端部或中部，起到承上启下的作用。斗的各部位有不同的作用。

1. 斗的底座——齪

齪是斗座的名称，它仅是为了迎合柱头和栱端的卷刹保持和谐的曲线关系而艺化了的斗的底座。

2. 斗的平敧

齪的上端口谓"平敧"，平敧有规定的厚度，它的功能是固定两侧的斗耳，所以平敧和耳是连接上部栱枋的加固部件，是铺作中栱枋之间承托固结的关键部件。

3. 斗耳

平敧和耳组成一个连体的凹槽，上部的栱枋插入槽内，使铺作成为一个整体。斗是咬合栱枋建筑构件的总称，齪、平敧、耳是斗不同的部位，有不同的功能。

（二）铺作中的栱

1. 单材栱

单材栱是从椽枋间缝接头处的托木演化而来的，它具有承托的作用。在秦汉时期单材栱仅是一块长方形木而已，北魏至北齐时期这块方木的端头开始出现施卷刹的做法，斗的底座施齪，以和谐栱施卷刹而形成的曲线。这种工艺式的造型，使栱和斗构成一个完善的整体。单材栱一般是指泥道栱、慢栱、瓜子栱和令栱。单材栱不设栔，少了栔这段短木，更能表现斗栱的造型。

2. 足材栱

足材栱是出跳栱，它垂直于墙体。在宋法式中称为华栱。设置它是为了拉开和墙体的距离，悬挑出墙身之外，是一种悬臂构件，在柱头铺作中有帮助梁头，承受外檐枋和防止梁头受压弯曲的功能。所以栱身是一段完整的足材。出跳栱的栔和栱身不能是两个材料构成，而是一个整材。

（三）栔的设置

《营造法式》中所指的足材，并非一个整材，它是由单材和木栔两个材构成的。栔位于单材上端而成为足材。这是栱枋上下结合的构造措施，栔之所以放在单材之上，是为了单材与单材之间拉开一定的空间，便于两材之间加固部件的安装，如斗的平欹和颤的位置。实际上，栔本身的高度等于斗栱平颤高度之和。栔的功能仅是填补栱枋相叠之间为栱座留开的空间，没有这段空间，上下构件将不能固结，拉开上下这段距离，也为搭设构件提供了施工方便。

无论在《营造法式》大木作斗栱制作制度中，还是在现存唐宋古建筑中，铺作中的出跳华栱一律为足材栱，隐剔出栔的位置，栱与栔是一个整材。

（四）昂的设置

铺作中昂的出现有赖于建筑锯材工具的进步。这是因为框锯的发明，提供了制作木构件的手段。昂穿插到斗栱铺作中，主要是依靠栱和昂结合的严密性，没有高度精密的锯材是做不到这一点的。

斗栱铺作中插入昂这个部件是有原因的。由于昂倾斜贯穿于铺作中，使铺作成为三角形组成的结构不可变的体系，加强了铺作层的稳定性。昂的介入减少了华栱的出跳层数，这无疑使斗栱铺作在形式上更加完善。

铺作加入昂是铺作的发展和进步。但昂的出头即昂嘴成为铺作的表现手段却带有突然性和偶然性，因为至今未发现这种构件的形成过程。从结构构造上分析，似乎它本身源于建筑出檐的梁头，即梁栿出檐变成要头的部分。这个部分为了不妨碍建筑的出檐坡度，需要平行于屋檐设置附加梁头。由于柱头铺作的存在，必然贯穿于铺作之中，从而成为铺作中的斜插构件，昂和要头（即昂嘴）成为铺作观赏中的一个部分，所以昂嘴出现了批竹式、琴面式等工艺做法。补间斗栱铺作由于插入了昂身这种斜向构件，昂的后尾直达下平槫的下部，对于稳定建筑的檐口部位和补间铺作起到了积极的作用。

第八节　"吉祥用尺"的影响

　　《营造法式》曰："凡构物之制，皆以材为组。材有八等，度屋之大小，因而用之。"著名建筑学家梁思成先生在《<营造法式>注释》中，对八等材的分组有独到的见解。他说："'材有八等'，但其递减率不是逐等等量递减或相同比例递减的。按材厚来看，第一等与第二等、第二等与第三等之间，各等减五分。但第三等与第四等之间仅差二分。第四等、第五等、第六等之间，每等减四分。而第六等、第七等、第八等之间，每等又回到各减五分。由此可以看出，八等材明显地分为三组：第一、第二、第三等为一组，第四、第五、第六等为一组，第七、第八等为一组。可以大致归纳为，按建筑的等级决定用哪一组，然后按建筑物的大小选择用哪等材。"梁先生八等材的分类，是使用统计方法归纳得出的，而对其分组的理论没有阐述。

一、运用唐宋时期《周易》著尺制度对《营造法式》八等材分组作了选取吉祥尺寸取值的定位

　　从材高来看，第一等、第二等和第三等都在鲁班八卦与六十四卦的"官"卦及官卦范围之内；第四等、第五等、第六等都在"义"卦及义卦范围之内；第七等、第八等都在"离"卦及离卦范围内。按此明显可以分为三组：第一、第二、第三等为第一组；第四、第五、第六等为第二组；第七、第八等为第三组。根据鲁班八卦与六十四卦象数；第一组的三个等材是"官"宫之卦，象征官方建筑，吉；第二组的三个等材是"义"宫之卦，象征民用（包括寺观）建筑，吉；第三组的

二等材是"离"卦，象征官方与民用建筑，凶。

二、关于铺作尺寸

运用唐宋时期《周易》著尺制度对《营造法式》铺作尺寸问题进行研究，按慢栱长度来算每朵铺作的宽度。《营造法式》卷四记载：慢栱计长度92分；上列三斗两只，每只散斗欹2分，两只共4分，则慢栱施工长度为96分。再将八等材分别换算为法定尺寸，为铺作下限长度。每朵铺作的上限长度，第一组（一、二、三等材）为6尺，第二组（四、五、六等材）为5尺，第三组（七、八等材）为4尺，可以此算出八等材每朵铺作的最小间距与最大宽度间的空档。

表8-4 《营造法式》象数表

组别	材第	应用范围	材的尺寸（尺）	占筮尺的象数			朵距尺寸（尺）	铺作尺寸（尺）	间广尺寸（尺）		
				真尺尺寸	卦位	卦象			心间	次间	梢间
一	1	殿身九间至十一间	0.9×0.6	0.5000×0.3252	官×義	吉×吉	0.24~3	5.76~6	18	12	6
	2	殿身五间至七间	0.825×0.55	0.4452×0.3034	官×義	吉×吉	0.72~3	5.28~6			
	3	殿身三间至五间，厅堂五间	0.72×0.5	0.4125×0.2616	官×義	吉×凶	0.2~3	4.8~6			
二	4	殿身三间、厅堂五间	0.72×0.48	0.4000×0.2525	義×离	吉×凶	0.39~3	4.6~5	15	10	5
	5	殿身小三间、厅堂三间	0.66×0.44	0.3525×0.2343	義×离	吉×凶	0.77~3	4.22~5			
	6	亭榭、小厅堂	0.6×0.4	0.3252×0.2161	義×离	吉×凶	0.24~3	3.76~5			
三	7	小殿、亭榭	0.525×0.35	0.2725×0.1743	离×病	凶×凶	0.64~3	3.36~4	12	8	4
	8	殿内藻井或小亭榭施铺作	0.45×0.3	0.2400×0.1525	离×病	凶×凶	0.12~3	2.88~4			

三、关于间广尺寸

《营造法式》对间广尺寸未做说明，运用唐宋《周易》著尺制度，可以推算出八等材的间广尺寸。

按照唐宋《周易》著尺制度，可以将八等材划定为三组、两类（官方建筑和民用建筑）。据此可以推算出铺作长度和间广尺寸。《营造法式·定平》中记载："凡定柱础取平，须更用真尺较之，其真尺长一丈八尺。"《营造法式》的间广尺寸是运用真尺（占筮尺）进行设计的。所谓间广尺寸，是指相邻两柱中到中的距离，其距离最大长度不得超过真尺的一丈八尺。根据间广尺寸又可推出心间、次间、梢间的设计尺寸。

参考文献

1. 高璋，段智钧，赵娜 . 天下大同：北魏平城辽金西京城市建筑史纲 [M]. 北京：中国建筑工业出版社，2011.

2. 李钢 . 晋阳古都研究 [M] . 太原：山西古籍出版，2002.

3. 陈桥驿 . 中国历史地理论丛（第三辑）[M]. 西安：陕西人民出版社，1988.

4. 山西省史志研究院 . 山西通史——宋辽金元卷 [M]. 太原：山西人民出版社，2001.

5. 瑞熙，张邦炜，刘复生，蔡崇榜，王曾瑜 . 宋辽西夏金社会生活史 [M]. 北京：中国社会科学出版社，1998.

6. 郭黛姮 . 中国古代建筑史第三卷：宋、辽、金、西夏建筑 [M]. 北京：中国建筑工业出版社，2003.

7. 张慧芝，朱士光 . 宋代太原城址的迁移及地理意义 [J]. 中国历史地理论丛，2003（03）.

8. 吴庆州 . 宫阙、城阙及五凤楼的产生和发展演变（上）[J]. 古建园林技术，2007（04）.

9. 车文明 . 神庙献殿源流 [J]. 古建园林技术，2005（01）.

10. 贾红艳 . 从后土祠庙貌碑看宋代后土祠在中国古代建筑史上的地位 [J]. 文物世界，2009（05）.

图书在版编目（CIP）数据

山西古建筑营造史 . 宋辽金卷 / 左国保著 . — 太原：
山西科学技术出版社，2023.10

ISBN 978-7-5377-6225-0

Ⅰ . ①山… Ⅱ . ①左… Ⅲ . ①古建筑—建筑史—山西
—辽宋金元时代 Ⅳ . ① TU-092.925

中国版本图书馆 CIP 数据核字（2022）第 203912 号

山西古建筑营造史　宋辽金卷

SHANXI GUJIANZHU YINGZAO SHI　SONG LIAO JIN JUAN

出　版　人	阎文凯
著　　　者	左国保
整　　　理	何莲荪
责 任 编 辑	李　兆
封 面 设 计	王利锋
版 式 设 计	岳晓甜

出 版 发 行　山西出版传媒集团·山西科学技术出版社
　　　　　　　地址：太原市建设南路 21 号　邮编　030012

编辑部电话　0351-4922063
发行部电话　0351-4922121
经　　　销　各地新华书店
印　　　刷　山西基因包装印刷科技股份有限公司

开　　　本　890mm×1240mm　1/16
印　　　张　34.5
字　　　数　530 千字
版　　　次　2023 年 10 月第 1 版
印　　　次　2023 年 10 月山西第 1 次印刷
书　　　号　ISBN 978-7-5377-6225-0
定　　　价　350.00 元